Funktionsorientierte Ökologieanalyse im Maschinen- und Anlagenbau

Function-oriented Ecology Analysis in Machinery and Plant Engineering

Von der Fakultät für Maschinenwesen
der Rheinisch-Westfälischen Technischen Hochschule Aachen
zur Erlangung des akademischen Grades einer
Doktorin der Ingenieurwissenschaften
genehmigte Dissertation

vorgelegt von

Christina Ruschitzka

Berichter/in:

Univ.-Prof. Dr.-Ing. Dipl.-Wirt. Ing. Günther Schuh
Univ.-Prof. Dr.-Ing. Gisela Lanza

Tag der mündlichen Prüfung: 03. Dezember 2024

ERGEBNISSE AUS DER PRODUKTIONSTECHNIK

Christina Ruschitzka

Funktionsorientierte Ökologieanalyse im Maschinen- und Anlagenbau

Herausgeber:
Prof. Dr.-Ing. Dipl.-Wirt. Ing. G. Schuh
Prof. Dr.-Ing. C. Brecher
Prof. Dr.-Ing. R. H. Schmitt

Band 1/2025

Bibliografische Information der Deutschen Nationalbibliothek
Die Deutsche Nationalbibliothek verzeichnet diese Publikation in der Deutschen Nationalbibliografie; detaillierte bibliografische Daten sind im Internet über https://portal.dnb.de abrufbar.

Christina Ruschitzka:

Funktionsorientierte Ökologieanalyse im Maschinen- und Anlagenbau

1. Auflage, 2025

Gedruckt auf holz- und säurefreiem Papier, 100% chlorfrei gebleicht.

Wissenschaftsverlag des Instituts für Industriekommunikation und Fachmedien an der RWTH Aachen
Steinbachstr. 25, 52074 Aachen, Deutschland
Internet: www.apprimus-verlag.de, E-Mail: info@apprimus-verlag.de

Druck: CPI Druckdienstleistungen GmbH
Ferdinand-Jühlke-Straße 7 | 99095 Erfurt | Deutschland

ISBN 978-3-98555-252-8

D 82 (Diss. RWTH Aachen University, 2024)

Vorwort

Die vorliegende Arbeit entstand während meiner Tätigkeit als wissenschaftliche Mitarbeiterin in der Abteilung Innovationsmanagement am Lehrstuhl für Produktionssystematik des Werkzeugmaschinenlabors WZL der Rheinisch-Westfälischen Technischen Hochschule (RWTH) Aachen. Die Erstellung der Dissertation wäre ohne die Unterstützung zahlreicher Personen nicht möglich gewesen, denen ich von ganzem Herzen danke.

Mein besonderer Dank gilt Herrn Professor Günther Schuh, meinem Doktorvater und Inhaber des Lehrstuhls für Produktionssystematik am WZL, für die Möglichkeit zur Promotion und sein entgegengebrachtes Vertrauen in meine Person. Seine inspirierende, unermüdliche Art und seine visionären Sichtweisen sowie deren unternehmerische Umsetzung in der Praxis haben meine persönliche und fachliche Entwicklung nachhaltig geprägt.

Für die Übernahme des Koreferats danke ich Frau Professorin Gisela Lanza. Ebenfalls danke ich Professor Stefan Pischinger für die Übernahme des Prüfungsvorsitzes.

Herzlich danke ich meinen Oberingenieuren. Dr. Christian Dölle, der mich als wissenschaftliche Mitarbeiterin in der Abteilung Innovationsmanagement einstellte, danke ich für die Unterstützung und die ersten Anregungen zur Entwicklung meiner Dissertationsidee. Ein besonderer Dank gilt Dr. Maximilian Kuhn, der mich während meines gesamten Promotionsprozesses begleitete und mir stets mit Rat und Tat zur Seite stand. Sein kritisches und ehrliches Feedback hat entscheidend zum erfolgreichen Abschluss meiner Promotion beigetragen. Zudem danke ich Dr. Alexander Keuper für seine Unterstützung, insbesondere in den letzten Monaten des Promotionsprozesses.

Für den freundschaftlich-kollegiale Zusammenhalt, diese besondere Zeit und die zahlreichen schönen Erinnerungen, die für mich unvergesslich bleiben, danke ich meinen Kolleginnen und Kollegen der Abteilung Innovationsmanagement. Besonders danke ich Dr. Alexander Menges, der mich schon als wissenschaftliche Hilfskraft sowie durch die Betreuung meiner Masterarbeit in meinen Ideen bestärkt und herzlich in die Abteilung aufgenommen hat. Zudem danke ich Dr. Jan Koch, Dr. Merle-Hendrikje Jank-

Tönnes, Dr. Michael Mendl-Heinisch, Dr. Julian Kreß und Dr. Annika Becker für ihre Unterstützung, insbesondere in meiner Anfangszeit am Lehrstuhl. Weiterhin bedanke ich mich bei Jonas Tittel, Dr. Hendrik Lauf, Dr. Benjamin Lender, Gereon Bönsch, Sven Schümmelfeder, Frederike Hellwig, Nikolai Kelbel und Julia Kummer für unsere erfolgreichen gemeinsamen Projekte sowie die zahlreichen guten Diskussionen. Besonders danke ich Stefan Perau und Carsten Boßmann, die mir durch offene Gespräche in herausfordernden Phasen stets Motivation und Unterstützung gaben. Meine Zeit am WZL wurde zudem durch Matthias Mertens, Christian Höltgen, Yannick Taschbach, Lukas Behnen, Aileen Blondrath, Jonathan Smerz, Timm Schulz-Isenbeck und Lennard Knobel positiv geprägt.

Mein Dank gilt auch meiner langjährigen wissenschaftlichen Hilfskraft Alexander Miller für seine tatkräftige und unermüdliche Unterstützung.

Ganz besonders danke ich auch meinen Freundinnen Franziska Bertram, Michelle Geilenberg, Karin Alde, Aurélia Louvel und Viktoria Krömer für die langjährige und enge Freundschaft, das stetige Interesse an meinem Werdegang sowie die anhaltende Unterstützung abseits des Arbeitsalltags.

Mein größter Dank gebührt meiner Familie, allen voran meinen Eltern Margot und Christoph Ruschitzka, die mich in allen Lebensphasen bedingungslos unterstützt und in meinen gesteckten Zielen gestärkt haben. Ihre Führsorge und ihr motivierender Zuspruch haben meinen Werdegang maßgeblich geprägt. Sie haben mir beigebracht, zielstrebig und selbstbewusst zu handeln und den Blick auf das Wesentliche zu lenken. Mein ebenso großer Dank gilt meinem Freund und „Teampartner" Max Faßbender für seinen kontinuierlichen Rückhalt, seine unterstützenden Ratschläge sowie seine Aufmunterung in herausfordernden Momenten. Für eure beständige Unterstützung entlang des gesamten Weges bin ich zutiefst dankbar. Euch widme ich diese Arbeit.

Aachen, im Dezember 2024

Christina Ruschitzka

Zusammenfassung

Im Kontext der Nachhaltigkeitswende stehen produzierende Unternehmen im Maschinen- und Anlagenbau durch ihren hohen Energie- und Ressourcenverbrauch besonders im Fokus. Für eine Wettbewerbsfähigkeit steigt der Druck Produkte unter Nachhaltigkeitsaspekten zu entwickeln und Verantwortung für den gesamten Produktlebenszyklus zu übernehmen. 80 % der Umweltauswirkungen definieren sich in der Planung und Entwicklung der Produkte, sodass insbesondere hier die Schaffung von Transparenz notwendige Bedingung zur Reduzierung der Umweltauswirkungen ist. Es bestehen bereits Ansätze zur Analyse der Ökologie von Produkt und Unternehmen, jedoch gelingt der Übertrag in die Entwicklung durch eine fehlende Funktionsorientierung noch nicht. Gleichzeitig sind diese Methoden kosten- und zeitintensiv. Insbesondere bei den komplexen Produkten des Maschinen- und Anlagenbaus bedarf es Klarheit, welche Aspekte sich durch Entwicklungsentscheidungen beeinflussen lassen.

Das Ziel dieser Arbeit besteht daher in der Entwicklung einer Methodik, welche eine funktionsorientierte Analyse der Ökologie von Produkten im Maschinen- und Anlagenbau zur Identifizierung von Handlungsfeldern für die Steigerung der Produktnachhaltigkeit ermöglicht.

Die Arbeit gliedert sich hierzu in fünf Partialmodelle. Zunächst gilt es eine generische Beschreibung der Produkte im Maschinen- und Anlagenbau zu entwickeln. Im zweiten Schritt erfolgt die Ermittlung und systematische Strukturierung von Prozessschritten entlang des Produktlebenszyklus, die sich durch Änderungen am Produkt aktiv beeinflussen lassen. Der dritte Schritt ermittelt und strukturiert Ökologieindikatoren im Einflussbereich der Produktentwicklung und bietet einen Rahmen zur spezifischen Auswahl. Im vierten Schritt steht die Ermittlung der Zusammenhänge zwischen den drei Dimensionen Produkt, Prozess und Ökologie im Fokus. Abschließend stellt der fünfte Schritt ein Vorgehen zur systematischen Ableitung von relevanten Handlungsfeldern zur Steigerung der Produktnachhaltigkeit zur Verfügung und unterstützt methodisch den zielorientierten Vergleich der Wirkung alternativer Verbesserungsmaßnahmen.

Summary

In the context of the sustainability transformation, manufacturing companies in the machinery and plant engineering industry are particularly in the spotlight due to their high energy and resource consumption. In order to remain competitive, there is increasing pressure to develop products with sustainability aspects in mind and to take responsibility for the entire product life cycle. 80 % of the environmental impact is defined during the planning and development of products, so creating transparency is a necessary prerequisite for reducing the environmental impact. There are already approaches for analyzing the ecology of products and companies, but they have not yet been successfully transferred to development due to a lack of functional orientation. At the same time, these methods are costly and time-consuming. Complex products in machinery and plant engineering in particular require clarity as to which aspects can be influenced by development decisions.

Therefore, the aim of this thesis is to develop a methodology that enables a function-oriented analysis of the ecology of products in machinery and plant engineering to identify fields of action for increasing product sustainability.

For this purpose, the work is divided into five sub-models. The first step is to develop a generic description of products in machinery and plant engineering. The second step involves the identification and systematic structuring of process steps along the product life cycle that can be actively influenced by changes to the product. The third step identifies and structures ecological indicators relevant for product development and provides a framework for specific selection. The fourth step focuses on determining the relationships between the three dimensions of product, process and ecology. Finally, the fifth step presents a systematic procedure for the derivation of relevant fields of action with the objective of increasing product sustainability. Furthermore, it facilitates a methodology for evaluating the comparative impact of alternative improvement measures.

Inhaltsverzeichnis

Verzeichnis der Abbildungen

Verzeichnis der Tabellen

Verzeichnis der Abkürzungen

B2B	Business-to-Business
B2C	Business-to-Customer
BMUV	Bundesministerium für Umwelt, Naturschutz, nukleare Sicherheit und Verbraucherschutz
bspw.	beispielsweise
bzgl.	bezüglich
bzw.	beziehungsweise
ca.	circa
CAD	Computer Aided Design
CAE	Computer Aided Engineering
CAx	Computed Aided x
CBAM	Carbon Border Adjustment Mechanism
CIRP	College International pour la Recherche en Productique
CO_2e	CO_2-Äkquivalent
CSRD	Corporate Sustainability Reporting Directive
d.h.	das heißt
DIN	Deutsches Institut für Normung e.V.
E	Ersatzteilproduktion
ECQFD	Environmentally Concious Quality Function Deployment
Ed.	Edition

EN	Europäische Norm
Engl.	Englisch
EP	Endprodukt
EPI	Environmental Performance Indicator
ESG	Environmental, Social, Governance
et al.	et alii
etc.	et cetera
f.	folgende
ff.	fortfolgende
FIM	Function-Impact-Marix
FSE	Funktionsstrukturelement
F&E	Forschung und Entwicklung
ggf.	gegebenenfalls
GHG	Greenhouse gas
GmbH	Gesellschaft mit beschränkter Haftung
GQFD	Green Quality Function Deployment
GWP	Global Warming Potential
H	Handlungsfeld
h	Stunde
HoQ	House of Quality
Hrsg.	Herausgeber
i.A.	in Anlehnung
IEEE	Institute of Electrical and Electronics Engineers
i.d.R.	in der Regel
ID	Identifikationsnummer

ISO	International Organization for Standardization
Jg.	Jahrgang
KMU	Kleine und mittlere Unternehmen
KrWG	Kreislaufwirtschaftsgesetz
LCA	Life Cycle Assessment
LCC	Life Cycle Costing
LCM	Life Cycle Modelling
LFD	Lifecycle-oriented Function Deployment
LH	Lösungshypothese
LkSG	Lieferkettensorgfaltspflichtengesetzt
MBSE	Model-Based Systems Engineering
N	Nutzungsphase
Nr.	Nummer
P	Produktiongsphase
PEP	Produktentstehungsprozess
PII	Product Impact Index
PPS	Produkt-Service-System
PSE	Produktstrukturelement
QFD	Quality Function Deployment
QFDE	Quality Function Deployment for Envrionment
R	Rückführungsphase
R&D	Research and Development
RWTH	Rheinisch-Westfälische Technische Hochschule
S.	Seite
SAR	Species-Area-Relationship

SCADS	Sustainability Criteria And product life-cycle Data Simulation
SCI	Sustainability Compliance Index
SysML	System Modeling Language
u.a.	unter anderen/m
VDI	Verband Deutscher Ingenieure
VDMA	Verband Deutscher Maschinen- und Anlagenbau
VoC	Voice of Customer
VoE	Voice of Environment
vgl.	vergleiche
vs.	Versus
WGP	Wissenschaftliche Gesellschaft für Produktionstechnik
WZL	Werkzeugmaschinenlabor der RWTH Aachen
z.B.	zum Beispiel

Verzeichnis der Formelzeichen

α	Anzahl an Produktstrukturelementen
β	Anzahl an Ökologieindikatoren
γ	Anzahl an Produktionsprozessen
δ	Anzahl an Funktionsstrukturelementen
ε	Anzahl an Nutzungsprozessen
ζ	Anzahl an Nutzungsprofilen
η	Anzahl an Rückführungsprozessen
θ	Anzahl an Rückführungskategorien
ξ	Anzahl an Lebenszyklusphasen
λ	Ausfallrate
κ	Anzahl an Verbesserungsmaßnahmen
$\boldsymbol{\Lambda}$	Intensitätsmatrix
$\boldsymbol{A}$	Technosphärenmatrix
$\boldsymbol{A}_N$	Technosphärenmatrix der Nutzungsphase
$\boldsymbol{A}_P$	Technosphärenmatrix der Produktionsphase
$\boldsymbol{A}_{PD}$	Direkte Technosphärenmatrix der Produktionsphase
$\boldsymbol{A}_R$	Technosphärenmatrix der Rückführungsphase
$\boldsymbol{A}_{RD}$	Direkte Technosphärenmatrix der Rückführungsphase
$\boldsymbol{b}$	Belastungsdauernvektor
$\boldsymbol{B}$	Interventionsmatrix

$\boldsymbol{B}_N$	Interventionsmatrix der Nutzungsphase
$\boldsymbol{B}_P$	Interventionsmatrix der Produktionsphase
$\boldsymbol{B}_R$	Interventionsmatrix der Rückführungsphase
$\boldsymbol{D}_{FSE}$	Funktionsstruktur-Direktbedarfsmatrix
$\boldsymbol{D}_{HM,PSE}$	Direktbedarfsmatrix der Produktstrukturelemente ohne Mengenangaben
$\boldsymbol{D}_{PSE}$	Produktstruktur-Direktbedarfsmatrix
$\boldsymbol{D}_{PSE-RPZ}$	Skalierungsmatrix der Rückführungsprozesse nach der Rückführungshäufigkeit und -wahrscheinlichkeit
$\boldsymbol{D}_{PSE-RPZ,E}$	Prozessbedarfsmatrix der Ersatzteilproduktion
$\boldsymbol{D}_{RW}$	Rückführungswahrscheinlichkeitsmatrix der Rückführungsprozesse
d_{OE}	Einheit eines Ökologieindikators
d_F	Hilfswert zur Aufstellung der Funktionsstruktur-Direktbedarfsmatrix
d_P	Hilfswert zur Aufstellung der Produktstruktur-Direktbedarfsmatrix
$\boldsymbol{e}_\alpha$	Einheitsvektor der Produktstrukturelemente
$\boldsymbol{e}_\eta$	Einheitsvektor der Rückführungsprozesse
$\boldsymbol{f}$	Funktioneller Einheitsvektor
$f(t)$	Ausfallwahrscheinlichkeitsdichtefunktion
fa_{FSE}	Funktionsart des Funktionsstrukturelements
FSE	Funktionsstrukturelement
$\boldsymbol{F}_{ED}$	Direkte funktionelle Einheitsmatrix der Ersatzteilproduktion
$\boldsymbol{F}_{EG}$	Funktionelle Einheitsmatrix der Ersatzteilproduktion
$\boldsymbol{F}_{N,NPF}$	Funktionelle Einheitsmatrix der Nutzungsphase für ein Nutzungsprofil

$\boldsymbol{F}_{EG}$	Funktionelle Einheitsmatrix der Ersatzteilproduktion
$\boldsymbol{F}_{DG}$	Direkte funktionelle Einheitsmatrix der Ersatzteilproduktion
$\boldsymbol{F}_{PG}$	Funktionelle Einheitsmatrix der Produktionsphase
$\boldsymbol{F}_{PG,ORW}$	Funktionelle Einheitsmatrix des ökologischen Restwertes
$\boldsymbol{F}_{PD}$	Direkte funktionelle Einheitsmatrix der Produktionsphase
$\boldsymbol{F}_{RG}$	Funktionelle Einheitsmatrix der Rückführungsphase
$\boldsymbol{F}_{RD}$	Direkte funktionelle Einheitsmatrix der Rückführungsphase
$\boldsymbol{g}$	Sachbilanzvektor
$\boldsymbol{G}_{D,FSE}$	Direkte Sachbilanzmatrix des gesamten Produktlebenszyklus für die Funktionsstrukturelemente
$\boldsymbol{G}_{D,PSE}$	Direkte Sachbilanzmatrix des gesamten Produktlebenszyklus für die Produktstrukturelemente
$\boldsymbol{G}_{ED,FSE}$	Direkte Sachbilanzmatrix der Umweltauswirkungen in der Ersatzteilproduktion für die Funktionsstrukturelemente
$\boldsymbol{G}_{ED,PSE}$	Direkte Sachbilanzmatrix der Umweltauswirkungen in der Ersatzteilproduktion für die Produktstrukturelemente
$\boldsymbol{G}_{EG,FSE}$	Sachbilanzmatrix der Gesamtumweltauswirkungen in der Ersatzteilproduktion für die Funktionsstrukturelemente
$\boldsymbol{G}_{EG,PSE}$	Sachbilanzmatrix der Gesamtumweltauswirkungen in der Ersatzteilproduktion für die Produktstrukturelemente
$\boldsymbol{G}_{G,FSE}$	Sachbilanzmatrix des gesamten Produktlebenszyklus für die Funktionsstrukturelemente
$\boldsymbol{G}_{G,PSE}$	Sachbilanzmatrix des gesamten Produktlebenszyklus für die Produktstrukturelemente
$\boldsymbol{G}_{ND,FSE}$	Direkte Sachbilanzmatrix der Umweltauswirkungen in der Nutzungsphase für die Funktionsstrukturelemente über alle Nutzungsprofile

$\boldsymbol{G}_{ND,FSE,NPF}$	Direkte Sachbilanzmatrix der Umweltauswirkungen in der Nutzungsphase für die Funktionsstrukturelemente in einem Nutzungsprofil
$\boldsymbol{G}_{ND,PSE}$	Direkte Sachbilanzmatrix der Umweltauswirkungen in der Nutzungsphase für die Produktstrukturelemente über alle Nutzungsprofile
$\boldsymbol{G}_{ND,PSE,NPF}$	Direkte Sachbilanzmatrix der Umweltauswirkungen in der Nutzungsphase für die Produktstrukturelemente in einem Nutzungsprofil
$\boldsymbol{G}_{NG,FSE}$	Sachbilanzmatrix der Gesamtumweltauswirkungen in der Nutzungsphase für die Funktionsstrukturelemente über alle Nutzungsprofile
$\boldsymbol{G}_{NG,FSE,NPF}$	Sachbilanzmatrix der Gesamtumweltauswirkungen in der Nutzungsphase für die Funktionsstrukturelemente in einem Nutzungsprofil
$\boldsymbol{G}_{NG,PSE}$	Sachbilanzmatrix der Gesamtumweltauswirkungen in der Nutzungsphase für die Produktstrukturelemente über alle Nutzungsprofile
$\boldsymbol{G}_{NG,PSE,NPF}$	Sachbilanzmatrix der Gesamtumweltauswirkungen in der Nutzungsphase für die Produktstrukturelemente in einem Nutzungsprofil
$\boldsymbol{G}_{PD,FSE}$	Direkte Sachbilanzmatrix der Umweltauswirkungen in der Produktionsphase für die Funktionsstrukturelemente
$\boldsymbol{G}_{PD,ORW,PSE}$	Direkte Sachbilanzmatrix des ökologischen Restwertes für die Produktstrukturelemente
$\boldsymbol{G}_{PD,PSE}$	Direkte Sachbilanzmatrix der Umweltauswirkungen in der Produktionsphase für die Produktstrukturelemente
$\boldsymbol{G}_{PG,FSE}$	Sachbilanzmatrix der Gesamtumweltauswirkungen in der Produktionsphase für die Funktionsstrukturelemente
$\boldsymbol{G}_{PG,ORW,PSE}$	Sachbilanzmatrix des ökologischen Restwertes für die Produktstrukturelemente

$\boldsymbol{G}_{PG,PSE}$	Sachbilanzmatrix der Gesamtumweltauswirkungen in der Produktionsphase für die Produktstrukturelemente
$\boldsymbol{G}_{RD,FSE}$	Direkte Sachbilanzmatrix der Umweltauswirkungen in der Rückführungsphase für die Funktionsstrukturelemente
$\boldsymbol{G}_{RD,PSE}$	Direkte Sachbilanzmatrix der Umweltauswirkungen in der Rückführungsphase für die Produktstrukturelemente
$\boldsymbol{G}_{RG,FSE}$	Sachbilanzmatrix der Gesamtumweltauswirkungen in der Rückführungsphase für die Funktionsstrukturelemente
$\boldsymbol{G}_{RG,PSE}$	Sachbilanzmatrix der Gesamtumweltauswirkungen in der Rückführungsphase für die Produktstrukturelemente
$\boldsymbol{I}_{NPF}$	Einheitsmatrix der Nutzungsprofile
$\boldsymbol{I}_{NPZ}$	Einheitsmatrix der Nutzungsprozesse
$\boldsymbol{I}_{PPZ}$	Einheitsmatrix der Produktionsprozesse
$\boldsymbol{I}_{RPZ}$	Einheitsmatrix der Rückführungsprozesse
ID_{FSE}	Identifikationsnummer des Funktionsstrukturelements
ID_{NPF}	Identifikationsnummer des Nutzungsprofils
ID_{NPZ}	Identifikationsnummer des Nutzungsprozesses
ID_{OE}	Identifikationsnummer des Ökologieindikators
ID_{PPZ}	Identifikationsnummer des Produktionsprozesses
ID_{PSE}	Identifikationsnummer des Produktstrukturelements
ID_{RPZ}	Identifikationsnummer des Rückführungsprozesses
$\boldsymbol{K}_{M}$	Konsistenzmatrix der Abhängigkeiten zwischen zwei Verbesserungsmaßnahmen
K_{NPZ}	Nutzungsprozesskategorie
K_{OE}	Ökologiekategorie
K_{PPZ}	Produktionsprozesskategorie
K_{RPZ}	Rückführungsprozesskategorie

m	Anzahl Elementarflüsse
$MTBF$	Mean Time Between Failure
$MTTFF$	Mean Time To First Failure
$\boldsymbol{mt}_{TFF}$	MTTFF-Vektor der Produktstrukturelemente
$\boldsymbol{mt}_{BF}$	MTBF-Vektor der Produktstrukturelemente
n	Anzahl Zwischenproduktflüsse
$\boldsymbol{n}_E$	Anzahl neu zu produzierender Produktstrukturelemente
n_{FSE}	Anzahl Funktionsausführungen im Nutzungsprozess
$\boldsymbol{n}_{NPF}$	Nutzungsprofilvektor
$\boldsymbol{N}_{NPF-NPZ}$	Nutzungsprofilmatrix der Nutzungsprozessausführungen
$\boldsymbol{N}_{NPF-FSE}$	Funktionsausführungsmatrix in einem Nutzungsprofil je Funktionsstrukturelement
$\boldsymbol{n}_{NPZ}$	Ausführungshäufigkeitsvektor der Nutzungsprofile
$\boldsymbol{N}_{NPZ-FSE}$	Funktionsausführungsmatrix der Nutzungsprozesse
$\boldsymbol{N}_{NPZ-FSE,skal}$	Skalierte Funktionsausführungsmatrix der Nutzungsprozesse
n_{PSE}	Stückzahl des Produktstrukturelements
n_P	Anzahl Prozessträger im Produktionsprozess
$\boldsymbol{N}_P$	Matrix bearbeiteter Prozessträger in den Produktionsprozessen
n_R	Anzahl Prozessträger im Rückführungsprozess
$\boldsymbol{N}_R$	Matrix bearbeiteter Prozessträger in den Rückführungsprozessen
$\boldsymbol{n}_W$	Anzahl neuverteilter oder aufgearbeiteter Produktstrukturelemente
ow	Ökologiewert eines Ökologieindikators
$\boldsymbol{OW}_N$	Ökologiewertematrix der Nutzungsphase
$\boldsymbol{OW}_{N,nor}$	Normierte Ökologiewertematrix der Nutzungsphase
$\boldsymbol{OW}_P$	Ökologiewertematrix der Produktionsphase

$\boldsymbol{OW}_R$	Ökologiewertematrix der Rückführungsphase
$\boldsymbol{OW}_{R,nor}$	Normierte Ökologiewertematrix der Rückführungsphase
$\boldsymbol{P}$	Prozessmatrix
PSE	Produktstrukturelement
$\boldsymbol{PZT}_N$	Prozessträgermatrix der Nutzungsphase
$\boldsymbol{PZT}_P$	Prozessträgermatrix der Produktionsphase
$\boldsymbol{PZT}_R$	Prozessträgermatrix der Rückführungsphase
$\boldsymbol{q}$	Vektor aggregierter externer Ströme des gesamten Systems
Q	Quelle bzw. Erfassungsverfahren eines Ökologieindikators
$\boldsymbol{r}$	Rückführungshäufigkeitsvektor
$\boldsymbol{r}_{ORW}$	Restrückführungshäufigkeitsvektor der Produktstrukturelemente
$R(t)$	Überlebenswahrscheinlichkeit
$\boldsymbol{RW}$	Rückführungswahrscheinlichkeitsmatrix
$\boldsymbol{s}$	Skalierungsvektor
S	Schadenssumme
s_{FSE}	Strukturstufe des Funktionsstrukturelements
s_{PSE}	Strukturstufe des Produktstrukturelements
$\boldsymbol{SF}_P$	Skalierungsmatrix für die Prozessträger in der Produktionsphase
$\boldsymbol{S}_{PG}$	Skalierungsmatrix der Gesamtumweltauswirkungen der Produktionsphase
$\boldsymbol{S}_{RG}$	Funktionelle Einheitsmatrix der Rückführungsphase
t	Nutzungszeit
$\boldsymbol{T}_T$	Transformationsbeziehungsmatrix
$\boldsymbol{T}_{FP}$	Transformationsbeziehungsmatrix von Funktions- auf Produktstrukturelemente

$\boldsymbol{T}_{PF}$	Transformationsbeziehungsmatrix von Produkt- auf Funktionsstrukturelemente
$\boldsymbol{T}_{N,FP}$	Transformationsbeziehungsmatrix von Funktions- auf Produktstrukturelemente in der Nutzungsphase
$\boldsymbol{T}_{P,PF}$	Transformationsbeziehungsmatrix von Produkt- auf Funktionsstrukturelemente in der Produktionsphase
$\boldsymbol{T}_{P,PF}$	Transformationsbeziehungsmatrix von Produkt- auf Funktionsstrukturelemente in der Rückführungsphase
$\boldsymbol{U}_{FSE}$	Umweltauswirkungsmatrix für jedes Funktionsstrukturelement in einem Nutzungsprofil
$\boldsymbol{X}_{PG,FSE}$	Normierungsmatrix der gesamten Umweltauswirkungen in der Produktionsphase für die Funktionsstrukturelemente
$\boldsymbol{Y}_{NG,FSE}$	Normierungsmatrix der gesamten Umweltauswirkungen in der Nutzungsphase für die Funktionsstrukturelemente
$\boldsymbol{Z}_{RG,FSE}$	Normierungsmatrix der gesamten Umweltauswirkungen in der Rückführungsphase inklusive Ersatzteilproduktion für die Funktionsstrukturelemente
$\boldsymbol{z}_{HD}$	Funktionsausführungszeiten über alle Nutzungsprozesse in einem Nutzungsprofil
$\boldsymbol{z}_{NPZ}$	Zeitvektor der Nutzungsprozesse
$\boldsymbol{Z}_{NPZ-FSE}$	Funktionsausführungszeiten in den Nutzungsprozessen

Genderhinweis

Aus Gründen der besseren Lesbarkeit wird bei Personenbezeichnungen und personenbezogenen Hauptwörtern in der vorliegenden Arbeit das generische Maskulinum verwendet und auf die gleichzeitige Verwendung der Sprachformen männlich, weiblich, divers (m/w/d) verzichtet. Entsprechende Begriffe gelten im Sinne der Gleichbehandlung grundsätzlich für alle Geschlechter.

1 Einleitung

Die nachfolgenden Kapitel skizzieren die Hintergründe für das Verfassen dieser Arbeit durch die Darlegung der Motivation (Kapitel 1.1) sowie der zugrundeliegenden Zielsetzung (Kapitel 1.2). Weiterhin erfolgt die Vorstellung der Forschungskonzeption (Kapitel 1.3) sowie die Erläuterung des Aufbaus dieser Arbeit (Kapitel 1.4).

1.1 Motivation

Die größte Herausforderung der heutigen Zeit stellen der Klimawandel, der Biodiversitätsverlust sowie die vermehrte globale Verschmutzung dar[1]. In Gesellschaft, Politik und Wirtschaft steigt das Bestreben wirkungsvolle Maßnahmen zum Schutz von Klima und Umwelt zu ergreifen[2]. Die produzierende Industrie ist durch ihren hohen Energie- und Ressourcenverbrauch besonders relevant. Der gesamte deutsche Industriesektor hat im Jahr 2022 rund 165 Mio. Tonnen CO_2-Äquivalente emittiert und ist damit der zweitgrößte Verursacher von Treibhausgasemissionen nach dem Energiewirtschaftssektor[3]. Davon verursacht das verarbeitende Gewerbe wiederum knapp 70 % der Treibhausgasemissionen und steht damit im Fokus bei der Ermittlung von Einsparungspotenzialen. Die Dringlichkeit zur Veränderung zeigt sich in den zunehmenden Forderungen unterschiedlichster Stakeholder[4]. So achten Investoren zunehmend auf ESG-Kriterien (Environmental, Social, Governance), sodass die Menge des entsprechend verwalteten Vermögens sich in den letzten Jahren vervielfacht hat[5]. Folgend stellt sich ein verändertes Verhalten von Konsumenten bei Kaufentscheidungen in Bezug auf Nachhaltigkeit dar[6]. Darüber hinaus formuliert die Politik flächendeckend

[1] Vgl. Schuh et al. (2023), Circular Production Economy, S. 288
[2] Vgl. Schmitt et al. (2023), Data Structures for Resilience, S. 38
[3] Vgl. Umweltbundesamt (2023), Emissionsübersichten nach Sektoren
[4] Vgl. Fink (2022), Letter to CEOs
[5] Vgl. Bloomberg (2021), ESG assets, S. 3
[6] Vgl. Kachaner et al. (2020), Heithening Environmental Awareness

wirksame Nachhaltigkeitsrichtlinien wie den EU Green Deal, welcher eine Klimaneutralität im Jahr 2050 forciert[7]. Weitere ESG-Regularien wie die EU-Taxonomie, die Corporate Sustainability Reporting Directive (CSRD), das Lieferkettensorgfaltspflichtengesetzt (LkSG) oder der Carbon Border Adjustment Mechanism (CBAM) greifen sowohl strategisch als auch operativ in die Geschäftspraktiken der Unternehmen ein, mit dem Ziel die Leistungen hinsichtlich der Nachhaltigkeit kontinuierlich zu verbessern[8]. Während die EU-Taxonomie ein Klassifizierungssystem für ökologisch nachhaltige Wirtschaftstätigkeiten schafft und damit klare Regeln und Rahmenbedingungen formuliert[9], verspricht die CSRD die größte europäische Reform der nicht-finanziellen Berichtserstattung. Über 1000 Nachhaltigkeitskennzahlen sind von Unternehmen mit mehr als 250 Mitarbeitern zu berichten, wobei durch Geschäftspraktiken auch kleine Unternehmen indirekt betroffen sind.[10] Das LkSG forciert hingegen Anforderung an ein verantwortliches Management von Lieferketten, wie die Einhaltung von Menschenrechten[11]. CBAM ergänzt das EU-Emissionshandelssystem und stellt als CO_2-Ausgleichsmechanismums sicher, dass Importe den gleichen Emissionspreisen unterliegen wie für innerhalb der EU hergestellte Produkte[12]. Die nationalen und internationalen Gesetzgebungen fordern demnach Unternehmen auf, Verantwortung für den gesamten Lebenszyklus ihrer Produkte zu übernehmen[13]. Hierzu gehört ein Wandel weg von dem sogenannten „Take, Make, Waste"-Prinzip des linearen Wirtschaftssystems durch ein fundamentales Umdenken in der vorherrschenden Produktions- und Konsumlogik. Ziel ist ein Denken in Kreisläufen, welches die Entkopplung wirtschaftlicher Tätigkeiten von dem jeweiligen Ressourcenverbrauch erlaubt. Im Kontext einer Kreislaufwirtschaft soll sich die Nutzungsphase durch mehrere Nutzungszyklen verlängern, eine systematische Rückführung von Komponenten ergeben und somit die entstehenden Abfallmengen reduzieren.[14]

---

[7] Vgl. Europäische Kommission (2019), Der europäische Grüne Deal, S. 2ff.

[8] Vgl. Bobzien (2022), CSRD & Co.

[9] Vgl. Bundesministerium für Umwelt, Naturschutz, nukleare Sicherheit und Verbraucherschutz (2022), EU-Taxonomie

[10] Vgl. Europäisches Parlament und Europäische Union (2022), Corporate Sustainability Reporting Directive, S. 17

[11] Vgl. Bundesgesetzblatt (2021), LkSG, S. 2961

[12] Vgl. Healy et al. (2023), CO2-Genzausgleichssystems (CBAM), S. 1

[13] Vgl. Haupt et al. (2021), Sorgfaltspflichten entlang globaler Lieferketten, S. 42; Vgl. Scholz (2018), Chancen der nachhaltigen Produktentwicklung, S. 264

[14] Vgl. Schuh et al. (2023), New Modularity and Technology Roadmapping, S. 92; Vgl. Europäisches Parlament (2023), Kreislaufwirtschaft; Vgl. Bundesministerium für Umwelt, Naturschutz, nukleare Sicherheit und Verbraucherschutz (2012), Kreislaufwirtschaftsgesetz KrWG, §23

Die sich verstärkenden Anzeichen des Klimawandels, der wachsende Wettbewerb um knapper werdende natürliche Ressourcen und zunehmend umweltbewusste Stakeholder erhöhen letztendlich den Druck auf Unternehmen, neue Produkte unter ökologischen, ökonomischen und sozialen Nachhaltigkeitsaspekten zu entwickeln. Die Entwicklung nachhaltiger Produkte stellt daher eine wesentliche Voraussetzung dar, dass ein Unternehmen seine Wettbewerbsfähigkeit beibehält oder steigert.[15] Dies gilt insbesondere für Unternehmen des Maschinen- und Anlagenbaus, da diese Branche durch komplexe Produkte, energie- und ressourcenintensive Prozesse in der Nutzungsphase sowie lange Betriebsdauern gekennzeichnet ist[16]. Kleine Änderungen im Produktdesign können große Auswirkungen auf die ökologische Nachhaltigkeit haben und damit auch die Nachhaltigkeit anderer produzierender Unternehmen, die diese Maschinen oder Anlagen nutzen, beeinflussen. Etwa 80 % der Gesamtauswirkungen eines technischen Produktes entscheiden sich bei der Planung und Entwicklung, sodass es essentiell ist, Nachhaltigkeitsziele in entsprechende Entscheidungsprozesse zu integrieren.[17] In dieser Phase erfolgt unter anderem die Konzeption der grundlegenden Komponenten des Produktes, die Auswahl der Materialien und die Definition der dazu erforderlichen Herstellungsprozesse[18]. Um entsprechende Entscheidungen im Rahmen des Produktentwicklungsprozesses treffen zu können, ist die Schaffung von Transparenz über die Umweltauswirkungen verwandter oder bestehender Vorgängerprodukte unabdingbar.

In der wissenschaftlichen Literatur und Praxis bestehen bereits Methoden und Ansätze, die Unternehmen bei der Analyse und Bewertung ihrer Produkte im Hinblick auf Nachhaltigkeit unterstützen[19]. Eine der bekanntesten und weit verbreiteten Methoden ist das Life Cycle Assessment (LCA). Die Ergebnisse lassen sich zur Identifikation von Verbesserungspotenzialen nutzen.[20] Eine große Herausforderung bei der

[15] Vgl. Schuh und Dölle (2021), Sustainable Innovation, S. 11; Vgl. Sailer (2020), Nachhaltigkeitscontrolling, S. 24; Vgl. Scholz (2018), Chancen der nachhaltigen Produktentwicklung, S. 264

[16] Vgl. Ponn und Lindemann (2011), Gestaltung technischer Produkte, S. 15; Vgl. Herterich et al. (2016), Industrielle Dienstleistungen 4.0, S. 5

[17] Vgl. Scholz (2018), Chancen der nachhaltigen Produktentwicklung, S. 263; Vgl. Bhander et al. (2003), Implementing life cycle assessment, S. 255; Vgl. Heinzle und Hungerbühler (1997), Integrated process development, S. 177

[18] Vgl. Watz und Hallstedt (2018), Integrating sustainability in product requirements, S. 1405; Vgl. Koen et al. (2001), Fuzzy Front End

[19] Vgl. Sheldrick und Rahimifard (2013), Evolution in Ecodesign, S. 37

[20] Vgl. Sailer (2020), Nachhaltigkeitscontrolling, S. 184f.

Durchführung von LCA besteht jedoch in dem hohen finanziellen und zeitlichen Aufwand sowie dem oftmals erforderlichen Expertenwissen[21]. Einige Aspekte, wie die Definition des Untersuchungsrahmens, die Abschätzung der Umweltauswirkungen sowie die Beurteilung der Ergebnisse, unterliegen der Subjektivität des Anwenders und erschweren einen unternehmensübergreifenden Vergleich[22]. Darüber hinaus erlauben viele Methoden nicht die dynamische Anpassung von Parametern, sofern sich Rahmenbedingungen ändern, oder die Berücksichtigung des Abnutzungsverhaltens von Komponenten über der Zeit[23]. Weiterhin erfolgt in der Regel keine Differenzierung unterschiedlicher Rückführungsarten einzelner Produktumfänge im Sinne der Kreislaufwirtschaft[24]. Im Rahmen der Ökologieanalyse sind alle Lebenszyklusphasen gleichermaßen zu berücksichtigen, da es sonst zu verzerrten oder gar falschen Aussagen kommen kann[25]. Die Komplexität moderner Produktsysteme, aufgrund zahlreicher Komponenten mit teilweise sehr unterschiedlichen Lebenszyklen einzelner Komponenten und eine Vielzahl von Anwendungsfällen erschweren zusätzlich die Durchführung der LCA[26]. Zur Identifikation von Ressourcenverschwendungen im direkten Zusammenhang mit dem Produktlebenszyklus gilt es, die Vorgehensweisen der LCA anzupassen und die Ergebnisse über die beeinflussbaren Umfänge der Produktentwicklung systematisch zur Verfügung zu stellen[27]. Als grundlegende Strategien für eine erfolgreiche Implementierung nennt die ISO/TR 14062 unter anderem die Betrachtung des gesamten Produktlebenszyklus, die Untersuchung der Produktfunktionen sowie die Berücksichtigung von Mehrfachkriterien mit ihren Wechselwirkungen[28]. Insbesondere eine Analyse der Ökologie aus Funktionssicht erfolgt bislang nur unzureichend, obwohl sich eine verbesserte Interpretation der Ergebnisse für Produktentwickler vermuten lässt[29]. Daher soll die vorliegende Arbeit einen Beitrag dazu leisten Produkte im Maschinen- und Anlagenbau ökologisch nachhaltiger zu gestalten, indem die Analyse der Ökologie aus Sicht der Produktentwicklung erfolgt. Diese soll ermöglichen, verschiedene Produktfunktionen und Lösungen miteinander zu vergleichen,

---

[21] Vgl. Bhander et al. (2003), Implementing life cycle assessment, S. 256
[22] Vgl. Sailer (2020), Nachhaltigkeitscontrolling, S. 186f.
[23] Vgl. Bhander et al. (2003), Implementing life cycle assessment, S. 256
[24] Vgl. Ruschitzka et al. (2024), Ecology Analysis of Machines and Plants, S. 296ff.
[25] Vgl. Birkhofer et al. (2012), Umweltgerechtes Konstruieren, S. 564
[26] Vgl. Inkermann (2022), Integrating MBSE and LCA, S. 2
[27] Vgl. Bhander et al. (2003), Implementing life cycle assessment, S. 255
[28] Vgl. Deutsches Institut für Normung e. V. (2002), DIN Fachbericht ISO/TR 14062:2002, S. 26ff.
[29] Vgl. Beger (2020), Nachhaltigkeitsoptimierte Produktentwicklung, S. 55

beeinflussbare Handlungsfelder zu identifizieren sowie Entscheidungen zu unterstützen, die die Anforderungen der Stakeholder heutiger und zukünftiger Generationen zufriedenstellen können.

1.2 Zielsetzung der Arbeit

Vor dem Hintergrund der in der Motivation dargelegten Ausgangssituation sowie den bestehenden Herausforderungen liegt das übergeordnete Ziel der vorliegenden Arbeit darin, durch die Analyse der Ökologie von Produkten im Maschinen- und Anlagenbau Transparenz für die Produktentwicklung zu schaffen. Dem Anwender der Methodik soll ein Hilfsmittel zur Verfügung stehen, die Ökologie von Funktions- und Produktstrukturelementen tiefergreifend zu analysieren und einen Überblick über die beeinflussbaren Umweltauswirkungen entlang des gesamten Produktlebenszyklus zu erhalten. Darüber hinaus soll der Vergleich alternativer konkurrierender Verbesserungsmaßnahmen analytisch fundiert gelingen. Zu diesem Zweck sind zunächst die Produkte im Maschinen- und Anlagenbau einheitlich zu beschreiben, um eine branchenspezifische Anwendung der Methodik zu ermöglichen sowie die passende Analyseebene für die Produktentwicklung zu identifizieren. Zudem gilt es den Produktlebenszyklus in dieser Branche zu untersuchen und zu strukturieren, sodass sich einerseits die Vergleichbarkeit der Analyseergebnisse erhöht sowie andererseits der Aufwand für die Prozessbeschreibung und Definition der Bilanzgrenze reduziert. Als dritte Dimension ist die Ökologie hinsichtlich ihrer Beeinflussbarkeit durch die Produktentwicklung zu untersuchen sowie einheitlich für die Ökologieanalyse zu beschreiben. Die Methodik soll die Entwickler daraufhin bei der systematischen Untersuchung der Ökologie von Funktions- und Produktstrukturelementen im Produktlebenszyklus befähigen. Dies bildet die Grundlage zur Ableitung von Handlungsfeldern für die Gestaltung ökologisch nachhaltigerer Produkte im Maschinen- und Anlagenbau. Demnach lässt sich wie folgt zusammen:

Zielsetzung dieser Arbeit ist die Entwicklung einer Methodik zur Analyse der Ökologie von Produkten im Maschinen- und Anlagenbau.

Mit der übergeordneten Perspektive gehen fünf Teilziele einher:

- Entwicklung eines **Beschreibungsmodells** zur generischen Beschreibung der Produkte im Maschinen- und Anlagenbau aus Sicht der Produktentwicklung
- Entwicklung eines **Beschreibungsmodells** zur generischen Beschreibung des Produktlebenszyklus aus Sicht der Produktentwicklung

- Entwicklung eines **Beschreibungsmodells** zur generischen Beschreibung entwicklungsrelevanter Ökologieindikatoren
- Entwicklung eines **Erklärungsmodells** zur Analyse der Funktions- und Produktstrukturelemente hinsichtlich ausgewählter Ökologieindikatoren
- Entwicklung eines **Entscheidungsmodells** zur Ableitung von Handlungsfeldern für die Entwicklung ökologisch nachhaltiger Produkte

KUBICEK empfiehlt für eine gezielte Ausrichtung des Forschungsprozesses die Formulierung zugrundenliegender Forschungsfragen[30]. Für die vorliegende Arbeit leitet sich aus der dargestellten Zielsetzung die folgende Hauptforschungsfrage ab:

„Wie lässt sich die Ökologie von Funktions- und Produktstruktur im Produktlebenszyklus für die Produktentwicklung analysieren?"

Die Beantwortung der Forschungsfrage erfolgt im Rahmen eines strukturierten Forschungsprozesses, dessen Konzeption das nachfolgende Kapitel beschreibt.

1.3 Forschungskonzeption

Die vorliegende Arbeit lässt sich in die Wissenschaftssystematik nach ULRICH UND HILL einordnen, dargestellt in Abbildung 1-1. Dabei erfolgt grundsätzlich eine Unterscheidung der Wissenschaft in die Formalwissenschaften und die Realwissenschaften.

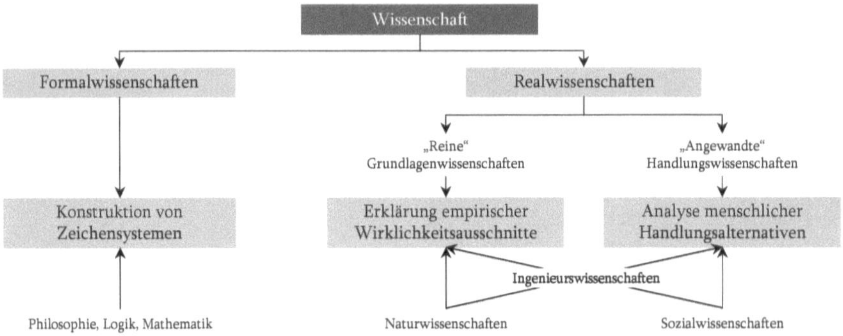

Abbildung 1-1: Wissenschaftssystematik nach ULRICH UND HILL[31]

[30] Vgl. Kubicek (1977), Heuristische Bezugsrahmen, S. 25
[31] Vgl. Ulrich und Hill (1976), Wissenschaftstheoretische Grundlagen der Betriebswirtschaftslehre, S. 305

Zu den Formalwissenschaften gehören die Mathematik, die Logik sowie die Philosophie, welche das Ziel verfolgen Zeichensysteme zu konstruieren. Die Realwissenschaften forcieren hingegen eine empirische Beschreibung, Erklärung und Gestaltung von wahrnehmbaren Ausschnitten der Wirklichkeit. Sie lassen sich einerseits in reine Grundlagenwissenschaften mit dem Ziel der Erklärung empirischer Wirklichkeitsausschnitte und andererseits in angewandte Handlungswissenschaften mit dem Ziel der Analyse menschlicher Handlungsalternativen differenzieren. Die Naturwissenschaften, wie die Physik oder Chemie, zählen zu den Grundlagenwissenschaften. Die Psychologie oder Soziologie ordnet sich hingegen den Handlungswissenschaften zu.

Die vorliegende Arbeit zur Analyse der Ökologie von Produkten im Maschinen- und Anlagenbau ist inhaltlich den Ingenieurswissenschaften zuzuschreiben. Den Einordnungen von ULRICH UND HILL folgend gehört diese eindeutig zu den Realwissenschaften. Die Ingenieurswissenschaften stehen jedoch im Spannungsfeld zwischen den Grundlagen- und Handlungswissenschaften, weshalb sich die vorliegende Arbeit in keine der beiden Kategorien eindeutig zuordnen lässt.[32] Die Idee der vorliegenden Arbeit ist im Rahmen von anwendungsorientierten Forschungsprojekten im Umfeld des RWTH Aachen Campus sowie Beratungsprojekten mit produzierenden Unternehmen entstanden. Demnach weißt die zugrundeliegende Problemstellung einen direkten Bezug zur Praxis auf. Die verfolgte Zielsetzung der zu entwickelnden Methodik besteht darin, handelnde Entwickler bei der Analyse der Produktökologie und Entwicklung nachhaltigerer Produkte zu unterstützen. Es besteht dabei kein Anspruch auf Geschlossenheit und vollkommene Mathematisierung. Vielmehr liegt ein Fokus auf dem praktischen Ziel der Erarbeitung menschlicher Handlungsalternativen, sodass sich diese Arbeit den Handlungswissenschaften zuordnen lässt.

KUBICEK umschreibt den Forschungsprozess als Lernprozess und fordert dazu auf die anvisierten, zu lösenden Probleme auf der Grundlage von Erfahrungswissen zunächst zu präzisieren. Die Definition von Forschungsfragen sollen in diesem Zuge das Vorverständnis des Forschers zum Ausdruck bringen. Die theoretische Verarbeitung des dabei gewonnenen Erfahrungswissens resultiert in weiteren Fragen. Diesen Prozess definiert KUBICEK als iterative Heuristik.[33] Das Explizieren des Vorverständnisses erfolgt durch die Darlegung der im Problemkontext festgelegten Annahmen, Fragen sowie Interpretationsmuster innerhalb eines heuristischen Bezugsrahmens[34]. Im Rah-

[32] Vgl. Ulrich und Hill (1976), Wissenschaftstheoretische Grundlagen der Betriebswirtschaftslehre, S. 305
[33] Vgl. Kubicek (1977), Heuristische Bezugsrahmen, S. 14
[34] Vgl. Kubicek (1977), Heuristische Bezugsrahmen, S. 16

men der vorliegenden Arbeit erfolgt dies über die Formulierung der folgenden Teilforschungsfragen, die sich aus der Hauptforschungsfrage sowie den definierten Teilzielen aus Kapitel 1.2 ableiten lassen:

- Wie lassen sich **Produkte** des Maschinen- und Anlagenbaus aus Sicht der Produktentwicklung **beschreiben**?
- Wie lässt sich der **Produktlebenszyklus** aus Sicht der Produktentwicklung **beschreiben**?
- Wie lassen sich die durch die Produktentwicklung beeinflussbaren **Ökologieindikatoren beschreiben** und anwendungsspezifisch auswählen?
- Wie lassen sich **Funktions- und Produktstrukturelemente** hinsichtlich ausgewählter Ökologieindikatoren **analysieren**?
- Wie lassen sich **Handlungsfelder** für die Entwicklung ökologisch nachhaltiger Produkte **ableiten**?

Kapitel 4 greift die dargestellten Teilforschungsfragen bei der Konzeption der Methodik und Ableitung entsprechender Partialmodelle auf. Darüber hinaus dienen die abgeleiteten Teilforschungsfragen als Grundlage zur Analyse der subjektiven Realität aus Forschersicht. Diese beruht auf vorwissenschaftlichen und wertgebundenen Annahmen. Zur Überwindung des sogenannten Subjektivitätskriteriums einer wissenschaftlichen Arbeit ist eine Leitidee für die systematische Vorgehensweise im Rahmen des Forschungsprozesses notwendig.[35] Die Wissenschaftstheorie bezeichnet eine derartige Leitidee als Erkenntnisprogramm, Forschungsprogramm oder Paradigma und verfolgt das Ziel durch die Verwendung von Grundmodellen der wissenschaftlichen Gemeinschaft eine gemeinsame Orientierung zu geben[36]. Die Betriebswirtschaftslehre, welche ebenfalls zur angewandten Handlungswissenschaft zählt, unterscheidet drei zentrale Grundmodelle: der faktortheoretische Ansatz nach GUTENBERG[37], der systemtheoretische Ansatz nach ULRICH[38] sowie der entscheidungstheoretische Ansatz nach HEINEN[39]. Der Ansatz von ULRICH zeichnet sich durch seine besondere Nähe zu den Ingenieurswissenschaften aus.[40] Gleichzeitig fokussiert dieser Ansatz gegenwärtige, reale Probleme als Ausgangspunkt für die Untersuchung neuer Realitäten und die Prüfung der entwickelten Modelle im Anwendungszusammenhang[41]. Aus diesem Grund folgt die

---

[35] Vgl. Ulrich und Hill (1976), Wissenschaftstheoretische Grundlagen der Betriebswirtschaftslehre, S. 306
[36] Vgl. Ulrich und Hill (1976), Wissenschaftstheoretische Grundlagen der Betriebswirtschaftslehre, S. 307f.; Vgl. Kuhn (2021), Gestaltung agiler Entwicklungsnetzwerke, S. 8
[37] Vgl. Gutenberg (1951), Grundlagen der Betriebswirtschaftslehre
[38] Vgl. Ulrich (1968), Die Unternehmung als produktives soziales System
[39] Vgl. Heinen (1968), Einführung in die Betriebswirtschaftslehre
[40] Vgl. Ulrich und Hill (1976), Wissenschaftstheoretische Grundlagen der Betriebswirtschaftslehre, S. 308f.
[41] Vgl. Ulrich (1984), Management, S. 179

vorliegende Arbeit dem systemtheoretischen Ansatz nach ULRICH als Grundmodell zur Ausrichtung des Forschungsprozesses, dargelegt in Abbildung 1-2.

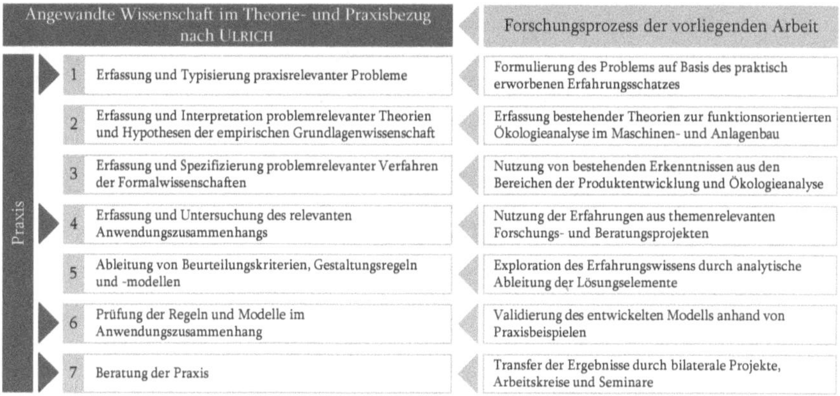

Abbildung 1-2: Forschungsprozess nach ULRICH[42]

Die in dieser Arbeit adressierten praxisrelevanten Probleme resultieren aus den Erkenntnissen der Autorin aus einschlägigen Forschungs- und Beratungsprojekten im Rahmen der Tätigkeiten als wissenschaftliche Mitarbeiterin am Lehrstuhl für Produktionssystematik des Werkzeugmaschinenlabors WZL der RWTH Aachen University. Eine umfassende Literaturanalyse über verschiedene, im Kontext der vorliegenden Arbeit relevante Forschungsgebiete, stellt die Erfassung und Interpretation problemrelevanter Theorien und Verfahren sicher. Die den Forschungsprozess flankierende Bearbeitung von Forschungs- und Beratungsprojekten unterstützen die kontinuierliche Überprüfung der Methodenschritte und stellen den Anwendungszusammenhang sicher. Entsprechend ist auch die wissenschaftliche Erarbeitung der Partialmodelle charakterisiert durch eine fortlaufende Prüfung der Anwendbarkeit anhand realer Fallbeispiele der unternehmerischen Praxis. Den Abschluss bildet die Validierung der Methodik anhand eines Praxisbeispiels.

[42] Vgl. Ulrich (1984), Management, S. 193

1.4 Aufbau der Arbeit

Nach der Einordnung der vorliegenden Forschungsarbeit in die Wissenschaftssystematik sowie der Festlegung der theoretischen Vorgehensweise nach dem systemtheoretischen Ansatz nach ULRICH, erfolgt nun die Erläuterung des Aufbaus dieser Arbeit. Zu diesem Zweck stehen die einzelnen Kapitel in Abbildung 1-3 den Phasen des Forschungsprozesses gegenüber.

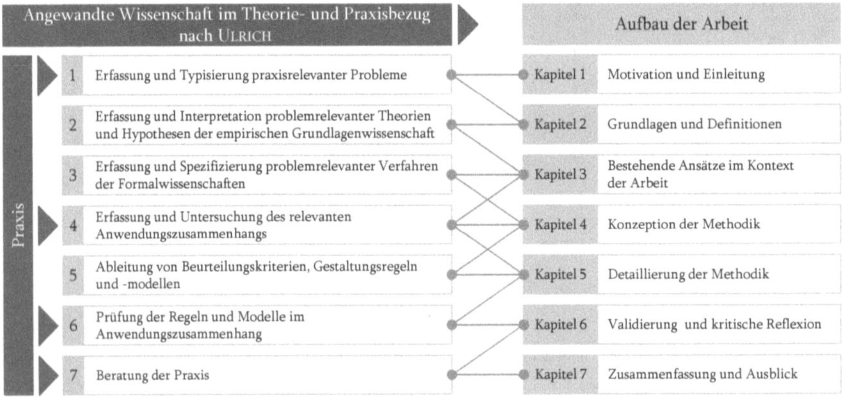

Abbildung 1-3: Aufbau der Arbeit

Das erste Kapitel hat bereits die zugrundeliegende Problemstellung und Zielsetzung dieser Arbeit skizziert. Anknüpfend vertieft Kapitel zwei das Verständnis der Problemstellung durch die Beschreibung der relevanten Grundlagen und Definition erforderlicher Begrifflichkeiten. Neben den Grundlagen zu technischen Produkten im Maschinen- und Anlagenbau, erfolgt eine Darlegung der Grundlagen zum Produktlebenszyklus sowie zur Analyse der Ökologie.

Das dritte Kapitel stellt das Forschungsdefizit heraus, welches die vorliegende Arbeit adressiert. Zu diesem Zweck erfolgt die Erläuterung von Herausforderungen und Defiziten der industriellen Praxis im Zusammenhang mit der Ökologieanalyse im Rahmen der Produktentwicklung. Anschließend steht die Bewertung der wissenschaftlichen Literatur auf problemrelevante Lösungen anhand hergeleiteter Kriterien im Fokus. Den Abschluss bildet die Erläuterung des weiteren Forschungsbedarfs.

Im Rahmen des vierten Kapitels entsteht das Konzept der Methodik zur funktionsorientierten Ökologieanalyse im Maschinen- und Anlagenbau. Hierzu benennt das Kapitel zentrale inhaltliche und formale Anforderungen, welche bei der Entwicklung der Methodik zu berücksichtigen sind. Basierend darauf wird das Grobkonzept der Methodik in Form von fünf Partialmodellen entwickelt.

Die Ausarbeitung der Partialmodelle erfolgt in Kapitel fünf unter Berücksichtigung der dargelegten Anforderungen. Zur Sicherung der Praxistauglichkeit erfolgt die Prüfung der Partialmodelle im Zuge der Erarbeitung im unmittelbaren Anwendungszusammenhang. Dies stellt sicher, dass durch die Anwendung der Partialmodelle ein greifbarer Nutzen entsteht und die spätere Anwendbarkeit gegeben ist. Weiterhin verhilft das durchgängige Fallbeispiel dazu, die Stringenz und Verknüpfung der Partialmodelle abzusichern.

Das sechste Kapitel verfolgt eine weitere Prüfung der entwickelten Modelle im Anwendungszusammenhang. Ein zweites Fallbeispiel aus der industriellen Praxis dient zur Validierung. Die in diesem Zuge gewonnen Erkenntnisse sind in Form einer kritischen Reflexion dokumentiert.

Den Abschluss bildet Kapitel sieben, welches die Forschungsarbeit zusammenfasst und einen Ausblick auf den weiteren Forschungsbedarf gibt.

2 Grundlagen und Definitionen

Im Rahmen dieses Kapitels erfolgt die Erarbeitung der im Kontext dieser Arbeit relevanten Grundlagen und Definitionen. Diese bilden die erforderliche Basis zur Konzeption und Detaillierung der Methodik zur funktionsorientierten Ökologieanalyse im Maschinen- und Anlagenbau. Dabei wird das Ziel verfolgt, ein einheitliches Begriffsverständnis über die relevanten Themengebiete zu erzeugen sowie den Objektbereich einzugrenzen. Zunächst erfolgt die Darstellung der Entwicklung technischer Produkte im Maschinen- und Anlagenbau (Kapitel 2.1). Dem folgend wird der Produktlebenszyklus als Entstehungsort von Umweltauswirkungen vorgestellt und eingegrenzt (Kapitel 2.2). Da das Ziel der vorliegenden Arbeit die Analyse der Ökologie von technischen Produkten im Maschinen- und Anlagenbau darstellt, folgen im dritten Schritt die relevanten Begrifflichkeiten und Methoden zur Analyse der ökologischen Nachhaltigkeit (Kapitel 2.3). Den Abschluss des zweiten Kapitels bildet ein Zwischenfazit zu den Grundlagen zur funktionsorientierten Ökologieanalyse im Maschinen- und Anlagenbau (Kapitel 2.4).

2.1 Entwicklung technischer Produkte im Maschinen- und Anlagenbau

Dieses Teilkapitel befasst sich mit den Grundlagen zur Entwicklung technischer Produkte im Maschinen- und Anlagenbau. Zunächst werden die relevanten Begrifflichkeiten zur Schaffung eines einheitlichen Verständnisses definiert (Kapitel 2.1.1). Anschließend erfolgt die Vorstellung wesentlicher Aktivitäten im Produktentstehungsprozess als Anwendungsort und damit Objektbereich der zu entwickelnden Methodik (Kapitel 2.1.2). Abschließend wird die Produktarchitektur zur Beschreibung und Strukturierung komplexer Produkte vorgestellt (Kapitel 2.1.3).

2.1.1 Relevante Begrifflichkeiten

In diesem Abschnitt werden die relevanten Begrifflichkeiten definiert, die im Zusammenhang mit der Entwicklung technischer Produkte im Maschinen- und Anlagenbau stehen. Zu diesem Zweck erfolgt eine Definition von technische Produkten im Kontext des Maschinen- und Anlagenbaus und damit eine Eingrenzung der im Rahmen dieser Arbeit betrachteten Produkte. Daraufhin folgt die Definition der Produktentwicklung, als Objektbereich der funktionsorientierten Ökologieanalyse, und deren Einordnung in die Forschung und Entwicklung. Abschließend wird der Prozessbegriff eingeführt, um auf die wesentlichen Prozesse und Aktivitäten zur Entwicklung technischer Produkte einzugehen.

2.1.1.1 Technisches Produkt im Maschinen- und Anlagenbau

Der Begriff **Produkt** beruht sprachwissenschaftlich auf dem lateinischen Verb *producere*, welches mit „hervorbringen“ übersetzt werden kann[43]. Der DUDEN setzt den Begriff Produkt mit einem Erzeugnis gleich, welches das Ergebnis menschlicher Arbeit ist[44]. Ein Produkt wird nach der VDI-Richtlinie 2221 definiert als ein Erzeugnis materieller (Sachgut) als auch immaterieller (Dienstleistung, Information) Art[45]. Dieses wird alleine oder als System angeboten, um den Marktbedarf sowie Bedürfnisse von Nutzern zielgruppengerecht zu befriedigen[46]. Dieses allgemeine Verständnis eines Produktes teilen ULRICH UND EPPINGER und verstehen unter einem Produkt ein Verkaufsobjekt von einem Unternehmen an seine Kundschaft[47].

In dieser Arbeit wird der Fokus insbesondere auf technische Produkte als Erzeugnisse industrieller Wertschöpfung gelegt, worauf sich das Begriffsverständnis weiter detaillieren lässt. Die VDI-Richtlinie 3780 definiert den Begriff **Technik** als die Menge nutzenorientierter, künstlicher und gegenständlicher Gebilde sowie die Menge menschlicher Handlungen und Einrichtungen, in denen Sachsysteme entstehen und verwendet werden[48]. EHRENSPIEL UND MEERKAMM verstehen unter technischen Produkten geo-

---

[43] Vgl. PONS GmbH (2016), Wörterbuch Latein - Deutsch, S.738

[44] Vgl. Bibliographisches Institut (2019), Deutsches Universalwörterbuch, S. 1407

[45] Vgl. Verein Deutscher Ingenieure e.V. (2019), VDI 2221, S. 8; Vgl. Riesener (2015), Ähnlichkeitsbasierte Produktkonfiguration im Maschinenbau, S. 16

[46] Vgl. Verein Deutscher Ingenieure e.V. (2019), VDI 2221, S. 8

[47] Vgl. Ulrich und Eppinger (2016), Product design and development, S. 2

[48] Vgl. Verein Deutscher Ingenieure e.V. (2000), VDI 3780, S. 2

metrisch-stoffliche Erzeugnisse, die eine definierte Funktion erfüllen und eine Vielzahl unmittelbar festgelegter Eigenschaften besitzen[49]. PONN UND LINDEMANN definieren das technische Produkt als Zusammensetzung aus einer physischen Baustruktur, einer Wirkstruktur sowie einer Funktionsstruktur zur Erfüllung technischer Produktanforderungen[50].

Im Kontext des Maschinen- und Anlagenbaus, der im Fokus dieser Arbeit steht, haben sich die technischen Produkte von einem hohen Anteil mechanischer Komponenten hin zu mechatronischen Produkten weiterentwickelt. Hierunter versteht sich die Integration von mechanischen, elektronischen und softwaretechnischen Anteilen.[51] Dabei ist eine mechanische Grundstruktur in Abhängigkeit von der geforderten Funktionalität mit elektronischen, thermischen, magnetischen, optischen und weiteren funktionell erforderlichen Bauelementen verknüpft[52]. Die Produkte des Maschinen- und Anlagenbaus reichen dabei von Sondermaschinen mit individuellen Kundenspezifikationen, über Serienprodukte mit definierten Marktsegmenten, hin zu Massenprodukten[53]. Dies impliziert eine stark wachsende Produktkomplexität[54]. Die Komplexität zeichnet sich in diesem Zusammenhang durch die Koexistenz einer hohen Vielfalt, Veränderlichkeit und Dynamik aus[55].

Vor diesem Hintergrund wird ein technisches Produkt im Kontext des Maschinen- und Anlagenbaus für die vorliegende Arbeit in Anlehnung an KORTHALS[56] und KUHN[57] folgendermaßen definiert:

Ein **technisches Produkt** ist ein mehrgliedriges, physisches Erzeugnis, welches sich durch die Existenz einer Produktstruktur, einer Funktionsstruktur sowie Transformationsbeziehungen auszeichnet. Die Komplexität eines Produktes ist dabei abhängig von den zu erfüllenden Funktionen, welche vornehmlich auf mechanischen Prinzipien beruhen, aber auch durch den Einsatz von Elektronik, Software sowie (internetbasierten) Kommunikations- und Nutzungsschnittstellen realisiert werden können.

[49] Vgl. Ehrlenspiel und Meerkamm (2017), Integrierte Produktentwicklung, S. 35
[50] Vgl. Ponn und Lindemann (2011), Gestaltung technischer Produkte, S. 26f.
[51] Vgl. Ponn und Lindemann (2011), Gestaltung technischer Produkte, S. 9
[52] Vgl. Czichos (2019), Mechatronik, S. 5
[53] Vgl. Lindemann (2009), Methodische Entwicklung technischer Produkte, S. 9
[54] Vgl. Ponn und Lindemann (2011), Gestaltung technischer Produkte, S. 9ff.
[55] Vgl. Schuh und Riesener (2018), Produktkomplexität managen, S. 10
[56] Vgl. Korthals (2014), Wertstromanalyse in der Produktentwicklung, S. 15f.
[57] Vgl. Kuhn (2021), Gestaltung agiler Entwicklungsnetzwerke, S. 14

An dieser Stelle sei darauf hingewiesen, dass Handelsgüter, die nicht selbst entwickelt und produziert werden, sowie sämtliche Arten von Dienst-, Software- und Energieleistungen ohne direkten Bezug zu einem materiellen Produkt ausgeschlossen sind.

2.1.1.2 Produktentwicklung

Aufbauend auf der Definition technischer Produkte im Maschinen- und Anlagenbau werden nachfolgend die relevanten Begrifflichkeiten im Kontext der Produktentwicklung eingeführt. Hierzu erfolgt eine Erläuterung und Abgrenzung der Begriffe Forschung und Entwicklung. Basierend darauf wird die vorliegende Arbeit eingeordnet und der Begriff Produktentwicklung definiert.

Nach KERN UND SCHRÖDER umfasst die **Forschung und Entwicklung** (F&E) „alle planvollen und systematischen Aktivitäten, die mithilfe wissenschaftlicher Methoden den Erwerb neuer Kenntnisse über Natur- und Kulturphänomene und/oder die erstmalige oder neuartige Anwendung derartiger Kenntnisse anstreben“[58]. BROCKHOFF beschreibt die F&E als eine Kombination von Produktionsfaktoren, die die Gewinnung neuen Wissens ermöglichen soll[59]. Das Frascati-Handbuch der ORGANISATION FÜR WIRTSCHAFTLICHE ZUSAMMENARBEIT UND ENTWICKLUNG (OECD) spezifiziert F&E als „schöpferische und systematische Arbeit zur Erweiterung des Wissenstandes [...] und zur Entwicklung neuer Anwendungen auf Basis des vorhandenen Wissens“[60]. Dazu wird die F&E in drei Tätigkeitsbereiche unterteilt: Grundlagenforschung, angewandte Forschung und experimentelle Entwicklung. Unter der Grundlagenforschung versteht sich die experimentelle oder theoretische Arbeit, die primär der neuen Wissenserlangung hinsichtlich grundlegender Phänomene und Prinzipien dient, ohne einen konkreten Nutzen oder Anwendungsbezug zu verfolgen. Die angewandte Forschung dient ebenfalls dem Wissenszuwachs, ist aber auf ein spezifisches praktisches Ziel oder Ergebnis ausgerichtet.[61] Nach SPECHT ET AL. können die Begriffe angewandte Forschung und Technologieentwicklung weitestgehend synonym Verwendung finden[62]. Die experimentelle Entwicklung hingegen fokussiert die Herstellung neuer und die Verbesserung existierender Materialien, Produkte, Prozesse oder Dienstleistungen durch die systematische Nutzung von Grundlagenwissen und praktischen Erkenntnissen[63].

[58] Vgl. Kern und Schröder (1977), Forschung und Entwicklung in der Unternehmung, S. 16
[59] Vgl. Brockhoff (1999), Forschung und Entwicklung, S. 48
[60] Vgl. OECD (2015), Frascati Manual 2015, S. 47
[61] Vgl. OECD (2015), Frascati Manual 2015, S. 47
[62] Vgl. Specht et al. (2002), F&E-Management, S. 15
[63] Vgl. OECD (2015), Frascati Manual 2015, S. 47f.

SPECHT ET AL. differenzieren hierbei zwischen der Vorentwicklung und der eigentlichen Produktentwicklung. Im Rahmen der Vorentwicklung erfolgt eine anwendungsorientierte Adaption der zuvor generierten Theorien und Technologien sowie eine Überprüfung ihrer technischen Umsetzbarkeit.[64] Die Produktentwicklung bildet die abschließende Phase der Entwicklung und wird im Rahmen der vorliegenden Arbeit als Objektbereich für die zu entwickelnde Methodik fokussiert. Die zuvor beschriebene Unterteilung der Forschung und Entwicklung und die Einordnung der Produktentwicklung kann der zusammenfassenden Abbildung 2-1 entnommen werden.

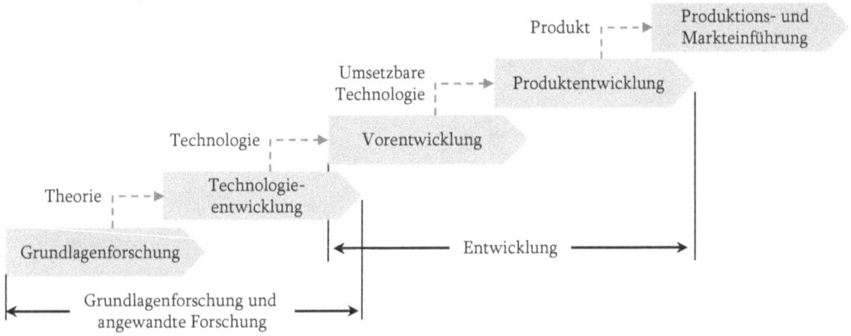

Abbildung 2-1: Einordnung der Produktentwicklung in die F&E[65]

Die VDI-Richtlinie 2221 definiert die **Produktentwicklung** als einen „interdisziplinäre[n] Unternehmensprozess zur Entwicklung eines marktfähigen Produkts, basierend auf der Definition initialer Ziele und Anforderungen an das Produkt, die im Laufe des Prozesses kontinuierlich weiterentwickelt und iterativ angepasst werden“[66]. ULRICH UND EPPINGER definieren die Produktentwicklung als “set of activities beginning with the perception of a market opportunity and ending in the production, sale, and delivery of a product”[67]. Aus unternehmerischer Sicht ist das Ziel der Produktentwicklung demnach die Befriedigung von unternehmensinterner und externer Kundenbedürfnisse, um hierdurch Gewinn zu erzielen[68]. Ziel der Produktentwicklung aus technischer Sicht ist die Erzeugung funktionsfähiger und produzierbarer Produkte[69]. Geforderte Spezifikationen an das Produkt werden ausdetailliert und darauf aufbauend

[64] Vgl. Specht et al. (2002), F&E-Management, S. 16
[65] Vgl. Specht et al. (2002), F&E-Management, S. 15
[66] Vgl. Verein Deutscher Ingenieure e.V. (2019), VDI 2221, S. 8
[67] Vgl. Ulrich und Eppinger (2016), Product design and development, S. 2
[68] Vgl. Bender und Gericke (2016), Entwicklungsprozesse, S. 401
[69] Vgl. Ponn und Lindemann (2011), Gestaltung technischer Produkte, S. 16

die Produktions- und Markteinführung vorbereitet[70]. Im Kontext der Produktionstheorie erfolgt hierbei die Überführung von Eingangsgrößen, z.B. menschlicher Arbeitsleistung oder Wissen, in Ausgangsgrößen, z.B. Produkte oder Verfahren[71]. Im Rahmen dieser Arbeit definiert sich der Begriff Produktentwicklung basierend auf den vorangegangenen Ausführungen folgendermaßen:

Die **Produktentwicklung** ist ein zentraler Teilbereich der Forschung und Entwicklung und verfolgt das Ziel, auf Basis wissenschaftlicher und technischer Erkenntnisse neue Produkte gemäß den geforderten Spezifikationen zu entwickeln oder bestehende Produkte zu verbessern.

Nach der Definition der Produktentwicklung wird weiter auf den Prozessbegriff eingegangen, um nachfolgend einen Überblick über die Aktivitäten und Prozesse zur Entwicklung technischer Produkte zu geben.

2.1.1.3 Prozesse

Die DIN EN ISO 9000 definiert einen Prozess als ein „Satz zusammenhängender oder sich gegenseitig beeinflussender Tätigkeiten, der Eingaben zum Erzielen eines vorgesehenen Ergebnisses verwendet"[72]. KIRCHNER beschreibt einen Prozess als eine zeitlich ablaufende Zustandsänderung, welche von einem Anfangszustand in einen Endzustand transformiert. Die Zustände vor und nach einer Transformation sind dabei real sowie konkret und können beobachtet, beschrieben oder gemessen werden.[73] SCHMELZER definiert einen Prozess ganz allgemein als die Transformation eines definierten Inputs in einen Output[74]. Innerhalb eines Prozesses ist der Input unterschiedlichen Aktivitäten ausgesetzt, welche den Input und dessen ursprünglichen Zustand verändern[75]. Jedes Prozessergebnis hat mindestens einen Kunden, der Wünsche und Anforderungen an dieses benennen kann[76].

DUMAS ET AL. differenzieren drei Beziehungsarten zwischen Prozessen: Sequenz, Zerlegung und Spezialisierung. Die Sequenz beschreibt eine logische Abfolge zwischen zwei Prozessen, auch als horizontale Prozessstruktur bezeichnet.[77] Die Eingaben eines

[70] Vgl. Specht et al. (2002), F&E-Management, S. 15
[71] Vgl. Hennemann (2018), Steuerung öffentlich geförderter Forschungs, S. 101
[72] Vgl. Deutsches Institut für Normung e. V. (2015), DIN EN ISO 9000:2015-11, S. 33
[73] Vgl. Kirchner (2020), Werkzeuge und Methoden der, S. 5
[74] Vgl. Schmelzer und Sesselmann (2013), Geschäftsprozessmanagement in der Praxis, S. 62
[75] Vgl. Schallmo et al. (2018), Process Innovation: Enabling Change by, S. 15
[76] Vgl. Becker (2018), Prozesse in Produktion und Supply, S. 7
[77] Vgl. Dumas et al. (2021), Grundlagen des Geschäftsprozessmanagements, S. 47

Prozesses sind oftmals das Ergebnis eines anderen Prozesses.[78] Die Zerlegung meint, dass ein Prozess über mehrere Ebenen in kleinere Einheiten hierarchisch unterteilt werden kann. Die Summe unterschiedlicher Teilprozesse ergeben den Gesamtprozess.[79] Diese Beziehung ist auch als hierarchische oder vertikale **Prozessstruktur** definiert. Unter der dritten Beziehung, der Spezialisierung, ist ein generischer Prozess, welcher durch mehrere Varianten spezifiziert werden kann, zu verstehen.[80] Damit ergibt sich die Definition des Prozessbegriffs im Rahmen dieser Arbeit in Anlehnung an AYS[81] wie folgt:

Ein **Prozess** stellt eine zeitlich, sachlogische und inhaltlich abgeschlossene Folge von Aktivitäten dar, welche zur Erzeugung eines Ergebnisses in einem definierten Endzustand erforderlich sind. Ein Prozess besteht auf vertikaler Ebene aus verschiedenen Teilprozessen. Die horizontale Ebene stellt den Prozessablauf dar. Prozesse lassen sich durch Varianten spezifizieren.

2.1.2 Produktentwicklungsprozess

Aufbauend auf den zuvor definierten Begrifflichkeiten wir in diesem Abschnitt ein einheitliches Verständnis über die Prozesse und Aktivitäten der Produktentwicklung geschaffen. Im Rahmen der Produktentwicklung bestehen verschiedenste Prozesse, wie unter anderem die Weiterentwicklung bestehender Produkte aufgrund gesetzlicher Vorgaben, die Neuentwicklung zur Erschließung zusätzlicher Kundenmärkte, die Beobachtung von Qualität und Sicherheit im Markt befindlicher Produkte oder die Prüfung von Patenten[82]. Die vorliegende Arbeit fokussiert in der Produktentwicklung diejenigen Prozesse, im Rahmen derer ein neues Produkt entwickelt oder ein bestehendes Produkt weiterentwickelt wird. Ein **Entwicklungsprozess** repräsentiert somit die Gesamtheit aller Prozesse, welche für die (Weiter-)Entwicklung eines Produktes notwendig sind[83]. In einem Entwicklungsprozess gilt es die Informationen und die zu deren Erstellung und Bearbeitung erforderlichen Ressourcen in einen zweckmäßigen Zusammenhang zu bringen[84]. Die Begriffe Entwicklungsprozess und Produktentwicklungsprozess finden in der vorliegenden Arbeit synonyme Verwendung.

---

[78] Vgl. Deutsches Institut für Normung e. V. (2015), DIN EN ISO 9000:2015-11, S. 33
[79] Vgl. Becker (2018), Prozesse in Produktion und Supply, S. 8
[80] Vgl. Dumas et al. (2021), Grundlagen des Geschäftsprozessmanagements, S. 48
[81] Vgl. Ays (2022), Integration agiler und plangetriebener Entwicklungsprozesse, S. 23
[82] Vgl. Lindemann (2009), Methodische Entwicklung technischer Produkte, S. 16
[83] Vgl. Ays (2022), Integration agiler und plangetriebener Entwicklungsprozesse, S. 22
[84] Vgl. Verein Deutscher Ingenieure e.V. (2019), VDI 2221, S. 11

Der Entwicklungsprozess kann in Abhängigkeit von der Zielstellung, den inhaltlichen Schwerpunkten und dem Unternehmenskontext unterschiedlich ausgestaltet sein. Insbesondere bei komplexen Produkten, wie sie im Maschinen- und Anlagenbau vorkommen, gestaltet sich der Entwicklungsprozess selbst als sehr komplex. Daher wurden im letzten Jahrhundert Anstrengungen unternommen, den Prozess zu systematisieren und mit Hilfe unterstützender Methoden und Arbeitstechniken zielgerichtet auszuführen.[85] Im Folgenden wird exemplarisch das etablierte Vorgehens- bzw. Prozessmodell der VDI 2221 zur Entwicklung technischer Produkte vorgestellt mit dem Ziel, ein detailliertes Grundverständnis über die Aktivitäten innerhalb der Produktentwicklung zu schaffen.

Die VDI-Richtlinie 2221 wurde erstmalig 1986 vorgestellt und unter Berücksichtigung sich ändernder Rahmenbedingungen im Jahr 1993 geringfügig und 2019 umfangreich überarbeitet. Das anerkannte Standardwerk behandelt die Grundlagen der methodischen Entwicklung technischer Produkte und Systeme. Dabei definiert sie in einem Prozessmodell relevante Ziele, Aktivitäten und Arbeitsergebnisse sowie deren Zusammenhänge und Wechselwirkungen.[86]

Ausgangspunkt der Produktentwicklung ist laut VDI 2221 die Produktplanung, die eine Beschreibung eines Entwicklungsauftrags mit den zu erreichenden Zielen als Ergebnis hat. Die zu Beginn definierbaren Anforderungen an ein Produkt sind vom Auftraggeber in der Regel als rechtlich verbindliches Vertragsdokument in Form eines Lastenheftes definiert. Die Anforderungen adressieren dabei nicht nur das Gesamtprodukt, sondern auch einzelne Bestandteile oder Schnittstellen. Diese werden daher nicht nur zu Beginn der Produktentwicklung erhoben und dokumentiert, sondern kontinuierlich verfeinert und aktualisiert.[87] Nach der Planung umfasst die erste Aktivität im Entwicklungsprozess die Klärung und Präzision des Auftrags, welche als Arbeitsergebnis eine vorläufige Anforderungsliste liefert. Im nächsten Schritt erfolgt die lösungsneutrale Strukturierung der Gesamtfunktion in Teilfunktionen. Die funktionsorientierte Herangehensweise hilft bei der Suche nach alternativen oder innovativen Lösungsprinzipien. Die entstehende Funktionsstruktur bildet die Grundlage für die Gestaltung der physischen Produktstruktur. Anschließend werden Lösungsprinzipien und deren wirkstrukturelle Festlegung für die Umsetzung der definierten Teilfunktionen erarbeitet. Arbeitsergebnis dieses Schrittes sind eine oder mehrere prinzipielle Lö-

---

[85] Vgl. Feldhusen und Grote (2013), Der Produktentstehungsprozess (PEP), S. 14

[86] Vgl. Verein Deutscher Ingenieure e.V. (2019), VDI 2221, S. 29f.

[87] Vgl. Verein Deutscher Ingenieure e.V. (2019), VDI 2221, S. 33f.

sungskonzepte, die die Wirkstruktur zum Erfüllen der Funktionsstruktur des zu entwickelnden Produktes darstellen.[88] Ausgewählte Lösungskonzepte gliedern das Produkt in realisierbare domänenübergreifende Module und definieren erforderliche Schnittstellen. Arbeitsergebnis dieses Schrittes ist eine Systemarchitektur bestehend aus Funktionsstruktur und Wirk- bzw. Produktstruktur. Eine Modularisierung ist insbesondere bei komplexen Produkten wichtig, um Entwicklungstätigkeiten zu erleichtern und Entwicklungsschwerpunkte zu erkennen. Im darauffolgenden Arbeitsschritt erfolgt die initiale Ausgestaltung der Module hin zu einem technischen und wirtschaftlichen Gestaltungsoptimum. Die Integration des gesamten Produktes verknüpft die vorentworfenen Module und generiert hierdurch eine Ausgestaltung. Abschließend werden sämtliche Ausführungs- und Nutzungsangaben in Form einer Produktdokumentation erarbeitet. Gleichzeitig erfolgt die Absicherung der Anforderungserfüllung im Sinne eines Abgleichs der erzielten Ergebnisse mit den gestellten Zielen bzw. Anforderungen.[89] Die vorgestellten Aktivitäten lassen sich den idealisierten generischen Phasen **Planen**, **Konzipieren**, **Entwerfen** und **Ausarbeiten** zuordnen[90]. Den beschriebenen Entwicklungsprozess zeigt Abbildung 2-2.

In der Praxis laufen die beschriebenen Aktivitäten teils parallel, mehrfach iterativ oder dekomponiert ab. Die Arbeitsergebnisse erweitern und konkretisieren sich dabei sukzessive.[91] Es sei festgehalten, dass die Produktentwicklung insbesondere auf die Gestaltung der System- bzw. Produktarchitektur Einfluss nehmen kann. Die Funktionsstruktur nimmt hierbei eine Schlüsselrolle ein, da die Funktionen direkt aus den Anforderungen ermittelt werden und die Grundlage für die Auswahl und Realisierung verschiedener Lösungskonzepte bilden. Das nachfolgende Kapitel geht daher näher auf die Beschreibung und Strukturierung technischer Produkte im Maschinen- und Anlagenbau in Form der Produktarchitektur als Grundlage für die funktionsorientierte Ökologieanalyse ein.

---

[88] Vgl. Verein Deutscher Ingenieure e.V. (2019), VDI 2221, S. 36ff.

[89] Vgl. Verein Deutscher Ingenieure e.V. (2019), VDI 2221, S. 40ff.

[90] Vgl. Gericke et al. (2021), Der Produktentwicklungsprozess, S. 66f.

[91] Vgl. Gericke et al. (2021), Der Produktentwicklungsprozess, S. 67

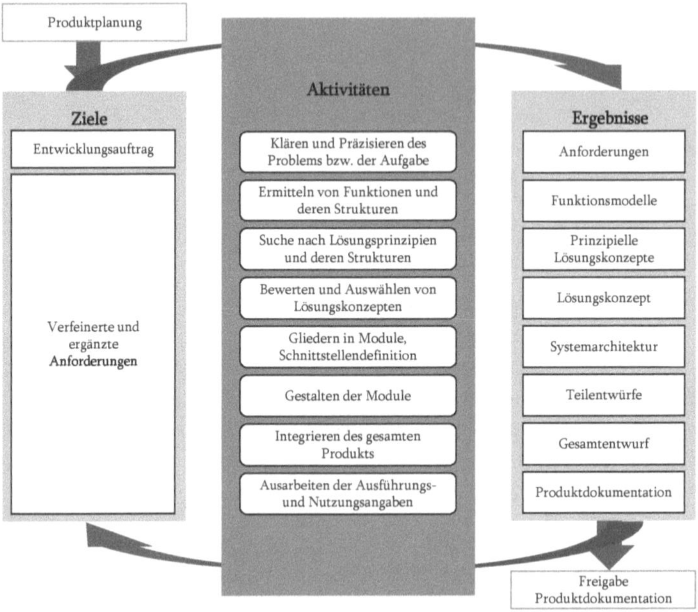

Abbildung 2-2: Allgemeiner Entwicklungsprozess nach VDI 2221[92]

2.1.3 Produktarchitekturen im Maschinen- und Anlagenbau

Komplexe Produkte, wie im Maschinen- und Anlagenbau, zeichnen sich durch eine Vielzahl von Komponenten und Funktionen aus, die miteinander in Beziehung stehen[93]. Transparenz über komplexe Produkte und deren Strukturen schafft die Beschreibung in Form einer sogenannten **Produktarchitektur**. Die Produktarchitektur besteht aus der Funktionsstruktur, der Produktstruktur sowie den Transformationsbeziehungen zwischen beiden Strukturen.[94] Hierzu wird im Folgenden auf die Funktionsstruktur, die Produktstruktur sowie unterschiedliche Produktarchitekturtypen eingegangen.

[92] Vgl. Verein Deutscher Ingenieure e.V. (2019), VDI 2221, S. 31

[93] Vgl. Schmidt (2009), Die Diffusion komplexer Produkte, S. 77

[94] Vgl. Schuh und Riesener (2018), Produktkomplexität managen, S. 89; Vgl. Göpfert und Tretow (2013), Produktarchitektur, S. 256; Vgl. Ulrich (1995), The role of product, S. 420

2.1.3.1 Funktionsstruktur

FELDHUSEN UND GROTE definieren unter einer **Funktion** einen „allgemeine[n] und gewollte[n] Zusammenhang zwischen Eingang und Ausgang eines Systems mit dem Ziel, eine Aufgabe zu erfüllen“[95]. EHRENSPIEL UND MEERKAMM verwenden drei formale Elemente zur Beschreibung einer Funktion: den Ein- und Ausgangszustand, die Relation und die Operation[96]. Da hier die Erfüllung von Funktionen durch bestehende Baugruppen oder Komponenten nicht eindeutig berücksichtigt ist, erweitert KARTIKA die formale Beschreibung, wie in Abbildung 2-3 zu erkennen ist[97]. Für die Beschreibung der Funktionen empfiehlt sich die Kombination eines Substantives, ergänzender Adjektive und eines Verbs[98]. Die Funktion wird zur abstrakten und lösungsneutralen Formulierung einer Aufgabe[99]. Die lösungsneutrale Formulierung ist dabei eine wesentliche Eigenschaft, die letztendlich einen Vergleich verschiedener Lösungsvarianten befähigt[100].

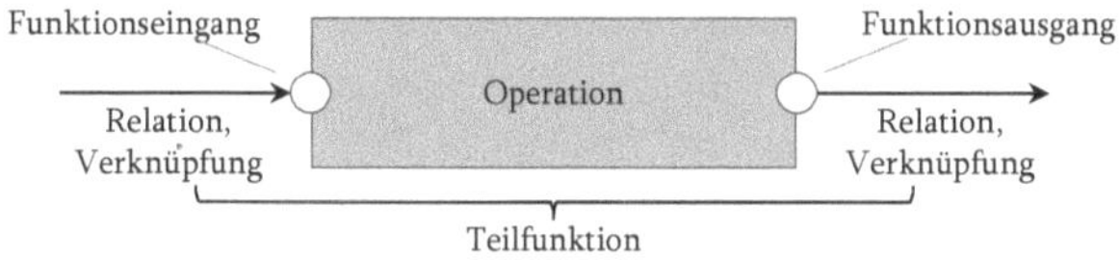

Abbildung 2-3: Formale Elemente zur Beschreibung einer Funktion nach EHRLENSPIEL UND MEERKAMM[101] und KARTIKA[102]

Bei einfachen Produkten ist eine rein verbale Beschreibung in Form von Funktionslisten oftmals ausreichend. Für komplexe Produkte mit umfangreichen Energie-, Stoff- und Informationsflüssen sind hingegen Funktionsmodelle erforderlich.[103] Die Gesamtfunktion lässt sich in Teilfunktionen aufgliedern, welche Teilaufgaben innerhalb der

[95] Vgl. Feldhusen und Grote (2013), Funktionszusammenhang, S. 242
[96] Vgl. Ehrlenspiel und Meerkamm (2017), Integrierte Produktentwicklung, S. 514ff.
[97] Vgl. Kartika (2010), Analyse des Baukastenpotentials; Vgl. Feldhusen und Grote (2013), Funktionszusammenhang, S. 243
[98] Vgl. Schuh und Riesener (2018), Produktkomplexität managen, S. 89
[99] Vgl. Feldhusen und Grote (2013), Funktionszusammenhang, S. 244
[100] Vgl. Schuh und Riesener (2018), Produktkomplexität managen, S. 90
[101] Vgl. Ehrlenspiel und Meerkamm (2017), Integrierte Produktentwicklung, S. 516
[102] Vgl. Kartika (2010), Analyse des Baukastenpotentials; Vgl. Feldhusen und Grote (2013), Funktionszusammenhang, S. 243
[103] Vgl. Verein Deutscher Ingenieure e.V. (2019), VDI 2221, S. 37

Gesamtaufgabe entsprechen[104]. Die Dekomposition der Gesamtfunktion in Teilfunktionen resultiert in einer sogenannten **Funktionsstruktur**[105]. Die Funktionsstruktur hilft dabei die netzwerkartigen Beziehungen zwischen den Funktionen zu verdeutlichen[106]. Funktionsstrukturen können sowohl hierarchisch mit Funktionsbäumen oder ablauforientiert in Funktionsflussdiagrammen abgebildet werden[107]. In der Anwendung hat sich für komplexe technische Produkte insbesondere die hierarchisch strukturierte Darstellung als vorteilhaft erwiesen[108]. Hierbei wird eine Gliederung in maximal drei Ebenen als pragmatisch angesehen, um die Übersichtlichkeit zu gewähren und den Aufwand für die Transformation in die Produktstruktur handhabbar zu halten[109]. Bei der Beschreibung der Funktionsstruktur kann zwischen Haupt- und Nebenfunktionen differenziert werden, um die Relevanz von einzelnen Funktionen hervorzuheben[110]. Hauptfunktionen sind (Teil-)Funktionen, die unmittelbar der Gesamtfunktion dienen. Nebenfunktionen tragen nur mittelbar zur Gesamtfunktion bei. Sie haben im Sinne einer Hilfsfunktion unterstützenden oder ergänzenden Charakter.[111] Das Aufstellen einer Funktionsstruktur erleichtert das Finden von Lösungen im Rahmen der Produktentwicklung, da sich eine Bearbeitung weniger komplex gestaltet und die Lösungen für Teilfunktionen zunächst gesondert erfolgen[112]. Die identifizierten Lösungen gilt es ebenfalls entsprechend zu strukturieren, weshalb sich nachfolgend die Erläuterung der Produktstruktur anschließt.

2.1.3.2 Produktstruktur

Die **Produktstruktur** gibt Aufschluss über die physische Zusammensetzung eines Produktes bestehend aus Baugruppen und diese wiederum aus Bauteilen bzw. Komponenten[113]. Anstelle von Produktstruktur finden in den Ingenieurswissenschaften ebenfalls

[104] Vgl. Feldhusen und Grote (2013), Funktionszusammenhang, S. 244
[105] Vgl. Schuh und Riesener (2018), Produktkomplexität managen, S. 90
[106] Vgl. Verein Deutscher Ingenieure e.V. (2019), VDI 2221, S. 37
[107] Vgl. Verein Deutscher Ingenieure e.V. (2019), VDI 2803, S. 6
[108] Vgl. Schlößer (2020), Auslegung prototypischer Produktinkremente, S. 129; Vgl. Krause und Gebhardt (2018), Methodische Entwicklung modularer Produktfamilien, S. 77
[109] Vgl. Göpfert und Tretow (2013), Produktarchitektur, S. 265
[110] Vgl. Verein Deutscher Ingenieure e.V. (2019), VDI 2221, S. 37
[111] Vgl. Feldhusen und Grote (2013), Funktionszusammenhang, S. 244f.
[112] Vgl. Feldhusen und Grote (2013), Wirkzusammenhang, S. 246
[113] Vgl. Schuh und Riesener (2018), Produktkomplexität managen, S. 90

die Begriffe Baustruktur oder Erzeugnisgliederung Anwendung[114]. Im Folgenden erscheint jedoch ausschließlich der Begriff Produktstruktur.

Analog zur Funktionsstruktur lässt sich die Produktstruktur in einer Hierarchie mehrstufig darstellen[115]. An der Spitze steht das (End-)Produkt mit Strukturstufe „0“. Die darunterliegenden Elemente erhalten eine jeweils um „1“ erhöhte Strukturstufe, wie in Abbildung 2-4 zu erkennen ist.[116]

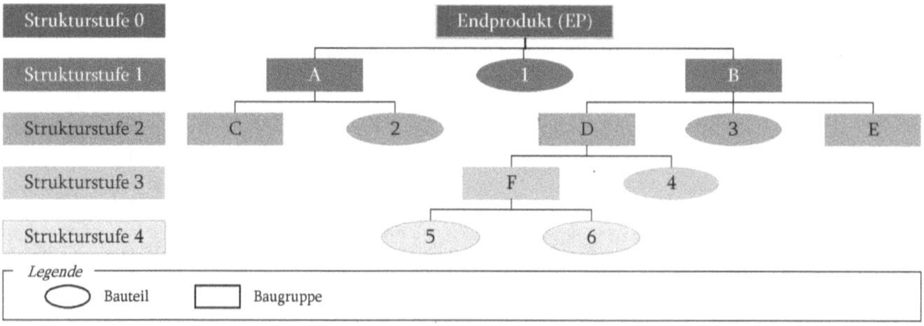

Abbildung 2-4: Mehrstufige Produktstruktur[117]

In Abhängigkeit von der Produktkomplexität kann die Anzahl der Strukturstufen stark variieren. Aufgrund der umfangreichen Zusammenhänge haben sich zur transparenten Dokumentation die Strukturstückliste, der Gozintograph und die Direktbedarfsmatrix etabliert.[118] Abbildung 2-5 zeigt die drei Beschreibungsmethoden.

Die **Strukturstückliste** zeigt die strukturelle Zusammensetzung von Produkten mit allen dazugehörigen Baugruppen und Komponenten bis auf die höchste Strukturstufe auf und stellt in vielen Entwicklungsprozessen das führende Dokument dar[119]. Dabei werden die Produktumfänge unter der Angabe der jeweiligen Sachnummer, Strukturstufe sowie Menge aufgelistet[120]. Unter einer Sachnummer bzw. Identifikationsnum-

[114] Vgl. Feldhusen und Grote (2013), Wirkzusammenhang, S. 250; Vgl. Göpfert und Tretow (2013), Produktarchitektur, S. 255
[115] Vgl. Göpfert und Tretow (2013), Produktarchitektur, S. 255
[116] Vgl. Schuh und Riesener (2018), Produktkomplexität managen, S. 124
[117] Vgl. Schuh und Riesener (2018), Produktkomplexität managen, S. 124
[118] Vgl. Menges (2022), Bewertung von Produktvarianten, S. 27; Vgl. Schuh und Riesener (2018), Produktkomplexität managen, S. 125; Vgl. Arnoscht (2011), Beherrschung von Komplexität, S. 37
[119] Vgl. Schuh (2012), Innovationsmanagement, S. 141f.
[120] Vgl. Schuh und Riesener (2018), Produktkomplexität managen, S. 124f.

mer versteht sich ein identifizierendes Merkmal eines Gegenstandes im Unternehmen[121]. Aufgrund der klaren Struktur werden Strukturstücklisten insbesondere bei komplexen Erzeugnissen eingesetzt. Eine wesentliche Herausforderung dieser Art der Produktstrukturierung kann jedoch in der sich wiederholenden Auflistung ganzer Baugruppen mit allen entsprechend untergeordneten Elementen liegen.[122] Der gerichtete **Gozintograph** eignet sich zur graphischen Darstellung des strukturellen Produktaufbaus[123]. Die Zahlen an den Richtungspfeilen geben dabei die jeweiligen Mengenangaben in Stück an. Auch wenn der Gozintograph die Mengenbeziehungen nachvollziehbar wiedergibt, nimmt der zur Erstellungsaufwand mit der Komplexität des Produktes zu. Entsprechend empfiehlt sich die dargelegten Zusammenhänge in eine numerische Darstellung zu überführen.[124] In der Graphentheorie wird von der Adjazenzmatrix[125] und in der Betriebswirtschaftslehre von **Direktbedarfsmatrix**[126] gesprochen[127].

Strukturstückliste

Sachnummer	Strukturstufe	Menge
EP	0	1
A	1	3
C	2	2
3	2	2
2	1	5
B	1	4
D	2	3
F	3	3
5	4	2
6	4	7

Gozintograph

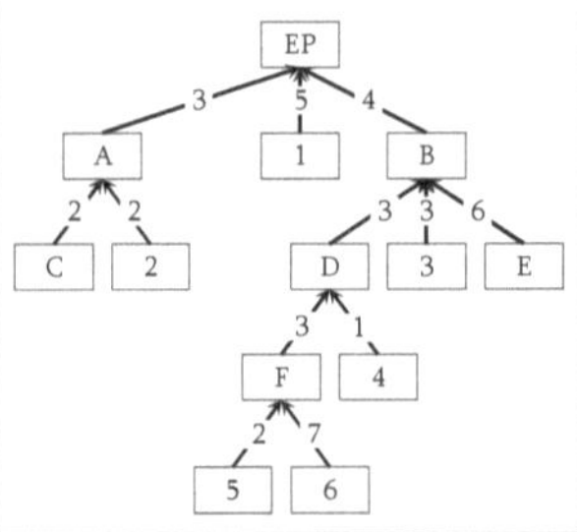

Direktbedarfsmatrix

	EP	A	C	2	1	B	D	F	5	6
EP	0	0	0	0	0	0	0	0	0	0
A	3	0	0	0	0	0	0	0	0	0
C	0	2	0	0	0	0	0	0	0	0
2	0	2	0	0	0	0	0	0	0	0
1	5	0	0	0	0	0	0	0	0	0
B	4	0	0	0	0	0	0	0	0	0
D	0	0	0	0	0	3	0	0	0	0
F	0	0	0	0	0	0	3	0	0	0
5	0	0	0	0	0	0	0	2	0	0
6	0	0	0	0	0	0	0	7	0	0

Abbildung 2-5: Strukturstücklisten, Gozintographen und Direktbedarfsmatrizen zur Beschreibung von Produktstrukturen[128]

Die bewusste Festlegung, welche Funktionen durch welche Baugruppe oder Komponente realisiert werden, erfolgt mit Hilfe der Produktarchitektur[129]. Daher folgt die

[121] Vgl. Deutsches Institut für Normung e. V. (1977), DIN 199-2:1977-12, S. 5

[122] Vgl. Schuh und Riesener (2018), Produktkomplexität managen, S. 124f.

[123] Vgl. Schuh und Schmidt (2014), Produktionsmanagement, S. 165f.; Vgl. Arnoscht (2011), Beherrschung von Komplexität, S. 37

[124] Vgl. Schulte (2001), Material- und Logistikmanagement, S. 134

[125] Vgl. Turau (2004), Algorithmische Graphentheorie, S. 24ff.

[126] Vgl. Schulte (2001), Material- und Logistikmanagement, S. 134ff.

[127] Vgl. Arnoscht (2011), Beherrschung von Komplexität, S. 37

[128] Vgl. Menges (2022), Bewertung von Produktvarianten, S. 27

[129] Vgl. Feldhusen und Grote (2013), Wirkzusammenhang, S. 251

Beschreibung der Verbindung von Funktions- und Produktstruktur sowie die Vorstellung unterschiedlicher Typen von Produktarchitekturen.

2.1.3.3 Typen von Produktarchitekturen

Die Gestaltung der Produktarchitektur besitzt einen hohen Stellenwert im Unternehmen, weil hiermit die Produktfunktionen, zentralen Produkteigenschaften, Modulstruktur sowie zukünftige Varianz des Produktes definiert werden[130]. Die Transformation einer abstrakten Funktionsstruktur in eine konkrete Produktstruktur stellt die Kernaufgabe der Produktarchitekturgestaltung dar[131]. Sie ordnet Baugruppen und Komponenten der Produktstruktur zu Funktionen und Teilfunktionen der Funktionsstruktur zu. Die sogenannten Transformationsbeziehungen stellen das letzte Element der Produktarchitektur dar.[132] Der Prozess der Zuordnung erfolgt meist als iterativer Such- und Entscheidungsprozess in der Konzept- und Entwurfsphase der Entwicklung.[133] Die folgende Abbildung 2-6 zeigt eine exemplarische Produktarchitektur.

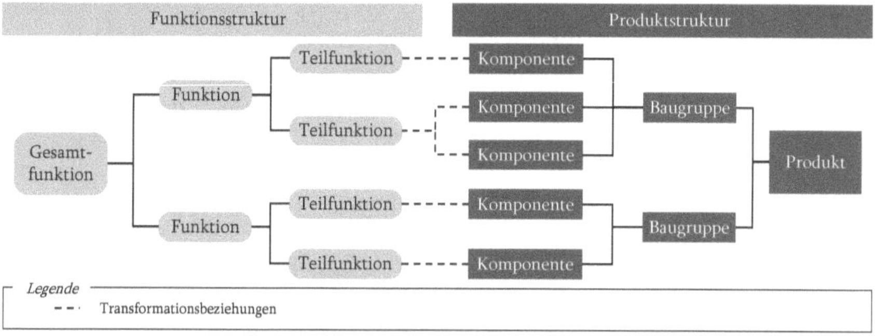

Abbildung 2-6: Darstellung einer Produktarchitektur[134]

Die Produktarchitektur verdeutlicht, dass gegebenenfalls eine Funktion durch mehrere Komponenten erfüllt wird. Gleichzeitig können assoziierte Komponenten mehrere Funktionen umsetzen. Aus diesen Mehrfachzuordnungen ergeben sich *funktionale Beziehungen* zwischen Komponenten, sofern mehrere Komponenten die gleiche

[130] Vgl. Göpfert und Tretow (2013), Produktarchitektur, S. 253
[131] Vgl. Göpfert und Tretow (2013), Produktarchitektur, S. 255
[132] Vgl. Schuh und Dölle (2021), Sustainable Innovation, S. 196
[133] Vgl. Schuh und Riesener (2018), Produktkomplexität managen, S. 91
[134] Vgl. Schuh und Dölle (2021), Sustainable Innovation, S. 196; Vgl. Göpfert und Tretow (2013), Produktarchitektur, S. 257

Funktion erfüllen. Zwischen den Komponenten eines Produktes können zudem *physische Beziehungen*, auch Schnittstellen genannt, bestehen. Über Schnittstellen werden im Allgemeinen Energie, Information oder Materie übertragen. Darüber hinaus bestehen optional neben den physischen Schnittstellen auch *abstrakte Beziehungen*. Diese ergeben sich aus der physischen Präsenz des Produktes im Raum und stellen beispielsweise die räumliche Nähe zwischen zwei Komponenten dar.[135]

Durch das Zusammenführen von funktionaler und physischer Sichtweise können Module gebildet werden. Ein Modul stellt laut GÖPFERT UND TRETOW „eine funktional und physisch relativ unabhängige Einheit“[136] dar. Eine funktionale Unabhängigkeit liegt vor, sofern ein Modul unabhängig von einem weiteren Modul eine oder mehrere Funktionen erfüllt. Eine physische Unabhängigkeit bedeutet demnach, dass das Modul sich durch eine oder mehrere Schnittstellen von anderen Modulen trennen lässt. Je größer beide Dimensionen ausgeprägt sind, desto höher der Grad an Modularität. Dieser Zusammenhäng lässt sich auf die Bildung unterschiedlicher Produktarchitekturtypen übertragen. Eine **modulare Produktarchitektur** besteht demnach aus funktional und physisch relativ unabhängigen Einheiten bzw. Modulen. Sie unterscheidet sich somit maßgeblich von der **integralen Produktarchitektur**, welche eine hohe physische als auch funktionale Abhängigkeit der Produktbestandteile aufweist.[137] Neben der modularen und integralen Produktarchitektur bestehen auch die funktional-modulare und physisch-modulare Produktarchitektur. Die **funktional-modulare Produktarchitektur** besteht aus physisch nicht trennbaren Komponenten, erlaubt aber eine eindeutige Zuordnung von Funktionen zu Komponenten. Umgekehrt besteht die **physisch-modularen Produktarchitektur** aus physisch getrennten Komponenten, zeichnet sich aber durch eine mehrdeutige Zuordnung dieser zu Funktionen aus.[138] Der beschriebene Zusammenhang ist in nachfolgender Abbildung 2-7 dargelegt.

[135] Vgl. Göpfert und Tretow (2013), Produktarchitektur, S. 256f.
[136] Vgl. Göpfert und Tretow (2013), Produktarchitektur, S. 258
[137] Vgl. Göpfert und Tretow (2013), Produktarchitektur, S. 258f.
[138] Vgl. Schuh und Riesener (2018), Produktkomplexität managen, S. 92

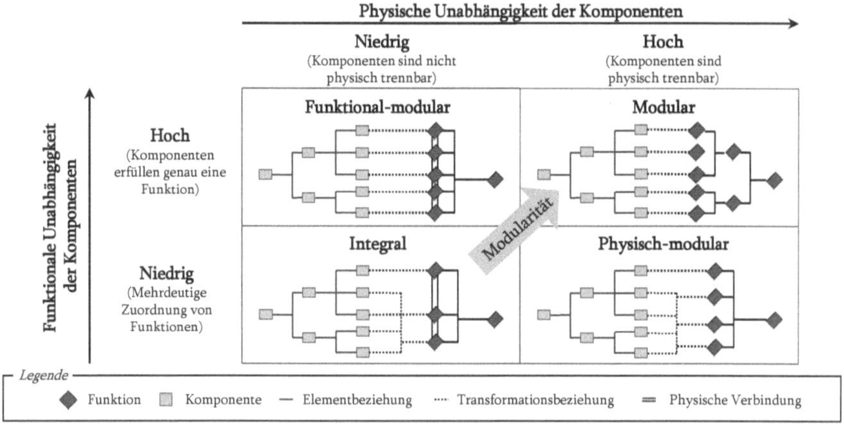

Abbildung 2-7: Typen von Produktarchitekturen[139]

Im vorliegenden Kapitel wurden die Grundlagen der Entwicklung technischer Produkte als wesentlicher Teil des Objektbereichs der vorliegenden Arbeit beschrieben. Hierzu erfolgte die Definition relevanter Begrifflichkeiten und Erläuterung etablierter Aktivitäten und Vorgehensweisen im Produktentwicklungsprozess. Abschließend standen verschiedene Beschreibungsmethoden zur Strukturierung technischer Produkte im Maschinen- und Anlagenbau im Fokus. Im nächsten Kapitel folgt eine nähere Erläuterung des Produktlebenszyklus im Maschinen- und Anlagenbau.

2.2 Produktlebenszyklus im Maschinen- und Anlagenbau

Im vorangegangenen Kapitel wurden die Grundlagen zur Entwicklung und zum Aufbau technischer Produkte erläutert. Im Folgenden steht der Lebenszyklus von Produkten im Maschinen- und Anlagenbau im Mittelpunkt. Hierzu werden zu Beginn die relevanten Begrifflichkeiten erläutert (Kapitel 2.2.1). Daraufhin wird näher auf den Zusammenhang zwischen Produktentwicklungsprozess und Produktlebenszyklus eingegangen, um eine eindeutige Differenzierung zwischen Anwendungsbereich und Analysebereich der funktionsorientierten Ökologieanalyse herzuleiten (Kapitel 2.2.2).

[139] Vgl. Göpfert und Tretow (2013), Produktarchitektur, S. 259; Vgl. Schuh und Riesener (2018), Produktkomplexität managen, S. 92

Im Anschluss erfolgt eine Erläuterung der einzelnen Phasen des Produktlebenszyklus als Objektbereich der Arbeit (Kapitel 2.2.3).

2.2.1 Relevante Begrifflichkeiten

Für den Begriff Produktlebenszyklus bestehen in der Literatur und Praxis verschiedene Verständnisse[140]. Dabei werden jeweils unterschiedliche Aspekte der zeitlichen Entwicklung technischer Produkte adressiert[141]. Aus Sicht der Betriebswirtschaftslehre wird nach dem Gabler Wirtschaftslexikon die Annahme getroffen, dass die zeitliche Entwicklung eines Objektindikators, wie der Absatz eines Produktes, in charakteristische Phasen unterteilt werden kann. Es ergeben sich die fünf Phasen Einführung, Wachstum, Marktreife, Sättigung und Degeneration.[142] SCHAWEL UND BILLING unterteilen den Produktlebenszyklus in die gleichen fünf Phasen, die ein Produkt nach seiner Einführung auf dem Markt durchläuft.[143] Die technische Sicht fokussiert den Produktlebenszyklus von der Produktentstehung über die Produktion und die Nutzung bis zum Lebenszyklusende. Die Produktentstehungsphase umfasst hierbei die Aktivitäten Produktplanung, Produktentwicklung und Produktion, welche auch iterativ oder parallelisiert durchlaufen werden können.[144] PAHL ET AL. benennen als die allgemeinste und häufigste Definition „die Abfolge von Situationen, die das eigentliche Produkt von der ersten, dem Produkt zugrundeliegenden Idee, über dessen Entwicklung, Fertigung, Vertrieb, Nutzung etc. bis zu seiner Entsorgung oder sogar darüber hinaus „durchlebt".“[145] In der Wirkungsforschung wird wiederum der Produktlebenszyklus im Sinne einer Produktbiographie betrachtet. Es besteht jedoch keine konsistente Aufteilung und Bezeichnung der einzelnen Phasen.[146] Ökologische Ansätze orientieren sich an einer Ressourcenbetrachtung von der Rohstoffgewinnung bzw. -erzeugung über die Produktion und Nutzung bis zur endgültigen Beseitigung des Produktes[147]. Der integrierte Produktlebenszyklus nach PFEIFFER unterteilt den Zyklus in Entstehung (Beginning of Life), Markt bzw. Nutzung (Middle of Life) und Nachleistung (End of

[140] Vgl. Verein Deutscher Ingenieure e.V. (2019), VDI 2221, S. 25
[141] Vgl. Pahl et al. (2007), Pahl/Beitz Konstruktionslehre, S. 97
[142] Vgl. Möhrle et al. (2018), Produktlebenszyklus
[143] Vgl. Schawel und Billing (2018), Produktlebenszyklus, S. 275
[144] Vgl. Verein Deutscher Ingenieure e.V. (2019), VDI 2221, S. 25
[145] Vgl. Pahl et al. (2007), Pahl/Beitz Konstruktionslehre, S. 98f.
[146] Vgl. Möhrle et al. (2018), Produktlebenszyklus
[147] Vgl. Verein Deutscher Ingenieure e.V. (2019), VDI 2221, S. 25; Vgl. White und Miers (2008), BPMN modeling and reference guide

Life)[148]. Ein Großteil späterer Ansätze folgt dieser Logik, sodass deren Schritte sich entsprechend in die drei übergeordneten Phasen einordnen lassen[149].

Eine weitere Differenzierung der wissenschaftlichen Literatur kann in lineare als auch zyklische Lebenszykluskonzepte erfolgen. Während die einen die letzte Lebenszyklusphase mit der Entsorgung assoziieren, werden in anderen Ausführungen diverse Rückführungsmöglichkeiten von Produkten und Materialien benannt.[150] Am stärksten wird dieser Unterschied deutlich, wenn von Linearwirtschaft und Kreislaufwirtschaft gesprochen wird. Die Linearwirtschaft besteht grundsätzlich aus den Stufen Rohstoffe, Produktion, Nutzung und Entsorgung. Umgangssprachlich wird dieses Linearmodell als Wegwerfgesellschaft oder Cradle-to-Grave (Deutsch: von der Wiege bis zur Bahre) Ansatz bezeichnet. Das Kreislaufmodell sieht hingegen das Schließen der Stoffströme vor. Dabei wird die Phase Entsorgung durch Zirkulation oder Rückführung ersetzt.[151] Demnach wird der lineare Ansatz durch den Cradle-to-Cradle (Deutsch: von der Wiege bis zur Wiege) Ansatz in einen zirkulären Ansatz transformiert. Dieser wurde von McDONOUGH UND BRAUNGART [152] maßgeblich geprägt. Die Autoren zeigen auf, dass es nicht ausreichend ist, die Betrachtung des Produktes nach der Entsorgung zu beenden. Aufgrund fehlender Schließung des Kreislaufes, bedarf es besserer Strategien, die eine Weiterverwendung oder Rückgewinnung von Produkten und/oder ihrer Materialen ermöglichen.[153] Erst durch die Einführung entsprechender Rückführungsprozesse wird ein zyklischer Produktlebenszyklus erreicht[154].

Basierend auf den Ausführungen und der Zielsetzung der vorliegenden Arbeit ist der Begriff Produktlebenszyklus im Rahmen dieser Arbeit wie folgt definiert:

Ein **Produktlebenszyklus** umfasst die Phasen, die ein technisches Produkt mit der Zeit durchläuft. Er gliedert sich in die übergeordneten Phasen Entstehung, Nutzung und Rückführung und verfolgt einen Cradle-to-Cradle Ansatz. Die Entstehung unterscheidet weiter zwischen der Entwicklung und Produktion des technischen Produktes, wobei die Entwicklung eine vorgelagerte Rolle einnimmt.

Nach der Einführung der relevanten Begrifflichkeiten wird im Folgenden auf die Rolle der Entwicklung im Kontext des Produktlebenszyklus weiter eingegangen.

---

[148] Vgl. Pfeiffer (1991), Technologie-Portfolio zum Management strategischer Zukunftsgeschäftsfelder, S. 26
[149] Vgl. Zehbold (1996), Lebenszykluskostenrechnung, S. 73ff.
[150] Vgl. Herrmann (2010), Ganzheitliches Life Cycle Management, S. 64 f.
[151] Vgl. Walcher und Leube (2017), Kreislaufwirtschaft in Design und Produktmanagement, S. 3 f.
[152] Vgl. McDonough und Braungart (2002), Cradle to cradle
[153] Vgl. McDonough und Braungart (2002), Cradle to cradle
[154] Vgl. Herrmann (2010), Ganzheitliches Life Cycle Management, S. 64 f.

2.2.2 Zusammenhang zwischen Produktentwicklungsprozess und Produktlebenszyklus

Die Produktentwicklung stellt einen wesentlicher Bestandteil der Produktentstehung dar und ist damit Grundlage des Produktlebenszyklus[155]. Wie bereits in Kapitel 2.1.2 erläutert, besteht das Kernergebnis der Entwicklungsphase in der Konzeption und Entwicklung eines Produktes zur Adressierung von Anforderungen bzw. zum Lösen eines Problems. Produkte können dabei durch unabhängige oder abhängige Größen oder Charakteristika beschrieben werden. KIRCHNER differenziert zur Produktbeschreibung zwischen unabhängigen Merkmalen und abhängigen Eigenschaften[156]. Unter einem Merkmal wird ein „Attribut eines Strukturelements eines technischen Systems (z.B. Datenformat, Form, Lage, Werkstoff)"[157] verstanden, welches durch den Entwickler festgelegt wird. Eigenschaften eines Produktes bzw. Objektes resultieren aus definierten Merkmalen und können durch den Entwickler demnach nicht direkt beeinflusst werden. Beispielsweise werden Länge, Breite und Höhe eines Werkstücks als Merkmale festgelegt, woraus sich Gewicht und Steifigkeit als Eigenschaften eindeutig ergeben.[158] Durch die Festlegung der Produktmerkmale und -eigenschaften nehmen die Entwickler maßgeblichen Einfluss auf die Gestalt des gesamten Produktlebenszyklus[159]. Die Entwicklungsphase bestimmt somit Funktionen, Materialien, Abmessungen, Toleranzen, Masse und Verpackungen eines entstehenden Produktes[160]. Beispielsweise werden Materialien ausgewählt, die einen konkreten Werkstoffherstellungsprozess voraussetzen oder technologische Verfahren für die Weiterverarbeitung verlangen. Festgelegte Wirkprinzipien oder physikalische Effekte beeinflussen unter anderem den Ressourceneinsatz in der Nutzungsphase.[161] Entwickler sollten demnach die möglichen Prozesse und Wirkungen in allen Lebenszyklusphasen kontinuierlich in Betracht ziehen (antizipieren) und entsprechend auswählen, gestalten und optimieren[162]. Abbildung 2-8 visualisiert den beschriebenen Zusammenhang zwischen Produktentwicklungsprozess und Produktlebenszyklus.

---

[155] Vgl. Verein Deutscher Ingenieure e.V. (2019), VDI 2221, S. 25
[156] Vgl. Kirchner (2020), Werkzeuge und Methoden der, S. 9
[157] Vgl. Kirchner (2020), Werkzeuge und Methoden der, S. 10
[158] Vgl. Kirchner (2020), Werkzeuge und Methoden der, S. 10
[159] Vgl. Schuh (2017), Lebenszyklusorientierte Produktentwicklung, S. 1
[160] Vgl. Beger (2020), Nachhaltigkeitsoptimierte Produktentwicklung, S. 27
[161] Vgl. Verein Deutscher Ingenieure e.V. (2018), VDI 4801, S. 14 f.
[162] Vgl. Birkhofer et al. (2012), Umweltgerechtes Konstruieren, S. 566

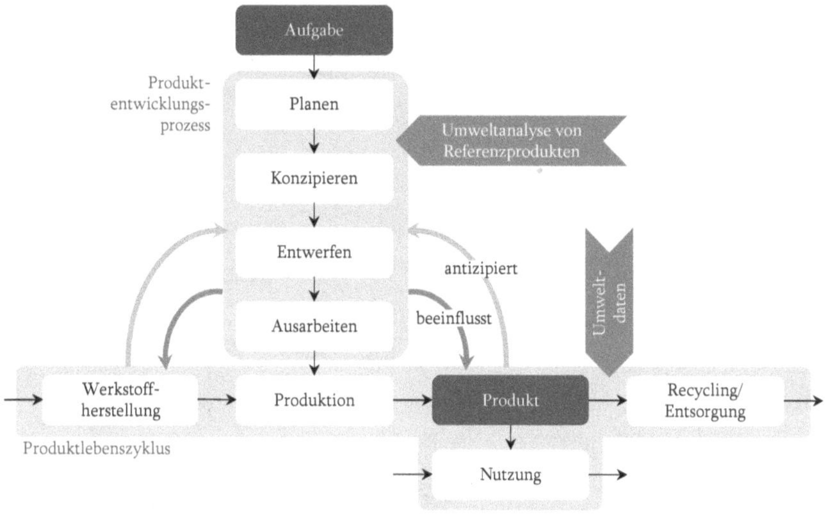

Abbildung 2-8: Zusammenhang zwischen Produktentwicklungsprozess und Produktlebenszyklus[163]

Die Festlegung von Produkteigenschaften und Prozessen sowie dem damit erforderlichen Ressourceneinsatz erfolgt in allen Phasen des Produktentwicklungsprozesses. Die Einflussnahme in den frühen Phasen Planen und Konzipieren ist dennoch prinzipiell größer als in den späten Phasen Entwerfen und Ausarbeiten.[164] Aus dem Umgang mit Unsicherheiten bei der Entwicklung technischer Produkte ergibt sich das sogenannte Dilemma der Produktentwicklung. Die Produktmerkmale und -eigenschaften werden zu einem Zeitpunkt im Lebenszyklus festgelegt, an dem sich die daraus resultierenden Auswirkungen kaum ermitteln oder abwägen lassen.[165] SCHOLZ betont, dass in dieser Phase bereits bis zu 80 % der Kosten, der Umweltauswirkungen sowie der sozialen Auswirkungen eines Produktes entlang des gesamten Lebenszyklus festgelegt werden.[166] Der Einfluss von den in der Entwicklung bereits früh getroffenen Entscheidungen auf die Lebenszyklusphasen ist folglich sehr hoch. Die nachfolgende Abbildung 2-9 visualisiert das beschrieben Dilemma.

[163] Vgl. Birkhofer et al. (2012), Umweltgerechtes Konstruieren, S. 566; Vgl. Beger (2020), Nachhaltigkeitsoptimierte Produktentwicklung, S. 31
[164] Vgl. Verein Deutscher Ingenieure e.V. (2018), VDI 4801, S. 14
[165] Vgl. Lindemann (2009), Methodische Entwicklung technischer Produkte, S. 8
[166] Vgl. Scholz (2018), Chancen der nachhaltigen Produktentwicklung, S. 263

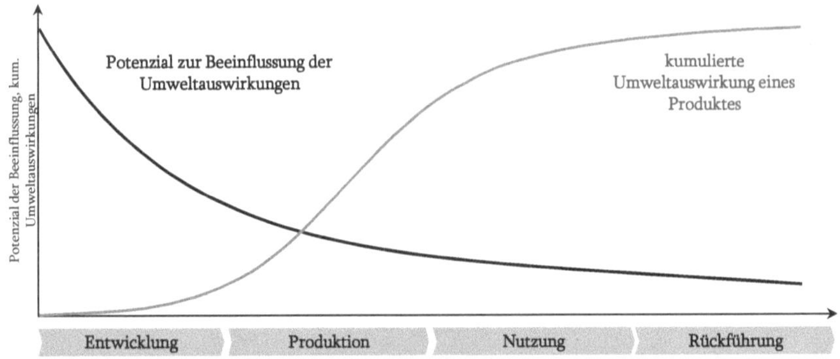

Abbildung 2-9: Dilemma der Entwicklung in Anlehnung an EHRLENSPIEL ET AL.[167] und BAHNDER[168]

Heutzutage sind alle Phasen des Produktlebenszyklus für die Produktentwicklung relevant[169]. Während das Unternehmen noch einen direkten Einfluss auf die Herstellungsprozesse hat, nimmt dieser jedoch bei den Nutzungs- oder Rückführungsprozessen ab. Dies liegt in der zunehmenden Zeitspanne zwischen Entwicklung und Prozessausführung sowie dem oftmals fehlenden Einfluss auf das Nutzerverhalten bei Gebrauch oder Entsorgung.[170] Dennoch können bei der Auslegung der Produkte Maßnahmen getroffen werden, um die Umweltauswirkungen möglichst gering zu halten. Die Erweiterung des Produktentwicklungsprozesses um Umweltaspekte führt zu einer gesteigerten Komplexität hinsichtlich der zu berücksichtigen Entscheidungsparameter. Verfügbarkeit und Management der hierzu erforderlichen Datenmengen müssen neben den bereits bestehenden Daten sichergestellt werden.[171]

In diesem Kontext wird auch von Ecodesign bzw. Ökodesign gesprochen. Hierunter versteht sich ein systematischer und umfassender Gestaltungsansatz für Produkte, um durch ein verbessertes Produktdesign die Umweltbelastungen entlang des gesamten Produktlebenszyklus zu minimieren. Dies erfordert Bewertungsmaßstäbe und unter-

---

[167] Vgl. Ehrlenspiel et al. (2020), Kostengünstig Entwickeln und Konstruieren, S. 13
[168] Vgl. Bhander et al. (2003), Implementing life cycle assessment, S. 261
[169] Vgl. Eigner (2014), Modellbasierte Virtuelle Produktentwicklung, S. 7
[170] Vgl. Verein Deutscher Ingenieure e.V. (2018), VDI 4801, S. 15
[171] Vgl. Beger (2020), Nachhaltigkeitsoptimierte Produktentwicklung, S. 31

stützende Instrumente wie Checklisten, Handbücher oder dedizierte Softwarelösung.[172] Auf ausgewählte Ansätze und Methoden wird im weiteren Verlauf der Arbeit eingegangen (siehe Kapitel 2.2.3 und Kapitel 3.2.2)

Nachdem der Zusammenhang zwischen Produktentwicklungsprozess und Produktlebenszyklus erläutert wurde, erfolgt im nachfolgenden Kapitel die Darlegung der weiteren Phasen des Produktlebenszyklus vor dem Hintergrund der angestrebten funktionsorientierten Ökologieanalyse.

2.2.3 Phasen des Produktlebenszyklus

Jedes technische Produkt durchläuft in seinem Lebenszyklus oftmals die gleichen Phasen. Nichtsdestotrotz unterscheiden sich häufig die Anzahl, Bezeichnung und Abgrenzung der einzelnen Phasen in den verschiedenen Lebenszyklusmodellen der Literatur (siehe Kapitel 2.2.1). Zur Befähigung der im Rahmen der vorliegenden Arbeit angestrebten Ökologieanalyse ist eine Betrachtung des Produktlebenszyklus aus ökologischer Sicht, von der Rohstoffgewinnung bis zur Rückführung, zielführend. Daher wird im Folgenden auf die im Rahmen der vorliegenden Arbeit definierten übergeordneten Lebenszyklusphasen sowie deren Eigenschaften und Abgrenzungen eingegangen. Hierzu folgt zunächst die Produktionsphase, daraufhin die Nutzungsphase und im Anschluss die Rückführungsphase.

2.2.3.1 Produktion

Die Phase der Produktion umfasst die Fertigung des Produktes sowie dessen Montage[173]. Im Kontext dieser Arbeit kann das anwendende Unternehmen in Abhängigkeit der Wertschöpfungstiefe auch die Beschaffung und Bereitstellung von Materialien in die Bilanzgrenze einbeziehen. Die **Beschaffung von Materialien** kann je nach Wertschöpfungstiefe im eigenen Unternehmen auch die Primärproduktion und Werkstoffherstellung umfassen. Hierunter fällt die Gewinnung von Primär- und Sekundärrohstoffen. Der Prozess zur Gewinnung von abiotischen Primärrohstoffen lässt sich beispielsweise in die Phasen der Exploration, der Erschließung, dem Abbau sowie der

[172] Vgl. Umweltbundesamt (2020), Ökodesign
[173] Vgl. Grote et al. (2020), Grundlagen der Produktentwicklung, S. 2f.

Nachsorge unterteilen. Dem Rohstoffgewinn folgen Aufarbeitungs- und Veredelungsschritte bis die gewünschten Materialien für die Weiterverarbeitung zur Verfügung stehen.[174]

Während der **Fertigung** wird durch die Kombination verschiedener Fertigungsschritte aus einem Rohteil der gewünschte Fertigungszustand erreicht. Die Arbeitsschritte können die geometrische Form oder die Stoffeigenschaften des Werkstücks verändern.[175] Häufige Verfahrensgruppen in der Fertigung sind beispielsweise das Urformen, Umformen, Trennen, Fügen, Beschichten oder Ändern von Stoffeigenschaften[176].

Die meisten Produkte bestehen nicht aus einem einzelnen Bauteil, sodass weitere Schritte notwendig sind, um ein komplexes Produkt aus den Einzelteilen herzustellen. Das Zusammenbauen von Einzelteilen zum Gesamtprodukt wird unter dem Begriff der **Montage** zusammengefasst. Zur Montage zählen unter anderem das Fügen, Handhaben, Kontrollieren, Justieren und Sonderoperationen, wie Entgraten, Kühlen oder Bedrucken. Im Maschinenbau liegt der Montagezeitanteil an der Gesamtfertigungszeit je nach Komplexität des Produktes zwischen 20 und 45 %.[177] Die Montage kann in Teilen vor Ort bei den jeweiligen Kunden geschehen und geht somit fließend in die Phase der Produktnutzung über. Sobald die Maschine oder Anlage in Betrieb genommen ist, beginnt die Nutzungsphase.[178]

2.2.3.2 Nutzung

Der Produktlebenszyklus im Maschinen- und Anlagenbau zeichnet sich insbesondere durch lange Betriebsdauern aus[179], sodass die Nutzung der Maschine oder Anlage die mit Abstand längste Lebenszyklusphase darstellt[180]. Die Nutzungsphase nimmt gegenüber den anderen Lebenszyklusphasen eine weitere Sonderrolle ein. Es wird nicht das Produkt, seine Komponenten und Bauteile be- oder verarbeitet, sondern das Produkt selber wird eingesetzt, um Stoffe, Signale oder Energien zu be- oder verarbeiten.[181]

Neben der **Produktnutzung** selbst erfolgen in dieser Phase auch **Wartungs- und Installationsarbeiten**, die zur Verlängerung der Nutzungsdauer oder dem Austausch von

[174] Vgl. Umweltbundesamt (2014), Abiotische Rohstoffe schonend gewinnen; Vgl. Herrmann (2010), Ganzheitliches Life Cycle Management, S. 378ff.
[175] Vgl. Deutsches Institut für Normung e. V. (2022), DIN 8580:2022-12, S. 8
[176] Vgl. Deutsches Institut für Normung e. V. (2022), DIN 8580:2022-12, S. 6f.
[177] Vgl. Lotter (2012), Einführung, S. 1ff.
[178] Vgl. Grote et al. (2020), Grundlagen der Produktentwicklung, S. 2f.
[179] Vgl. Ponn und Lindemann (2011), Gestaltung technischer Produkte, S. 15
[180] Vgl. Herterich et al. (2016), Industrielle Dienstleistungen 4.0, S. 5
[181] Vgl. Birkhofer et al. (2012), Umweltgerechtes Konstruieren, S. 564

Komponenten dienen[182]. Erfolgen diese Tätigkeiten nicht vom Betreiber industrieller Maschinen oder Anlagen, dann wird in der Regel von Dienstleistungen bzw. Services gesprochen.[183]

2.2.3.3 Rückführung

Das in der folgenden Abbildung 2-10 dargestellte Systemdiagramm der Kreislaufwirtschaft der ELLEN MACARTHUR FOUNDATION, auch als Butterfly-Diagramm (Deutsch: Schmetterlings-Diagramm) bekannt, veranschaulicht den kontinuierlichen Materialfluss in einer Kreislaufwirtschaft. Dabei wird zwischen zwei Hauptzyklen unterschieden: dem biologischen und dem technischen Kreislauf. Der Biologische umschreibt die Rückführung von Nährstoffen aus biologisch abbaubaren Materialien zurück in die Erde, um die Natur zu regenerieren. Der Technische charakterisiert hingegen die Kreislaufführung von Produkten und Materialien durch Prozesse, wie Wiederverwendung, Reparatur, Wiederaufarbeitung und Recycling.[184]

Die Strategien für die Kreislaufwirtschaft lassen sich unmittelbar aus den verschiedenen Kreislauftypen des Butterfly-Diagramms ableiten. Hierzu gehören die Verlangsamung, die Schließung und die Verringerung von Stoffkreisläufen. Die Verringerung umfasst Strategien, die die Menge der für die Herstellung und Nutzung eines Produktes erforderlichen Ressourcen verringern, d.h. die Energie- und Materialeffizienz zu verbessern. Das Schließen von Kreisläufen umfasst Strategien zum Recycling von Komponenten und Materialien. Die Verlangsamung zielt dagegen darauf ab, die Lebensdauer von Produkten zu verlängern und die Wiederverwendung von Produkten oder Komponenten zu erhöhen.[185] BOCKEN ET AL. weisen jedoch darauf hin, dass eine isolierte Umsetzung von Strategien zur Verringerung von Stoffkreisläufen zu sogenannten Rebound-Effekten führen kann. Damit gemeint ist, dass im Kontext der Verringerung keine Beeinflussung der Geschwindigkeit des Produktflusses erfolgt. Wenn die zeitliche Dimension außer Acht bleibt, dann kann die Ressourceneffizienz leicht zu einer weiteren Beschleunigung der linearen Ressourcenströme führen, indem beispielsweise mehr von einem effizienteren Produkt verkauft wird und damit in einer

[182] Vgl. Grote et al. (2020), Grundlagen der Produktentwicklung, S. 2
[183] Vgl. Herterich et al. (2016), Industrielle Dienstleistungen 4.0, S. 5ff.
[184] Vgl. Ellen MacArthur Foundation (2020), The butterfly diagram: Visualising
[185] Vgl. Bocken (2020), Kreislaufwirtschaft, S. 136ff.

sehr geringen Gesamteinsparung resultiert. Entsprechend empfiehlt sich eine Ergänzung bzw. Kombination mit Strategien der Verlangsamung oder Schließung von Stoffkreisläufen.[186]

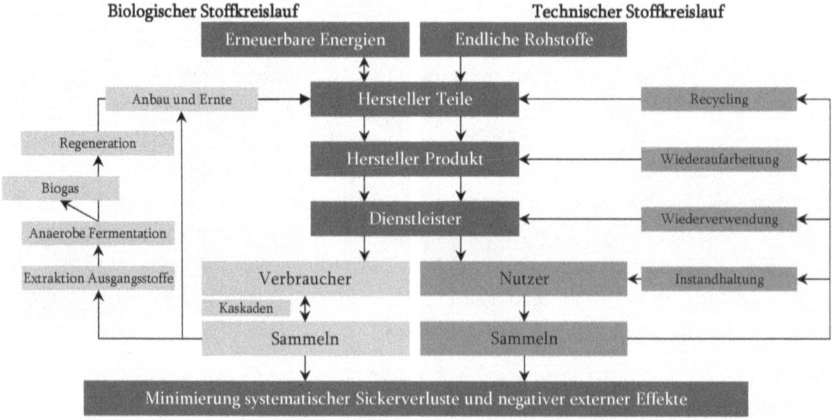

Abbildung 2-10: Butterfly-Diagramm der Kreislaufwirtschaft nach der ELLEN MACARTHUR FOUNDATION[187]

SELIGER ET AL. nannte im Jahr 1997 bereits mehrere Möglichkeiten der Produktadaption, um eine Ressourcenschonung zu erzielen. Hierzu gehören unter anderem die Modernisierung, Aufarbeitung, Umgestaltung, Wartung, Instandhaltung, Reparatur, Aufwertung oder Abwertung und Erweiterung oder Reduktion von Produkten. In Abhängigkeit vom Zustand des Produktes nach der Nutzung und der Ursache für die Einführung in die Rückführungsphase, ist die geeignete Adaption auszuwählen. Die benannten Adaptionsmöglichkeiten unterscheiden sich dabei im Ausmaß der Veränderung an der Funktionalität und/oder Form des Produktes.[188]

In der wissenschaftlichen Literatur werden zahlreiche Kreislaufstrategien bzw. Rückführungsstrategien erläutert, die unter dem Begriff der R-Strategien diskutiert werden[189]. POTTING ET AL. stellen zehn Rückführungsstrategien auf, welche ergänzend

[186] Vgl. Bocken et al. (2016), Strategies for a circular economy, S. 310ff.

[187] Vgl. Ellen MacArthur Foundation (2020), The butterfly diagram: Visualising; Vgl. Ellen MacArthur Foundation (2015), Towards a circular economy, S. 6

[188] Vgl. Seliger et al. (1997), More Use with fewer, S. 8f.

[189] Vgl. Potting et al. (2017), Circular Economy; Vgl. Ellen MacArthur Foundation (2015), Towards a circular economy; Vgl. Reike et al. (2018), The circular economy

nach ihren sogenannten Zirkularitätsgraden gewertet sind. Dabei gilt, je höher der Zirkularitätsgrad desto weniger zusätzliche natürliche Ressourcen werden benötigt.[190] Die nachfolgende Abbildung 2-11 zeigt die 9R-Strategien von POTTING ET AL.[191].

Zirkularitätsgrad

Intelligente Produktnutzung und -herstellung	R0	Refuse	Produkt überflüssig machen, durch Funktionsaufgabe oder Funktionserfüllung durch ein völlig anderes Produkt
	R1	Rethink	Intensivierung der Produktnutzung
	R2	Reduce	Steigerung der Effizienz in der Produktherstellung oder -nutzung
Verlängerung der Lebensdauer des Produkts und seiner Teile	R3	Reuse	Wiederverwendung eines ausrangierten Produktes im noch guten Zustand durch einen anderen Nutzer
	R4	Repair	Reparatur und Instandhaltung eines defekten Produkts zur Wiederherstellung der ursprünglichen Funktion
	R5	Refurbish	Widerherstellung eines alten Produkts und Aufwertung auf den neusten Stand
	R6	Remanufacture	Verwendung von Altteilen in einem neuen Produkt der gleichen Funktion
	R7	Repurpose	Verwendung eines alten Produkts oder seiner Teile in einem neuen Produkt mit anderer Funktion
Nützliche Verwendung von Materialien	R8	Recycle	Materialverarbeitung zur Erreichung der gleichen oder niedrigeren Qualität
	R9	Recover	Verbrennung von Materialien mit Energierückgewinnung

Abbildung 2-11: 9R-Strategien nach POTTING ET AL.[192]

Die von POTTING ET AL. benannten R-Strategien gliedern sich in drei übergeordnete Gruppen. Die ersten drei Strategien (R0 bis R2, Verringerung) verfolgen das Ziel der Vermeidung oder Verringerung des initialen Rohstoffverbrauchs. Die zweite Gruppe (R3 bis R7, Verlangsamung) bündelt Strategien zur Wieder- oder Weiterverwendung ganzer Produkte oder Komponenten mit dem Ziel der Verlängerung der Lebensdauer. Die dritte Gruppe (R8 bis R9, Schließung) zielt auf die Rückführung von Materialien durch materielle oder energetische Verwertungen ab, welche ansonsten deponiert oder ohne Wärmerückgewinnung verbrannt werden würden.[193] SCHUH ET AL. prägen ergänzend den Begriff Re-Assembly. Hierunter versteht sich die industrialisierte Demonatge, Aufarbeitung und Endmontage von Produkten, Modulen und Komponenten zur Umsetzung einer wertsteigernden Kreislaufwirtschaft. Diese geht über eine einfache Wiederbereitstellung bestehender Lösungen hinaus und ermöglicht die Einbringung von neuen Funktionen zur Steigerung des vom Kunden wahrgenommenen Wertes.[194]

---

[190] Vgl. Potting et al. (2017), Circular Economy, S. 4f.
[191] Vgl. Potting et al. (2017), Circular Economy, S. 14f.
[192] Vgl. Potting et al. (2017), Circular Economy, S. 15
[193] Vgl. Potting et al. (2017), Circular Economy, S. 14f.
[194] Vgl. Schuh et al. (2023), Green Re-Assembly Upgrade Factory, S. 317ff.

Neben den R-Strategien bestehen auch weitere Rückführungsarten, welche bei der Auslegung von Produkten Berücksichtigung finden können[195]. So legt die Abfallrahmenrichtlinie[196] der Europäischen Kommission die grundlegenden Konzepte und Definitionen im Zusammenhang mit der Abfallbewirtschaftung fest, einschließlich der Definitionen von Abfall, Recycling und Verwertung. Die darin erarbeitete sogenannte Abfallhierarchie besteht aus insgesamt fünf Stufen und gibt eine Priorisierung im Umgang mit Abfall vor. Dabei gilt die höchste Priorität einer Abfallvermeidung. Absteigend folgen Wiederverwendung, Recycling, Verwertung und schlussendlich die Entsorgung. Abfall wird hierbei definiert als alle Stoffe oder Gegenstände, deren sich der Besitzer entledigt, entledigen will oder entledigen muss.[197] Die Definitionen beruhen auf der Annahme, dass ein Produkt zu einem bestimmten Zeitpunkt unweigerlich zu Abfall mutiert[198].

Es sei festgehalten, dass innerhalb der Rückführungsphasen längst nicht mehr nur die Entsorgung von Abfällen eine Rolle spielt, sondern unterschiedlichste Rückführungsarten bestehen und in die Beschreibung des Produktlebenszyklus einfließen. Aus diesem Grund definiert die vorliegende Arbeit vier Arten der Produktrückführung mit Relevanz für den Maschinen- und Anlagenbau:

- **Neuverteilung**: Die weitere Nutzung eines bestehenden Produktes in einem guten Zustand (Reuse) oder Reparatur eines defekten Produktes zur Erfüllung der gleichen Funktion (Repair).
- **Aufarbeitung**: Wiederherstellung und Aufarbeitung eines bestehenden Produktes oder Weiterverwendung von Altteilen in einem neuen Produkt (Remanufacture, Refurbish und Reassemble).
- **Recycling**: Verarbeitung von Materialien zur Erreichung der gleichen oder niedrigeren Qualität (Recycle).
- **Entsorgung**: Verbrennung von Materialien zur Energierückgewinnung (Recover) oder sonstige Verwertung und Deponierung.

Dieses Kapitel konnte den Objektbereich des Produktlebenszyklus für die vorliegende Arbeit erläutern und eingrenzen. Zu diesem Zweck wurden relevante Begrifflichkei-

[195] Vgl. den Hollander et al. (2017), Product Design in a Circular Economy, S. 518
[196] Vgl. Europäische Kommission (2008), Richtlinie 2008/98/EG
[197] Vgl. Europäische Kommission (2008), Richtlinie 2008/98/EG; Vgl. den Hollander et al. (2017), Product Design in a Circular Economy, S. 518
[198] Vgl. den Hollander et al. (2017), Product Design in a Circular Economy, S. 518

ten definiert sowie die Eigenschaften und Abgrenzungen zwischen den Lebenszyklusphasen erläutert. Das Nachfolgende schafft die Grundlagen zur Analyse der im Rahmen des Produktlebenszyklus entstehenden Umweltauswirkungen.

2.3 Analyse der ökologischen Nachhaltigkeit

Dieses Teilkapitel befasst sich mit den Grundlagen zur ökologischen Nachhaltigkeit und fokussiert insbesondere die Ökologieanalyse als zentrales Gestaltungselement im Rahmen der vorliegenden Arbeit. Die Definition der relevanten Begrifflichkeiten sorgt vorab für ein einheitliches Verständnis (Kapitel 2.3.1). Daran schließt sich die Vorstellung der für die vorliegende Arbeit relevante Ökologieanalyse an (Kapitel 2.3.2). Anschließend folgt ein Überblick über zentrale Ökologiekategorien (Kapitel 2.3.3).

2.3.1 Relevante Begrifflichkeiten

In diesem Abschnitt werden die relevanten Begrifflichkeiten im Kontext einer Ökologieanalyse eingeführt. Hierzu wird zunächst der Begriff Nachhaltigkeit hergeleitet und im Anschluss auf die Dimension der Ökologie eingegangen. Weiter werden relevante Begriffe im Kontext der Nachhaltigkeitsbewertung eingeführt.

2.3.1.1 Nachhaltigkeit

Der Begriff **Nachhaltigkeit** hat eine lange Geschichte. Eine zeitliche Verordnung der Entstehung des Nachhaltigkeitsbegriffs ist punktgenau kaum möglich. Vielfach wird die erstmalige Erwähnung in dem Jahr 1713 aus dem Bereich der Forstwirtschaft benannt.[199] HANS CARL VON CARLOWITZ forderte in seinen Ausführungen „Conservation und Anbau des Holtzes anzustellen/ daß es eine continuirliche beständige und nachhaltende Nutzung gebe“[200]. Es wird deutlich, dass der Begriff **nachhaltend** die Eigenschaften der Beständigkeit und Kontinuität beinhält. Nach VON CARLOWITZ beruhte eine nachhaltige Forstwirtschaft darauf, dass nur so viel Holz geschlagen werden darf, wie durch Baumneupflanzungen nachwachsen kann[201]. Nachdem über viele Jahre dieses Prinzip allerdings nur in wenigen Wirtschaftszweigen Anwendung fand[202], kam das Thema in den 1970er Jahren aufgrund der Studie *The Limit to Growth* von MEADOWS

[199] Vgl. Jörissen et al. (1999), Ein integratives Konzept nachhaltiger, S. 12
[200] Vgl. Carlowitz (1713), Sylvicultura oeconomica, S. 105
[201] Vgl. Jörissen et al. (1999), Ein integratives Konzept nachhaltiger, S. 12
[202] Vgl. Jörissen et al. (1999), Ein integratives Konzept nachhaltiger, S. 11f.

ET AL.[203] im Rahmen von nachhaltigem Ressourcenmanagement erneut in das öffentliche Rampenlicht, insbesondere in das von Wissenschaft und Industrie. Die Studie, welche von dem Club of Rome und Forschenden vom Massachusetts Institute of Technology (MIT) erarbeitet wurde, beschreibt mehrere Szenarien zur Limitierung von globalen Ressourcen im Zuge des Wachstums der Weltpopulation und prognostiziert: „If the present growth trends in world population, industrialization, pollution, food production, and resource depletion continue unchanged, the limits to growth on this planet will be reached sometime within the next one hundred years“[204]. Trotz der langen Geschichte existiert bisher keine einheitliche Definition für den Begriff Nachhaltigkeit[205]. Die Weltkommission für Umwelt und Entwicklung der Vereinten Nationen prägte jedoch in ihrem Abschlussbericht *Our Common Future* von 1987 den Begriff der nachhaltigen Entwicklung (Engl.: sustainable development) durch die folgende Definition:

„**Nachhaltige Entwicklung** ist eine Entwicklung, die die Bedürfnisse der heutigen Generation befriedigt, ohne die Möglichkeiten künftiger Generationen zu gefährden, ihre eigenen Bedürfnisse zu befriedigen.“[206]

Dieser Bericht wird häufig auch nach der Vorsitzenden der damaligen Kommission benannt, der ehemaligen norwegischen Ministerpräsidentin GRO BRUNDTLAND[207]. GRUNDWALD UND KOPFMÜLLER definieren den Begriff Nachhaltigkeit als einen Zustand, der sich am Ende des Prozesses gesellschaftlicher Veränderung einstellt. Nachhaltigkeit beschreibt dementsprechend den Zielzustand einer derartigen nachhaltigen Entwicklung.[208] Dem folgend lässt sich das Verständnis der nachhaltigen Entwicklung auch auf die Entwicklung von technischen Produkten übertragen[209].

Einen weiteren Meilenstein in der Geschichte der Nachhaltigkeit setzte die Earth Summit Konferenz der Vereinten Nation 1992 in Rio de Janeiro. Die Vorschläge des Brutland-Berichts mündeten in Konventionen und Abkommen, wie der Agenda 21 oder der Rahmenkonvention über Klimaveränderungen.[210] Im Jahr 2015 fand der UN-Nachhaltigkeitsgipfel statt, welcher als weiterer wichtiger Meilenstein in der Verbreitung

[203] Vgl. Meadows et al. (1972), The limits to growth
[204] Vgl. Meadows et al. (1972), The limits to growth, S. 23
[205] Vgl. Ponn und Lindemann (2011), Gestaltung technischer Produkte, S. 275
[206] Vgl. Brundtland (1987), Our common future, S. 43
[207] Vgl. Mayer (2020), Nachhaltigkeit, S. 1ff.
[208] Vgl. Grunwald und Kopfmüller (2006), Nachhaltigkeit, S. 7
[209] Vgl. Ćorić (2016), Die Entwicklung nachhaltiger Produkte, S. 1
[210] Vgl. UN General Assembly (1992), Report of the United Nations, S. 1ff.

des Nachhaltigkeitsgedankens gilt. Die aufgestellte Agenda 2030 beinhaltet 17 Nachhaltigkeitsziele (Engl.: Sustainable Development Goals), die global eine Richtlinie für eine nachhaltigere Gestaltung von Gesellschaft, Wirtschaft und Umwelt darstellen.[211]

Es wird deutlich, dass der Begriff Nachhaltigkeit weit über den reinen Umweltschutz hinausgeht und gleichermaßen ökonomische und soziale Aspekte einbezieht[212]. In der Literatur bestehen verschiedene Modelle zur Darstellung der Mehrdimensionalität der Nachhaltigkeit. Allen gemeinsam ist die Integration der drei Dimensionen Ökonomie, Ökologie und Soziales.[213] ELKINGTON prägte dabei im Jahr 1994 den Begriff der Triple Bottom Line[214]. Die Darstellung der dreidimensionalen Nachhaltigkeit erfolgt häufig in Form des Drei-Säulen-Modells, eines Schnittmengen- bzw. Dreiklangmodells oder eines Nachhaltigkeitsdreiecks, dargestellt in Abbildung 2-12[215].

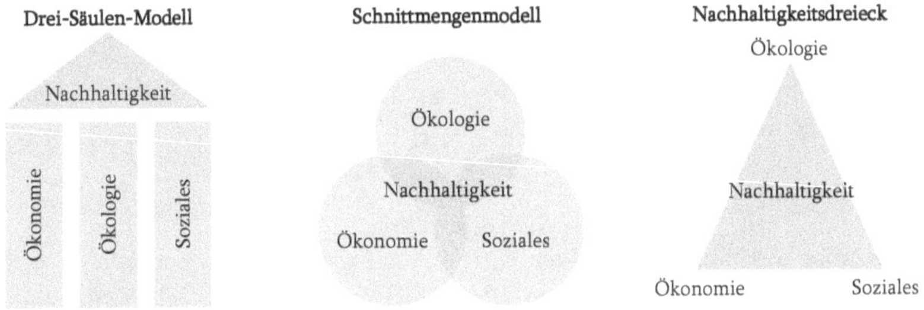

Abbildung 2-12: Die drei klassischen Modelle der Nachhaltigkeit[216]

Die **ökonomische Nachhaltigkeit** verfolgt das Ziel die Wirtschaftskraft zu stärken und die gewünschte Lebensqualität zu erreichen. Volkswirtschaftlich versteht sich hierunter die Stärkung von Innovationen, Investitionen und Produktivität.[217] Die Betriebswirtschaft visiert das Erwirtschaften von Gewinn und die Sicherung der Wettbewerbsposition[218]. Die **ökologische Nachhaltigkeit** strebt hingegen die Erhaltung der Natur bzw. des ökologischen Systems zur Bildung der Lebensgrundlage für alle menschlichen

[211] Vgl. Die Bundesregierung (2021), Deutsche Nachhaltigkeitsstrategie; Vgl. United Nations (2015), Adoption of the Paris Agreement, S. 2ff.
[212] Vgl. Ponn und Lindemann (2011), Gestaltung technischer Produkte, S. 276
[213] Vgl. Pufé (2012), Nachhaltigkeitsmanagement, S. 33
[214] Vgl. Elkington (1994), Towards the Sustainable Corporation
[215] Vgl. Pufé (2012), Nachhaltigkeitsmanagement, S. 33
[216] Vgl. Pufé (2012), Nachhaltigkeitsmanagement, S. 34
[217] Vgl. Hauff (2014), Nachhaltige Entwicklung, S. 34
[218] Vgl. Langer (2011), Unternehmen und Nachhaltigkeit, S. 1ff.; Vgl. Welsing (2023), Nachhaltigkeit von Produktionsnetzwerkkonfigurationen, S. 31; Vgl. Jacob (2019), Digitalisierung & Nachhaltigkeit, S. 15

Aktivitäten an[219]. Die **soziale Nachhaltigkeit** sieht den Erhalt des Humankapitals vor, indem die Menschenwürde geachtet, die persönliche Entfaltung gefördert und der solidarische Zusammenhalt gestärkt wird[220]. Es resultiert daraus, dass die drei Nachhaltigkeitsdimensionen Ökonomie, Ökologie und Soziales sich gegenseitig beeinflussen und damit nicht vollständig getrennt voneinander zu betrachten sind[221]. Im Rahmen der vorliegenden Arbeit ist der Begriff Nachhaltigkeit daher wie folgt definiert:

Nachhaltigkeit vereint die Erfüllung ökomonomischer, ökologischer und sozialer Ziele, wobei diese in Beziehung zueinanderstehen und sich gegenseitig beeinflussen.

Trotz der Dreidimensionalität kommt der Ökologie in der heutigen Gesellschaft eine besondere Rolle zu[222]. Sowohl ökonomische als auch soziale System können für sich alleine, ohne einen bestimmten Zustand der Natur, nicht nachhaltig sein[223]. Der Maschinen- und Anlagenbau belastet die Umwelt unter anderem durch den Abbau und die Nutzung von Rohstoffen oder das Ausstoßen von Emissionen in die Atmosphäre[224]. Die vorliegende Arbeit legt daher den Fokus auf die Ökologie und erläutert diese nachfolgend im Detail.

2.3.1.2 Ökologie und Ökosystem

Die Definition der ökologischen Nachhaltigkeit bringt die wissenschaftlichen Literatur eng mit den Begriffen Ökologie und Ökosystem in Verbindung. HAECKEL definiert 1866 die **Ökologie** als die Wissenschaft von Beziehungen von Organismen zueinander und zu der umgebenden Außenwelt[225]. Die wichtigsten Organismen sind Bakterien, Pilze, Pflanzen, Tiere und Menschen[226]. Die Außenwelt differenziert zwischen anthropogenen und natürlichen Faktoren. Natürliche Faktoren setzen sich aus biotischen und abiotischen, also belebten und unbelebten Elementen zusammen.[227] Auf der Definition aufbauend beschreiben **Ökosysteme** ein Beziehungsgefüge aus energetischen

[219] Vgl. Hauff (2014), Nachhaltige Entwicklung, S. 33

[220] Vgl. Nowak und Leymann (2018), Soziale Nachhaltigkeit; Vgl. Hauff (2014), Nachhaltige Entwicklung, S. 36; Vgl. Jacob (2019), Digitalisierung & Nachhaltigkeit, S. 15

[221] Vgl. Beger (2020), Nachhaltigkeitsoptimierte Produktentwicklung, S. 9

[222] Vgl. Beger (2020), Nachhaltigkeitsoptimierte Produktentwicklung, S. 9

[223] Vgl. Hauff (2014), Nachhaltige Entwicklung, S. 33

[224] Vgl. Ponn und Lindemann (2011), Gestaltung technischer Produkte, S. 15; Vgl. Hauff (2014), Nachhaltige Entwicklung, S. 33; Vgl. Herterich et al. (2016), Industrielle Dienstleistungen 4.0, S. 5

[225] Vgl. Haeckel (1866), Generelle Morphologie der Organismen, S. 8; Vgl. Schaefer (2012), Wörterbuch der Ökologie, S. 198

[226] Vgl. Kalusche (2015), Ökologie in Zahlen, S. 65f.

[227] Vgl. Nentwig et al. (2017), Ökologie kompakt, S. 7; Vgl. Begon et al. (2017), Ökologie, S. 85

und stofflichen Austauschbeziehungen zwischen Umweltfaktoren und Organismen.[228] Ein Ökosystem braucht für einen dauerhaft funktionierenden und somit nachhaltigen Kreislauf Produzenten (z.B. Pflanzen), Konsumenten (z.B. Tiere) und Destruenten (z.B. Pilze und Bakterien). In dieser Konstellation verfügen Ökosysteme über die Fähigkeit der Regulation.[229] Bei einer „stabilen" Regulation wird in der Wissenschaft auch vom ökologischen Gleichgewicht gesprochen[230]. EHRENFELD definiert Nachhaltigkeit angelehnt als die Möglichkeit einer unbegrenzten Fortdauer aller Lebensformen. In Anlehnung an ISO 15392[231] definiert sich der Begriff der ökologischen Nachhaltigkeit im Rahmen der vorliegenden Arbeit folgendermaßen:

Ökologische Nachhaltigkeit bedeutet, dass menschliche Aktivitäten die Funktionen der Ökosysteme der Erde beibehalten bzw. fördern.

Vor diesem Hintergrund besteht die Herausforderung in der Abschätzung von menschlichen Eingriffen in die Natur[232]. Die Belastbarkeit und Reproduktionsfähigkeit der Ökosysteme spielen hierbei eine entscheidende Rolle[233]. Im weiteren Verlauf der Arbeit finden die Begriffe ökologische Nachhaltigkeit und Ökologie synonyme Verwendung.

2.3.1.3 Begriffe im Kontext der Analyse und Bewertung von Nachhaltigkeit

Im Kontext der Analyse und Bewertung von Nachhaltigkeit hat sich eine gewisse Begriffshierarchie etabliert, welche in Abbildung 2-13 dargestellt ist. Die dargelegten Begrifflichkeiten definieren sich hierbei wie folgt[234]:

- **Ordnungsrahmen**: Übergeordnete Struktur in die Konzepte, Methodologien, Methoden und Werkzeugen integriert sind.
- **Methodologie**: Eine Sammlung von individuellen Charakterisierungsmethoden, die verschiedene ökologische, ökonomische und soziale Fragen und die damit verbundenen Erkenntnisse bzw. Auswirkungen strukturiert behandeln.

[228] Vgl. Schaefer (2012), Wörterbuch der Ökologie, S. 204f.
[229] Vgl. Lotka (1925), Elements of Physical Biology, S. 135ff.; Vgl. Welsing (2023), Nachhaltigkeit von Produktionsnetzwerkkonfigurationen, S. 32
[230] Vgl. Nentwig et al. (2017), Ökologie kompakt, S. 80ff.
[231] Vgl. ISO International Organisation for Standardization (2019), ISO 15392, S. 5f.
[232] Vgl. Aarts (1999), Ecological sustainability and biodiversity, S. 91
[233] Vgl. Jacob (2019), Digitalisierung & Nachhaltigkeit, S. 14
[234] Vgl. Sala et al. (2013), Progress in sustainability science, S. 1664; Vgl. Andes (2019), Methodensammlung zur Nachhaltigkeitsbewertung, S. 52f.

- **Methode**: Eine Reihe von Modellen, Werkzeugen und Indikatoren, die die Berechnung von Bewertungsgrößen für eine bestimmte Wirkungskategorie ermöglichen. Ferner versteht sich innerhalb der Nachhaltigkeitswissenschaften hierunter eine transparente, strukturierte Abfolge von Schritten zur Beantwortung spezifischer Fragestellungen bzw. zur Entwicklung von Lösungsoptionen für komplexe Nachhaltigkeitsherausforderungen.
- **Modelle**: Beschreibung eines Systems zur Berechnung eines spezifischen Indikatorwertes.
- **Werkzeuge** (Engl.: Tool): Software, Anwendungen, Datenbanken zur Unterstützung der Analyse, die durch die Anwendung einer bestimmten Methode und der zugehörigen Modelle durchgeführt wird.
- **Indikatoren**: Ein messbarer Parameter oder daraus abgeleiteter numerischer Wert, welcher Informationen über einen Zustand oder die Bedeutung eines Sachverhalts herausstellt.

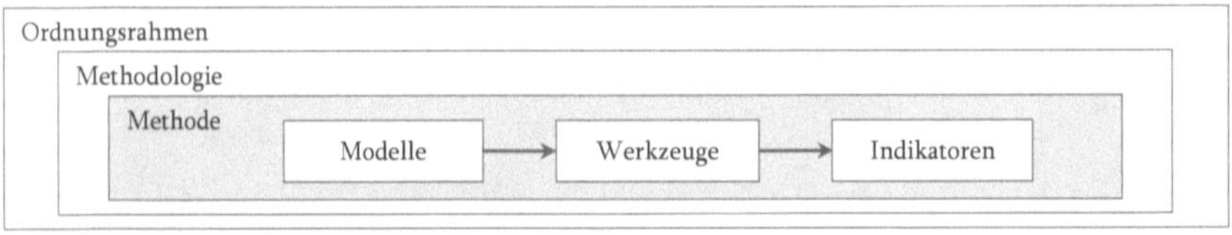

Abbildung 2-13: Begriffshierarchie in der Analyse und Bewertung von Nachhaltigkeit nach SALA ET AL.[235]

STANNERS ET AL.[236] unterscheiden verschiedene Arten von Indikatoren. Hierunter fallen beschreibende Indikatoren, Leistungsindikatoren und Effizienzindikatoren. Beschreibende Indikatoren stellen beispielsweise einen Zustand, eine Belastung oder eine Auswirkung dar. Leistungsindikatoren messen wiederum beispielsweise einen Abstand zwischen einer aktuellen und angestrebten Situation. Die Indikatoren sind dabei mit einem konkreten Zielwert verbunden. Effizienzindikatoren setzen Treiber und Belastung in Beziehung zueinander und geben so Aufschluss über die Effizienz von Produkten oder Prozessen. Sie messen den Ressourceneinsatz pro Ergebniseinheit.[237]

Die Analyse von Nachhaltigkeit bildet eine Bilanz über die eintretenden und austretenden Stoff- und Energieflüsse. Der Begriff der **Ökobilanz** ist definiert als die Zusam-

[235] Vgl. Sala et al. (2013), Progress in sustainability science, S. 1664
[236] Vgl. Stanners et al. (2007), Frameworks for environmental indicators
[237] Vgl. Stanners et al. (2007), Frameworks for environmental indicators, S. 134ff.

menstellung und Bewertung der Input- und Outputflüsse sowie der daraus resultierenden Umweltauswirkungen eines Produktsystems im Verlauf seines Lebensweges[238]. Ein **Produktsystem** fasst verschiedene Prozesse zusammen, die den Lebensweg eines technischen Produktes modellieren und eine oder mehrere festgelegte Funktionen erfüllen[239]. Die vorliegende Arbeit legt den Fokus auf die Analyse, sprich die Untersuchung von Struktur, Daten und Inhalt. Basierend darauf lässt sich der Begriff der Ökologieanalyse wie folgt definieren:

Die **Ökologieanalyse** stellt einen Ordnungsrahmen zur systematischen Analyse der Stoff- und Energieflüsse eines technischen Produktes bzw. Produktsystems entlang seines Lebenszyklus dar.

Nachdem nun die wesentlichen Begriffe zur Analyse und Bewertung von Nachhaltigkeit vorliegen, erläutert das nächste Kapitel etablierte Methoden und Modelle zur Ökologieanalyse.

2.3.2 Methoden und Modelle zur Ökologieanalyse

Um Nachhaltigkeit in unternehmerischen Entscheidungen und im Kontext von wissenschaftlichen Arbeiten zu berücksichtigen, braucht es verschiedene Analyse- und Bewertungssysteme. Die existierenden Methoden zur Nachhaltigkeitsanalyse und -bewertung unterscheiden sich in Abhängigkeit von den betrachteten Nachhaltigkeitsaspekten und Betrachtungsebenen bzw. Systemen sehr stark voneinander[240]. Bei der Erhebung der Stoff- oder Energiebilanz variieren die Betrachtungsebenen unter anderem mit Bezug zu:

- Produkten (z.B. Komponenten, Produktgruppen, Verpackungen)
- Technologien (z.B. Prozesse, Anlagen, Verfahren)
- Unternehmen (z.B. Konzerne, Betriebe, Standorte)
- Staaten (z.B. Brachen, Regionen, Länder)[241]

Abbildung 2-14 zeigt einen Überblick über verschiedene Methoden zur Analyse und Bewertung der Nachhaltigkeit. Diese unterscheiden sich jeweils nach ihrem Systembezug sowie der betrachteten Nachhaltigkeitsdimension. Im Fokus der vorliegenden Arbeit stehen Methoden mit Produktbezug und Fokus auf der Ökologie, sodass die relevanteste Methode der Ökobilanz im Folgenden genauer erläutert wird.

[238] Vgl. Deutsches Institut für Normung e. V. (2021), DIN EN ISO 14040:2021-02, S. 9
[239] Vgl. Deutsches Institut für Normung e. V. (2021), DIN EN ISO 14044:2021-02, S. 14
[240] Vgl. Ness et al. (2007), Categorising tools for sustainability assessment, S. 499f.
[241] Vgl. Dyckhoff und Souren (2007), Nachhaltige Unternehmensführung, S. 165

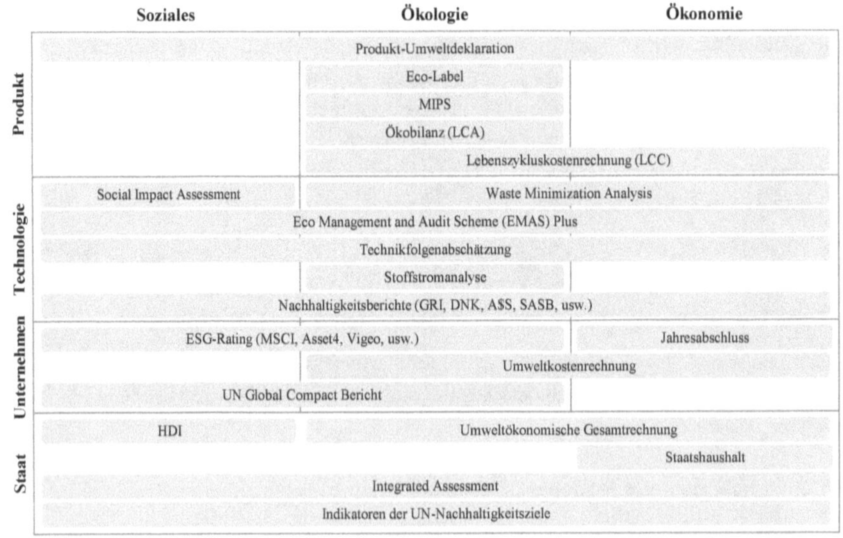

Abbildung 2-14: Überblick über Methoden zur Analyse von Nachhaltigkeit[242]

2.3.2.1 Ökobilanz nach DIN EN ISO 14040 und 14044

Es besteht eine Vielzahl an Normen und Richtlinien, die sich mit der Entwicklung umweltgerechter Produkte und der Analyse der Nachhaltigkeit auseinandersetzen. Die Normreihe DIN EN ISO 14000 ff. behandelt das Thema Umweltmanagement und gibt Leitfäden für die industrielle Implementierung von entsprechenden Managementsystemen[243]. Das übergeordnete Ziel der Normungsreihe ist die Unterstützung bei der Verbesserung von Umweltleistungen, der Erfüllung gesetzlicher Vorgaben sowie der Erreichung von Unternehmenszielen[244] und stellt hierzu wichtige Bewertungsverfahren und Leitlinien bereit[245]. Zur Erarbeitung der Normen hat das technische Komitee (TC) ISO/TC 207 verschiedene Aufgabenbereiche gegründet, die sich unter anderem mit der Einrichtung von Umweltmanagementsystemen (ISO 14001, ISO 14004), der

---

[242] Vgl. Hofstetter (1998), Perspectives in life cycle impact assessment, S. 23; Vgl. Frischknecht (2020), Lehrbuch der Ökobilanzierung, S. 19; Vgl. Welsing (2023), Nachhaltigkeit von Produktionsnetzwerkkonfigurationen, S. 36

[243] Vgl. Günther (2018), ISO 14000

[244] Vgl. Deutsches Institut für Normung e. V. (2016), DIN EN ISO 14004:2016-08

[245] Vgl. Deutsches Institut für Normung e. V. (2018), DIN EN ISO 14006:2018-08

Durchführung von Audits (ISO 14010 bis 14012, später ISO 19011), der umweltbezogenen Kennzeichnung (ISO 14020 ff.), der Dokumentation von Umweltleistungen von Unternehmen (ISO 14031, ISO 14032) und der Analyse von Umweltauswirkungen von Produkten in Form der Ökobilanz (ISO 14040 ff., ISO 14070 ff.) beschäftigen.[246] Eine Übersicht über die verschiedenen Normen geben Finkbeiner und Schwager[247].

Die am weitesten verbreitete Methode zur Analyse und Bewertung der ökologischen Nachhaltigkeit ist die Ökobilanz nach DIN EN ISO 14040[248] und DIN EN ISO 14044[249], auch als Life Cycle Assessment (LCA) oder Lebenszyklusanalyse bezeichnet. Sie kann für einzelne Produkte oder für organisatorische Einheiten bis auf Prozessebene erstellt werden. Dabei erfolgt die Bilanzierung der jeweils ein- und ausgehenden Stoff- und Energieflüsse.[250] Ziel ist es, möglichst viele Informationen über die jeweiligen Umweltauswirkungen zu sammeln und diese als Entscheidungshilfe bereitzustellen.[251] Die LCA dient darüber hinaus als Basis für Produktvergleiche, die Einhaltung politischer Forderungen oder sogenannte quantifizierte Umweltzeichen (Typ-III-Umweltdeklaration) bzw. Environmental Product Declaration (EPD) nach DIN EN ISO 14025[252].[253] Hierzu kommt ein vierstufiges Verfahren zum Einsatz: Festlegung des Ziels und des Untersuchungsrahmens, Erarbeitung der Sachbilanz, Durchführung der Wirkungsabschätzung und Auswertung der Ergebnisse.[254] Abbildung 2-15 zeigt die vier Phasen der Ökobilanz, deren Erläuterung im Nachgang erfolgt.

[246] Vgl. Finkbeiner und Schwager (2016), Umweltmanagement für kleine und mittlere, S. 10
[247] Vgl. Finkbeiner und Schwager (2016), Umweltmanagement für kleine und mittlere, S. 15ff.
[248] Vgl. Deutsches Institut für Normung e. V. (2021), DIN EN ISO 14040:2021-02
[249] Vgl. Deutsches Institut für Normung e. V. (2021), DIN EN ISO 14044:2021-02
[250] Vgl. Sailer (2020), Nachhaltigkeitscontrolling, S. 184f.
[251] Vgl. Pastoors und Scholz (2018), Methoden zum Messen der, S. 26f.
[252] Vgl. Deutsches Institut für Normung e. V. (2011), DIN EN ISO 14025:2011
[253] Vgl. Beger (2020), Nachhaltigkeitsoptimierte Produktentwicklung, S. 43
[254] Vgl. Deutsches Institut für Normung e. V. (2021), DIN EN ISO 14040:2021-02, S. 16

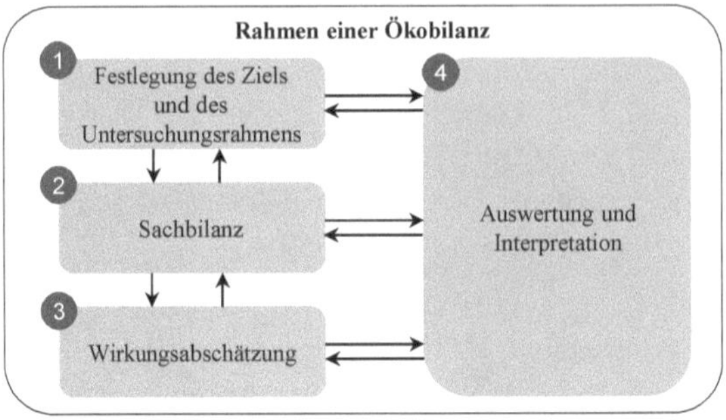

Abbildung 2-15: Phasen einer Ökobilanz nach DIN EN ISO 14040[255]

Im ersten Schritt werden **Ziel und Untersuchungsrahmen der Ökobilanz** eindeutig festgelegt. Zur Zieldefinition gehört die Festlegung der beabsichtigten Anwendung, der Gründe für die Studiendurchführung, der adressierten Zielgruppe sowie der Entscheidung über eine mögliche Veröffentlichung der Ergebnisse.[256] Die Definition des Untersuchungsrahmens dient der Eingrenzung der Ökobilanz. Die Vorarbeiten betrachten die funktionelle Einheit, die ausgewählten Systemgrenzen, das Allokationsverfahren, die Wahl der Methode zur Wirkabschätzung und deren Wirkungskategorien sowie weiterhin die Annahmen und Einschränkungen, die getroffen werden.[257] Die wesentlichen Elemente erklärt die nachfolgende Tabelle 2-1.

Tabelle 2-1: Relevante Begriffe der Ökobilanz[258]

Begriff	Erläuterung
Produktsystem	Zusammenfassung von Prozessen, die den Lebensweg eines Produktes modellieren und die eine oder mehrere festgelegte Funktionen erfüllen.
Funktionelle Einheit	Bezugsgröße, auf die die Input- und Outputdaten normiert werden können, um einen Vergleich der Umweltauswirkungen funktionsgleicher Produkte zu ermöglichen.
Systemgrenze	Grenze, die basierend auf einer Reihe von Kriterien bestimmt, welche Prozessumfänge Teil des untersuchten Systems sind.
Allokation	Zuordnung der Input- oder Outputflüsse eines Prozesses oder eines Produktsystems zum untersuchten Produktsystem und zu einem oder mehreren anderen Produktsystemen.
Wirkungskategorie	Klasse, die wichtige Umweltthemen repräsentiert und der Sachbilanzergebnisse zugeordnet werden können.

[255] Vgl. Deutsches Institut für Normung e. V. (2021), DIN EN ISO 14040:2021-02, S. 17
[256] Vgl. Deutsches Institut für Normung e. V. (2021), DIN EN ISO 14044:2021-02, S. 17
[257] Vgl. Deutsches Institut für Normung e. V. (2021), DIN EN ISO 14044:2021-02, S. 17f.
[258] Vgl. Deutsches Institut für Normung e. V. (2021), DIN EN ISO 14040:2021-02, S. 11ff.; Vgl. Deutsches Institut für Normung e. V. (2021), DIN EN ISO 14044:2021-02, S. 13ff.

Im zweiten Schritt erfasst und quantifiziert die **Sachbilanz** (Engl.: Life Cycle Inventory) die Input- und Outputflüsse der Produktsysteme. Dieser Schritt ist der aufwändigste Teil der Ökobilanz und erfolgt meist iterativ. Datenquellen sind Messungen, Berechnungen, Schätzung, öffentlich zugängliche Datensätze (z.B. ecoinvent), welche jeweils sauber zu dokumentieren sind.[259] Als weitere externe Quelle können Daten ähnlicher Produkte mittels Literaturrecherchen ergänzt werden, wobei auf entsprechende Rahmenbedingungen, wie Systemgrenzen, Untersuchungsjahr, regionale Bezüge etc. kritisch zu achten ist[260]. Um den Erhebungsaufwand der Ökobilanz zu reduzieren, lassen sich Ausschlusskriterien definieren, wie die Masse, Energie oder Umweltrelevanz. Dabei wird festgelegt, dass bestimmte Daten oder Prozesse von der Bilanzierung auszuschließen sind, da beispielsweise Einfluss bzw. Menge unter einem nennenswerten Anteil liegen. Zur transparenten Nachvollziehbarkeit und Vermeidung von Missverständnissen empfiehlt sich eine grafische Modellierung der Prozesse bzw. Prozessmodule als Systemfließbilder mit entsprechenden Wechselwirkungen.[261] Prozessmodule stellen die kleinste Einheit im Produktlebenszyklus und damit in der Sachbilanz dar, für welche Input- und Outputdaten erhoben werden[262]. Die Daten unterteilen sich dabei in vier Hauptgruppen[263]:

- Energieinputs, Rohstoffinputs, Betriebsstoff-Inputs, andere physikalische Inputs
- Produkte, Koppelprodukte und Abfall
- Emissionen in Luft, Wasser und Boden
- weitere Umweltaspekte

Die Prozessmodule werden durch Produkt-, Zwischenprodukt- oder Elementarflüssen miteinander verbunden. Als **Produktflüsse** gelten alle Massen- und Energieflüsse, die aus einem separaten Produktsystem stammen oder in ein anderes Produktsystem überführt werden. Sofern die beiden Produktsysteme, zwischen denen das Produkt fließt, Teilschritte eines übergeordneten Produktsystems sind, heißt dieser Produktfluss auch **Zwischenproduktfluss**. Als **Elementarflüsse** fungieren diejenigen Flüsse, die sich direkt zwischen Produktsystem und der Umwelt bewegen. Elementarflüsse sind beispiels-

[259] Vgl. Deutsches Institut für Normung e. V. (2021), DIN EN ISO 14044:2021-02, S. 19ff.
[260] Vgl. Verein Deutscher Ingenieure e.V. (2018), VDI 4801
[261] Vgl. Deutsches Institut für Normung e. V. (2021), DIN EN ISO 14044:2021-02, S. 19ff.
[262] Vgl. Deutsches Institut für Normung e. V. (2021), DIN EN ISO 14044:2021-02, S. 15
[263] Vgl. Deutsches Institut für Normung e. V. (2021), DIN EN ISO 14044:2021-02, S. 22f.

weise die Extraktion von Ressourcen aus dem Erdboden oder durch das System verursachte Emissionen in die Luft.[264] Ein beispielhaftes Systemfließbild zeigt Abbildung 2-16. Der Referenzfluss gibt dabei den Output von Prozessen des Produktsystems an, die zur Erfüllung einer Funktion bzw. der funktionellen Einheit erforderlich sind[265].

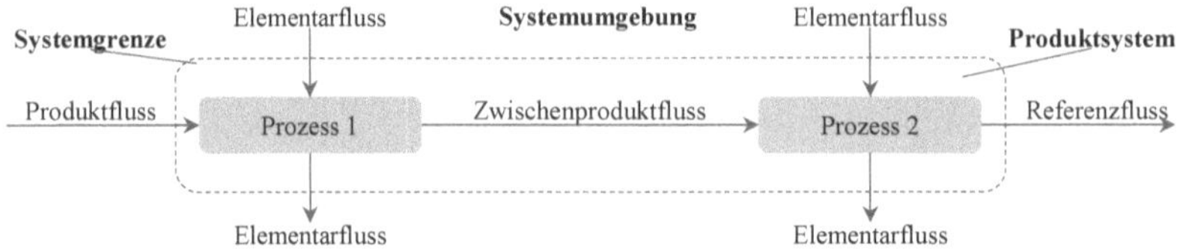

Abbildung 2-16: Systemfließbild eines Produktsystems[266]

Die Erhebung notwendiger Daten unterstützt die Verwendung sogenannter Datenerhebungsblätter[267]. Verwendete Berechnungsverfahren mit getroffenen Annahmen sollten einheitliche Anwendung finden und sind entsprechend zu dokumentieren. Die Datenerhebung und -validierung erkennen auch neue Datenanforderungen oder Einschränkungen. Dies führt unter Umständen zu Anpassungen der Verfahren der Datenerhebung und sogar zur Änderung des Ziels oder des Untersuchungsrahmens.[268] Das Verfahren für eine Sachbilanz ist in der nachfolgenden Abbildung 2-17 vereinfacht visualisiert.

Sofern verschiedene Produktsysteme sich gemeinsame Prozesse teilen, erfolgen Allokationsverfahren. Dies gilt es zu vermeiden, beispielsweise durch die Teilung von Prozessmodulen in mehrere Teilprozesse oder Erweiterung des Produktsystems durch Aufnahme weiterer Funktionen. Sofern eine Allokation sich nicht umgehen lässt, sollten die Inputs und Outputs entsprechend der zugrundeliegenden physikalischen Beziehungen den Funktionen oder Produkten zugeordnet werden. Alternativ können ökonomische Werte oder die Anzahl späterer Nutzung eines wiederverwendeten Materials hinzugezogen werden.[269]

---

[264] Vgl. Deutsches Institut für Normung e. V. (2021), DIN EN ISO 14040:2021-02, S. 19; Vgl. Deutsches Institut für Normung e. V. (2021), DIN EN ISO 14040:2021-02, S. 11f.

[265] Vgl. Deutsches Institut für Normung e. V. (2021), DIN EN ISO 14040:2021-02, S. 13

[266] Vgl. Deutsches Institut für Normung e. V. (2021), DIN EN ISO 14040:2021-02, S. 19

[267] Vgl. Deutsches Institut für Normung e. V. (2021), DIN EN ISO 14044:2021-02, S. 24f.

[268] Vgl. Deutsches Institut für Normung e. V. (2021), DIN EN ISO 14044:2021-02, S. 24f.

[269] Vgl. Deutsches Institut für Normung e. V. (2021), DIN EN ISO 14044:2021-02, S. 26f.

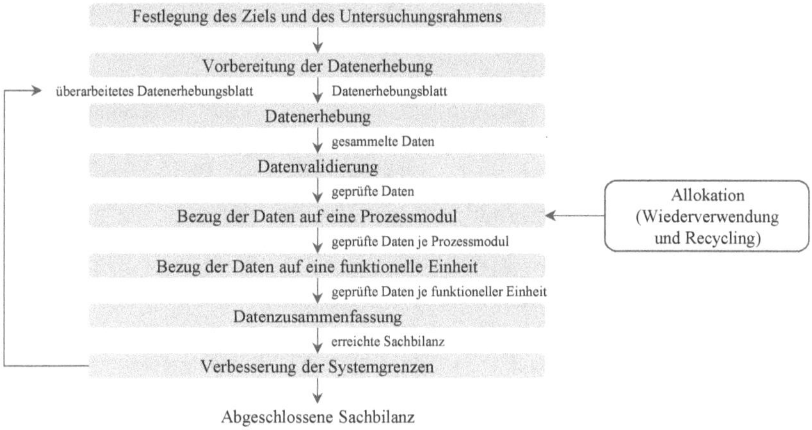

Abbildung 2-17: Vereinfachtes Verfahren der Sachbilanz[270]

Die dritte Phase führt eine **Wirkabschätzung** (Engl.: Life Cycle Impact Assessment) durch, welche die Bedeutung potenzieller Umweltauswirkungen basierend auf den ermittelten Sachbilanzdaten herausstellt. Die Wirkabschätzungsphase besteht dabei aus verbindlichen und optionalen Bestandteilen. Das Festlegen von Wirkungskategorien, die Zuordnung der Sachbilanzergebnisse zu den Wirkungskategorien (Klassifizierung) und die Quantifizierung der Ergebnisse in den Wirkungskategorien durch Charakterisierungsfaktoren (Charakterisierung) sind verbindliche Bestandteile der Ökobilanz, welche exemplarisch in Abbildung 2-18 dargestellt sind.[271]

Die Sachbilanz ordnet die Ergebnisse den definierten Wirkungskategorien zu. Typische Wirkungskategorien sind Input-orientiert (z.B. abiotischer und biotischer Ressourcenverbrauch) oder Output-orientiert (z.B. Treibhauseffekt, Versauerung, Eutrophierung)[272]. Dabei gilt, dass Inputs und Outputs mit mehreren Wirkungskategorien korrelieren und somit mehrere Umweltauswirkungen verursachen[273]. Jede Wirkungskategorie erhält einen Wirkungsindikatorwert mithilfe der sogenannten Charakterisierungsfaktoren. Dies meint die Umwandlung der Sachbilanzergebnisse in eine ge-

[270] Vgl. Deutsches Institut für Normung e. V. (2021), DIN EN ISO 14044:2021-02, S. 24
[271] Vgl. Deutsches Institut für Normung e. V. (2021), DIN EN ISO 14044:2021-02, S. 28ff.
[272] Vgl. Augsberg et al. (2015), Lebenszyklusanalysen, S. 230
[273] Vgl. Beger (2020), Nachhaltigkeitsoptimierte Produktentwicklung, S. 45

meinsame Einheit und die Zusammenfassung der umgewandelten Ergebnisse innerhalb derselben Wirkungskategorie.[274] Die hierzu notwendigen Charakterisierungsfaktoren finden sich in der Literatur, wie sie z.B. nach MYHRE ET AL.[275] von dem Intergovernmental Panel in Climate Change (IPCC) ermittelt wurden. Beispielhaft zu nennen ist die charakteristische Größe für globale Erwärmung (Engl.: Global Warming Potential GWP), die durch ein Äquivalent des Treibhausgases CO_2 ausgedrückt und als CO_2-Aquivalent (CO_2e) mit der Einheit kg CO_2e/kg Gas beschrieben wird. Exemplarisch trägt das Treibhausgases Methan zur globalen Erwärmung bei. Nach der Charakterisierungsgröße entspricht 1 g Methanausstoß jedoch dem Ausstoß von 28 g CO_2 und wird entsprechend mit dem Faktor 28 in die Kalkulation des Wirkindikatorwertes einbezogen.[276] Aus den dargelegten Zusammenhängen ergeben sich drei Ebenen zur Bildung von Umweltindikatoren. Die hier benannten Sachbilanzergebnisse bilden die Sachbilanz-Ebene, der Wirkungsindikator die Midpoint-Ebene und der Wirkungsendpunkt die Endpoint-Ebene. Die Indikatoren auf Midpoint-Ebene (z.B. Klimawandel, Versauerung, Eutrophierung) werden am häufigsten in Ökobilanzen zur Bewertung von Umweltauswirkungen verwendet. Die Endpoint-Ebene umfasst in der Regel in der ein oder anderen Formulierung die menschliche Gesundheit, natürliche Umwelt und natürliche Ressourcen.[277]

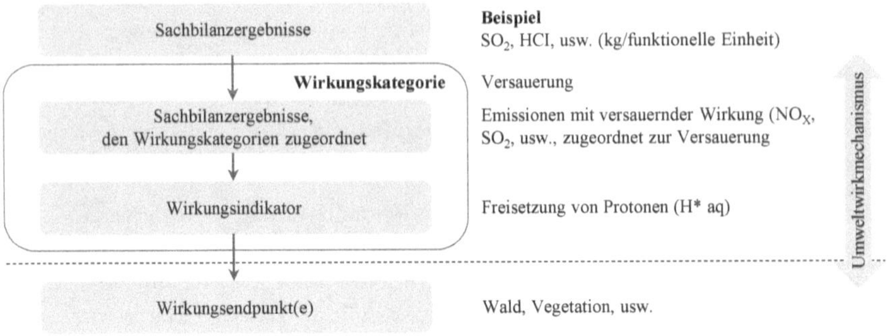

Abbildung 2-18: Konzept der Wirkungsindikatoren[278]

[274] Vgl. Deutsches Institut für Normung e. V. (2021), DIN EN ISO 14044:2021-02, S. 28ff.
[275] Vgl. Myhre et al. (2013), Anthropogenic and Natural Radiative
[276] Vgl. Beger (2020), Nachhaltigkeitsoptimierte Produktentwicklung, S. 45
[277] Vgl. Ciroth und Arvidsson (2021), Life cycle inventory analysis, S. 172
[278] Vgl. Deutsches Institut für Normung e. V. (2021), DIN EN ISO 14044:2021-02, S. 30

Zu den optionalen Bestandteilen der Wirkabschätzung einer Ökobilanz zählen die Berechnung des Verhältnisses zwischen Wirkungsindikatorwert und einem Referenzwert (Normierung), die Einteilung der Wirkungskategorien in Ränge (Ordnung), die Umwandlung von Indikatorwerten über numerische Faktoren (Gewichtung) sowie die Analyse der Datenqualität.[279] Zur Durchführung einer Wirkabschätzung haben sich unterstützende Methoden, die eine Reihe von Wirkungskategorien umfassen und diese zu einem konsistenten System verknüpfen, ergeben. Hierzu zählen beispielsweise IMPACT 2002+ oder ReCiPE 2008. Eine weit verbreitete Methode ist zudem der Eco-Indicator 99. Dabei handelt es sich um eine schadensorientierte Methode, welche die Aggregation der Umweltauswirkungen basierend auf der Masse der Komponenten normalisiert als eine einheitliche Kennzahl ausdrückt.[280]

Die **Auswertung** als vierter Schritt der Ökobilanz fokussiert die Analyse und Beurteilung der Ergebnisse zur Bewertung des Produktes und Ermittlung notwendiger Verbesserungsschritte. Hierzu zählt die systematische Identifikation von signifikanten Sachbilanzdaten, Wirkungskategorien oder Prozessmodulen.[281] Eine mögliche Auswertung ist die Zuordnung der Auswirkungen zu den einzelnen Lebenszyklusphasen, um die Phase mit den größten negativen Umweltauswirkungen zu identifizieren. Es ist zu berücksichtigen, dass die Ergebnisse der Wirkabschätzung auf einem relativen Bewertungsansatz beruhen und somit nur potentielle und keine tatsächlichen Umweltauswirkungen aufzeigen lassen.[282] Im Rahmen der Beurteilung verlangt die DIN EN ISO 14044 die Durchführung einer Vollständigkeitsprüfung, Sensitivitätsprüfung und Konsistenzprüfung. Die Ergebnisse der Auswertung sind Schlussfolgerungen und Empfehlungen für Entscheidungsträger.[283]

Nach der Erläuterung der allgemeinen Vorgehensweise der Ökobilanz geht das nachfolgende Kapitel auf die mathematische Beschreibung und Modellierung der Ökobilanz als wesentliche Grundlage für die funktionsorientierte Ökologieanalyse ein.

---

[279] Vgl. Deutsches Institut für Normung e. V. (2021), DIN EN ISO 14044:2021-02, S. 33

[280] Vgl. Augsberg et al. (2015), Lebenszyklusanalysen, S. 230f.

[281] Vgl. Deutsches Institut für Normung e. V. (2021), DIN EN ISO 14044:2021-02, S. 36ff.

[282] Vgl. Beger (2020), Nachhaltigkeitsoptimierte Produktentwicklung, S. 46

[283] Vgl. Deutsches Institut für Normung e. V. (2021), DIN EN ISO 14044:2021-02, S. 36ff.

2.3.2.2 Mathematische Beschreibung und Modellierung der Ökobilanz

Die Sachbilanz benötigt zahlreiche Daten zu Prozessen und Umweltauswirkungen. Aus diesem Grund haben sich Rechenstrukturen etabliert, welche die mathematische Beschreibung und Kalkulation der Umweltauswirkungen eines Systems erlauben. Algebraisch lassen sich Berechnungen im Kontext der Ökobilanz als lineares Gleichungssystem in Matrixschreibweise beschreiben. Nachfolgend wird das mathematische Modell nach HEIJUNGS UND SUH[284] erläutert.

Eine Prozessmatrix ***P*** listet die gesammelten Inputs und Outputs von Prozessen auf, wobei jedem Prozessmodul eine eigene Spalte zugeordnet ist (siehe Abbildung 2-19). Negative Werte stehen für Inputs, während positive Werte für Outputs stehen. Die Prozessmatrix unterteilt sich in zwei Teile: die Technosphärenmatrix ***A***, welche die Ströme innerhalb des Wirtschaftssystems abbildet, und die Interventionsmatrix ***B***, welche die Ströme von und in die Umwelt umfasst.

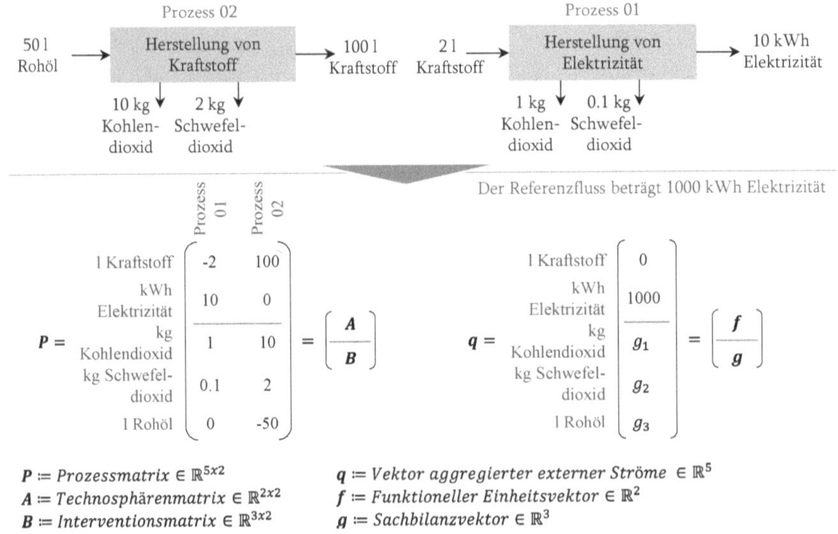

Abbildung 2-19: Beispielhafte Bilanzierung der Umweltauswirkungen[285]

[284] Vgl. Heijungs und Suh (2002), The Computational Structure of LCA, S. 11ff.

[285] Vgl. Ruschitzka et al. (2024), Ecology Analysis of Machines and Plants, S. 295; Vgl. Heijungs und Suh (2002), The Computational Structure of LCA, S. 11ff.

Neben der Dokumentation der Prozesse ist es notwendig, die erforderliche Leistung des Systems zu spezifizieren, die im Vektor der funktionellen Einheit $\boldsymbol{f}$ (Engl.: Final demand vector) dokumentiert ist. Der Sachbilanzvektor $\boldsymbol{g}$ (Engl.: Inventory vector) besteht aus allen Umweltflüssen, die mit dem betrachteten Referenzfluss verbunden sind. Um diese zu berechnen, muss eine Skalierung vorgenommen werden, da die gewünschten Mengen der funktionellen Einheit und der Output der Prozesse nicht immer übereinstimmen. Da die Technosphärenmatrix $\boldsymbol{A}$ und der Vektor der funktionellen Einheit $\boldsymbol{f}$ bekannt sind, kann die Gleichung (2.1) gelöst werden, um den Skalierungsvektor $\boldsymbol{s}$ (Engl.: Scaling vector) zu erhalten.

$$\boldsymbol{s} = \boldsymbol{A}^{-1} \cdot \boldsymbol{f} \tag{2.1}$$

mit

$\boldsymbol{s}$	Skalierungsvektor, $\boldsymbol{s} \in \mathbb{R}^n$
$\boldsymbol{A}$	Technosphärenmatrix, $\boldsymbol{A} \in \mathbb{R}^{n \times n}$
$\boldsymbol{f}$	Funktioneller Einheitsvektor, $\boldsymbol{f} \in \mathbb{R}^n$
n	Anzahl Zwischenproduktflüsse

Der Skalierungsvektor $\boldsymbol{s}$ gibt an, mit welcher Häufigkeit jeder Prozess aus $\boldsymbol{A}$ aufgerufen werden muss, um die funktionale Einheit $\boldsymbol{f}$ zu erzeugen (siehe Gleichung (2.2)).

$$\boldsymbol{f} = \boldsymbol{A} \cdot \boldsymbol{s} \tag{2.2}$$

mit

$$\forall i \in \mathbb{Z} : \; f_i = \sum_j a_{ij} \cdot s_j$$

Da die Skalierung eines Prozesses sowohl die Flüsse im Wirtschaftssystem als auch die in die Umwelt beeinflusst, muss die Interventionsmatrix $\boldsymbol{B}$ ebenfalls mit dem Skalierungsvektor $\boldsymbol{s}$ multipliziert werden, was den Sachbilanzvektor $\boldsymbol{g}$ ergibt (siehe Gleichung (2.3)).

$$\boldsymbol{g} = \boldsymbol{B} \cdot \boldsymbol{s} \tag{2.3}$$

mit

$\boldsymbol{g}$	Sachbilanzvektor, $\boldsymbol{g} \in \mathbb{R}^m$
$\boldsymbol{B}$	Interventionsmatrix, $\boldsymbol{B} \in \mathbb{R}^{m \times n}$
m	Anzahl Elementarflüsse

$$\forall k \in \mathbb{Z} : \; g_k = \sum_j b_{kj} \cdot s_j$$

Der Sachbilanzvektor $\boldsymbol{g}$ beinhaltet alle Elementarflüsse in aufsummierter Form, die bei der Produktion, Nutzung oder Rückführung der funktionellen Einheit anfallen. Ausformuliert ergibt sich das Matrixmultiplikationsproblem in Gleichung (2.4).

$$\boldsymbol{g} = (\boldsymbol{B} \cdot \boldsymbol{A}^{-1}) \cdot \boldsymbol{f} \tag{2.4}$$

und

$$\boldsymbol{\Lambda} = \boldsymbol{B} \cdot \boldsymbol{A}^{-1} \tag{2.5}$$

mit

$\boldsymbol{\Lambda}$ Intensitätsmatrix, $\boldsymbol{\Lambda} \in \mathbb{R}^{m \times n}$

Bestehende Tools und Softwarelösungen bauen auf den dargelegten mathematischen Zusammenhängen auf und unterstützen den Anwender der LCA bei der Kalkulation der Umweltauswirkungen. Nach der Erläuterung der Vorgehensweise zur Berechnung der Umweltauswirkungen von Produktsystemen, erfolgt im nachfolgenden Kapitel die Beschreibung verschiedener Kategorien der ökologischen Nachhaltigkeit, um ein besseres Verständnis für die möglichen Umweltauswirkungen zu erzeugen.

2.3.3 Kategorien der ökologischen Nachhaltigkeit

Zur Bewertung der Belastbarkeit der Erde und deren Ökosysteme haben ROCKSTRÖM ET AL.[286] das Konzept der planetaren Grenzen erarbeitet. Im Rahmen der Anthropozän Epoche ist der Mensch die treibende Kraft für Veränderungen auf der Erde. Hierdurch entsteht die Sorge, dass abrupte oder irreversible Umweltveränderungen das menschliche Wohlergehen negativ beeinflussen. Für die erarbeiteten neun planetaren Grenzen, welche sich auf Subsysteme der Erde beziehen, wurden Schwellen definiert, ab wann ein Zustand mit potentiell desaströsen Konsequenzen für das menschliche Leben eintritt. Obwohl die Definition der Schwellen nicht eindeutig möglich ist, bestätigen diese zahlreiche Experten. RICHARDSON ET AL.[287] haben zuletzt 2023 den derzeitigen Status innerhalb der planetaren Grenzen aktualisiert, welche in Abbildung 2-20 visualisiert sind. Es ist erkennbar, dass bereits sechs der neun planetaren Grenzen überschritten sind und zudem die Versauerung der Ozeane sich ihrer planetarischen Belastungsgrenze nähert. Die Farbabstufungen zeigen den Risikobereich sowie den Grad der Grenzüberschreitung an, die mit einer massiven Beeinträchtigung des Erdsystems zusammenhängen.[288]

[286] Vgl. Rockström et al. (2009), Planetary boundaries
[287] Vgl. Richardson et al. (2023), Planetary boundaries
[288] Vgl. Richardson et al. (2023), Planetary boundaries, S. 4

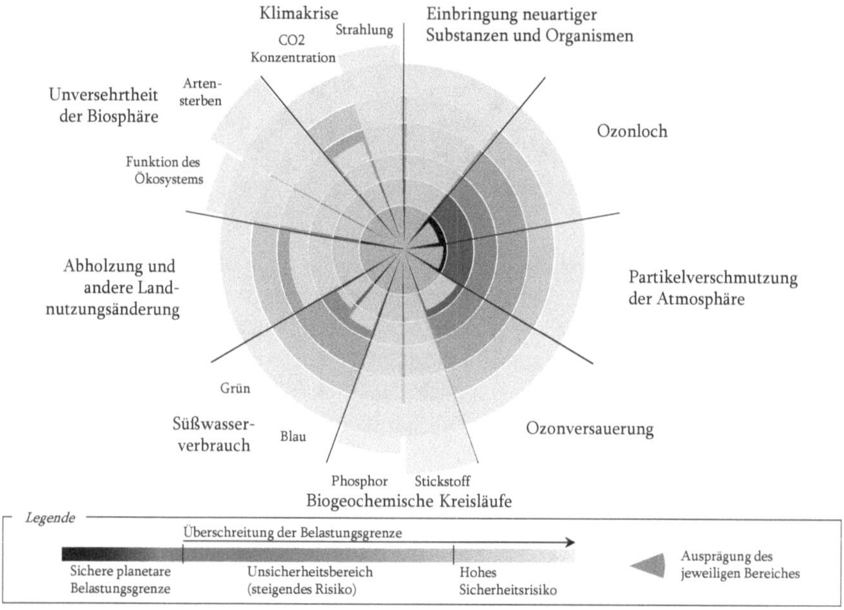

Abbildung 2-20: Planetarische Belastungsgrenzen nach RICHARDSON ET AL.[289]

Zur Abschätzung der Auswirkungen des Energie- und Ressourcenverbrauchs von technischen Produkte im Maschinen- und Anlagenbau entlang ihres Lebenszyklus auf die Umwelt und somit auch auf die planetaren Grenzen bestehen eine Vielzahl von Indikatoren. Die Indikatoren adressieren jeweils einen bestimmten Aspekt der ökologischen Nachhaltigkeit und lassen sich verschiedenen Ökologiekategorien zuordnen. Die wichtigsten, quantitativ beschreibbaren Kategorien der Ökologie sind Energie und Emissionen, Wassernutzung, Materialien und Abfälle sowie Landnutzung und Biodiversität[290], welche im Nachfolgenden kurz vorgestellt werden.

---

[289] Vgl. Richardson et al. (2023), Planetary boundaries, S. 4

[290] Vgl. Welsing (2023), Nachhaltigkeit von Produktionsnetzwerkkonfigurationen, S. 43

2.3.3.1 Energie und Emissionen

Die Aktivitäten zur Herstellung eines Produktes, zur Ausführung dynamischer Funktionen sowie die Verwertung von Komponenten und Materialien benötigen Energie. Die Begriffe Energiebedarf und Energieverbrauch meinen im Kontext der vorliegenden Arbeit wirtschaftswissenschaftlich die Energieumwandlung für die Nutzanwendung, welche im physikalischen eine Entropieerzeugung oder einen Exergieverbrauch darstellt[291].

Ein Großteil der Energieversorgung basiert heutzutage noch auf fossilen Brennstoffträgern, welche bei der Energieumwandlung Treibhausgase emittieren. Diese beschleunigen den Klimawandel, verschmutzen die Atmosphäre mit Partikeln und Sorgen für die Vergrößerung des Ozonlochs. Zu den Treibhausgasen zählen verschiedene Gase, die die Atmosphäre unterschiedlich beeinflussen. Aufgrund der emittierten Menge gehört das Kohlenstoffdioxid (CO_2) zu den relevantesten Gasen. Für die Abschätzung der Klimafolgen werden andere Gase ebenfalls in Kohlenstoffdioxidäquivalente (CO_2e) umgerechnet, teilweise mit einem Faktor von 10.000 (siehe Kapitel 2.3.2.1).[292]

Gemäß dem Greenhouse Gas (GHG) Protokoll und der Normreihe ISO 14064 erfolgt eine Unterscheidung verschiedener Bilanzgrenzen bzw. Scopes zur Bilanzierung von Treibhausgasemissionen einer Organisation[293]. Der sogenannte Scope 1 umfasst alle Emissionen, die direkt durch Maschinen, Anlagen oder Fahrzeuge im Eigentum der Organisation entstehen. Unter Scope 2 fallen diejenigen Emissionen, die durch den Energiebezug (z.B. Elektrizität, Dampf, Kühl- und Heizenergie) entstehen. Emissionen durch weitere Geschäftstätigkeiten der Organisation, wie der Transport durch Dienstleister, Dienstreisen oder die Nutzung gekaufter oder verkaufter Güter, fallen in den Scope 3.[294]

[291] Vgl. Buchholz (2016), Energie, S. 28ff.; Vgl. Lüdeke-Freund und Opel (2014), Energie, S. 433f.

[292] Vgl. Lüdeke-Freund und Opel (2014), Energie, S. 435; Vgl. Stocker et al. (2013), Climate change 2013, S. 731; Vgl. Schönwiese (1997), Globale Klimaänderungen, S. 1ff.

[293] Vgl. World Business Council for Sustainable Development und World Resources Institute (2004), Greenhouse gas protocol, S. 25; Vgl. Deutsches Institut für Normung e. V. (2019), DIN EN ISO 14064-1:2019, S. 26

[294] Vgl. World Business Council for Sustainable Development und World Resources Institute (2004), Greenhouse gas protocol, S. 27ff.; Vgl. World Resources Institute und World Business Council for Sustainable Development (2013), Technical Guidance for Calculating Scope, S. 5ff.

2.3.3.2 Wasser und Abwasser

Die Wassernutzung beeinflusst die drei planetaren Grenzen Süßwasserverbrauch, Ozonversauerung und biogeochemische Kreisläufe[295]. Der Bedarf an Süßwasserressourcen nimmt stetig durch Bevölkerungswachstum, verändertes Konsumverhalten sowie wachsenden Verbrauch an Nahrungsmitteln weltweit zu[296]. Die GLOBAL COMMISSION ON ADAPTION stellt in ihrem Bericht *Adapt Now* heraus, dass sich die Auswirkungen der derzeitigen Klimakrise „an unmittelbarsten und akutesten im Zusammenhang mit Wasser bemerkbar machen"[297]. Zur Überprüfung inwiefern die Verfügbarkeit von Süßwasser gegeben ist, wurde der Indikator des Wasserstresses entwickelt. Dieser setzt sich aus den Faktoren der Verfügbarkeit, Qualität und Zugänglichkeit zusammen.[298]

Die Umweltauswirkungen des Wasserverbrauchs können im Rahmen der Ökobilanz mit der Wirkabschätzungsmethode AWARE (Available WAter REmaining) nach dem WULCA (Water Use in LCA) Modell untersucht werden[299]. Zur Berechnung des sogenannten Wasserknappheitsfußabdrucks bestehen Charakterisierungsfaktoren für die Wasserverfügbarkeit, errechnet aus der zeitlichen und geographischen Verfügbarkeit in einer betrachteten Region. Es wird untersucht, wie viel Wasser verbleibt, nachdem der Bedarf von Menschen und aquatischen Ökosystemen gedeckt ist. Die Spannen dieses Charakterisierungsfaktors reichen von 0,1 bis 100. Dabei handelt es sich um normierte Werte, wobei der Wert 1 dem weltweiten Durchschnitt entspricht. Ein Wert von 100 gibt beispielsweise an, dass in dieser Region mindestens 100-mal weniger Wasser im Vergleich zum Weltdurchschnitt übrigbleibt. Regionen mit kleineren Werten haben demnach im globalen Vergleich weniger Herausforderungen mit Wasserknappheit.[300]

Die Qualität des Wassers hat nicht für den Gebrauch, sondern auch für die Rückführung einen hohen Stellenwert. Die Qualität hängt dabei maßgeblich von den physikalischen, chemischen, biologischen und geschmacklichen Eigenschaften des Wassers ab. Im Rahmen von Reporting Standards wird zwischen Süßwasser und anderen Wasser

---

[295] Vgl. Steffen et al. (2015), Planetary boundaries, S. 736; Vgl. Campbell et al. (2017), Agriculture production, S. 8

[296] Vgl. Dräger de Teran (2021), Wasserverbrauch und Wasserknappheit, S. 17

[297] Vgl. Global Commission on Adaption (2019), Adapt now, S. 61

[298] Vgl. Schulte (2014), Corporate Water Disclosure Guidelines, S. 83; Vgl. Umweltbundesamt (2022), Indikator: Nutzung der Wasserressourcen

[299] Vgl. Boulay et al. (2018), The WULCA consensus characterization model, S. 369ff.

[300] Vgl. Dräger de Teran (2021), Wasserverbrauch und Wasserknappheit, S. 22; Vgl. Boulay et al. (2018), The WULCA consensus characterization model, S. 373ff.

differenziert. Bei der Aufbereitung von Süßwasser zu Trinkwasser gilt ein Filtrattrockenrückstand von weniger als 1000 mg/l.[301] Die Wasserzugänglichkeit ist gegeben, wenn die Menschen in der Lage sind, das verfügbare Wasser zu nutzen. Diese hängt oftmals von der lokalen Infrastruktur wie Aufbereitungsanlagen, Pumpstationen sowie dem Rohrnetz ab.[302]

2.3.3.3 Materialien und Abfälle

Der Abbau und die Entsorgung von Materialien beeinflussen die Einbringung neuartiger Substanzen und Organismen, die Störung biogeochemischer Kreisläufe sowie die Funktionalität des Ökosystems[303]. Dabei lässt sich festhalten, dass die industrielle Produktion ein Vielfaches mehr an Abfall als der private Konsum erzeugt[304]. Für die Bewertung der Umweltauswirkung von Abfällen ist deren Zusammensetzung und die Art der Abfallbehandlung entscheidend. Die Basel Konvention gibt eine Unterscheidung in gefährliche Abfälle (z.B. giftige, brennbare oder explosive Stoffe) und nicht gefährliche Abfälle vor.[305] Entsprechend der in Kapitel 2.2.3.3 erläuterten Abfallhierarchie, gilt es Abfälle möglichst zu vermeiden, wiederzuverwenden oder zu recyceln, bevor eine endgültige Beseitigung erfolgt[306]. Auch eine thermische Verwertung führt möglicherweise im Kontext der Ökobilanzierung zu besseren Ergebnissen, da weniger Abfallstoffe in die Umwelt gelangen und keine alternativen Stromquellen erforderlich sind[307]. Die Abfallentsorgung unterliegt oftmals regional unterschiedlichen Gesetzgebungen.

Die Verfolgung der Kreislaufwirtschaft und damit Umsetzung von R-Strategien (siehe Kapitel 2.2.3.3) kann nicht nur Abfälle vermeiden, sondern auch durch die Verlängerung der Lebensdauer von Komponenten und Materialien negativen Umweltfolgen durch Rohstoffabbau und -verarbeitung verhindern. Zur Bemessung der Umweltauswirkungen werden in der Regel die Mengen des recycelten Materialinputs sowie des Neumaterials (Engl.: Virgin materials) bemessen[308].

---

[301] Vgl. Global Sustainability Standards Board (GSSB) (2018), GRI 303, S. 12

[302] Vgl. Karger und Hoffmann (2013), Grundlagen einer Wasserversorgung, S. 1f.; Vgl. Karger und Hoffmann (2013), Chemische, physikalische und biologische Beschaffenheit, S. 87ff.

[303] Vgl. Steffen et al. (2015), Planetary boundaries, S. 736; Vgl. Campbell et al. (2017), Agriculture production, S. 8

[304] Vgl. Kaza et al. (2018), What a waste, S. 36

[305] Vgl. United Nations Environment Programme (UNEP) (1989), Basel Convention, S. 56ff.

[306] Vgl. Bundesministerium für Umwelt, Naturschutz, nukleare Sicherheit und Verbraucherschutz (2012), Kreislaufwirtschaftsgesetz KrWG, §6-7

[307] Vgl. Welsing (2023), Nachhaltigkeit von Produktionsnetzwerkkonfigurationen, S. 46

[308] Vgl. Moraga et al. (2019), Circular economy indicators, S. 457

2.3.3.4 Landnutzung und Biodiversität

Die Veränderung der Landnutzung sowie die resultierenden Einflüsse auf die Biodiversität bestimmen ebenfalls die ökologische Nachhaltigkeit und können zu einer Überschreitung von planetaren Belastungsgrenzen führen. Die Biodiversität umfasst die Artenvielfalt, die Ökosysteme in denen diese leben sowie die damit korrespondierenden Systemprozesse[309]. Die Landnutzung gilt als Hauptgrund für den globalen Rückgang der Artenvielfalt[310]. Auf globaler Ebene bedeutet dies ein Rückgang der genetischen Vielfalt. Auf lokaler und regionaler Ebene kann durch die Beeinträchtigung der Biodiversität die Leistungsfähigkeit der Ökosysteme eingeschränkt werden.[311]

Im Kontext der Ökobilanzierung bestimmen SAR (Species-Area-Relationship) Modelle die Anzahl der Spezies auf einer Fläche und treffen Vorhersagen über das Aussterben dieser[312]. BAAN ET AL. empfehlen hierzu eine Differenzierung nach Region und Art der Landnutzung[313]. OLSON ET AL. und WWF haben für eine regionale Differenzierung 867 Ökoregionen definiert[314]. Als quantitative Größe für den Einfluss auf die Biodiversität wird die Menge potenziell verlorener Spezies pro Quadratmeter der Landtransformation bewertet[315].

In diesem Kapitel wurden die Grundlagen zur Analyse der ökologischen Nachhaltigkeit mit den zugehörigen Begrifflichkeiten und zentralen Methoden beschrieben. Nach der Erläuterung der relevanten Grundlagen und Definitionen im Kontext der Methodik zur funktionsorientierten Ökologieanalyse im Maschinen- und Anlagenbau, schließt das nachfolgende Zwischenfazit das vorliegende zweite Kapitel ab.

2.4 Zwischenfazit: Grundlagen zur funktionsorientierten Ökologieanalyse im Maschinen- und Anlagenbau

Das Ziel des zweiten Kapitels bestand in der Vermittlung der relevanten Grundlagen zur funktionsorientierten Ökologieanalyse im Maschinen- und Anlagenbau sowie der

309 Vgl. Miller und Spoolman (2012), Living in the environment, S. 78ff.
310 Vgl. Baan et al. (2013), Land use impacts on biodiversity in LCA, S. 1216
311 Vgl. Chaudhary et al. (2015), Quantifying Land Use Impacts on Biodiversity, S. 9987
312 Vgl. Baan et al. (2013), Land use in life cycle assessment, S. 9282; Vgl. MacArthur und Wilson (1963), An equilibrium theory, S. 375 ff.
313 Vgl. Baan et al. (2013), Land use impacts on biodiversity in LCA, S. 1217
314 Vgl. Olson et al. (2001), Terrestrial Ecoregions of the World, S. 934
315 Vgl. Baan et al. (2013), Land use in life cycle assessment, S. 9283

Definition der relevanten Begrifflichkeiten im Kontext dieser Arbeit. Auf Basis der vorgestellten Grundlagen wird nachfolgend ein Zwischenfazit gezogen.

Einleitend wurden die **Grundlagen zur Entwicklung technischer Produkte im Maschinen- und Anlagenbau** vorgestellt. Dazu erfolgte die Definition der Begriffe technisches Produkt, Produktentwicklung und Prozess im Kontext dieser Arbeit. Hierbei fand eine Erläuterung etablierter Aktivitäten und Vorgehensweisen im Produktentwicklungsprozess statt, da dies den Anwendungsort der zu entwickelnden Methodik darstellt. Weiter stand die Struktur technischer Produkte im Maschinen- und Anlagenbau im Fokus, da diese einen wesentlichen Objektbereich der vorliegenden Arbeit darstellen. Im zweiten Schritt wurden die **Grundlagen zum Produktlebenszyklus im Maschinen- und Anlagenbau** erläutert und dabei der Begriff Produktlebenszyklus, als ebenfalls wichtigen Objektbereich dieser Arbeit, definiert. Dem folgten eine Erläuterung der Zusammenhänge zwischen Produktentwicklungsprozess und Produktlebenszyklus und damit der Relevanz von Entscheidungen im Kontext der Entwicklung auf die Gestalt des Lebenszyklus und dem damit verbundenen Energie- und Ressourcenverbrauch. Eine Darstellung der drei Phasen Produktion, Nutzung und Rückführung bildete den Abschluss des zweiten Teils. Die **Grundlagen zur Ökologieanalyse** stellen den dritten wesentlichen Bestandteil des Objektbereiches der vorliegenden Arbeit dar. Zu diesem Zweck fand eine Begriffsdefinition von Nachhaltigkeit, ökologischer Nachhaltigkeit, Ökologie sowie wesentlicher Termini im Kontext der Ökologieanalyse statt, wie Ökologieindikatoren, Ökobilanz oder funktionelle Einheit. Eine Vorstellung bestehender Methoden und Modelle zur Analyse und Bewertung der Nachhaltigkeit, insbesondere der Ökobilanz nach DIN EN ISO 14040 folgte. Ferner wurde auf die mathematischen Zusammenhänge im Rahmen der Ökobilanz als zentralen Anknüpfungspunkt für die zu entwickelnde Methodik zur funktionsorientierten Ökologieanalyse eingegangen. Den Abschluss bildete die Erläuterung relevanter Ökologiekategorien.

Die wesentlichen Grundlagen zur Entwicklung einer Methodik zur funktionsorientierten Ökologieanalyse im Maschinen- und Anlagenbau sind geschaffen und fließen in die weitere Ausarbeitung ein. Das nächste Kapitel stellt zunächst bestehende Herausforderungen in der Praxis dar und bewertet bestehende Ansätze und Theorien.

3 Bestehende Ansätze im Kontext der Arbeit

Nach der Einführung in die Grundlagen und relevanten Begrifflichkeiten erfolgt in diesem Kapitel die Erarbeitung des Forschungsbedarfs zur funktionsorientierten Ökologieanalyse im Maschinen- und Anlagenbau. Hierzu sind zunächst die Herausforderungen in der Praxis dargelegt und dabei die Relevanz der Themenstellung aus praktischer Sicht herausgestellt (Kapitel 3.1). Der Hauptteil dieses Kapitels widmet sich der Darstellung und Analyse bestehender wissenschaftlicher Ansätze sowie der Erarbeitung eines Theoriedefizits (Kapitel 3.2). Den Abschluss bildet das Zwischenfazit zu dem vorliegenden Forschungsbedarf (Kapitel 3.3).

3.1 Herausforderungen in der Praxis

Die vorangegangenen Kapitel haben bereits skizziert, dass ein zentraler Erfolgsfaktor für produzierende Unternehmen die Analyse der Ökologie von Produkten darstellt, um hieraus zu lernen und nachhaltigere Produkte entwickeln zu können. Sämtliche planetaren Grenzen sind bereits überschritten (siehe Kapitel 2.3.3). Politische, rechtliche oder marktbezogene Rahmenbedingungen ändern sich unter Umständen sprunghaft (siehe Kapitel 1.1). So sind neue Richtlinien und mehr Vorschriften zum Thema Nachhaltigkeit zu erwarten, wie der neuste Carbon Border Adjustment Mechanism[316]. Gleichzeitig fragen immer mehr Kunden nach einem Nachweis bezüglich der Produktnachhaltigkeit[317]. Entsprechend erhöht sich der Druck auf die Unternehmen nachhaltige Lösungen zu schaffen. Die notwendige Voraussetzung hierfür ist die Schaffung von Transparenz über bestehende Umweltauswirkungen und die Nutzung der Analyseergebnisse im Rahmen der Produktentwicklung. Die wesentlichen Herausforderungen in der Praxis zur Erreichung der erforderlichen Transparenz erläutern im Detail die folgenden Ausführungen.

[316] Vgl. Healy et al. (2023), CO2-Genzausgleichssystems (CBAM)
[317] Vgl. Haller et al. (2020), Meet the 2020 consumers driving change, S. 1ff.

Eine Vielzahl an Indikatoren quantifizieren den menschlichen Einfluss auf Ökosysteme. Diese sind zwar voneinander abhängig, bestehen aber dennoch in sehr unterschiedlichen Einheiten und Wirkungsdimensionen.[318] Manche Experten bezeichnen aufgrund der Vielzahl an Interdependenzen und Dimensionen Nachhaltigkeit als nicht messbar[319]. Trotzdem existieren mehrere hundert Indikatoren und Kennzahlen zur Quantifizierung der ökologischen Nachhaltigkeit von Produkten[320]. Auch für die Überführung der gemessenen Ökologieindikatoren im Rahmen der Wirkabschätzung zur vollständigen Ökobilanzierung existieren in der Wissenschaft zahlreiche Charakterisierungsfaktoren und Wirkungskategorien[321]. Zur Vermeidung von Redundanz in der Analyse und Abhängigkeiten zwischen den zu messenden Ökologieindikatoren ist eine spezifische Auswahl, angepasst an den jeweiligen Anwendungsfall und das vorliegende Produktsystem, erforderlich[322]. Bei der Auswahl besteht somit die Herausforderung der *Multidimensionalität der ökologischen Nachhaltigkeit*.

Durch die erforderliche Anpassung der Indikatoren an das betrachtete Produktsystem erweitert sich die zu untersuchende Komplexität um die von technischen Produkten im Maschinen- und Anlagenbau, welche nachhaltig zu gestalten sind. Produkte im Maschinen- und Anlagenbau zeichnen sich insbesondere durch ihre mehrgliedrige Baustruktur, Vielzahl von Komponenten, teilweise stark unterschiedliche Lebenszyklen einzelner Komponenten und lange Nutzungszeiten mit einer Vielzahl von Anwendungsfällen aus[323] (siehe Kapitel 2.1.1). Dies erzeugt im Zusammenspiel mit den jeweiligen Stoff- und Energieströmen, welche zur Produktion, Nutzung oder Rückführung erforderlich sind, eine erhebliche Komplexität[324]. Es resultiert eine Vielzahl potenzieller Einflusselemente auf die Umweltauswirkungen von Maschinen- und Anlagen. Für die Analyse der Ökologie ist daher die Reduktion der *Komplexität von Systemelementen* innerhalb des betrachteten Produktsystems erforderlich. Insbesondere die ganzheitliche *Untersuchung der Funktionen und deren physische Umsetzung* scheinen eine sinnvolle Herangehensweise zu sein, welche mit noch keiner systematischen Umweltanalyse adressiert wurde[325].

[318] Vgl. Welsing (2023), Nachhaltigkeit von Produktionsnetzwerkkonfigurationen, S. 58

[319] Vgl. Bell und Morse (2000), Measuring the Immeasurable, S. 196ff.

[320] Vgl. Issa et al. (2015), Product-related environmental performance indicators, S. 325ff.

[321] Vgl. Esnouf et al. (2019), Selection of impact categories, S. 769

[322] Vgl. Cai und Lai (2021), Sustainability assessment of mechanical manufacturing systems, S, 3ff.

[323] Vgl. Korthals (2014), Wertstromanalyse in der Produktentwicklung, S. 15f.; Vgl. Inkermann (2022), Integrating MBSE and LCA, S. 2

[324] Vgl. Cai und Lai (2021), Sustainability assessment of mechanical manufacturing systems, S. 4; Vgl. Inkermann (2022), Integrating MBSE and LCA, S. 2

[325] Vgl. Beger (2020), Nachhaltigkeitsoptimierte Produktentwicklung, S. 56

Die Durchführung einer Ökobilanz ist durch die notwendige Datenaufnahme ein sehr zeitaufwändiger Prozess (siehe Kapitel 2.3.2). Der Aufwand für eine detaillierte Modellierung des Produktsystems muss daher stets im Verhältnis zu dem dadurch gewonnenen Mehrwert von Informationen liegen[326]. Anstatt bestehende Modelle zu erweitern und damit den Aufwand für die Informationsbeschaffung zu reduzieren, erfolgt oftmals die Entwicklung neuer Modelle[327]. Weiter erhöhen jene Modelle den Aufwand in einem unverhältnismäßigen Maß, die nur bei einer vollständigen Informationseingabe Ergebnisse liefern, obwohl theoretisch auch geringere Informationsmengen für ein Ergebnis ausreichend sind[328]. Selten ist für die Produktentwicklung eine vollständige LCA notwendig[329]. Einige Prozesse korrelieren beispielsweise nicht mit Designentscheidungen oder bereits vorgenommene Modellierungen von verwandten Produkten lassen sich übernehmen. Damit einher geht der Kompetenz- und Ressourcenbedarf im Unternehmen zur Sammlung und Erhebung benötigter Informationen mit Nachhaltigkeitsbezug[330]. Oftmals ist den Unternehmen nicht bekannt, welche Aspekte der Nachhaltigkeit für sie relevant sind, worin der Einflussbereich der Produktentwicklung liegt und wo die entsprechende Systemgrenze zu ziehen ist[331]. Daraus folgt, dass häufig mehr Daten erhoben werden, als notwendig wäre, insbesondere wenn der Datenbedarf des Analysemodells nicht eindeutig definiert und dokumentiert ist[332]. Damit einher geht eine fehlende Vergleichbarkeit der Ergebnisse durch subjektive Elemente wie die Auswahl der Systemgrenze und die verwendeten Datengrundlage[333]. Zur Erzeugung eines angemessenen Verhältnisses von Informationsmehrwert zum Modellierungsaufwand und zur Begegnung der fehlenden Datenverfügbarkeit mit Nachhaltigkeitsbezug besteht die Herausforderung die *Produktsystemelemente im Einflussbereich der Produktentwicklung* zu identifizieren.

Dies zeigt sich auch in den Ergebnissen der Benchmarking Studie „Managing Sustainable Innovations“[334] des Werkzeugmaschinenlabors WZL der RWTH Aachen University und Complexity Management Academy GmbH aus dem Jahr 2023, die in Zusammenarbeit mit dem Verband Deutscher Maschinen- und Anlagenbau e.V. (VDMA) entstand und an der 128 produzierende Unternehmen teilgenommen haben.

[326] Vgl. Reuter et al. (2015), Aggregation of Production Data, S. 464

[327] Vgl. Benfer et al. (2021), A Framework for Digital Twins, S. 1269

[328] Vgl. Sager (2018), Konfiguration globaler Produktionsnetzwerke, S. 60

[329] Vgl. Ernzer und Birkhofer (2003), Environmental Impact Assessment in Design, S. 10

[330] Vgl. Bicalho et al. (2017), LCA data quality, S. 893f.

[331] Vgl. Riesener et al. (2023), Concept for a Function-oriented Ecology, S. 54; Vgl. Gützlaff (2022), Gestaltung von Produktionsnetzwerken, S. 58

[332] Vgl. Gützlaff (2022), Gestaltung von Produktionsnetzwerken, S. 60

[333] Vgl. Sailer (2020), Nachhaltigkeitscontrolling, S. 186f.

[334] Vgl. Schuh et al. (2024), Managing Sustainable Innovations

Die nachfolgende Abbildung 3-1 zeigt die Antworten der im Rahmen der Studie teilgenommenen 51 Unternehmen der Branche Maschinen- und Anlagenbau bzgl. der Herausforderungen, denen sie im Rahmen des Managements nachhaltiger Innovationen begegnen. Es ist erkennbar, dass neben den fehlenden Ressourcen insbesondere eine fehlende Datenverfügbarkeit upstream (67 %) und downstream (55 %) vorliegt. 39 % der befragten Unternehmen des Maschinen- und Anlagenbaus beklagen eine fehlende Datenverfügbarkeit im eigenen Unternehmen.

Abbildung 3-1: Übersicht der Herausforderungen beim Management nachhaltiger Innovationen im Maschinen- und Anlagenbau

Darüber hinaus besteht eine zentrale Herausforderung in der *systematischen Nutzung der Analyseergebnisse im Rahmen der Produktentwicklung*. Ein mangelndes Fachwissen und fehlende interne Kompetenzen führen zu Schwierigkeiten die Methoden richtig zu verstehen, einzusetzen und effektiv Handlungsfelder abzuleiten[335]. Die Ergebnisse der Benchmarking Studie „Managing Sustainable Innovations" verdeutlichen,

[335] Vgl. Beger (2020), Nachhaltigkeitsoptimierte Produktentwicklung, S. 55

dass jedoch Nachhaltigkeit nicht nur an einer Stelle im Produktentwicklungsprozess zu berücksichtigen ist, sondern an sämtlichen Stellen (siehe Abbildung 3-2). Eine Analyse der Ökologie für die vom Produkt zu erfüllenden Funktionen soll die Integration in die frühe Entwicklungsphase unterstützen sowie den Vergleich der Wirkung alternativer Lösungen und Verbesserungsmaßnahmen zur Steigerung der Produktnachhaltigkeit methodisch absichern (siehe Kapitel 2.1.2).

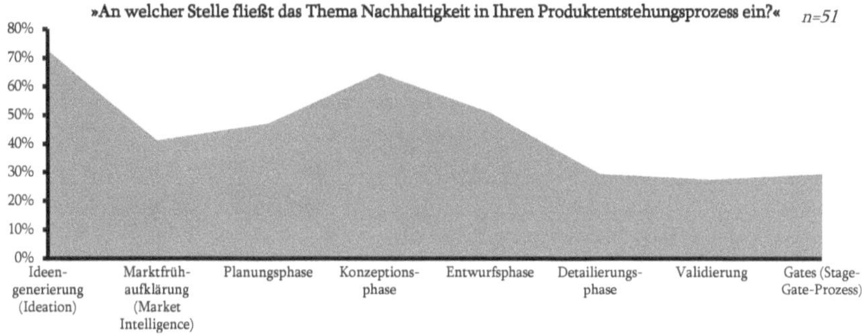

Abbildung 3-2: Übersicht der Phasen zur Integration von Nachhaltigkeit in den Produktentstehungsprozess im Maschinen- und Anlagenbau

Weiter kann bei den Ergebnissen der Benchmarking Studie „Managing Sustainable Innovations" unterschieden werden zwischen Unternehmen mit bereits erfolgreichem Management nachhaltiger Innovationen (Good Practice) im Vergleich zu den weiteren Unternehmen der Stichprobe (Basis). So zeigt sich, dass bereits 83 % der teilnehmenden Good Practice Unternehmen der Branche eine Nachhaltigkeitsbewertung bei Neuentwicklungen und 67 % bei bestehenden Produkten vornehmen (siehe Abbildung 3-3). Kein Good Practice Unternehmen verzichtet auf eine Nachhaltigkeitsbewertung. Darüber hinaus verdeutlichen die Studienergebnisse, dass Unternehmen, die eine Nachhaltigkeitsbewertung von bestehenden Produkten oder Neuentwicklungen durchführen, ein besseres Bewusstsein darüber haben, inwiefern durch Designentscheidungen Einfluss auf die Nachhaltigkeit genommen werden kann. Zudem geben 83 % der Good Practices an, dass sie bei der Gestaltung von Produkten im Maschinen- und Anlagenbau den gesamten Lebenszyklus dieser betrachten („Trifft voll zu" und „Trifft eher zu"), wohingegen nur 36 % der Basis der Aussage entsprechend zugestimmt hat.

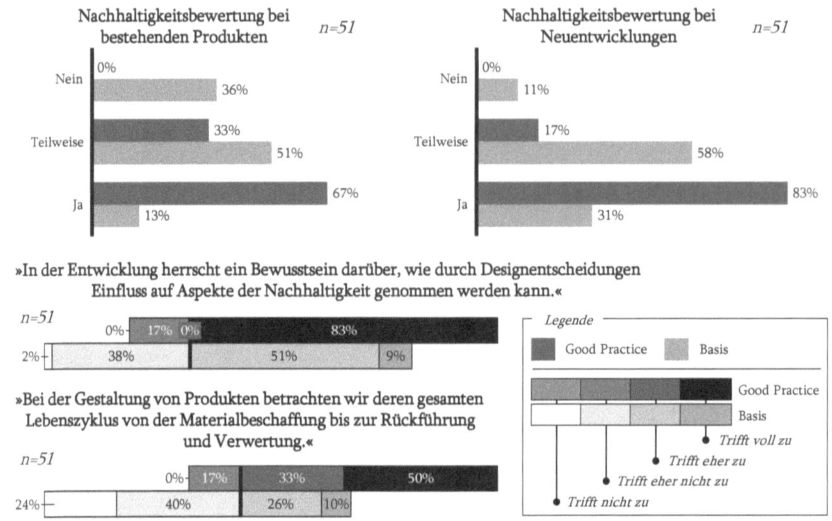

Abbildung 3-3: Statistik zur Nachhaltigkeitsbewertung und Nutzung der Ergebnisse bei der Produktgestaltung im Maschinen- und Anlagenbau

Eine Studie der Boston Consulting Group und dem VDMA aus dem Jahr 2020 unterstreicht das Potenzial der systematischen Nutzung von Lebenszyklusanalysen im Maschinen- und Anlagenbau. So ergab die Statistik, dass eine konsequente Weiter- und Neuentwicklung von Technologien des Maschinen- und Anlagenbaus fast 90 % der Treibhausgasemissionen in 36 untersuchten Industrienationen reduzieren können. Die Autoren betonten, dass neue Ideen und Produkte unter Berücksichtigung von Treibhausgasemissionen zu entwickeln sind.[336]

Die Analyse der Herausforderungen in der Praxis werden durch die Erfahrungen der Autorin in diversen am RWTH Aachen Campus durchgeführten Industrieprojekten, Arbeitskreisen und Expertengesprächen ergänzt. Basierend auf den dargestellten Studienergebnissen und den Praxiserfahrungen lassen sich folgende Herausforderungen in der Praxis zusammenfassen:

336 Vgl. Lorenz et al. (2020), Grüne Technologien für grünes Geschäft

- Die **Multidimensionalität der ökologischen Nachhaltigkeit** macht eine spezifische Auswahl relevanter Ökologieindikatoren erforderlich. Produzierenden Unternehmen fehlt es an konkreter Unterstützung zur Auswahl relevanter Ökologieindikatoren im Einflussbereich der Produktentwicklung.
- Die **Komplexität von Systemelementen** erschwert die Schaffung der notwendigen Transparenz. Eine klare Strukturierung der zu untersuchenden Funktionen und deren physischen Umsetzung bildet hierzu die notwendige Basis.
- Die Ermittlung der **Produktsystemelemente im Einflussbereich der Produktentwicklung** dient zur Schaffung eines sinnvollen Verhältnisses von Informationsmehrwert zum Modellierungsaufwand und zur Begegnung der fehlenden Datenverfügbarkeit. Es gilt eine Unterstützung bei der Auswahl zu betrachtender Produkt- und Prozessumfänge durch eine systematische Vorgehensweise zu schaffen. Weiterhin bedarf es einer klaren Dokumentation des notwendigen Datenbedarfs.
- Die systematische **Nutzung der Analyseergebnisse** im Rahmen der Produktentwicklung bleibt oftmals aus bzw. erfolgt nur eingeschränkt. Produzierenden Unternehmen fehlt es an konkreten Methoden und Modellen zur Analyse und Nutzung der Ergebnisse der Ökobilanzierung im Kontext der Produktentwicklung. Insbesondere der modellbasierte Vergleich der möglichen Wirkung alternativer Verbesserungsmaßnahmen ist oftmals nicht im Entwicklungsprozess implementiert.

Die vorliegende Arbeit adressiert die zuvor beschriebenen Herausforderungen in der Praxis und legt den Fokus auf eine funktionsorientierte Analyse der Ökologie, um Antworten auf entwicklungsspezifische Fragestellungen zu bieten und die größten Stellhebel systematisch zu identifizieren. Das übergeordnete Ziel dabei ist die Steigerung der Produktnachhaltigkeit.

3.2 Darstellung und Bewertung bestehender Ansätze zur funktionsorientierten Ökologieanalyse im Maschinen- und Anlagenbau

In diesem Kapitel erfolgt die Vorstellung und Bewertung der relevanten Ansätze zur funktionsorientierten Ökologieanalyse im Maschinen- und Anlagenbau. Für eine einheitliche und qualitative Bewertung der bestehenden Ansätze, gilt es zunächst Kriterien zur Bewertung in Form von Objektbereich, Zielbereich und der vorliegenden Arbeit zugrundeliegenden Lösungshypothese zu definieren (Kapitel 3.2.1). Die wissenschaftlichen Ansätze von Relevanz werden im Anschluss kurz vorgestellt und mittels der dargelegten Kriterien bewertet (Kapitel 3.2.2). Eine Positionierung der vorliegenden Arbeit entsprechend des Forschungsbedarfs findet abschließend statt (Kapitel 3.2.3).

3.2.1 Kriterien zur Bewertung bestehender Ansätze

Die Definition eindeutiger Bewertungskriterien erlaubt die einheitliche und sachliche Bewertung bestehender Ansätze aus der wissenschaftlichen Literatur. Diese Kriterien lassen sich aus der übergeordneten Forschungsfrage der vorliegenden Arbeit ableiten und in den Kategorien Objektbereich, Zielbereich und Lösungshypothese beschreiben. Der Objektbereich umfasst dabei den Analysegegenstand. Zugeordnete Bewertungskriterien beurteilen, inwiefern ein Ansatz denselben Fokus wie die in der vorliegenden Arbeit zu entwickelnde Methodik besitzt. Der Zielbereich betrachtet hingegen den Analysezweck. Zugeordnete Bewertungskriterien analysieren, inwiefern ein Ansatz die für die Arbeit definierten Ziele erfüllt. Den Abschluss bildet die Konformitätsprüfung der aufgezeigten Lösungsansätze anhand der Lösungshypothese der vorliegenden Arbeit.

Folgende Kriterien gelten in Bezug auf den **Objektbereich**:

- **Fokussierung des Maschinen- und Anlagenbaus:** Die Methodik soll auf die besonderen Anforderungen durch die komplexen Produkte im Maschinen- und Anlagenbau eingehen.
- **Betrachtung des gesamten Produktlebenszyklus:** Die Methodik betrachtet den gesamten Produktlebenszyklus von der Rohstoffgewinnung und Produktion, über die Nutzung hin zur Rückführung der Produkte, Komponenten und Materialien.
- **Berücksichtigung der Produktlebensdauer und -rückführung:** Die Methodik berücksichtigt die Lebensdauern einzelner Produktumfänge und betrachtet dedizierte Rückführungsprozesse im Sinne der Kreislaufwirtschaft.

- **Fokussierung der ökologischen Nachhaltigkeit:** Die Methodik konzentriert sich auf die ökologische Dimension der Nachhaltigkeit.
- **Entwicklung technischer Produkte:** Die Methodik soll innerhalb der Produktentstehung in der Phase der Produktentwicklung Anwendung finden.

Zudem sind folgende Kriterien in Bezug auf den **Zielbereich** zu bewerten:

- **Beschreibung von Produkt und Produktlebenszyklus aus Sicht der Produktentwicklung:** Die Methodik erstellt eine einheitliche Beschreibungsvorschrift für Produkt und Produktlebenszyklus zur Anwendung für die Produktentwicklung. Hierdurch definiert sich die Bilanzgrenze der nachfolgenden Ökologieanalyse.
- **Ermittlung entwicklungsrelevanter Ökologieindikatoren:** Die Methodik soll die für die Produktentwicklung beeinflussbaren Ökologieindikatoren beschreiben und eine anwendungsspezifische Auswahl ermöglichen.
- **Ökologische Analyse der Funktions- und Produktstruktur:** Die Methodik soll die ökologische Analyse von Funktions- und Produktstrukturelementen unter Berücksichtigung der Wirkzusammenhänge im Produktlebenszyklus ermöglichen.
- **Ableitung von Handlungsfeldern für die Produktentwicklung:** Die Methodik dient der Ableitung von Handlungsfeldern, um eine Entwicklung ökologisch nachhaltiger Produkte zu befähigen. Hierzu sollen Antworten auf entwicklungsspezifische Fragestellungen im Kontext der Ökologie geliefert werden und als Entscheidungsunterstützung dienen.
- **Steigerung der Produktnachhaltigkeit:** Die Methodik verfolgt mit der Schaffung von Transparenz über die Ökologie von Produkten im Maschinen- und Anlagenbau das Ziel der systematischen Steigerung der ökologischen Produktnachhaltigkeit und damit die Entwicklung ökologisch verbesserter Produkte.

Die **Lösungshypothese** stellt das letzte Bewertungskriterium dar. Sie überführt die Anforderungen, die sich aus dem Objektbereich ergeben, in den erläuterten Zielbereich und stellt somit den Neuheitsgrad der Methodik dar. Die vorliegende Arbeit legt die Lösungshypothese zugrunde, dass durch die systematische Zuordnung der Umweltauswirkungen zu den Elementen der Produkt- und Funktionsstruktur und insbesondere der Analyse der Ökologie dieser eine effektive Interpretation der Ergebnisse für die Produktentwicklung und somit die Generierung nachhaltiger Lösungen ermöglicht wird. Es werden Wechselwirkungen mit diversen Funktionsausführungen in der Nutzungsphase, der Lebensdauer einzelner Produktumfänge sowie Unterschiede in den

Rückführungsprozessen im Sinne der Kreislaufwirtschaft ersichtlich. Die Lösungshypothese lässt sich daher wie folgt konkretisieren:

Die **Ermittlung der Zusammenhänge zwischen Ökologieindikatoren sowie Funktions- und Produktstrukturelementen** im Produktlebenszyklus ermöglicht eine Ableitung von Handlungsfeldern für die Produktentwicklung zur Steigerung der Produktnachhaltigkeit im Maschinen- und Anlagenbau.

Die beschriebenen Kriterien zur Bewertung bestehender wissenschaftlicher Ansätze sind in Abbildung 3-4 zusammenfassend abgebildet.

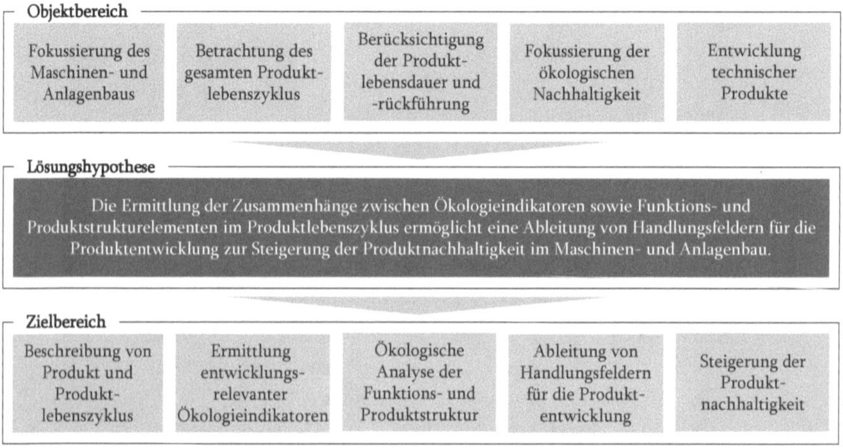

Abbildung 3-4: Kriterien zur Bewertung bestehender Ansätze

Anhand der definierten elf Kriterien erfolgt im Nachfolgendenden eine einheitliche Bewertung relevanter wissenschaftlicher Ansätze und die Herausstellung des Forschungsdefizits.

3.2.2 Darstellung bestehender Ansätze

Im Folgenden werden relevante Ansätze der wissenschaftlichen Literatur in aufsteigender chronologischer Reihenfolge vorgestellt und anhand der definierten Kriterien aus Objektbereich und Zielbereich sowie der Lösungshypothese bewertet. Zur Sicherstellung eines strukturierten Vorgehens teilen sich thematisch ähnliche Ansätze in die folgenden übergeordneten Kategorien auf: (1) Ansätze zur allgemeinen Analyse der

Produktnachhaltigkeit, (2) Ansätze zur Entwicklung ökologisch nachhaltiger Produkte sowie (3) Ansätze zur Ökologieanalyse in der Produktentwicklung.

3.2.2.1 Ansätze zur Analyse der Produktnachhaltigkeit

Die erste Kategorie umfasst Ansätze, die sich mit der Analyse der Nachhaltigkeit von Produkten beschäftigen. Dieser Bereich der wissenschaftlichen Literatur ist für die vorliegende Arbeit relevant, um auf grundlegende Möglichkeiten und Herangehensweisen zur Analyse der Produktnachhaltigkeit aufzubauen. Zur sinnvollen Eingrenzung der in diesem Bereich sehr umfangreichen wissenschaftlichen Literatur stehen Ansätze im Fokus, die durch eine hohe Übereinstimmung des Betrachtungsobjekts (technische Produkte im Maschinen- und Anlagenbau) und des Betrachtungsbereichs (gesamter Produktlebenszyklus) einen wesentlichen Beitrag für die vorliegende Arbeit darstellen.

Environmental performance assessment method for manufacturing process plans nach Jiang et al.

Jiang et al.[337] beschreiben eine Methode zur Bewertung der Umweltauswirkungen von Produktionsprozessplänen durch die Untersuchung der Zusammenhänge zwischen Ökologiekriterien und Prozessschritten. Die Methode erfolgt dabei in drei Schritten: Durchführung von Bestandsaufnahmen für alle Vorgänge im Prozessplan, Quantifizierung der Umweltauswirkungen sowie Bewertung der Umweltleistung und Suche nach Verbesserungsmöglichkeiten. Für die Durchführung der Bestandsaufnahmen haben die Autoren eine Strukturierung von Produktionsprozessen in sieben Kategorien mit insgesamt 24 einzigartigen Prozessen vorgenommen, die Anknüpfungspunkte für die vorliegende Arbeit bieten. Für die Aufnahme von Umweltauswirkungen im zweiten Schritt sind sechs ökologische Kriterien definiert. Die daraus entstehenden standardisierten Prozessbeschreibungen vereinfachen die Datenerhebung. Mit normalisierten und gewichteten Bestandsdaten kann der dritte Schritt eine Punktzahl für jedes Ökologiekriterium eines jeden Vorgangs im Prozessplan ermitteln. Eine modifizierte Leopold-Matrix zeigt die Zusammenhänge zwischen Ökologiekriterium und jeweiligem Prozessschritt, woraus sich die Einflüsse einzelner Produktionsprozesse auf die Umweltauswirkungen ableiten lassen. Dennoch zieht das strukturierte Vorgehen keine Rückschlüsse auf die Produktkomponenten oder -funktionen. Es besteht Potenzial die identifizierten Einflüsse von den Produktionsprozessen auch den hergestellten Komponenten zu zuordnen und direkte Maßnahmen abzuleiten.

---

[337] Vgl. Jiang et al. (2012), Environmental performance assessment method

Sustainability indicators and metrics for discrete part manufacturing nach Kim et al.

Kim et al.[338] untersuchen die Nachhaltigkeitsbewertung von Produktionsprozessen für die Herstellung von Komponenten und den damit verbundenen Nachhaltigkeitsindikatoren. Die Ergebnisse, die auf einer umfassenden Literaturrecherche beruhen, zeigen die Bandbreite der Indikatoren zur Messung der Nachhaltigkeit. Dabei erfolgt eine Differenzierung nach den Betrachtungsebenen: Global, Land, Sektor, Unternehmen, Produkt und Prozesseinheit. Die häufigsten Ökologieindikatoren für Produktionsprozesse beziehen sich auf Energie, Material, feste Abfälle, Kühlmittel, Schmiermittel, Schneidwerkzeug und Luftemissionen. Ergänzend klassifizieren die Autoren Produktionsprozesse in Prozesse, die dem Transport, der Lagerung, der Inspektion und dem Testen sowie der eigentlichen Fertigung in den Betriebszuständen Leerlauf-, Standby- und Bearbeitungsmodus dienen. Die Gruppen sind in weitere Untergruppen im Sinne einer Prozessstruktur differenziert. Die Autoren untersuchen weiter die Zusammenhänge zwischen Prozessen und Umweltauswirkungen, indem eine Einordnung der Ökologieindikatoren in die jeweilige Prozessuntergruppe, in denen die Umweltauswirkungen anfallen, vorgenommen wird. Auch wenn durch den Fokus auf Produktionsprozesse wichtige Prozesse entlang des Lebenszyklus von Produkten im Maschinen- und Anlagenbau unberücksichtigt bleiben, stellt die Vorgehensweise eine Möglichkeit zur Ermittlung von Umweltauswirkungen dar, welche durch Produkt- oder Prozessanpassungen aktiv beeinflussbar sind. Insbesondere die Differenzierung unterschiedlicher Betrachtungsebenen von Ökologieindikatoren bietet einen Anknüpfungspunkt zur Ermittlung entwicklungsrelevanter Ökologieindikatoren.

Product-related environmental performance indicators nach Issa et al.

Issa et al.[339] beschreiben ein fünfstufiges Vorgehen, um relevante produktbezogene Umweltleistungskennzahlen (Engl.: Environmental Performance Indicator EPI) für die Implementierung im unternehmensspezifischen Produktentstehungsprozess auszuwählen. Das Vorgehen nutzt die EPI-Datenbank der Technischen Universität Dänemark DTU, welche über 250 ökologische Nachhaltigkeitsindikatoren umfasst. Diese sind verschiedenen Lebenszyklusphasen sowie den übergreifenden Umweltaspekten zugeordnet. Der erste Schritt umfasst die Zieldefinition in der Produktentwicklung für die Verbesserung der Nachhaltigkeitsperformance. Darauf aufbauend erfolgt eine Vorselektion der EPIs hinsichtlich Lebenszyklusphasen, Umweltaspekten und Art der Messgrößen mit Hilfe der vorliegenden Datenbank. Schritt drei wählt die passenden

[338] Vgl. Kim et al. (2012), Sustainability indicators and metrics

[339] Vgl. Issa und Pigosso (2013), Product-related EPIs; Vgl. Issa et al. (2015), Product-related environmental performance indicators

EPIs aus der Vorselektion aus, während Schritt vier die mögliche Anpassung und Erstellung neuer EPIs vorsieht. Der letzte Schritt stellt die Implementierung der produktbezogenen EPIs in das Unternehmen dar. Hierbei sind insbesondere organisatorische Fragestellungen, wie die Zuständigkeit für die Durchführung und Kommunikation der Messungen oder die Messintervalle, zu klären. Der vorgestellte Ansatz deckt einen großen Teil des definierten Objektbereiches ab. Die EPIs sind jedoch branchenunabängig ausgelegt, sodass sich eine Adaption auf den Maschinen- und Anlagenbau im vierten Schritt der erklärten Vorgehensweise als notwendig erweist. Eine Erläuterung der eigentlichen Analyse der Umweltauswirkungen erfolgt nicht und damit auch keine Analyse der EPIs im direkten Zusammenhang mit der Funktions- oder Produktstruktur.

Methodology for an Integrated Life Cycle Approach to Design for Environment nach LOW ET AL.

LOW ET AL.[340] haben eine Methodik für die integrierte Lebenszyklusanalyse entwickelt, welche insbesondere eine vereinfachte Analyse der Umweltauswirkungen komplexer Produkte anhand ihrer Produktstruktur ermöglichen soll. Hierzu verwenden die Autoren die Produktstruktur, um den Produktlebenszyklus modular zu unterteilen, sodass die Komponenten des Produktes als eigenständige Produkte mit eigenem Lebenszyklus zu verstehen sind. Auf diese Art und Weise wird die Aufstellung individueller Ökobilanzen möglich. Eine Bewertung von Designalternativen erfolgt unabhängig voneinander, unter der Annahme, dass es sich um austauschbare Komponenten handelt, die die Architektur des Produktes nicht beeinflussen. Die anschließende Bewertung betrachtet die Ökoeffizienz, die den CO_2-Fußabdruck in Relation zu dem Nettogewinn setzt. Die Einordnung in ein zweidimensionales Ökoeffizienzdiagramm soll Entscheidungsfindungen unterstützen. Obwohl die Autoren den gesamten Produktlebenszyklus beleuchten, erfolgt keine differenzierte Betrachtung der Nutzungsphase. Ebenfalls gehen sie nicht auf die Funktionsstruktur sowie mögliche abweichende Lebensdauern einzelner Produktumfänge ein. Dennoch bietet der Ansatz Anknüpfungspunkte für die vorliegende Arbeit hinsichtlich der Strukturierung des Produktlebenszyklus komplexer technischer Produkte anhand der Produktstruktur.

[340] Vgl. Low et al. (2013), Methodology for an integrated life cycle approach

Adaptation of the product structure-based integrated life cycle analysis (PSILA) technique nach LOW ET AL.

In einem weiteren Ansatz stellen LOW ET AL.[341] eine Methodik für eine produktstrukturbasierte integrierte Lebenszyklusanalyse (PSILA) zur Modellierung des CO_2-Fußabdrucks vor. Die PSILA-Technik aus einer früheren Veröffentlichung[342] konzentriert sich ausschließlich auf die wirtschaftliche Leistung und erfährt eine Erweiterung um die CO_2-Fußabdruck-Analyse. Die Ergebnisse einer CO_2-Fußabdruck-Analyse lassen sich nach der Produktstruktur aufschlüsseln und bis auf Modul-, Komponenten- und Materialebene rückverfolgen. Ähnlich zum vorangegangenen Ansatz von LOW ET AL. kann die Visualisierung des Produktlebenszyklus entsprechend der Produktstruktur in Teilsysteme mit eigenständigen Lebenszyklen unterteilt erfolgen. Die Autoren nutzen die Methode mit dem Ziel, die Umweltauswirkungen durch die Implementierung geschlossener Produktionssysteme zu bewerten und Entscheidungshilfe auf strategischer und operativer Ebene zu liefern. Es erfolgt eine Zuordnung des CO_2-Fußabdrucks zur Produktstruktur, ohne jedoch zu analysieren, welche Produktumfänge das größte Verbesserungspotenzial aufweisen. Eine differenzierte Betrachtung der Nutzungsphase oder Analyse des CO_2-Fußabdrucks für die Funktionsstruktur bleiben ebenfalls unberücksichtigt. Viele Ansätze, wie der hier aufgeführte, fokussieren sich rein auf die Erfassung des CO_2-Fußabdrucks, was eine ganzheitliche Betrachtung verschiedener ökologischer Aspekte vernachlässigt.

Nachhaltigkeitsbewertung nach VDI 4605

Die VDI-Richtlinie 4605[343] stellt ein Verfahren zur überschlägigen Analyse der Nachhaltigkeit von technischen Produkten und Prozessen vor. Die Richtlinie beruht auf der Idee eines Schalenmodells. Die äußerste Schale, die im Wesentlichen in der Richtlinie behandelt wird, bietet ein disaggregiertes System von wenigen Indikatoren für die schnelle und vergleichende Bewertung eines Gegenstands relativ zu einer Alternative bzw. Referenz. Hierzu sind bekannte Indikatorensysteme analysiert, bewertet und stark vereinfacht zu einer Indikatorliste mit 13 bis 16 Indikatoren für jeweils die ökonomische, ökologische und soziale Dimension der Nachhaltigkeit zusammengetragen. Der vorgenommene qualitative Vergleich zeigt auf, inwiefern eine Variante zur Referenz nachteilige, vergleichbare oder vorteilhaftere Auswirkungen hat. Um eine übergreifende Abschätzung zu treffen, wird die Summe der Bewertungen gebildet und zu einem sogenannten Nachhaltigkeitsindex addiert. Die nachfolgenden Schalen zeigen

[341] Vgl. Low et al. (2016), Adaptation of the PILSA technique
[342] Vgl. Low et al. (2014), Product structure-based integrated life cycle analysis technique
[343] Vgl. Verein Deutscher Ingenieure e.V. (2017), VDI 4605

ergänzende Verfahren auf, sofern eine vereinfachte Bewertung nicht möglich ist. Der Ansatz überzeugt durch die einfache und nachvollziehbare Bewertung anhand ausgewählter Indikatoren. Auf die Kriterien zur Auswahl der Indikatoren geht die Richtlinie jedoch nicht näher ein. Positiv hervorzuheben ist, dass bei den angebrachten Beispielen eine Einbeziehung der Lebensdauer einzelner Produktumfänge erfolgt. Durch den relativen Vergleich können aber wichtige Handlungsfelder, wie die Größe der Abweichung oder absolute Relevanz eines Aspekts, zur ganzheitlichen Steigerung der Produktnachhaltigkeit unberücksichtigt bleiben.

Ressourceneffizienz in kleinen und mittleren Unternehmen (KMU) nach VDI 4801

Die VDI-Richtlinie 4801[344] fokussiert die Ressourceneffizienz in KMU und beschreibt detailliert, welche Maßnahmen zur ressourceneffizienteren Arbeitsweise verhelfen. Hierzu sind 37 Strategien hinsichtlich der Verbesserung der Ressourceneffizienz von Produkt und Produktion aufgelistet. Darunter fallen beispielsweise Materialsubstitution, Leichtbau, Miniaturisierung, Verlängerung der technischen Produktlebensdauer oder Produktnutzungsdauer. Für jede Strategie bestehen praxisnahe Beispiele und Umsetzungsmöglichkeiten. Gleichzeitig wird der jeweilige Einflussnehmende im Betrieb benannt und eine entsprechende Fokussierung unterstützt. Zur Vermeidung lokaler Verbesserungen auf Kosten der Gesamteffizient erfolgt ergänzend die Angabe, ob zur Verfolgung einer jeden Strategie eine Analyse des gesamten Produktlebenszyklus erforderlich ist (Cradle-to-Grave) oder einzelne Phasen ausreichen (Gate-to-Gate). Zur Umsetzung definierter Strategien nennt die Richtlinie ein schrittweises Vorgehen, welches aus einer Grobanalyse, gefolgt von der Feinanalyse besteht. Zur Beherrschung der Komplexität gilt es Teilkomponenten bzw. Subsysteme separat zu untersuchen und zu bilanzieren. Die klare Unterteilung des zu untersuchenden Produktsystems sowie die Berücksichtigung von Produktlebens- und Produktnutzungsdauer bieten Anknüpfungspunkte für die vorliegende Arbeit. Auf eine Strukturierung anhand von Funktions- oder Produktstruktur geht die Richtlinie hingegen nicht ein. Den Analysen folgend sollen Prozess- und Produktverbesserungen entwickelt und die am besten geeignetsten umgesetzt werden.

Ökobilanz nach DIN EN ISO 14040 bzw. 14044

Die Ökobilanz nach DIN EN ISO 14040[345] bzw. DIN EN ISO 14044[346], welche seit 1997 standardisiert und stetig aktualisiert wird, fokussiert eine quantitative Bewertung von

[344] Vgl. Verein Deutscher Ingenieure e.V. (2018), VDI 4801
[345] Vgl. Deutsches Institut für Normung e. V. (2021), DIN EN ISO 14040:2021-02
[346] Vgl. Deutsches Institut für Normung e. V. (2021), DIN EN ISO 14044:2021-02

Umweltauswirkungen von Produkten in einem vierstufigen Vorgehen und ist in Kapitel 2.3.2 ausführlich beschrieben. Die praktische Anwendung der Ökobilanz findet in diversen Ausprägungen und durch verschiedenste Methoden unterstützt statt. Ein unternehmensübergreifender Vergleich ist jedoch aufgrund vielfacher subjektiver Elemente nur sehr eingeschränkt möglich. Hierzu zählen die Auswahl des Untersuchungsrahmens, Abschätzung der Umweltauswirkungen sowie Beurteilung der Ergebnisse.[347] Gleichzeitig ist die Durchführung mit hohen Aufwänden und Kosten verbunden und erfordert oftmals den Einsatz von Experten mit Umweltfachwissen. Eine Fokussierung der Ökobilanz auf die für die Produktentwicklung beeinflussbaren Umfänge geschieht nicht. Weiterhin beachtet die Ökobilanz zwar die Beziehung von Systemen und Umwelt, jedoch nicht die Zusammenhänge im Inneren eines Prozessmoduls, welches als Blackbox vereinfacht vorliegt[348]. In der Konsequenz betrachtet die Methode Funktionsausführungen in der Nutzungsphase nicht separat. Darüber hinaus stellt die Ökobilanz einen Cradle-to-Grave Ansatz dar und lässt unterschiedliche Strategien für die Rückführung von Produkten, Komponenten oder Materialien im Sinne der Kreislaufwirtschaft außer Acht. Entsprechend berücksichtigen bestehende Softwarelösungen die dahinterliegenden Umweltauswirkungen, die für den Austausch einer Komponente in der Nutzungsphase anfallen, und die Implikationen unterschiedlicher Kreisläufe nicht.

Visualising LCA results in the design process of buildings nach HOLLBERG ET AL.

HOLLBERG ET AL.[349] haben festgestellt, dass die LCA zunehmend im Kontext von Entscheidungsprozessen bei der Entwicklung und Auslegung von Gebäuden oder Nachbarschaften eingesetzt werden, jedoch keine klaren Richtlinien oder Vorgehensweisen zur Visualisierung von LCA-Ergebnissen bestehen. Aus diesem Grund haben die Autoren eine systematische Literaturrecherche vorgenommen und basierend auf 27 identifizierten Visualisierungstypen (z.B. Sunburst, Kuchendiagramm, Box Plot und Heat Map) einen strukturierten Überblick für die systematische Unterstützung von Entscheidungen erarbeitet. Hierzu sind die Visualisierungstypen anhand ihres Zusammenhangs zu Ökologieindikatoren (ein oder mehrere Indikatoren, diskrete oder kontinuierliche Werte, etc.) gruppiert. Anschließend sind die Visualisierungsgruppen in einem Portfolio nach der Menge dargestellter Informationen und der Ziele einer LCA einsortiert, um eine anwendungsspezifische Auswahl der jeweils passenden Visualisierungsform zu befähigen. Auf dieser Ebene ist auch ein Übertrag auf andere Objektbereiche, wie den Maschinen- und Anlagenbau, möglich. Jedoch gehen die Autoren nicht

347 Vgl. Sailer (2020), Nachhaltigkeitscontrolling, S. 186f.

348 Vgl. Dyckhoff und Souren (2007), Nachhaltige Unternehmensführung, S. 169

349 Vgl. Hollberg et al. (2021), Review of visualising LCA results

weiter auf eine Analyse von Produktfunktionen ein und berücksichtigen somit wichtige Aspekte des Zielbereichs nicht.

3.2.2.2 Ansätze zur Entwicklung nachhaltiger Produkte

Die im Folgenden vorgestellten Methoden setzen sich mit der Entwicklung nachhaltiger Produkte auseinander. Dabei liegt der Fokus auf denjenigen Ansätzen, die insbesondere eine Steigerung der ökologischen Nachhaltigkeit forcieren und ein Vorgehen zur Ableitung von Handlungsfeldern aufzeigen. Der Bereich der wissenschaftlichen Literatur ist für die vorliegende Arbeit relevant, um auf vorhandenen Konzepten zur Steigerung der Produktnachhaltigkeit aufzubauen. In diesem Kontext wird auch von Ecodesign bzw. Ökodesign gesprochen, welches einen systematischen und umfassenden Gestaltungsansatz für Produkte meint, um durch ein verbessertes Produktdesign die Umweltbelastungen entlang des gesamten Produktlebenszyklus zu minimieren.

QFD-basierte Ansätze

Zur Überführung von impliziten, informalen und qualitativen (Kunden-)Anforderungen in explizite, quantitative und formale Produktmerkmale wird in der Literatur häufig Quality Function Deployment (QFD) genutzt. Die Vorgehensweise bei der Anwendung der QFD-Methode besteht darin, die Voice of Customer (VoC), d.h. die Wünsche des Kunden, zu definieren und durch systematischen Aufbau die Anforderungen an die Produktqualität, die Funktionen, die Kontrollparameter, die Komponenten usw. zu bestimmen.[350] Die Methodik beruht auf dem Vergleich mit bereits existierenden Produkten, sodass ihr Einsatz insbesondere in solchen Fällen sinnvoll ist, in denen bereits Referenzlösungen, beispielsweise in Form von Konkurrenzprodukten oder Vorgängermodellen, vorliegen.[351] Die Anwendung dieser mehrstufigen, deduktiven Analyse-Methode in Form des sogenannten House of Quality (HoQ) ist typischerweise in neun Schritte unterteilt.[352] Das HoQ stellt einen zentralen Aspekt von QFD dar, um die Überführung der Kundenanforderungen in Produkteigenschaften anschaulich zu visualisieren und für den Entwicklungsingenieur zu strukturieren.[353]

---

[350] Vgl. Akao (2004), Quality function deployment; Vgl. Puglieri et al. (2020), Analysis of QFD-Based Methods, S. 5

[351] Vgl. Ponn und Lindemann (2011), Gestaltung technischer Produkte, S. 21; Vgl. Seidel (2005), Methodische Produktplanung, S. 47

[352] Vgl. Liu et al. (2020), Requirement-Oriented Engineering Characteristic, S. 3; Vgl. Feldhusen und Grote (2021), Qualitätssicherung in der Produktentwicklung, S, 896; Vgl. Ozalp et al. (2020), Integration of Quality, S. 98 ff.

[353] Vgl. Feldhusen und Grote (2021), Qualitätssicherung in der Produktentwicklung, S. 896

Ein gängiger Ansatz zur Integration von Nachhaltigkeit in die Produktentwicklung ist die Anwendung des QFD in Kombination mit Ecodesign-Methoden, um neben Kunden- bzw. Qualitätsanforderungen auch ökologische Nachhaltigkeitsanforderungen in Produktmerkmale und -funktionen zu übersetzen. Eine Zusammenfassung verschiedener QFD-basierter Ecodesign-Methoden findet sich in PUGLIERI ET AL.[354]. Ein Großteil derartiger Ansätze kann nach ALEMAM UND LI[355] in drei Kategorien unterteilt werden: Green QFD (GQFD), Environmentally Conscious QFD (ECQFD) sowie QFD for Environment (QFDE). Während GQFD neben dem HoQ ein zusätzliches „Green House" einführt, welches die aus einem LCA gewonnen Anforderungen dokumentiert[356], erweitert ECQFD das bestehende HoQ um eine neue Dimension, den umweltbezogenen Produktmerkmalen. So gelingt es die Nachhaltigkeitsaspekte mit den Kundenanforderungen und technischen Anforderungen in Beziehung zu bringen. Diese beiden Kategorien legen ihren Fokus auf den Bewertungsaspekt. QFDE hingegen betrachtet den Umweltaspekt vielmehr als eigenständigen Kunden, sodass eine eigene Liste mit den ökologischen VoC, auch Voice of Environment (VoE) genannt, entsteht.[357] Der Unterschied zu den herkömmlichen VoC liegt darin, dass ein Expertenteam die Umweltanforderungen ermittelt und diese nicht unmittelbar vom Kunden kommen.[358] POPOFF UND MILLET[359] haben in ihrer Untersuchung herausgestellt, dass die Nutzung von QFD-basierten Methoden im Vergleich zu einer umweltorientierten Optimierung eine geringere Verbesserung der ökologischen Performance ermöglicht, gleichzeitig jedoch eine höhere Kundenakzeptanz generiert.[360] Eine Vorstellung der für die vorliegende Arbeit relevantesten QFD-basierten Ansätze findet sich im Folgenden.

Matrix-based quality tools for concept generation in eco-design nach ALEMAM UND LI

ALEMAM UND LI[361] haben ein dreischrittiges Vorgehen entwickelt, um bestehende Produktdesigns kontinuierlich hinsichtlich ihrer Umweltauswirkungen im Sinne des Ökodesigns zu verbessern. Hierzu wird QFD durch eine Funktionsanalyse erweitert, um die Zusammenhänge zwischen Ökodesign-Anforderungen und den Funktionen des Produktes herzustellen und somit konkrete Produktkonzepte zur Erfüllung dieser Funktionen zu generieren. Im ersten Schritt der Methodik werden die vier Elemente

354 Vgl. Puglieri et al. (2020), Analysis of QFD-Based Methods
355 Vgl. Alemam und Li (2016), Matrix-based quality tools, S. 114
356 Vgl. Zhang (1999), Green QFD-II: A, S, 1079
357 Vgl. Alemam und Li (2016), Matrix-based quality tools, S. 114
358 Vgl. McAloone und Pigosso (2021), Ökodesign, S. 997
359 Vgl. Popoff und Millet (2017), Sustainable Life Cycle
360 Vgl. Popoff und Millet (2017), Sustainable Life Cycle, S. 75
361 Vgl. Alemam und Li (2016), Matrix-based quality tools

Anforderungen (R), Metriken bzw. technische Produktmerkmale (M), Funktionen (F) und Komponenten (C) eines bestehenden Designs aufgenommen und drei Beziehungsmatrizen aufgestellt: Anforderungen und Metriken (RM), Metriken und Komponenten (MC) sowie Funktionen und Komponenten (FC). Die Beziehungsmatrizen geben die Stärke der Beziehung zwischen zwei Elementen auf einer Skala von eins, drei und neun an. RM und MC beruhen auf den bekannten Zusammenhängen von QFD, wohingegen FC auf der funktionalen Dekomposition des Produktes im Rahmen einer Funktionsanalyse beruht. Der zweite Schritt der Methodik generiert alternative Designkonzepte. Durch die Verkettung der Matrizen gelingt die Verbindung von Ökodesign-Anforderungen mit den Produktfunktionen. Für die Funktionen lassen sich dann mittels des morphologischen Kastens neue Konzeptideen erarbeiten und transparent darstellen. Die Autoren betonen die Relevanz dieser Vorgehensweise dahingehend, dass die separate Betrachtung von einzelnen Funktionen bei der Reduzierung der Komplexität des Designprozesses hilft. Darüber hinaus stärkt der Fokus auf die Funktionen die Generierung neuer Ideen, die bei einer Betrachtung bestehender Komponenten vermutlich eingeschränkt wären. Der dritte Schritt beinhaltet die Bewertung der entstandenen Designkonzepte und Auswahl des geeignetsten Konzepts, welches die Anforderungen bestmöglich erfüllt. Hierzu findet eine Pugh-Auswahlmethode Anwendung, welche alternative Designs mit dem ursprünglichen Design hinsichtlich verbesserter, verschlechterter oder gleichbleibender Performance bewertet. Eine quantitative Bewertung sowie eine differenzierte Betrachtung einzelner Lebenszyklusphasen erfolgt nicht. Die Erprobung und mögliche Erweiterung der Methodik für komplexe Produkte wird in den Ausblick gestellt. Anknüpfungspunkte für die vorliegende Arbeit bestehen insbesondere in den vorgenommenen Untersuchungen der Zusammenhänge zwischen Funktionen und Komponenten im Kontext der FC Matrix.

Sustainability criteria and sustainability compliance index nach HALLSTEDT

HALLSTEDT[362] hat eine Vorgehensweise für die Identifikation von Nachhaltigkeitskriterien und deren Entwicklung durch produzierende Unternehmen erarbeitet. Die Nachhaltigkeitskriterien sind in einer Reihe von Matrizen dargestellt und hinsichtlich Produktlebenszyklusphasen und sozial-ökologischen Nachhaltigkeitsprinzipien unterteilt. Gleichzeitig stellen die Autoren eine qualitative Messskala für die Kriterien in Form eines Nachhaltigkeitsindex (Engl.: Sustainability Compliance Index SCI) vor. Der qualitativ bewertete Index gibt an, inwieweit ein Produkt- oder Prozesskonzept einer nachhaltigen Lösung entspricht. Während das Vorgehen zur Bewertung von Produkt-

[362] Vgl. Hallstedt (2017), Sustainability criteria and sustainability compliance

oder Prozesskonzepten generisch ist, können die dabei zu bemessenen Kriterien branchenspezifisch konkretisiert und ausgewählt werden. Dies ermöglicht auch den Übertrag auf den Maschinen- und Anlagenbau. Jedoch bleibt eine detaillierte Analyse einzelner Produkt- und Funktionsstrukturelemente außen vor.

Integrating Sustainability in Product Requirements nach Watz und Hallstedt

Watz und Hallstedt[363] untersuchen bestehende Ansätze hinsichtlich ihrer Möglichkeiten, Nachhaltigkeit auf strategischer, taktischer und operativer Entscheidungsebene in Produktanforderungen zu überführen, und stellen darauf aufbauend einen eigenen Ansatz vor. Dieser umfasst die Definition von Nachhaltigkeitskriterien und -indikatoren, die Anwendung einer Korrelationsanalyse mittels QFD sowie die Aufnahme identifizierter nachhaltigkeitsbezogener Produktanforderungen in die Anforderungsliste. Die Literaturrecherche der Autoren hat gezeigt, dass die meisten Ansätze in der wissenschaftlichen Literatur die Nachhaltigkeit mittels QFD in die Produktentwicklung integrieren. Der eigene Ansatz eignet sich demnach dazu, Umweltaspekte in die frühe Phase der Produktentwicklung einzubinden und ein Verständnis über den Zusammenhang dieser mit den Produktanforderungen zu schaffen. Hierbei lassen sie allerdings die quantitative Bewertung des Produktlebenszyklus aus. Es besteht keine Möglichkeit nachzuhalten, ob durch die Adressierung der Anforderungen Verbesserungen hinsichtlich der Umweltauswirkungen entstanden sind.

Sustainability Fingerprint nach Hallstedt et al.

Hallstedt et al.[364] haben einen systematischen Ansatz zur Antizipation der Nachhaltigkeit eines Produktes in der frühen Phase der Produktentwicklung erarbeitet. Dieser verfolgt das Ziel einer schnellen und einfachen Nachhaltigkeitsbewertung in Form eines sogenannten Nachhaltigkeitsfingerabdrucks (Engl.: Sustainability Fingerprint). Anhand der Auswahl unternehmensspezifischer Nachhaltigkeitskriterien bewerten sie Produkte oder Lösungen qualitativ und visualisieren die Ergebnisse in Form von Spinnennetzdiagrammen. Die Bewertung unterstützt Anwender bei der Entwicklung nachhaltiger Innovationen, bei dem Vergleich und der Auswahl alternativer Lösungen, bei der Bewertung des Produktportfolios zur Identifikation von Verbesserungsmaßnahmen und bei der Ermittlung von Hot-Spots bei bestehenden Produkten. Damit adressiert dieser Ansatz einen großen Bereich des Objekt- und Zielbereichs der vorliegenden Arbeit. Die Vorgehensweise bleibt branchenunabhängig, sodass offenbleibt,

[363] Vgl. Watz und Hallstedt (2018), Integrating sustainability in product requirements
[364] Vgl. Hallstedt et al. (2023), Sustainability Fingerprint

inwiefern die Anwendung bei komplexen Produkten gelingt. Zudem bleibt die Funktionsstruktur unberücksichtigt und eine quantitative Bewertung erfolgt nicht.

3.2.2.3 Ansätze zur Ökologieanalyse in der Produktentwicklung

Die Folgenden Ansätze nehmen eine quantitative Ökologieanalyse in Rahmen der Entwicklung von Produkten vor. Dabei legen sie den Fokus auf diejenigen Ansätze, die eine Analyse von Elementen der Funktions- und Produktstruktur vornehmen und somit systematisch Handlungsfelder für die Verbesserung der Produktnachhaltigkeit im Entwicklungsprozess aufzeigen. Der Bereich der wissenschaftlichen Literatur ist für die vorliegende Arbeit relevant, um auf vorhandene Konzepte und Vorgehensweisen zur Steigerung der Transparenz über die Umweltauswirkungen innerhalb der Produktentwicklung insbesondere bei komplexen Produkten aufzubauen. Hierbei zeigen sich insbesondere computergestützte Methoden als zielführend.

Integrating LCA into the conceptual phase of design nach BOHM ET AL.

Der Ansatz nach BOHM ET AL.[365] betrachtet die Nutzung der LCA in der frühen, konzeptionellen Phase der Produktentwicklung. Mithilfe von Lösungen zur automatisierten Konzeptgenerierung werden virtuelle Produktkonzepte basierend auf technischen Anforderungen und definierten Funktionalitäten erstellt und spezifiziert. Die hierzu verwendeten Konstruktionsinformationen zu Funktions- und Bauteilverbindungen, Werkstoffen, Geometrien, Herstellungsverfahren etc. stammen aus einem Design Repositorium (Engl.: Design Repository). Dem virtuellen Konzept werden bestehende Produkte und Produktkomponenten als Benchmark gegenübergestellt, um Materialzusammensetzungen und Herstellungseigenschaften zu bestimmen. Die LCA für das virtuelle Produkt setzt sich aus den LCAs der einzelnen Komponenten zusammen. Das Vorgehen erlaubt anhand der gewonnen Informationen relevante Einflussfaktoren auf den Produktlebenszyklus zu identifizieren und in den weiteren Phasen der Produktentwicklung zu berücksichtigen. Eine funktionsorientierte Analyse erfolgt jedoch nicht. Bei dem verwendeten Cradle-to-Gate Ansatz bleiben die Nutzungs- und Rückführungsphase unberücksichtigt. Die Anwendung findet zudem an einfachen Produkten, wie einem Toaster, statt, weshalb eine Überführung der Methodik auf komplexe Produkte offenbleibt.

[365] Vgl. Bohm et al. (2010), Integrating life cycle assessment into the conceptual phase of design

Environmentally concious guidelines for product design nach TELENKO UND SEEPERSAD

TELENKO UND SEEPERSAD[366] stellen eine Methodik zur Ermittlung umweltbewusster Designrichtlinien vor. Hierzu wird Reverse Engineering in Kombination mit LCA verfolgt, um Designrichtlinien von funktional verwandten Produkten abzuleiten und die potenziellen Auswirkungen der darauf basierenden Designanpassung auf alle Phasen des Lebenszyklus zu quantifizieren. Mithilfe der LCA werden Produktkomponenten mit erhöhten Umweltauswirkungen identifiziert und durch einen Strukturvergleich zwischen bestehenden und neu zu entwickelnden Produkten die festgelegten, teils neuen Designrichtlinien iterativ quantifiziert. Eine Verknüpfung oder Verrechnung der Umweltauswirkungen innerhalb der Produktarchitektur wird jedoch nicht vorgestellt. Dennoch bietet der Ansatz Anknüpfungspunkte hinsichtlich der Einbeziehungen der von dem Produkt zu erfüllenden Funktionen, um die Suche nach ökologischen Verbesserungspotenzialen zu vereinfachen.

Integration of sustainability into early design through the function impact matrix nach DEVANATHAN ET AL.

DEVANATHAN ET AL.[367] betonen die Relevanz der Funktionsorientierung zur effektiven Integration einer Nachhaltigkeitsbewertung in die frühe Phase der Produktentwicklung und entwickeln hierzu eine sogenannte Function-Impact-Marix (FIM). Es erfolgt eine Ökobilanzierung der Produktstrukturelemente eines bestehenden Produktes. Hierbei liegt die These zugrunde, dass es sich bei den meisten Designs um neuartige Kombinationen bestehender Funktionen oder Konzepte von bereits auf dem Markt befindlichen Produkten handelt. Die Transformationsbeziehungen zwischen Produktstruktur und Funktionsstruktur liefern Anhaltspunkte, um die Umweltauswirkungen der Produktstrukturelemente im Rahmen der FIM für die einzelnen Funktionen zu ermitteln. Dies befähigt zu Aussagen hinsichtlich des Verbesserungspotentials neuer Designentwicklungen oder dem Vergleich verschiedener Lösungen für die Realisierung gleicher Funktionen. Darüberhinausgehend nutzen die Autoren die Ergebnisse, um die traditionelle QFD um eine Umweltperspektive zu ergänzen. Hierauf gehen sie aber nicht weiter im Detail ein. Die FIM ermöglicht eine funktionsorientierte Bewertung der Umweltauswirkungen für die Produktentwicklung, allerdings betrachtet die-

[366] Vgl. Telenko und Seepersad (2010), Environmentally conscious guidelines for product design

[367] Vgl. Devanathan et al. (2010), Integration of sustainability into early design through function impact matrix

ser Ansatz die Nutzungsphase und Berücksichtigung diverser Funktionsausführungshäufigkeiten nur eingeschränkt. Auf eine Analyse unterschiedlicher Lebensdauern einzelner Produktumfänge gehen die Autoren ebenfalls nicht ein.

Systematic lifecycle design for sustainable product development nach LU ET AL.

Das Modell von LU ET AL.[368] umfasst einen Produktdesignprozess, der neben traditionellen Designkriterien, wie Funktionalität, Qualität, Eigenschaften, Kosten und Time-to-Market, auch die Vermeidung von Umweltauswirkungen beinhaltet. Laut den Autoren können nur nachhaltige Produkte entwickelt werden, wenn der Entwickler sowohl die Produktarchitektur als auch den Produktlebenszyklus integriert analysiert und gestaltet. Es kommen zur funktionalen Betrachtung die Qualitätsanalyse (LCQ), zur ökonomischen Betrachtung das Life Cycle Costing (LCC) und zur ökologischen Betrachtung die Ökobilanz (LCA) zur Anwendung. Hierbei schlagen die Autoren ein prozessbasiertes Analysekonzept vor und gehen detailliert auf die Bewertung mittels vereinfachter LCA ein. Die vereinfachte LCA deckt weiterhin den gesamten Lebenszyklus ab und reduziert durch die Verwendung von generischen Daten (quantitativ oder qualitativ) ihren Aufwand. Für jeden Prozess bewertet sie definierte Kriterien qualitativ auf einer fünfstufigen Skala. Durch die Errechnung von Summen und Mittelwerten entstehen unterschiedliche Visualisierungsformen, die den Bedarf für Designanpassungen in der frühen Phase der Produktentwicklung erkenntlich machen. Eine funktionsorientierte Analyse erfolgt noch nicht. Der Beschichtungskopf einer Beschichtungsmaschine dient als Beispiel für den Maschinen- und Anlagenbau.

Low-carbon product structure design nach ZHANG ET AL.

ZHANG ET AL.[369] haben eine Methode zur CO_2-Fußabdruck-Berechnung von Produkten entwickelt, die den Schwerpunkt nicht auf die Komponenten der Produktstruktur, sondern auf die Verbindungsmerkmale zwischen den Komponenten legt. Sie betrachten mechanische oder elektrische Produkte, deren Komponenten durch physikalische, chemische oder mechanische Methoden verbunden sind. Zu Beginn beschreiben sie diese durch ein Verbindungseinheitenmodell. Parallel erfolgt die Berechnung von Allokationsfaktoren für die einzelnen Verbindungseinheiten zur Schätzung der Treibhausgasemissionen, welche auf Grundlage eines relativen Emissionseffekts der jeweiligen Verbindungsart beruhen. Mithilfe der Allokationsfaktoren lässt sich der CO_2-Fußabdruck des betrachteten Gesamtproduktes zu der jeweiligen Verbindungseinheit zuordnen. Dies erlaubt die Identifikation der relevantesten Emissionsquellen, sodass

[368] Vgl. Lu et al. (2011), Systematic lifecycle design for sustainable product development
[369] Vgl. Zhang et al. (2012), Low-carbon product structure design

eine kohlenstoffärmere Produktstruktur entstehen kann. Die Zuordnung der Treibhausgasemissionen zu Verbindungseinheiten bietet den Vorteil, die ermittelten Daten auch bei zukünftigen Produktanalysen zu nutzen und somit den Kalkulationsaufwand erheblich zu reduzieren. Als einen Nachteil nennen die Autoren die fehlende Möglichkeit die Nutzungsphase umfassend in die Kalkulation einzubeziehen, da die Allokation im Gegensatz zu den anderen Lebenszyklusphasen nicht auf Basis des Produktgewichts erfolgen kann.

Development of integrated ECQFD, LCA and sustainable analysis model nach Vinodh und Jayakrishna

Das vierstufige Modell von Vinodh und Jayakrishna[370] basiert auf der Anwendung von ECQFD und LCA gefolgt von einer kombinierenden Nachhaltigkeitsanalyse. Der Ansatz übersetzt umweltbezogene Kundenanforderungen in umweltbezogene Produktmerkmale, erfasst deren Beziehung zu den verschiedenen Produktkomponenten und vergleicht das Ergebnis mit denen verschiedener Designalternativen, wodurch sich die umweltkritischsten Komponenten herauskristallisieren. Ergänzend erfolgt eine Untersuchung, welche Komponenten das größte Potenzial zum Remanufacturing aufweisen. Diese sieht die Kalkulation des sogenannten Produktgewinns von jeder Produktkomponente aufbauend auf dem Vorgehen von Kaebernick et al.[371] aus der Differenz von Produktwert und Produktlebenszykluskosten vor. Den Abschluss der Methode bildet der Vergleich aller Designalternativen hinsichtlich ihrer Umweltauswirkungen über alle Lebenszyklusphasen hinweg und das Herausstellen von Einsparungspotenzialen. Die Validierung erfolgte mittels eines Unternehmens aus der Automobilindustrie, welches Ähnlichkeiten zum Maschinen- und Anlagenbau hinsichtlich der Komplexität der Produkte und Länge der Nutzungsdauer aufweist. Durch die Zuordnung der Produktmerkmale zu den Produktkomponenten und der anschließenden Identifikation der kritischsten Komponenten finden in geringem Maße ein Bezug zur Produktstruktur sowie eine Ableitung von Handlungsfeldern statt. Die Anwendung der LCA ist weiterhin zeitaufwendig, während der Einsatz von QFD zusätzlich ein qualitativer und manueller Prozess ist. Daher bietet die Nutzung von QFD in Kombination mit LCA Optimierungspotenzial.

A benchmark-based method for sustainable product design nach Hosseinpour et al.

Hosseinpour et al.[372] stellen einen Benchmarking-basierten Ansatz vor, um mittels QFD und der LCA Bewertung bestehender Produkte neue nachhaltige Produktdesigns

[370] Vgl. Vinodh und Jayakrishna (2014), Integrated ECQFD, LCA and sustainable analysis model

[371] Vgl. Kaebernick et al. (2003), Sustainable product development

[372] Vgl. Hosseinpour et al. (2015), A benchmark-based method for sustainable product design

hervorzubringen. Hierzu verfolgen die Autoren im Sinne des axiomatischen Designs das Ziel, Anforderungen mit Funktionen und Design Parametern zu verknüpfen, um gezielt Designentscheidungen ableiten zu können. Sie verwenden das HoQ in diesem Kontext, um die Zusammenhänge zwischen Nachhaltigkeitsanforderungen und Kundenbedürfnissen mit den funktionalen Anforderungen an das Produkt herauszustellen. Eine Bewertung von Vergleichsprodukten orientiert sich dabei an der Erfüllung der definierten Anforderungen. Die sogenannte Designmatrix bildet ebenfalls die Zusammenhänge zwischen Funktionen und Designparametern ab. Im Rahmen einer Entscheidungsmatrix erfolgt die Zusammenführung beider Sichtweisen und somit die Gewichtung und Priorisierung der zu erfüllenden Funktionen des Produktes. Die Resultate sind nützlich, um basierend auf den LCA Ergebnissen die besten Design Parameter unter den Vergleichsprodukten zu identifizieren und ein hinsichtlich der Umweltauswirkungen optimiertes Produktdesign abzuleiten. Die Dokumentation mündet in einer Stückliste mit assoziierten Informationen zu beispielsweise Material, Gewicht und Abmessungen. Die Verfolgung des axiomatischen Designs untersucht die Zusammenhänge zwischen Elementen der Funktions- und Produktstruktur und dient als Grundlage für das Treffen von Designentscheidungen. Jedoch finden im Rahmen des Benchmarkings nur die Lebenszyklusphasen der Konstruktion und Materialverarbeitung Beachtung. Die Montage und Demontage von Produkten sowie die weiteren Phasen bleiben außen vor und sind Teil des weiteren Forschungsvorhabens. Darüber hinaus fassen die Autoren die Umweltauswirkungen der Produkte zu einer Gesamtzahl zusammen, was jedoch keine tiefergehenden Rückschlüsse auf einzelne Ökologieindikatoren erlaubt.

Integration of life cycle assessment with computer-aided product development nach TAO ET AL.

TAO ET AL.[373] stellen einen merkmalbasierten Ansatz zur Integration von LCA in die computergestützte Produktentwicklung (CAx) vor, um eine umweltfreundlichere Entwicklung und Produktion von Produkten zu befähigen. Dieser soll bei der Beschaffung und Integration relevanter Daten aus anderen CAx-Tools sowie der Analyse von Zusammenhängen zwischen Produkt- bzw. Prozessspezifikation und ökologischen Einflussindikatoren unterstützen. Dies gelingt durch die Erweiterung der LCA Schritte um das neu entwickelte Multiview Life Cycle Modeling. Zur Beschreibung eines jeden Prozesses betrachten die Autoren neben den Prozessinputs und -outputs auch Produktmerkmale (Form, Funktionalität, Material etc.) und Vorgangsmerkmale (Art, Parameter, Ausrüstungs- oder Werkzeugspezifikationen etc.) und die hierzu erforderlichen

[373] Vgl. Tao et al. (2017), Integration of life cycle assessment with computer-aided product development

Daten aus den CAx-Systemen. Abschließend erfolgt eine Hotsport-Analyse, die kritische Umweltauswirkungen identifiziert und den zugehörigen Produkt- und Vorgangsmerkmalen zuordnet. Dies ist zwar nicht gleichzusetzen mit der Zuordnung zur Produktstruktur, bietet allerdings die Möglichkeit zur Erweiterung um diese Betrachtungsweise. Es bestehen demnach konkrete Anknüpfungspunkte hinsichtlich der Untersuchung der Zusammenhänge zwischen Produkt- und Vorgangsmerkmalen zur Ableitung von Handlungsfeldern. Auf die Berücksichtigung differenzierter Lebensdauern gehen die Autoren nicht explizit ein. Eine Erweiterung um diese Perspektive scheint durch die Spezifikation von Produktmerkmalen aber möglich zu sein.

An innovative eco-design approach nach Tao et al.

In einem weiterführenden Ansatz gehen Tao et al.[374] noch detaillierter auf die technische Integration von CAD und LCA sowie die dafür notwendigen Schritte und Herausforderungen ein. Aufgrund der Diskrepanz der beiden Methoden hinsichtlich Prinzipien, Terminologie und Strukturdenken muss jeweils eine Konvertierung von CAD zu Life Cycle Modeling (LCM) sowie von CAD zu CAE erfolgen, bevor eine LCA-basierte Ökologiebewertung bzw. CAE-basierte Performanceanalyse stattfinden und eine ökologische, merkmalbasierte Lebenszyklusoptimierung folgen kann. Der vorgestellte merkmalbasierte Ansatz ermöglicht die strukturierte Integration von LCA in die Produktentwicklung. Die LCA adressiert allgemein die ökologische Nachhaltigkeit, auch wenn im Rahmen der Validierung lediglich der CO_2-Fußabdruck eine Rolle spielt.

Integrating LCA in the product development process nach Da Luz et al.

Da Luz et al.[375] fokussieren in ihrem Ansatz die systematische Integration der LCA in den Produktentwicklungsprozesses. Die Integration erfolgt in drei Phasen: Pre-Integration, Integration und Post-Integration. In der Pre-Integrationsphase erfolgt zunächst die Wahl des Referenzprodukts, welches möglichst große Ähnlichkeit mit dem zu entwickelnden Produkt aufweisen sollte. Die LCA des Referenzproduktes geschieht im Anschluss mit dem Ziel, relevante Wirkungskategorien zu identifizieren und Haupteinflussfaktoren für mögliche Verbesserungspotenziale herauszustellen. Dazu erfolgt in der Integrationsphase eine Aufschlüsselung der betrachteten Umweltauswirkungen innerhalb einer Wirkungskategorie bis sie sich konkreten Produktmerkmalen zuordnen lassen. Für jeden Produktentwicklungsschritt stellen Da Luz et al. notwendige Aktivitäten für die Nutzung der daraus generierten LCA Ergebnisse vor. Die Post-Integration thematisiert die Bewertung der erzielten Ergebnisse durch den Vergleich

[374] Vgl. Tao et al. (2018), An innovative eco-design approach
[375] Vgl. Da Luz et al. (2018), LCA in the product development process

der Umweltauswirkungen des Referenzprodukts mit dem neu entwickelten Produkt anhand eines relativen Verbesserungsgrades. Das Ziel der Methode liegt neben der Integration der LCA in die Entwicklung in der Identifikation der größten Einflussfaktoren zur Steigerung der Produktnachhaltigkeit. Die Identifikation dieser erfolgt nicht anhand der Produktstruktur, sondern einer immer detaillierter werdenden Aufschlüsselung von Wirkungskategorien. Sowohl die Lebenszyklusphasen als auch die Wirkungskategorien können und sollten je nach Ziel und Betrachtungsrahmen der LCA unternehmensspezifisch angepasst werden. Eine nähere Erläuterung, wie eine solche Anpassung abläuft und was zu beachten ist, findet nicht statt.

A multi-criteria index to support eco-design implementation in manufacturing products nach Rossi et al.

Zur Unterstützung von Entwicklern bei der kontinuierlichen Adressierung von technischer, ökonomischer sowie ökologischer Performance in allen Phasen des Produktentstehungsprozesses (PEP) stellen Rossi et al.[376] einen multikriteriellen Index, den sogenannten Product Impact Index (PII), vor. Dieser ermöglicht die Gewichtung verschiedener Einflussfaktoren, die Adressierung von Unternehmenszielen sowie den Vergleich unterschiedlicher Designlösungen. Der erste Schritt des vorgestellten vierstufigen Vorgehens befasst sich mit der Ermittlung des unternehmensspezifischen Betrachtungsbereichs. Hierzu stellen die Autoren eine Checkliste vor, welche unterschiedliche Treiber für eine Eco-Design Implementierung im Unternehmen mittels inkludierter Ampel-Logik zur Einteilung von notwendigen (rot), empfohlenen (orange) und optionalen (grün) Anforderungen bewertet und deren jeweiligen Einfluss auf die ökologische, ökonomische und technische Performance auf einer Skala von eins (niedrig) bis drei (hoch) bemisst. Dies bildet die Basis für die Gewichtung der Perfomance Indikatoren im PII. Der Fokus der Methode liegt auf der Betrachtung und Weiterentwicklung mechatronischer Produkte. Daher erfolgt im zweiten Schritt die Analyse einzelner Module und Komponenten hinsichtlich ihrer Performance mit anschließender Bildung des PII. Der dritte Schritt vergleicht entlang des PEP kontinuierlich Designalternativen anhand ihrer PII Werte miteinander und führt zu entsprechenden Entscheidungen. Der letzte Schritt fokussiert die Definition langfristiger Strategien zur weiteren Nutzung des generierten Wissens und der vorgenommenen Analysen. Dafür soll das Entwicklungsteam einen kurzen, standardisierten Fragebogen zur Kategorisierung der wichtigsten Informationen und Dokumente ausfüllen und so zum Aufbau eines Archivs beitragen. Der vorgestellte Ansatz zur Unterstützung der Ecodesign-Implementierung in alle Schritte der Produktentwicklung ermöglicht einen holistischen

[376] Vgl. Rossi et al. (2019), A multi-criteria index

Blick aus ökologischer, ökonomischer sowie technischer Perspektive auf die Performance des Gesamtproduktes sowie verschiedener Designalternativen. Durch den Fokus auf mechatronische Produkte ist eine gewisse Vergleichbarkeit mit dem Maschinen- und Anlagenbau möglich. Die Untergliederung des Produktes in seine unabhängigen Module und Komponenten ermöglicht einerseits der Zusammenhang zwischen Ökologie und Produktstruktur und unterstützt andererseits die Identifikation kritischer Module als potenzielle Handlungsfelder. Ein Nachteil des Vorgehens besteht darin, dass nur die drei Lebenszyklusphasen Entwicklung, Fertigung sowie Entsorgung Beachtung finden, nicht jedoch die Nutzungsphase, welche bei mechatronischen Produkten aufgrund ihres Energie- und Ressourcenverbrauchs bei Funktionsausführungen nicht zu vernachlässigen ist.

An integrated environmental and cost assessment method nach Zhang et al.

In einem weiteren Ansatz haben Zhang et al.[377] eine Methode zur Optimierung der Designs komplexer mechanischer Produkte in der frühen Entwicklungsphase basierend auf LCA und Life Cycle Costing (LCC) als Entscheidungsunterstützung erarbeitet. Die Autoren treffen die Annahme, dass für ein Produkt unterschiedliche Produktarchitekturen gelten können. Im Rahmen der Bewertung erfolgt eine separate Betrachtung unterschiedlicher Produktarchitekturen bzw. Modulvarianten, um ein relatives Optimum in dem vorhandenen Lösungsraum durch gezielte Konfiguration zu erreichen und die bestmögliche Produktkonfiguration abzuleiten. Basierend auf unternehmensspezifischen Rahmenbedingungen kann eine Gewichtung der betrachteten Indikatoren geschehen, um beispielsweise einen Gesamtwert für die Umweltauswirkungen zu erhalten. Die Ergebnisse sind in einem Ökoeffizienzdiagramm dargestellt. Trotz der Dekomposition des Produktes in seine Module und Komponenten zur Bildung der passendsten Produktarchitektur bleibt die Funktionssicht unberücksichtigt. Ferner gehen die Autoren auch auf die Umweltauswirkungen im Rahmen der Nutzungsphase nicht detaillierter ein und klammen sie im Rahmen der betrachteten Produktbeispiele sogar aus.

Approach for sustainability criteria and product life-cycle data simulation in concept selection nach Kwok et al.

Kwok et al.[378] haben einen Ansatz zur Simulation von Nachhaltigkeitskriterien und Produktlebenszyklusdaten (Engl: Sustainability criteria and product life-cycle data simulation SCADS) entwickelt. Dieser basiert auf der strategischen Integration von

[377] Vgl. Zhang et al. (2020), Integrated LCA and LCC method

[378] Vgl. Kwok et al. (2020), Sustainability criteria and product life-cycle data simulation

Nachhaltigkeitsindikatoren zur Visualisierung und zum Vergleich von Umweltauswirkungen unterschiedlicher Produktkonzepte in der frühen Entwicklungsphase. Die Auswahl relevanter Nachhaltigkeitskriterien beruht dabei auf den Ausführungen von Hallstedt[379]. Aus den Kriterien lassen sich konkrete Indikatoren zur Bemessung dieser ableiten. Dieses Vorgehen bietet Anknüpfungspunkte für die vorliegende Arbeit zur Ermittlung entwicklungsrelevanter Ökologieindikatoren. Gleichzeitig sind die für die Entwicklung relevanten technischen Merkmale alternativer Designlösungen (z.B. Gewicht, Form, Herstellungsmethode, Material) zu bestimmen. Nach der Festlegung des Berechnungsansatzes erfolgt die Verbindung von Nachhaltigkeitsindikatoren mit den technischen Produktmerkmalen und die Ermittlung der entsprechenden Nachhaltigkeitsperformance. Die Ergebnisse lassen sich als Performance Score zur Entscheidungsunterstützung visualisieren. Für die Kalkulation haben die Autoren ein eigenes digitales SCADS Tool vorgestellt, welches langfristig Daten aus bestehenden Softwarelösungen wie CAD oder LCA einbinden soll. Dies Vorgehensweise würde die Bewertung von Produktkonzepten erheblich beschleunigen. Jedoch ist der Aufbau entsprechender Datenbanken und die Auswahl relevanter Informationen mit einem hohen Zeitaufwand verbunden. Zudem bestehen subjektive Elemente, wie die Aggregation und Gewichtung der Ökologieindikatoren zu einem Index.

A design navigator to guide towards environmentally benign product/service systems based on LCA results nach Neramballi et al.

Neramballi et al.[380] stellen einen weiteren QFD-basierten Ansatz vor und kombinieren diesen mit einer LCA. Das Ergebnis ist ein Designnavigator namens Lifecycle-oriented Function Deployment (LFD), welcher Anwender bei der Neugestaltung bestehender industrieller Produkte und Serviceleistungen bzw. Produkt-Service-Systeme (PSS) unterstützt. LFD beinhaltet dabei ein Verfahren zur Ableitung von Umweltanforderungen unter Verwendung der LCA und zur Priorisierung dieser Anforderungen gemeinsam mit bestehenden Kundenanforderungen. Die QFD-basierte Vorgehensweise bestimmt Designparameter, die einen relativ starken Einfluss auf die priorisierten Anforderungen haben. Hierbei erfolgt auch eine Aufnahme spezifischer Produkt- und Serviceleistungsmerkmale, die sich mit bestehenden kombinieren lassen und einen relativ starken Einfluss haben könnten. LFD stellt damit eine gute Vorgehensweise dar, die Aspekte im Einflussbereich der Produktentwicklung herauszustellen und Verbesserungspotenziale zu identifizieren. Jedoch erfolgt wie bei vielen QFD-basierten

379 Vgl. Hallstedt (2017), Sustainability criteria and sustainability compliance
380 Vgl. Neramballi et al. (2020), A design navigator

Ansätzen ein Übertrag quantitativ bewerteter LCA Ergebnisse in eine qualitative Betrachtungsweise, sodass viele relevante Informationen verloren gehen können. Weiterhin stehen nur auf Produkteigenschaften und nicht konkrete Produktfunktionen im Fokus. Eine Detaillierung oder Erweiterung der etablierten LCA Vorgehensweise erfolgt ebenfalls nicht.

Methodik für eine nachhaltigkeitsoptimierte Produktentwicklung nach BEGER

BEGER[381] hat eine Methodik für eine nachhaltigkeitsoptimierte Produktentwicklung entwickelt. Die Analyse der Umweltauswirkungen beruht auf bestehenden Methoden der Datenerhebung und Datenbanken im Kontext der Ökobilanzierung. Das Ziel von BEGER besteht darin, eine unternehmensunabhängige Kalkulationsbasis zu schaffen und lediglich das Produktwissen unternehmensspezifisch einzubinden, um den Aufwand der Ökobilanzierung zu reduzieren. Entwickler sollen ohne Umweltfachwissen in der Lage sein, konstruktiv sinnvolle Stellparameter für eine Nachhaltigkeitsoptimierung zu identifizieren. Basierend auf der Analyse der Umweltauswirkung bestehender Produktumfänge fügen sich bestehende und optimierte Funktionen und Komponenten zu einem neuen Produkt zusammen. Damit zeigen sich Potenziale zur Reduzierung der Umweltauswirkungen basierend auf bestehenden Möglichkeiten und Ideen für Varianten- und Anpassungskonstruktionen. Das Vorgehen teilt sich in die nachfolgenden Schritte auf: Aufnahme der Produktstrukturstücklisten der zu untersuchenden Produkte (Schritt 1), Aufstellen der Funktionsstruktur und damit Bestimmung der Referenzproduktarchitektur (Schritt 2), Analyse der Umweltauswirkungen (Schritt 3), Identifikation von Schwachstellen und Potenzialen hinsichtlich Funktionen, Komponenten und Lebensphasen (Schritt 4), automatisierte Neukombination der nachhaltigsten Komponenten zu einer neuen Variante und Optimierung von Schwachstellen (Schritt 5). Ergebnis ist ein Produkt mit verbesserter Nachhaltigkeit bezogen auf das Ursprungsprodukt. Analog zur vorliegenden Arbeit stellt BEGER die bilanzierte Produktarchitektur in die Mitte ihrer Methodik und bezeichnet diese als Bindeglied zwischen Produktdesign und Lebenszyklusbetrachtung und somit als Grundlage für die Identifikation besonders nachhaltiger Funktionen und deren Funktionsträger. Auch wenn BEGER den Bedarf einer ganzheitlichen Betrachtung der Produktarchitektur zur Analyse der Umweltauswirkungen in der Produktentwicklung herausgearbeitet hat, ordnet die Autorin die Umweltauswirkungen direkt nur den Produktkomponenten zu und weist diese in Anlehnung an die Funktionskostenbewertung der Funktionsstruktur zu. Eine Analyse von Funktionsausführung in der Nutzungsphase erfolgt nicht. Bei der Kalkulation der Umweltauswirkungen sind allen Produktkomponenten die gleiche

[381] Vgl. Beger (2020), Nachhaltigkeitsoptimierte Produktentwicklung

Lebensdauer, die des Gesamtproduktes, zugewiesen. Entsprechend bleiben Umweltauswirkungen von Ausfällen, Verschleißteilen etc. außer Acht. Neben dem Recycling und der Entsorgung von Produktkomponenten bleiben weitere Rückführungsprozesse im Sinne der Kreislaufwirtschaft unberücksichtigt. Bei der Ermittlung der Optimierungspotenziale spielt zudem lediglich eine Wirkungskategorie, das CO_2-Äquivalent, eine Rolle. Zwar schreibt BEGER, dass eine Übertragbarkeit auch auf andere Wirkungskategorien möglich ist, jedoch lässt das entwickelte Modell keine Optimierung hinsichtlich mehrerer Wirkungskategorien und entstehender Zielkonflikte zur gleichen Zeit zu.

Potentials of integrating MBSE and LCA to handle uncertainties and variants in early design stages nach INKERMANN

INKERMANN[382] untersucht bestehende Unsicherheiten bei der Durchführung von LCA Studien bei komplexen Produkten und schlägt Methoden des Model-Based Systems Engineering (MBSE) vor, um diesen zu begegnen. MBSE integriert die Ergebnisse verschiedener Entwicklungsaktivitäten in einem Systemmodell. Im Gegensatz zu einer heterogenen und dokumentenbasierten Produktmodellierung entstehen semiformale, miteinander verknüpfte Produktmodelle, die die Konsistenz und Durchgängigkeit von Daten steigern. Eine Möglichkeit besteht in der Verknüpfung unterschiedlicher Sichtweisen mit der System Modeling Language (SysML), welche Struktur-, Verhaltens- und Anforderungsdiagramme verwendet. Diese Diagramme stellen Objekte dar und Flüsse sowie unterschiedliche Relationen verknüpfen diese. INKERMANN stellt verschiedene MBSE Methoden zur Reduktion von Kontext- oder Modellunsicherheiten in den ersten beiden Phasen der LCA vor. Besonders hervorzuheben ist die Möglichkeit zur Verknüpfung unterschiedlicher Use Cases in der Nutzungsphase mit Produktkomponenten sowie die Definition ihres zeitlichen Umfangs. Dies ermöglich die Identifikation der Produktkomponenten mit dem größten Funktionsbeitrag in der Nutzungsphase. Weiter schlägt der Autor eine Vorgehensweise zur Abbildung von LCA-Daten in SysML-Modellen sowie ein übergeordnetes Konzept zur Integration von LCA und MBSE vor. Das vorgestellte Konzept legt einen Schwerpunkt auf die Handhabung von Varianten der Produktarchitektur sowie Produktnutzung und erfüllt gleichzeitig einen großen Teil des definierten Objekt- und Zielbereichs der vorliegenden Arbeit. Hierbei handelt es sich jedoch noch um ein initiales Konzept und keinen validierten Lösungsansatz und stellt für KMU im Maschinen- und Anlagenbau daher keine kurzfristig umsetzbare Lösung dar. Weiterhin bringt der initiale Aufbau eines Produktmodells mit SysML ohne LCA Betrachtung bereits einen hohen Aufwand mit sich. Darüber hinaus

[382] Vgl. Inkermann (2022), Integrating MBSE and LCA

bleiben unterschiedliche Rückführungsarten für Produktkomponenten im Kontext der LCA noch unberücksichtigt. Es lässt sich daher festhalten, dass die Integration von MBSE und LCA großes Potential mit sich bringt, jedoch durch die Veränderung des gesamten Produktentwicklungsprozesses für KMU in der Anwendung noch weit in der Zukunft liegt.

3.2.2.4 Eigene Ansätze

In diesem Abschnitt folgen eigene Veröffentlichungen der Autorin im Kontext dieser Arbeit. Diese sind in der Erstellungsphase dieser Monographie entstanden und beinhalten Teilergebnisse des Forschungsvorhabens, die auf nationalen sowie internationalen Fachkonferenzen vorgestellt und mit Experten aus der Wissenschaft diskutiert und weiterentwickelt worden sind.

Identification of Fields of Action for the Development of Ecologically Sustainable Products nach Riesener et al.

Die erste Veröffentlichung[383] beinhaltet einen Ansatz zur Identifizierung von Handlungsfeldern für die Entwicklung nachhaltiger Produkte basierend auf der ökologischen Analyse von Funktions- und Produktstruktur. Das Ziel bestand demnach in der grundsätzlichen Strukturierung des Forschungsvorhabens. Im ersten Schritt erfolgt eine Beschreibung des Produktlebenszyklus zur Festlegung des Betrachtungsrahmens. Der zweite Schritt stellt ein Vorgehen zur Ermittlung von Ökologieindikatoren basierend auf dem Vorgehen von Issa et al.[384] vor. Anschließend erfolgt die Zuordnung von Umweltauswirkungen zu den Produktstrukturelementen, sodass sich im letzten und vierten Schritt konkrete Handlungsfelder ableiten lassen. Die Ableitung der relevantesten Handlungsfelder greift auf einen Soll-Ist-Vergleich zurück, der den Veränderungsbedarf hinsichtlich unterschiedlicher Ökologiekriterien wiedergibt.

Concept for a Function-oriented Ecology Analysis in Machinery and Plant Engineering nach Riesener et al.

Die zweite Veröffentlichung[385] legt ein Konzept zur Analyse von Funktions- und Produktstruktur in den Phasen Produktion, Nutzung und Rückführung dar, um das Vorgehen zur eigentlichen Analyse der Ökologie zu konkretisieren. Im Rahmen der Veröffentlichung liegt ein Schwerpunkt auf der Herausstellung der Besonderheiten, wel-

[383] Vgl. Riesener et al. (2022), Development of Ecologically Sustainable Products
[384] Vgl. Issa et al. (2015), Product-related environmental performance indicators
[385] Vgl. Riesener et al. (2023), Concept for a Function-oriented Ecology

che sich in der jeweiligen Lebenszyklusphase ergeben. So gilt es beispielsweise die Lebensdauer einzelner Komponenten sowie die Rückführungsart samt dahinterliegenden Prozessen abzubilden und die dadurch verursachten Umweltauswirkungen um ein Vielfaches zu berücksichtigen. Während in der Produktion und Rückführung eine Analyse auf Produkt-, Komponenten- und Materialebene erfolgt, geschieht in der Nutzungsphase die Analyse von Funktionsausführungen. Die Veröffentlichung stellt zudem eine Vorgehensweise zur Abschätzung der Produktlebensdauer vor. Abschließend erfolgt eine Zusammenführung der für Funktions- und Produktstrukturelemente separat erhobenen Prozesse mit ihren Umweltauswirkungen, um einen Gesamtwert zu errechnen und entwicklungsspezifische Fragestellungen zu beantworten.

Structuring Ecological Indicators in Machinery and Plant Engineering for Product Development nach RUSCHITZKA ET AL.

Die dritte Veröffentlichung[386] stellt ein Konzept zur Ermittlung entwicklungsrelevanter Ökologieindikatoren vor. Der erste Schritt ermittelt relevante Ökologieindikatoren mit Produktbezug und strukturiert diese einheitlich. Der zweite Schritt sieht die Beschreibung und Kategorisierung von Prozessen entlang des Produktlebenszyklus im Maschinen- und Anlagenbau vor. Basierend darauf umfasst der dritte Schritt die Ermittlung der Zusammenhänge zwischen Prozessen und Ökologieindikatoren, um abschließend die Auswahl produktspezifischer Ökologieindikatoren zu befähigen. Hierbei liegt die Idee zugrunde, dass die produktspezifische Beschreibung des Produktlebenszyklus über die gesetzten Zusammenhänge zu den Ökologieindikatoren diejenigen Indikatoren identifiziert, welche aufgrund der spezifischen Prozesse die höchste Relevanz aufweisen. Inzwischen hat sich auch dieses Vorgehen im Rahmen der vorliegenden Monographie weiterentwickelt.

Ecology Analysis of Machines and Plants during Product Development nach RUSCHITZKA ET AL.

Die vierte Veröffentlichung[387] adressiert die mathematische Beschreibung und Kalkulation der Zusammenhänge zwischen Produkt- und Funktionsstruktur, Ökologieindikatoren sowie Prozessen entlang des Produktlebenszyklus. Dieses analytische Modell vertieft das vorher erarbeitete Konzept und entwickelt die etablierten Vorgehensweisen zur mathematischen Kalkulation von LCAs mit dem Ziel der funktionsorientierten Ökologieanalyse weiter.

[386] Vgl. Ruschitzka et al. (2024), Structuring Ecological Indicators
[387] Vgl. Ruschitzka et al. (2024), Ecology Analysis of Machines and Plants

3.2.3 Bewertung bestehender Ansätze und Positionierung der Arbeit

Die im vorangegangenen Abschnitt dargelegten Ansätze legen die Basis zur Positionierung der vorliegenden Arbeit im wissenschaftlichen Kontext. Anhand der in Kapitel 3.2.1 definierten Bewertungskriterien lässt sich im Folgenden ein Fazit in Bezug auf den Erfüllungsgrad der Kriterien je Ansatz ziehen. Die bestehenden Ansätze repräsentieren den aktuellen Stand der Forschung hinsichtlich des zu adressierenden Objekt- und Zielbereichs. Bei der Auswahl der Ansätze lag ein Fokus darauf, einen möglichst breiten Überblick über die methodischen Schwerpunkte der aktuellen Forschung zu geben. Aufgrund der kontinuierlichen Weiterentwicklung des Themas über der Zeit standen bei der Untersuchung Ansätze im Mittelpunkt, welche nach 2010 entstanden sind. Dabei wurden Dissertationen, Normen und Richtlinien sowie nationale und internationale wissenschaftliche Paper in die Analyse einbezogen. Die vorgestellten Beiträge stammen größtenteils aus wissenschaftlichen Werken in Journals oder Tagungsbänden. Eine Übersicht über den Veröffentlichungszeitpunkt der betrachteten Ansätze zeigt Abbildung 3-5.

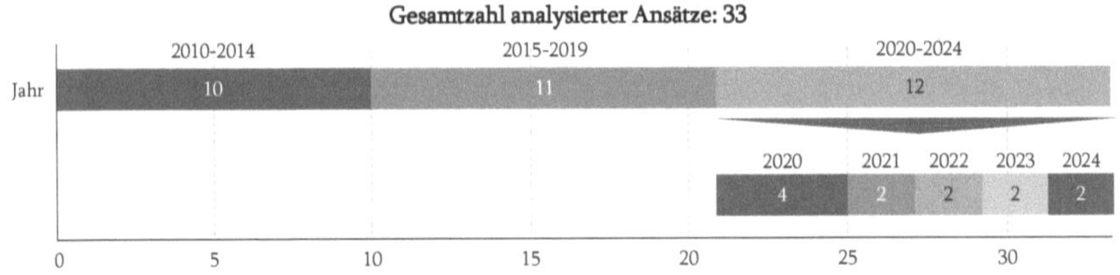

Abbildung 3-5: Analysierte Ansätze nach Veröffentlichungszeitpunkten

Zur inhaltlichen Positionierung der vorliegenden Arbeit erfolgt eine Gegenüberstellung der vorgestellten Ansätze anhand der identifizierten Bewertungskriterien. Die eigenen Ansätze aus Kapitel 3.2.2.4 sind von der Bewertung ausgenommen, da diese parallel zur Methodikentwicklung entstanden. Das Ergebnis ist Abbildung 3-6 zu entnehmen. Die als Harvey Balls visualisierten Erfüllungsgrade ermöglichen die Herleitung des zu identifizierenden Forschungsbedarf. In Ergänzung findet sich ein durchschnittlicher Erfüllungsgrad je Ansatz über alle Kriterien und ein durchschnittlicher Deckungsgrad eines Kriteriums über alle Ansätze. Der *durchschnittliche Erfüllungsgrad* dient dabei als Maß für die inhaltliche Ähnlichkeit des bewerteten Ansatzes mit dem Objekt- und Zielbereich sowie der Lösungshypothese. Der *durchschnittliche Deckungsgrad* gibt wiederum an, in welchem Maße ein Kriterium im Mittel über alle Ansätze erfüllt wird.

Legende

- ○ nicht erfüllt
- ◔ kaum erfüllt
- ◑ teilweise erfüllt
- ◕ fast erfüllt
- ● vollständig erfüllt

LH: Lösungshypothese

	Objektbereich					Zielbereich					LH	
	Fokussierung des Maschinen- und Anlagenbaus	Betrachtung des gesamten Produktlebenszyklus	Berücksichtigung der Produktlebensdauer und -rückführung	Fokussierung der ökologischen Nachhaltigkeit	Entwicklung technischer Produkte	Beschreibung von Produkt und Produktlebenszyklus aus Sicht der Produktentwicklung	Ermittlung entwicklungsrelevanter Ökologieindikatoren	Ökologische Analyse der Funktions- und Produktstruktur	Ableitung von Handlungsfeldern für die Produktentwicklung	Steigerung der Produktnachhaltigkeit	Zusammenhänge zw. Ökologieindikatoren & Funktions- & Produktstrukturelementen	Ø Erfüllungsgrad
I) Ansätze zur Analyse der Produktnachhaltigkeit												
JIANG ET AL. (2012)	◑	◑	○	●	○	◑	◕	◔	◑	◔	○	0,39
KIM ET AL. (2012)	●	◑	○	●	○	◑	◕	◔	○	○	○	0,36
ISSA ET AL. (2013)	◑	●	◑	●	◑	◔	●	○	○	◔	○	0,45
LOW ET AL. (2013)	◑	●	○	◑	◔	◑	○	◑	◔	◔	◔	0,36
LOW ET AL. (2016)	◑	●	◑	◑	○	◑	○	◑	◑	◔	◔	0,39
VDI 4605 (2017)	◑	●	◔	●	◔	○	◕	◔	○	◔	○	0,39
VDI 4801 (2018)	○	●	○	●	◑	◔	●	◔	◕	◔	○	0,45
DIN EN ISO 14040/44 (2021)	○	●	○	●	○	○	○	○	◑	○	○	0,23
HOLLBERG ET AL. (2021)	○	●	○	●	◑	○	◔	○	●	◔	○	0,36
II) Ansätze zur Entwicklung nachhaltiger Produkte												
ALEMAN ET AL. (2016)	○	◑	◔	●	●	◑	○	●	◑	●	◑	0,57
HALLSTEDT (2017)	◑	●	○	●	●	○	●	◔	◑	◑	○	0,52
WATZ & HALLSTEDT (2018)	○	●	○	●	●	○	◑	○	◑	◕	○	0,43
HALLSTEDT ET AL. (2023)	○	●	○	●	●	◑	◕	◑	◕	◕	○	0,57
III) Ansätze zur Ökologieanalyse in der Produktentwicklung												
BOHM ET AL. (2010)	○	◑	○	●	●	◑	○	◑	◑	◑	○	0,41
TELENKO & SEEPERSAD (2010)	○	●	◔	◕	●	◑	○	◕	◕	●	◔	0,57
DEVANATHAN ET AL. (2010)	◑	●	○	◕	●	◑	○	●	◕	●	◑	0,64
LU ET AL. (2011)	●	●	◑	●	●	◕	○	◑	◕	●	○	0,68
ZHANG ET AL. (2012)	●	◕	◔	◑	◑	◑	○	◑	◔	◔	◔	0,43
VINODH & JAYARISHNA (2014)	◑	●	◑	◑	◕	◔	○	◔	◑	◑	○	0,43
HOSSEIPOUR ET AL. (2015)	○	◔	○	●	●	◑	○	◑	◔	●	◔	0,43
TAO ET AL. (2017)	◑	●	○	◕	●	◕	○	◑	●	●	○	0,59
TAO ET AL. (2018)	◑	●	○	◕	●	◕	○	◑	●	●	○	0,59
DA LUZ ET AL. (2018)	○	●	◔	●	●	◔	◔	◔	●	●	○	0,55
ROSSI ET AL. (2019)	●	◕	○	◑	●	◑	◑	◑	◔	◑	◔	0,52
ZHANG ET AL. (2020)	●	◕	○	●	◕	◑	◔	◑	○	◑	◔	0,50
KWOK ET AL. (2020)	◑	●	○	●	●	○	●	◑	◑	●	○	0,59
NERAMBALLI ET AL. (2020)	○	●	○	●	●	◑	○	◑	◕	●	○	0,52
BEGER (2020)	●	●	○	◑	●	◑	○	◕	◑	●	◑	0,61
INKERMANN (2022)	●	●	○	●	●	◕	○	●	○	◕	◑	0,64
Ø Deckungsgrad	0,43	0,87	0,11	0,86	0,72	0,40	0,30	0,44	0,50	0,61	0,13	

Abbildung 3-6: Bewertung bestehender Ansätze

Die Gegenüberstellung zeigt übergeordnet, dass mehrere analysierte Ansätze bereits wichtige Teilaspekte der definierten Kriterien adressieren. Gleichzeitig ist den durchschnittlichen Erfüllungsgraden zu entnehmen, dass keiner der Ansätze alle Bewertungskriterien vollumfänglich erfüllt. Die Betrachtung des durchschnittlichen Deckungsgrades verdeutlicht, dass die analysierten Ansätze die Kriterien des Objektbereichs zu einem höheren Anteil als die Kriterien des Zielbereichs abdecken. Dies geht einher mit der Auswahl der relevanten Ansätze für die vorliegende Arbeit insbesondere anhand der Kriterien „Betrachtung des gesamten Produktlebenszyklus" und „Fokussierung der ökologischen Nachhaltigkeit". Zudem ist erkennbar, dass die meisten Ansätze zwar den gesamten Lebenszyklus betrachten, jedoch eine Differenzierung von Rückführungsprozessen im Sinne der Kreislaufwirtschaft sowie die Berücksichtigung der Produktlebensdauer nur in geringem Maße berücksichtigen.

Ergänzend zu dieser übergeordneten Analyse ergeben sich weitere Erkenntnisse aus der Detailbetrachtung der Ansätze. Im Rahmen der Ansätze zur **Analyse der Produktnachhaltigkeit** lässt sich erkennen, dass sie entweder die Auswahl geeigneter Ökologieindikatoren oder die Analyse der Produktstruktur als Entscheidungsunterstützung forcieren. Die vorgestellten Ansätze adressieren die Produktentwicklung vornehmlich nicht, sondern leiten beispielsweise Entscheidungen hinsichtlich der Produktionsverbesserung ab. Die Ansätze zur **Entwicklung nachhaltiger Produkte** fokussieren bereits verstärkt die Steigerung der Produktnachhaltigkeit, beruhen jedoch häufig auf qualitativen Bewertungsmethoden. Hier finden insbesondere QFD-basierte Ansätze Anwendung, welche umweltbezogene Anforderungen in ihrer Bewertung mit aufnehmen. Es fehlt jedoch die ausreichende Berücksichtigung der Gegebenheiten von technischen Produkten im Maschinen- und Anlagenbau. Zwar lassen sich einige Ansätze übertragen, jedoch stoßen diese auch auf Grenzen, da sie die mit den Produkten verbundene Komplexität und Vielschichtigkeit nicht abdecken. Die Ansätze zur **Ökologieanalyse in der Produktentwicklung** kombinieren oft quantitative LCA Ergebnisse mit bestehenden Ecodesign-Methoden im Rahmen der Produktentwicklung. So finden sich auch hier QFD-basierte Ansätze, welche die LCA Ergebnisse einfließen lassen. Ein wesentlicher Nachteil besteht jedoch in dem möglichen Verlust von Genauigkeit und der weiteren Einbringung von subjektiven Elementen. Darüber hinaus fällt auf, dass einigen Ansätzen eine tiefergehende, bauteil- oder funktionsspezifische Perspektive fehlt. Dies hindert wiederrum eine adäquate Dateninterpretation und damit fundierte Ableitung von Handlungsfeldern. Auch einen Vergleich der im Entwicklungsprozess identifizierten Lösungen bzw. Verbesserungsmaßnahmen hinsichtlich ihrer Umweltauswirkungen berücksichtigen die bestehenden Ansätze nur selten.

Eine Vorgehensweise, die in einigen Ansätzen Anwendung findet, ist die Erstellung modularer LCAs, welche produkt- oder prozessbezogen den Produktlebenszyklus in kleinere Einheiten unterteilen und eine losgelöste Bilanzierung vornehmen. Weiter finden sich Ansätze zur Ökologieanalyse in der Produktentwicklung, die eine computergestützte LCA oder die Kombination von LCA mit MBSE vorschlagen. Diese zeigen ein enormes Potenziale zur Handhabung von Unsicherheiten und Varianten im Rahmen der Entwicklungsphase. Jedoch sind auch diese Konzepte mit hohem Aufwand in der Implementierung verbunden. Auch wenn die Produktarchitektur betrachtet wird, bleibt oftmals die Funktionssicht außer Acht. Dies ist als problematisch einzustufen, da eine Produktarchitektur sowohl aus Produkt- und Funktionsstruktur besteht und daher für die Gestalt des zu entwickelnden Produktes bestimmend ist.

Die Komplexität moderner Produktsysteme bedingt durch zahlreiche und diverse Komponenten mit teilweise sehr unterschiedlichen Lebenszyklen einzelner Komponenten und eine Vielzahl von Anwendungsfällen erschweren die Durchführung von LCA[388]. Das **Theoriedefizit** liegt demnach in der geringen Transparenz und mangelnden Analyse der Zusammenhänge zwischen Ökologieindikatoren sowie Funktions- und Produktstrukturelementen. In den bestehenden wissenschaftlichen Ansätzen erfolgt nur eine unzureichende Betrachtung der Nutzungsphase und Rückführung einzelner Produktumfänge im Sinne der Kreislaufwirtschaft. Darin begründet sich das Fehlen von Methoden zur systematischen Ermittlung produktspezifischer Handlungsfelder und Analyse der Wirksamkeit möglicher Verbesserungsmaßnahmen für die Entwicklung ökologisch nachhaltiger Produkte im Maschinen- und Anlagenbau.

Es lässt sich zusammenfassend festhalten, dass keiner der vorgestellten Ansätze die Anforderungen der vorliegenden Arbeit an den Objekt- und Zielbereich in ausreichendem Maße erfüllt. Gleichermaßen werden die Bestandteile der Lösungshypothese nur unzureichend adressiert. Aus dem beschriebenen Theoriedefizit ergibt sich im nächsten Schritt der Forschungsbedarf dieser Arbeit.

---

388 Vgl. Inkermann (2022), Integrating MBSE and LCA, S. 2

3.3 Zwischenfazit: Forschungsbedarf

Im dritten Kapitel wurden die bestehenden Ansätze zur funktionsorientierten Ökologieanalyse im Maschinen- und Anlagenbau mit dem Ziel vorgestellt, den Forschungsbedarf systematisch herzuleiten. Als Grundlage für die Bewertung der vorgestellten Ansätze diente unter anderem das in Kapitel 3.1 herausgestellte Praxisdefizit. Die Herausforderungen in der Praxis verdeutlichen die Notwendigkeit einer Ökologieanalyse in der Produktentwicklung, zeigen aber auch ein fehlendes strukturiertes Vorgehen zur Nutzung der Ergebnisse auf. Ein maßgeblicher Grund hierfür liegt in der Komplexität der Produkte im Maschinen- und Anlagenbau und der mangelnden Betrachtung der Funktionssicht und Strukturierung von Produkten in Form einer Produktarchitektur. Dies stellt jedoch eine wesentliche Voraussetzung dafür dar, die Umweltauswirkungen von Produkten im Maschinen- und Anlagenbau in den richtigen Kontext zu bringen, Handlungsfelder abzuleiten und die Wirkung alternativer Verbesserungsmaßnahmen zu vergleichen.

Die kriterienbasierte Analyse der bestehenden Ansätze erfolgte im Anschluss in Kapitel 3.2. Trotz einer Vielzahl an Modellen und Ansätzen, die sich mit der Analyse der Produktnachhaltigkeit, Entwicklung nachhaltiger Produkte oder der Ökologieanalyse in der Produktentwicklung auseinandersetzen, fällt es Unternehmen im Maschinen- und Anlagenbau nach wie vor schwer, eine systematische Ableitung von Handlungsfeldern vorzunehmen und Maßnahmen mit der größten Gesamtwirkung zu identifizieren. Die Auswertung der wissenschaftlichen Ansätze hat gezeigt, dass trotz intensiver Forschung in den letzten zwanzig Jahren nach wie vor ein Theoriedefizit in diesem Gebiet existiert. Trotz teilweise hoher Erfüllungsgrade in Bezug auf den Objektbereich der vorliegenden Arbeit konnte keiner der vorgestellten Ansätze gleichzeitig auch die Bewertungskriterien im Zielbereich hinreichend genau adressieren. Ebenso wenig wurde die Lösungshypothese im ausreichendem Maße berücksichtigt. Anforderungen an die betrachteten Ansätze, wie „Berücksichtigung der Produktlebensdauer und -rückführung" oder die „Ermittlung entwicklungsrelevanter Ökologieindikatoren", wurden teilweise gar nicht oder nur in geringen Teilen betrachtet.

Aufbauend auf dem Forschungsdefizit, welches sich aus dem Praxis- und Theoriedefizit ableiten lässt, erfolgt im folgenden Kapitel die Entwicklung des Grobkonzeptes der angestrebten Methodik.

4 Konzeption der Methodik

Der Fokus des vierten Kapitels liegt auf der Grobkonzeptentwicklung einer Methodik für die funktionsorientierte Ökologieanalyse im Maschinen- und Anlagenbau. Unter einer *Methodik* versteht sich eine planmäßige Verfahrensweise zur Verfolgung einer praxisrelevanten Zielstellung mittels Strategien, Methoden, Werkzeugen und Hilfsmitteln[389]. Hierzu entsteht im ersten Schritt ein Zielbild für die zu entwickelnde Methodik (Kapitel 4.1). Daraufhin schließen sich inhaltliche und formale Anforderungen an die Methodik an (Kapitel 4.2). Im dritten Schritt erfolgt die Herleitung des Grobkonzepts mit den relevanten Methodenschritten (Kapitel 4.3) sowie abschließend die Ableitung von Partialmodellen (Kapitel 4.4).

4.1 Zielbild der Methodik

Um eine fokussierte Erarbeitung der Methodik zu gewährleisten, wird zunächst ein Zielbild für eine funktionsorientierte Ökologieanalyse im Maschinen- und Anlagenbau skizziert. Dies umfasst die Thematisierung bestehender Herausforderungen bei der Entwicklung ökologisch nachhaltiger Produkte im Maschinen- und Anlagenbau sowie die Aufzeigung von Nutzenpotenzialen, welche das zu entwickelnde Konzept adressiert.

Wie in Kapitel 2.2.2. dargelegt steht die Produktentwicklung vor der Herausforderung den gesamten Lebenszyklus des Produktes frühzeitig zu antizipieren, da während der Planung und Entwicklung dieser das größte Potenzial zur Beeinflussung der Umweltauswirkungen besteht. Wesentlicher Bestandteil der Zielsetzung der Methodik ist daher die Schaffung von Transparenz für die Produktentwicklung über die Umweltauswirkungen bestehender Maschinen oder Anlagen entlang des gesamten Produktlebenszyklus, um eine Steigerung der ökologischen Produktnachhaltigkeit für Neu- oder Weiterentwicklungen zu erzielen (siehe Abbildung 4-1).

---

[389] Vgl. Ehrlenspiel und Meerkamm (2017), Integrierte Produktentwicklung, S. 173

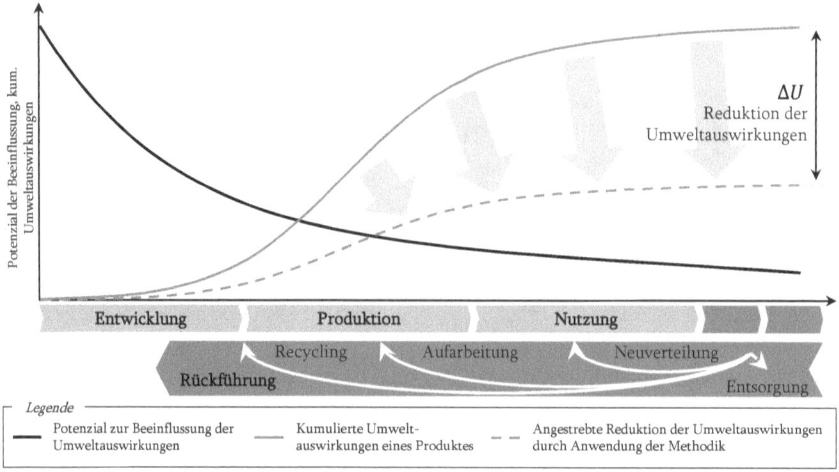

Abbildung 4-1: Nutzenpotenzial der Methodik

Um eine für die Produktentwicklung geeignete Form der Transparenz und Visualisierung der Umweltauswirkungen der Produkte zu identifizieren, baut die Erarbeitung des Zielbildes auf den abgeleiteten Herausforderungen in der Praxis (siehe Kapitel 3.1) und den Defiziten in der Theorie (siehe Kapitel 3.2.2) auf. Dabei ist es von zentraler Bedeutung, den Einflussbereich der Produktentwicklung erkennbar zu machen. Wie in Kapitel 2.1.2.1 herausgestellt, entsteht im Rahmen des Produktentwicklungsprozesses basierend auf Anforderungen die Funktionsstruktur und daraufhin entwickeln sich Lösungsprinzipien zur Realisierung von Teilfunktionen. Die Funktionsstruktur stellt damit die direkte Verknüpfung von Anforderungen an das Produkt und den konkreten technischen Lösungen dar, auf Basis derer wichtige Entscheidungen hinsichtlich der Produktgestalt und damit der korrelierenden Umweltauswirkungen resultieren. Dies unterstreicht die Relevanz der Funktionsorientierung im Rahmen des Produktentwicklungsprozesses und stellt den wesentlichen Anknüpfungspunkt der Methodik dar. Laut BEGER ist eine reine Funktionsbetrachtung aber nicht ausreichend, da sonst Reduktionspotenziale durch eine einfache Komponenten- oder Prozessanpassung unberücksichtigt bleiben[390]. Das Zielbild baut daher auf der Hypothese auf, dass die Analyse der Ökologie von Funktions- und Produktstrukturelementen im Produktlebenszyklus den Einfluss auf die Umweltauswirkungen für die Produktentwicklung ersichtlich

[390] Vgl. Beger (2020), Nachhaltigkeitsoptimierte Produktentwicklung, S. 80ff.

macht und somit die Identifizierung von Handlungsfeldern für die Entwicklung ökologisch nachhaltiger Produkte im Maschinen- und Anlagenbau befähigt. Das Zielbild der Arbeit ist in Abbildung 4-2 erkennbar.

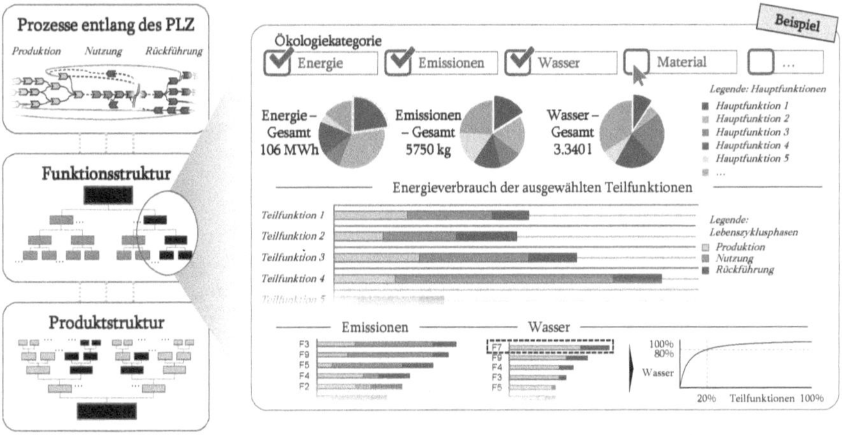

Abbildung 4-2: Zielbild der funktionsorientierten Ökologieanalyse im Maschinen- und Anlagenbau

Ein Produkt im Maschinen- und Anlagenbau lässt sich aus drei Perspektiven beschreiben, welche im direkten Zusammenhang zueinander stehen: Prozesssicht, Funktionssicht und physische Produktsicht. Die Herstellung von Komponenten des Produktes geschieht im Rahmen der Produktionsphase, während die Rückführungsphase diese wiederverwendet, aufarbeitet, recycelt oder energetisch verwertet. Die Ausführung von Funktionen des Produktes erfolgt in der Nutzungsphase. Die Elemente der Produktstruktur realisieren dabei die definierten Funktionsumfänge. Mithilfe der Methodik soll der Entwickler die verschiedenen Perspektiven bei der Analyse der Ökologie der Produkte im Maschinen- und Anlagenbau einnehmen können. So kann er beispielsweise eine Hauptfunktion näher betrachten und hinsichtlich verschiedener Ökologieindikatoren in den einzelnen Lebenszyklusphasen analysieren.

Bereits zu Beginn des Kapitels wurde dargelegt, dass das übergeordnete Nutzenpotenzial der Methodik die Steigerung der ökologischen Produktnachhaltigkeit darstellt. Daneben ergeben sich bei detaillierter Betrachtung noch weitere Nutzenpotenziale, welche sich aus der beschriebenen Zielstellung der Arbeit und den identifizierten Herausforderungen in der Praxis ableiten. Diese lassen sich wie folgt zusammenfassen:

- **Transparenz über relevante Ökologieindikatoren:** Die Bedeutung von Nachhaltigkeitskennzahlen im Vergleich zu monetären Kriterien ist erst in den vergangenen Jahren gestiegen. Eine einheitliche Beschreibung und Strukturierung von Ökologieindikatoren soll die entsprechende Sensibilisierung der Entwickler stärken.
- **Vergleichbarkeit von Produktvarianten und Verbesserungsmaßnahmen:** Die funktionsorientierte Betrachtung ermöglicht den Vergleich der Wirkung verschiedener Lösungskonzepte, Komponenten oder Materialien und unterstützt die entsprechende Entscheidungsfindung.
- **Analyse von Rückführungsstrategien im Sinne der wertsteigernden Kreislaufwirtschaft:** Durch die integrierte Betrachtung von Lebensdauern einzelner Produktumfänge und Abbildbarkeit unterschiedlicher Rückführungsprozesse lassen sich alternative Rückführungsstrategien miteinander vergleichen und Potentiale einschätzen.
- **Analyse der Umweltauswirkungen von Funktions- und Produktstruktur:** Die Zuordnung der Umweltauswirkungen von Prozessen zu deren Prozessträgern erlaubt die separate Analyse der Umweltauswirkungen einzelner Produkt- oder Funktionsumfänge und die Identifikation von Ursachen.
- **Sicherstellung der Praktikabilität:** Die zielgerichtete Abfolge von Methodenschritten und die klare Beschreibung des erforderlichen Datenbedarfs reduziert den Aufwand, stellt die Reproduzierbarkeit und somit die Praktikabilität sicher.

Nach der Vorstellung des Zielbildes sowie der Nutzenpotenziale folgen relevante inhaltliche und formale Anforderungen an die Methodik.

4.2 Anforderungen an die Methodik

Dieses Kapitel fokussiert die Ableitung von inhaltlichen und formalen Anforderungen. Die inhaltlichen Anforderungen (Kapitel 4.2.1) adressieren den Objekt- und Zielbereich der vorliegenden Arbeit sowie das in Kapitel 3 hergeleitete Praxis- und Theoriedefizit. Zur Gewährleistung der Anwendbarkeit und Richtigkeit der Methodik dienen die formalen Anforderungen (Kapitel 4.2.2). Beide stellen die Grundlage für die nachfolgende Konzeption der funktionsorientierten Ökologieanalyse im Maschinen- und Anlagenbau dar, deren Erläuterung nun folgt.

4.2.1 Inhaltliche Anforderungen

Die inhaltlichen Anforderungen stellen sicher, dass alle relevanten Aspekte aus den vorangegangenen Kapiteln bei der Konzeption der Methodik Berücksichtigung finden. Sie stellen zudem die Bewertungsgrundlage für die in Kapitel 6 durchzuführende Validierung der Methodik dar. Abbildung 4-3 zeigt eine Übersicht der inhaltlichen Anforderungen, welche sich aus der Zielsetzung (siehe Kapitel 1.2), dem Ziel- und Objektbereich (siehe Kapitel 3.2.1) der Arbeit sowie dem identifizierten Praxisdefizit (siehe Kapitel 3.1) und Theoriedefizit (siehe Kapitel 3.2.2) ableiten.

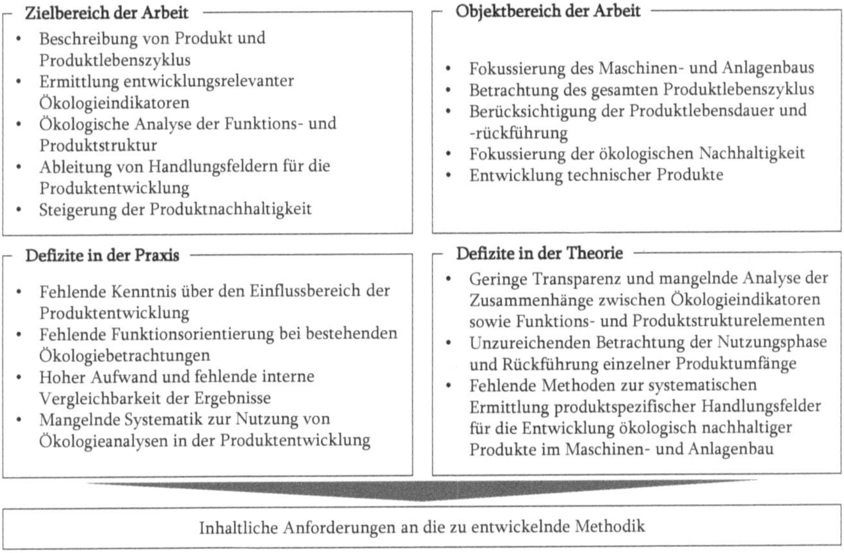

Abbildung 4-3: Inhaltliche Anforderungen an die Methodik

Aus der **Zielsetzung der Arbeit** leitet sich ab, dass die Entwicklung auf Basis einer Beschreibung von Produkt und Produktlebenszyklus sowie der Ermittlung relevanter Ökologieindikatoren erfolgen soll, um eine funktionsorientierte Ökologieanalyse von Produkten im Maschinen- und Anlagenbau zu ermöglichen. Zur Steigerung der Produktnachhaltigkeit sollen sich basierend auf einer ökologischen Analyse der Funktions- und Produktstruktur konkrete Handlungsfelder für die Produktentwicklung ableiten lassen.

Aus dem **Objektbereich der Arbeit** geht hervor, dass branchenspezifische Eigenschaften des Maschinen- und Anlagenbaus zu berücksichtigen sind. Eine Betrachtung des gesamten Produktlebenszyklus sowie die Berücksichtigung der Produktlebensdauer und -rückführung im Sinne der Kreislaufwirtschaft sind hierzu erforderlich. Dabei liegt der Fokus stets auf der ökologischen Dimension der Nachhaltigkeit.

Die **Defizite der Praxis** machen ersichtlich, dass in der Produktentwicklung die Kenntnis über den Einflussbereich auf die Umweltauswirkungen der Produkte fehlt. Eine Antwort stellt eine funktionsorientierte Betrachtung der Ökologie von Produkten dar, um einerseits die Erfüllung von Produktanforderungen zu prüfen und andererseits verschiedene Lösungskonzepte miteinander zu vergleichen. In der Praxis fehlt jedoch eine Systematik zur Durchführung von Ökologieanalysen in der Produktentwicklung mit entsprechender Transparenz über Funktionsausführungen in der Produktnutzung oder verschiedene Rückführungsarten.

Das **Theoriedefizit** unterstreicht die geringe Transparenz und mangelnde Analyse der Zusammenhänge zwischen Ökologieindikatoren sowie Funktions- und Produktstrukturelementen. Dabei verdeutlicht sich insbesondere die unzureichende Betrachtung der Nutzungsphase und Rückführung einzelner Produktumfänge. Konkrete Methoden zur systematischen Ermittlung produktspezifischer Handlungsfelder für die Entwicklung ökologisch nachhaltiger Produkte im Maschinen- und Anlagenbau liegen nur in einem unzureichenden Maße vor.

4.2.2 Formale Anforderungen

Neben den inhaltlichen Anforderungen gilt es formale Anforderungen an die Methodik zu formulieren. Diese haben einen allgemeingültigen Charakter und sollen die Richtigkeit und effiziente Anwendbarkeit der Entwicklung sicherstellen. Die formalen Anforderungen orientieren sich hierbei an den nachfolgend beschriebenen fünf Charakteristika eines guten Modells nach PATZAK[391]:

- Die **empirische Richtigkeit** ist gegeben, wenn das Modellverhalten hinreichend ähnlich zur darin abgebildeten Realität ist. Hierbei zu beachtende Kriterien sind die Genauigkeit und die Sicherheit getroffener Aussagen.
- Die **formale Richtigkeit** garantiert, dass das Modell und die getroffenen Aussagen in sich widerspruchsfrei und reproduzierbar sind.

[391] Vgl. Patzak (1982), Systemtechnik, S. 309f.

- Die **Zweckbezogenheit** stellt sicher, dass das Modell für den Anwender auf spezifisch gestellte Fragestellungen inhaltlich und formal brauchbare Antworten liefert.
- Die **Handhabbarkeit** ist gegeben, wenn das Modell im der Praxis einfach anwendbar sowie eine leichte Interpretation der abgeleiteten Ergebnisse möglich ist.
- Eine **optimale Wirksamkeit** folgt, wenn der Nutzen und der Aufwand für die Modellerstellung und Modellanwendung in einem sinnvollen Verhältnis zueinanderstehen.

Der Vergleich der formalen Anforderungen zeigt, dass einzelne Anforderungen in Konkurrenz zueinanderstehen und sich dadurch Zielkonflikte bei der Modellerstellung ergeben können. So hat gegebenenfalls die Erhöhung der Genauigkeit zur Steigerung der empirischen Richtigkeit negative Auswirkungen auf die Handhabbarkeit des Modells.[392] Die Zielkonflikte gilt es bei der Modellerstellung individuell aufzulösen und einen ausgewogenen Kompromiss zwischen Vereinfachung und Genauigkeit zu finden.[393]

Auf Basis der hergeleiteten inhaltlichen und formalen Anforderungen erfolgt im nachfolgenden Kapitel die Entwicklung des Grobkonzepts zur funktionsorientierten Ökologieanalyse im Maschinen- und Anlagenbau.

4.3 Grobkonzept zur funktionsorientierten Ökologieanalyse im Maschinen- und Anlagenbau

Das vorliegende Kapitel skizziert das Grobkonzept zur funktionsorientierten Ökologieanalyse im Maschinen- und Anlagenbau, womit es den Kern des vierten Kapitels darstellt. Die Herleitung der Methodik erfolgt in Anlehnung an die Schritte des Life Cycle Assessments nach DIN EN ISO 14040[394] und DIN EN ISO 14044[395] (siehe Kapitel 2.3.2.1). Die zu entwickelnde Methodik strukturiert sich dabei in fünf Teilschritte, welche in Abbildung 4-4 dargestellt sind und in den nächsten Abschnitten näher erläutert werden.

---

[392] Vgl. Patzak (1982), Systemtechnik, S. 310
[393] Vgl. Patzak (1982), Systemtechnik, S. 315
[394] Vgl. Deutsches Institut für Normung e. V. (2021), DIN EN ISO 14040:2021-02, S. 17
[395] Vgl. Deutsches Institut für Normung e. V. (2021), DIN EN ISO 14044:2021-02, S. 37

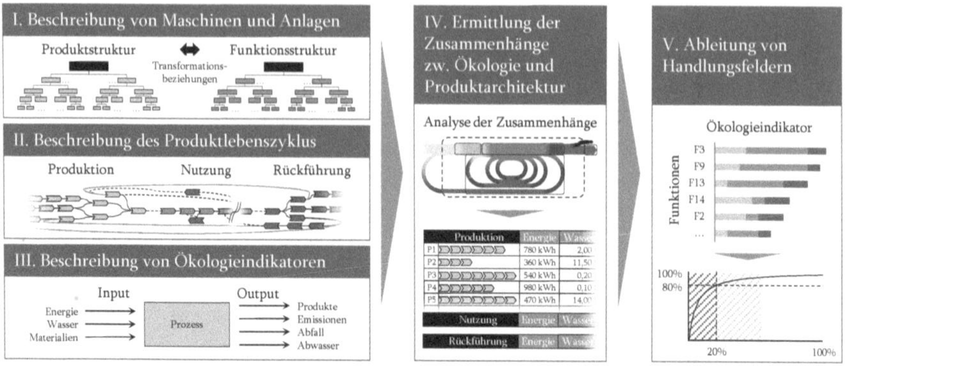

Abbildung 4-4: Grobkonzept der Methodik

Der erste Schritt der LCA umfasst die Festlegung des Ziels und des Untersuchungsrahmens. Gleichermaßen soll die Methodik die zu untersuchenden Produkt- und Funktionsumfänge festlegen und beschreiben (Kapitel 4.3.1), die Bilanzgrenze entlang des Produktlebenszyklus definieren (Kapitel 4.3.2) sowie die relevanten Ökologieindikatoren auswählen (Kapitel 4.3.3). Darauf aufbauend soll im vierten Schritt die Untersuchung der Zusammenhänge zwischen Produkt, Prozess und Ökologie in Analogie zu einer Sachbilanz erfolgen (Kapitel 4.3.4). Im Anschluss an die Sachbilanz sieht die LCA eine Wirkabschätzung sowie Interpretation und Auswertung der Analyseergebnisse vor. In Analogie soll der letzte Teilschritt der Methodik die Ableitung von konkreten Handlungsfeldern für die Entwicklung ökologisch nachhaltiger Produkte im Maschinen- und Anlagenbau beinhalten (Kapitel 4.3.5).

4.3.1 Beschreibung von Produkten im Maschinen- und Anlagenbau

Als Grundlage für die funktionsorientierte Ökologieanalyse von Produkten des Maschinen- und Anlagenbaus sind diese im ersten Schritt aus Produktentwicklungssicht zu beschreiben. Mit der Produktentwicklungssicht ist die Verwendung von Beschreibungsebenen gemeint, die in der Produktentwicklung ohnehin Anwendung finden und somit den Aufwand für die Nutzung der Analyseergebnisse reduzieren.

Ziel der Beschreibung ist die Befähigung zur Analyse der Ökologie auf Ebene der Funktions- und Produktstrukturelemente. Die Elemente sind so zu dokumentieren, dass eine verursachungsgerechte Zuordnung der Prozesse entlang des Produktlebenszyklus mit ihren entsprechenden Umweltauswirkungen ermöglicht wird. Gleichzeitig ist eine

Analyse von Umweltauswirkungen sowohl auf Funktions- als auch Produktstrukturelementen geplant. Zu diesem Zweck ist die transparente Darstellung der Transformationsbeziehungen, sprich welche Funktionsstrukturelemente von welchen Produktstrukturelementen realisiert werden oder welche Komponenten an welchen Funktionsausführungen beteiligt sind, notwendige Voraussetzung. Da nicht jede Funktionsausführung in gleichem Maße abhängig ist von Produktstrukturelementen und umgekehrt, ist die Erarbeitung von gewichteten Transformationsbeziehungen erforderlich. Hierzu gilt es ein klares Vorgehen zu entwickeln, welches sich an bestehenden Methoden wie der Funktionskostenanalyse orientiert. Zur Realisierung der funktionsorientierten Ökologieanalyse sollen zur Anleitung der Anwendung entsprechende Vorlagen für die Dokumentation der Informationen entstehen. Um ein möglichst realistisches Abbild eines Produktes zu schaffen, sind zudem die Lebensdauern aller Produktstrukturelemente einzubeziehen. Zu diesem Zweck ist ebenfalls eine entsprechende Dokumentationsvorlage für die anschließende Analyse zu entwickeln. Die vom Anwender anhand der Dokumentationsvorlagen zur Verfügung gestellten Informationen gilt es, für die weitere Analyse mathematisch zu operationalisieren. Ergebnis des ersten Teilschrittes ist somit die einheitliche Beschreibung und Strukturierung von Produkten im Maschinen- und Anlagenbau aus Sicht der Produktentwicklung zur Durchführung einer funktionsorientierten Ökologieanalyse.

4.3.2 Beschreibung von Produktlebenszyklen im Maschinen- und Anlagenbau

Nach der Beschreibung der Produkte des Maschinen- und Anlagenbaus im ersten Schritt, strukturiert der zweite Schritt den Produktlebenszyklus aus Sicht der Produktentwicklung. Die Produktentwicklungssicht meint an dieser Stelle eine Fokussierung auf Prozesse entlang des Produktlebenszyklus, auf die die Produktentwicklung unter anderem durch Designentscheidungen Einfluss nehmen kann. Dies ist erforderlich, um eine klare und reproduzierbare Bilanzgrenze für die Ökologieanalyse festzulegen und gleichzeitig ein sinnvolles Aufwand-Nutzen-Verhältnis zu erzeugen.

Das Ziel des zweiten Teilschrittes besteht demnach in der Identifikation relevanter Prozessschritte sowie der generischen Beschreibung und Strukturierung dieser für die Ökologieanalyse. Zu diesem Zweck soll zunächst eine umfassende Literaturrecherche zur Identifikation generischer Prozessschritte, ergänzt um die Erfahrungen der Autorin aus zahlreichen Expertengesprächen mit Vertretern aus Industrie und Forschung, erfolgen. Eine Prüfung der Relevanz der Prozessschritte hinsichtlich des Einflussbereiches der Produktentwicklung soll durch den Abgleich zuvor definierter Relevanzkriterien gelingen. Eine Eliminierung von inhaltlichen Überschneidungen soll direkt bei der Aufnahme der Prozessschritte Berücksichtigung finden. Anschließend gilt es die ermittelten Prozessschritte zu kategorisieren und eine generische Prozessstruktur abzuleiten. Diese Struktur soll einerseits den Anwender bei der Beschreibung des vorliegenden Produktlebenszyklus unterstützen und andererseits eine zielgerichtete Analyse der Prozesslandschaft im weiteren Verlauf der Methodik befähigen. Um die funktionsorientierte Ökologieanalyse zu ermöglichen, sind entsprechende Vorlagen zur Dokumentation der Informationen aller Prozessschritte zu entwickeln. Hierbei sollen bestehende Methoden zur Strukturierung und Dokumentation von Prozessen, wie aus der Prozesskostenrechnung in die Analyse einfließen, um den richtigen Grad zwischen Praxistauglichkeit sowie Genauigkeit der Prozessaufnahmen abzubilden. Ergebnis des zweiten Teilschrittes ist demnach die einheitliche Beschreibung und Strukturierung von Prozessschritten im Einflussbereich der Produktentwicklung.

4.3.3 Beschreibung von Ökologieindikatoren im Einflussbereich der Produktentwicklung

Um eine strukturierte Analyse der ökologischen Nachhaltigkeit von Produkten im Maschinen- und Anlagenbau vorzunehmen, ist eine Strukturierung, generische Beschreibung und Auswahl von Ökologieindikatoren im Einflussbereich der Produktentwicklung erforderlich. In diesem Kontext umfasst der Einflussbereich der Produktentwicklung Indikatoren, die im direkten Zusammenhang mit dem Produkt oder den begleitenden Prozessen stehen.

Zielsetzung des dritten Schritts der Methodik besteht daher in der Identifikation und Kategorisierung von relevanten Ökologieindikatoren sowie der systematischen Beschreibung für die Aufnahme von Ökologiewerten im Rahmen der Ökologieanalyse. Die Ermittlung der Ökologieindikatoren findet im Rahmen einer umfassenden empirisch-induktiven Literaturrecherche statt, bei der eine Indikatoren-Longlist entstehen soll. Dies erfolgt in zuvor definierten Einflussbereichen der Produktentwicklung unter Berücksichtigung der in Kapitel 2.3 dargestellten übergeordneten Ökologiekategorien. Inhaltlich redundante Ökologieindikatoren soll ein generischer Indikatorbegriff zusammenfassen. Um eine unternehmensunabhängige Priorisierung relevanter Indikatoren zu erzeugen, erfolgt eine Prüfung der Häufigkeit der Nennung von generischen Ökologieindikatoren in der wissenschaftlichen Literatur. Eine Shortlist sammelt diejenigen Indikatoren, die eine bestimmte Häufigkeit überschreiten und stellt die Grundlage für eine Ökologiestruktur dar. In der wissenschaftlichen Literatur existieren bereits Ansätze, die sich mit der Beschreibung und Kategorisierung von Ökologieindikatoren auseinandersetzen. Es ergibt sich jedoch ein wesentlicher Neuheitsgrad durch den zu berücksichtigen Produkt- und Entwicklungsfokus.

Neben der systematischen Identifikation von Ökologieindikatoren soll eine Vorlage zur Dokumentation von Umweltauswirkungen entstehen. Diese erweitert die zuvor benannte Prozessdokumentation (siehe Kapitel 4.3.2). Diese soll sich an dem Datenerhebungsblatt der LCA orientieren. Dazu gehört die geeignete mathematische Beschreibung relevanter Parameter für die nachfolgende Analyse. Das Ergebnis des dritten Teilschrittes ist eine einheitliche Beschreibung sowie eine Strukturierungsvorschrift für Ökologieindikatoren im Kontext der funktionsorientierten Ökologieanalyse.

4.3.4 Analyse von Funktions- und Produktstruktur hinsichtlich ausgewählter Ökologieindikatoren

Ziel des vierten Teilschrittes ist es, die Zusammenhänge der Domänen Produkt, Prozess und Ökologie zu erklären. Diese bilden die Grundlage für die funktionsorientierte Ökologieanalyse. Hierzu soll eine separate Betrachtung der drei Lebenszyklusphasen Produktion, Nutzung und Rückführung erfolgen.

Die Ermittlung von Umweltauswirkungen soll unmittelbar in den Prozessen erfolgen, die sich einzelnen Funktions- und Produktstrukturelementen zuordnen lassen. Die Funktions- und Produktstrukturelemente sind hierbei als Prozessträger zu verstehen, wobei die Prozessausführungen Ressourcen beanspruchen und Emissionen generieren. Zur systematischen Verrechnung und Zuordnung der Umweltauswirkungen ist ein mathematisches Modell zu entwickeln. Dieses setzt auf dem Vorgehen des Life Cycle Inventory (LCI) der LCA auf. Das LCI dokumentiert die Prozessinputs und -outputs mathematisch (siehe Kapitel 2.3.2). Dabei erfolgt jedoch insbesondere keine Differenzierung zwischen Elementen der Funktions- und Produktstruktur, wodurch eine entsprechende Weiterentwicklung vorzunehmen ist. Neben der reinen mathematischen Dokumentation ist auch eine Normierung und Allokation der Umweltauswirkungen in einem Prozess auf jeweils einen Prozessträger vorzusehen. Notwendige Verfahrensregeln sind hierzu festzulegen. Im Rahmen der Produktionsphase soll der Schwerpunkt auf der Erhebung der Umweltauswirkungen für die Herstellung oder Verarbeitung von Produktstrukturelementen liegen. In der Nutzungsphase stehen jedoch die Funktionsausführungen im Vordergrund, die im Rahmen von Nutzungsprozessen mit der Umwelt interagieren. Zur einfachen Handhabbarkeit unterschiedlicher Nutzungsszenarien sollen Nutzungsprofile eingeführt werden, welche typische Nutzungsarten und Ausführungen von Funktionen der Produkte im Maschinen- und Anlagenbau wiederspiegeln. Das Nutzungsprofil soll entsprechend der Häufigkeit in der Gesamtlebensdauer der Produkte bei der Kalkulation der Gesamtumweltauswirkungen Berücksichtigung finden. Hierbei ist zudem der Austausch einzelner Produktstrukturelemente aufgrund ihrer natürlichen Obsoleszenz einzubeziehen. Dies hat unmittelbar Auswirkungen auf die Rückführungsphase. Die Anzahl der Austausche von Produktstrukturelementen ergibt sich aus der Obsoleszenz und bestimmt die Häufigkeit der jeweiligen Rückführungsprozesse. Im Rahmen der Rückführungsphase soll eine Differenzierung zwischen mehreren Rückführungsstrategien im Sinne der Kreislaufwirtschaft (siehe Kapitel 2.2.3) möglich sein. Ein Produkt lässt sich beispielsweise in sechs von zehn Fällen reparieren, während in den anderen Fällen nur noch ein Recycling möglich ist. Um die Verhältnisse einer jeden Rückführungsart zu berücksichtigen, sind Rückführungswahrscheinlichkeiten aufzunehmen und in die Kalkulation einzubeziehen. Die Rückführungsphase umfasst zudem die Umweltauswirkungen die für die neue Bereitstellung oder Wiederaufarbeitung von ausgetauschten Komponenten anfallen. Kann ein Produktstrukturelement lediglich recycelt oder entsorgt werden, sind neue Produktionsumfänge von Ersatzteilen zu berücksichtigen. Diese stellen einen Sonderfall dar und sollen in Form einer zweiten Produktionsphase Berücksichtigung finden. Basierend auf den aufgebauten Prozessmatrizen der LCIs berechnen sich im nächsten Schritt die direkten Umweltauswirkungen eines Funktions- oder Produktstrukturelements sowie die Gesamtumweltauswirkungen der Strukturelemente, welche die jeweiligen Umfänge der strukturstufenhöheren Teilfunktionen oder Komponenten umfassen. Sind die Umweltauswirkungen in allen Lebenszyklusphasen analysiert, lässt sich die entsprechende Gesamtsumme bilden. Das Ergebnis des vierten Teilschrittes ist eine Erklärung und Analyse der Zusammenhänge zwischen Produkt, Prozess und Ökologie und damit die Schaffung der notwendigen Informationsgrundlage zur funktionsorientierten Ökologieanalyse.

4.3.5 Ableitung von Handlungsfeldern für die Entwicklung ökologisch nachhaltiger Produkte

Im fünften und letzten Schritt soll ein Vorgehen zur Identifikation von Handlungsfeldern basierend auf der Analyse der Funktions- und Produktstrukturelemente entlang des Produktlebenszyklus entstehen. Auf den Handlungsfeldern beruhende Verbesserungsmaßnahmen sollen bei Umsetzung die ökologische Nachhaltigkeit der Produkte im Maschinen- und Anlagenbau verbessern. Für dieses Ziel ist ein Analyseraum als übergeordnete Struktur aufzuspannen, sodass ein systematisches Vorgehen zur Ableitung von Handlungsfeldern gegeben ist. Eine sogenannte Analysemorphologie soll

Transparenz über die unterschiedlichen Analysemöglichkeiten und Betrachtungsebenen schaffen. Es folgt die Entwicklung einer konkreten Vorgehensweise zur Priorisierung der zu untersuchenden Strukturelemente. In Abhängigkeit der Perspektiven (Produkt, Prozess und Ökologie) sind unterschiedliche Detailanalysen vorzunehmen. Dabei ist die dynamische Begleitung des Modellanwenders durch die aufgebaute Informationsgrundlage das Ziel. Die Definition von Abbruchkriterien soll überflüssige Analyseaufwände vermeiden und den Fokus auf durch die Produktentwicklung beeinflussbare Umfänge lenken. Gleichzeitig ist eine zielgerichtete Dokumentation identifizierter Handlungsfelder vorzusehen. Diese sollen den Modellanwender dazu befähigen mögliche Verbesserungsmaßnahmen zu identifizieren und deren Wirksamkeit systematisch zu vergleichen. Die Ergebnisse des fünften Teilschrittes sind durch ein strukturiertes Vorgehen abgeleitete Handlungsfelder zur Verbesserung der ökologischen Nachhaltigkeit von Produkten im Einflussbereich der Produktentwicklung.

Dieses Kapitel hat das Grobkonzept der Methodik anhand des Life Cycle Assessments hergeleitet und die relevanten Schritte erläutert. Zur Erarbeitung der Methodik gilt es die identifizierten Schritte in Partialmodelle zu überführen.

4.4 Modelltheoretische Abbildung des Konzepts

Das Ziel der zu entwickelnden Methodik ist die ökologische Analyse komplexer Produkte im Maschinen- und Anlagenbau (siehe Kapitel 2.1). ULRICH konstatiert, dass komplexe Systeme definitionsgemäß nicht vollständig beschreibbar und deren Verhalten erklärbar sind[396]. Zur Abbildung komplexer Systeme mit einem vertretbaren Aufwand werden Modelle erarbeitet und darin das zugrundeliegende Original auf die wesentlichen Grundzusammenhänge reduziert[397]. PATZAK beschreibt ein Modell als die abstrahierende und simplifizierende Repräsentation eines realen Sachverhalts mit dem Ziel das Verhalten des Realsystems vorherzusagen[398]. Nach STACHOWIAK zeichnen sich Modelle durch drei Merkmale aus: Abbildungsmerkmal, Verkürzungsmerkmal und pragmatisches Merkmal. Das Abbildungsmerkmal beschreibt, dass das Modell eine Abbildung bzw. Repräsentation eines natürlichen oder künstlichen Originals darstellt. Das Verkürzungsmerkmal besagt, dass ein Modell diejenigen Attribute des Originals umfasst, die der Modellersteller als relevant erachtet. Das Modell stellt sich konsequenterweise als unvollständig bzw. verkürzte Darstellung im Vergleich zum Original dar

[396] Vgl. Ulrich (1984), Management, S. 34
[397] Vgl. Stachowiak (1973), Allgemeine Modelltheorie, S. 139
[398] Vgl. Patzak (1982), Systemtechnik, S. 307

und es können unterschiedliche Modelle von einem Original entstehen. Das letzte konstituierende Merkmal eines Modells, das pragmatische Merkmal, drückt aus, dass jedes Modell stets einen konkreten Zweck („Wozu?“) innerhalb eines definierten Zeitintervalls („Wann?“) für einen spezifischen Modellnutzer („Für wen?“) erfüllen soll.[399] In Abhängigkeit von dem Modellzweck lassen sich verschiedenartige Modelltypen mit unterschiedlichen Eigenschaften unterscheiden.[400] Die Modelltheorie differenziert unter anderem zwischen Beschreibungs-, Erklärungs-, Entscheidungs-und Gestaltungsmodellen[401]. Ein Beschreibungsmodell ist ein rein deskriptives Modell, welches ausschließlich reale Sachverhalte darlegt, ohne dabei deduktive oder induktive Schlüsse zu ziehen. Im Vordergrund steht die Frage nach dem „Was?“. Ein Erklärungsmodell analysiert dahingegen Wirkzusammenhänge innerhalb eines Systems und die Ableitung von Hypothesen. Dabei handelt es sich um ein explikatives Modell, welches die Fragestellung „Warum?“ adressiert. Ein Entscheidungsmodell soll wiederum dem Modellnutzer eine Auswahl unterschiedlicher Handlungsalternativen auf Basis von Zielsetzungen, Randbedingungen und Entscheidungsvariablen ermöglichen. Entscheidungsmodelle folgen der Frage „Was soll sein?“.[402] Innerhalb der Entscheidungsmodelle taucht das Gestaltungsmodell auf. Dieses zielt auf das Ergebnis eines Entscheidungsprozesses ab und fokussiert den strukturellen Systemaufbau.[403] Die beschriebenen Modelltypen lassen sich hinsichtlich ihres Zwecks sowie strukturellen bzw. funktionalen Charakters einordnen (siehe Abbildung 4-5).

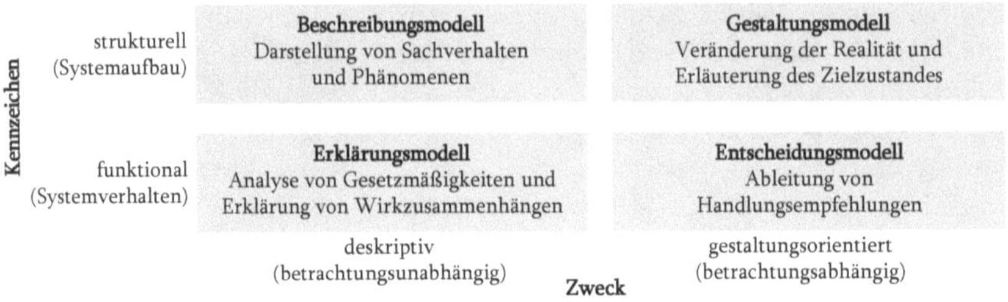

Abbildung 4-5: Einordnung von Modelltypen[404]

[399] Vgl. Stachowiak (1973), Allgemeine Modelltheorie, S. 131ff.
[400] Vgl. Roddeck (2021), Modellbildung und Simulation, S. 621
[401] Vgl. Ulrich (1984), Management, S. 32ff.; Vgl. Patzak (1982), Systemtechnik, S. 313ff.
[402] Vgl. Patzak (1982), Systemtechnik, S. 313ff.
[403] Vgl. Ulrich (1984), Management, S. 34f.
[404] Vgl. Reschke (2019), Gestaltungsmodell der Kennzahlen und Indikatoren, S. 74; Vgl. Jank (2021), Produktportfoliosteuerung mittels präskriptiver Datenanalyseverfahren, S. 111

Entsprechend der vorgestellten Modelltypen unterteilt sich die Methodik zur funktionsorientierten Ökologieanalyse im Maschinen- und Anlagenbau in fünf Partialmodelle (siehe Abbildung 4-6). Das Modell zur Beschreibung und Strukturierung von Produkten des Maschinen- und Anlagenbaus aus Sicht der Produktentwicklung ist als Beschreibungsmodell aufzufassen, welches den notwendigen Untersuchungsbereich für die weitere Methodik deskriptiv erfasst. Das gleiche gilt für die zwei folgenden Partialmodelle zur Beschreibung und Strukturierung von Produktlebenszyklen aus Sicht der Produktentwicklung sowie zur Beschreibung und Strukturierung entwicklungsrelevanter Ökologieindikatoren. Das vierte Partialmodell zur Analyse der Funktions- und Produktstrukturelemente hinsichtlich der Ökologieindikatoren stellt ein Erklärungsmodell dar, das die gegenseitige Beeinflussung der zuvor beschriebenen Produkte, Prozesse und Ökologieindikatoren analysiert. Abschließend umfasst das fünfte Partialmodell die Identifikation von Handlungsfeldern für die Entwicklung ökologisch nachhaltiger Produkte im Maschinen- und Anlagenbau. Dabei handelt es sich um ein Entscheidungsmodell, welches den Anwender der Methodik bei der Ableitung sowie dem Vergleich konkreter Verbesserungsmaßnahmen unterstützt.

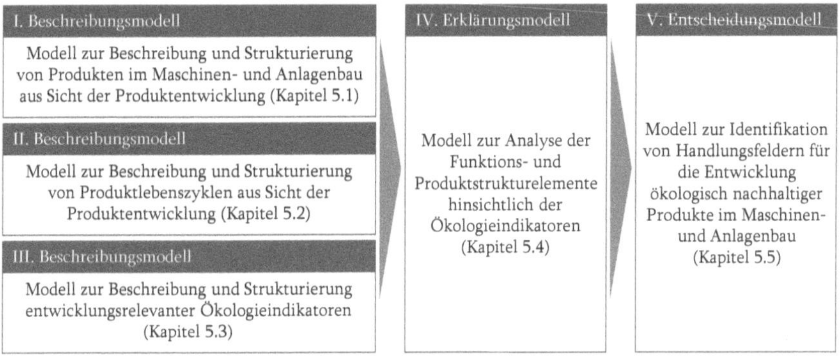

Abbildung 4-6: Partialmodelle der zu entwickelnden Methodik

Die beschriebenen Partialmodelle spiegeln die fünf Hautschritte der zu entwickelnden Methodik wider. Das nachfolgende Kapitel 5 forciert deren Ausdetaillierung.

4.5 Zwischenfazit: Konzept zur funktionsorientierten Ökologieanalyse im Maschinen- und Anlagenbau

Das übergeordnete Ziel dieses Kapitels bestand in der Konzeptionierung der Methodik zur funktionsorientierten Ökologieanalyse im Maschinen- und Anlagenbau. Hierfür entstand in Kapitel 4.1 zunächst ein Zielbild, mit den zentralen Nutzenpotenzialen der Methodik. Neben der Steigerung der ökologischen Produktnachhaltigkeit ergaben sich weitere Nutzenpotenziale wie die Vergleichbarkeit von Produktvarianten oder Rückführungsstrategien im Sinne der Kreislaufwirtschaft. Kapitel 4.2 formulierte die wesentlichen formalen und inhaltlichen Anforderungen an die Konzeptionierung und Detaillierung der Methodik mit Bezug zu den zuvor identifizierten Defiziten in Theorie und Praxis. Diese bilden die Basis für ein zielgerichtetes Vorgehen bei der Methodikentwicklung. Aufbauend auf dem Zielbild und den Anforderungen entstand in Kapitel 4.3 das Grobkonzept für die Methodik in fünf Teilschritten. Den Abschluss bildete die Überführung der Teilschritte des Grobkonzeptes in fünf Partialmodelle, welche Beschreibungs-, Erklärungs- bzw. Entscheidungsmodelle darstellen. Ziel des nachfolgenden Kapitel 5 ist die Detaillierung der beschriebenen Partialmodelle.

5 Detaillierung der Methodik

Das fünfte Kapitel der vorliegenden Arbeit behandelt die Detaillierung der Methodik zur funktionsorientierten Ökologieanalyse im Maschinen- und Anlagenbau. Die Detaillierung folgt dabei den in Kapitel 4.3 erarbeiteten fünf wesentlichen Schritten der Methodik (siehe Abbildung 5-1).

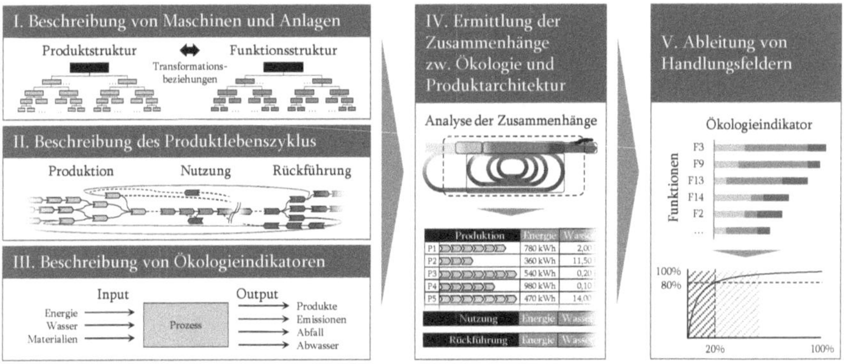

Abbildung 5-1: Übersicht über die Hauptschritte der Methodik

Der erste Schritt erläutert ein Modell zur Beschreibung und Strukturierung von Produkten des Maschinen- und Anlagenbaus als Grundlage für die funktionsorientierte Ökologieanalyse (Kapitel 5-1). Daraufhin erfolgt die Beschreibung des Produktlebenszyklus zur Definition der Bilanzgrenze für die folgende Ökologieanalyse (Kapitel 5-2). Der dritte Schritt beschreibt und strukturiert ausgewählte Ökologieindikatoren, um die Analyse des Produktes entlang seines Lebenszyklus zu befähigen (Kapitel 5-3). Aufbauend auf der Beschreibung von Produkt, Prozess und Ökologie analysiert der vierte Schritt die Wechselwirkungen der drei Dimensionen (Kapitel 5-4). Abschließend wird ein Modell zur systematischen Ableitung von Handlungsfeldern zur Verbesserung der Produktnachhaltigkeit entwickelt, welches den Anwender der Methodik dazu befähigt, systematisch die größten Stellhebel zu identifizieren und mögliche Verbesserungsmaßnahmen hinsichtlich ihrer Wirkung zu vergleichen (Kapitel 5-5). Den Abschluss des Kapitels bildet ein Zwischenfazit zum Detailkonzept (Kapitel 5-6).

Zur Entwicklung der Methodik im unmittelbaren Anwendungszusammenhang dient das Beispiel einer Umbunganlage. Dieses dient der exemplarischen Anwendung der einzelnen Schritte zu dem Zweck das Verständnis und die Praktikabilität der Partialmodelle zu gewährleisten. Abbildung 5-2 zeigt die Beispielanlage. Aufgrund von Geheimhaltungsvereinbarungen handelt es sich bei dem Beispiel um eine anonymisierte Darstellung.

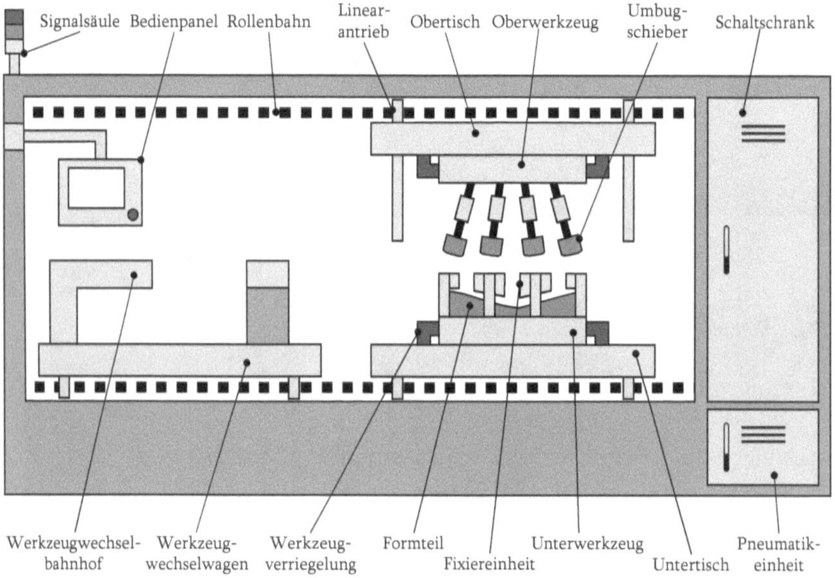

Abbildung 5-2: Schematische Darstellung einer Umbuganlage

Die Hauptfunktion der Umbuganlage ist es, Dekorüberstand von einem kaschierten oder hinterspritzten Bauteil mit Hilfe von Umbugschiebern um die Bauteilkante zu legen und auf der Bauteilrückseite zu fixieren. Die temperierten Umbugschieber aktivieren einen im Vorhinein aufgetragenen Klebstoff. Die Pneumatikeinheit betätigt die Schieber, welche Teil des Oberwerkzeugs und am Obertisch mit entsprechenden Werkzeugverriegelungen befestigt sind. Das Unterwerkzeug trägt Formteil und Fixiereinheit zur Positionierung der Bauteile. Die Bedienung der Umbuganlage erfolgt über ein Bedienpanel, welches über einen Arm an dem Grundgestell aufgehangen ist. Eine Sicherheitsvorrichtung bestehend aus aktiver und passiver Sicherheitstechnik schützt den Bediener während des Umbugprozesses aber auch bei Rüst- und Wartungsarbeiten. Das Werkzeugwechselsystem stellt den schnellen und einfachen Wechsel der Umbugwerkzeuge nach Bedarf sicher. Sämtliche Systeme zur Steuerung sind im Schaltschrank untergebracht. Die Pneumatikeinheit sorgt mithilfe des pneumatischen Antriebs für die Erzeugung der notwendigen Druckluft.

5.1 Beschreibung von Produkten im Maschinen- und Anlagenbau

Das Ziel des ersten Schrittes der Methodik zur funktionsorientierten Ökologieanalyse besteht in der Strukturierung und generischen Beschreibung von Produkten des Maschinen- und Anlagenbaus aus Sicht der Produktentwicklung (siehe Abbildung 5-3).

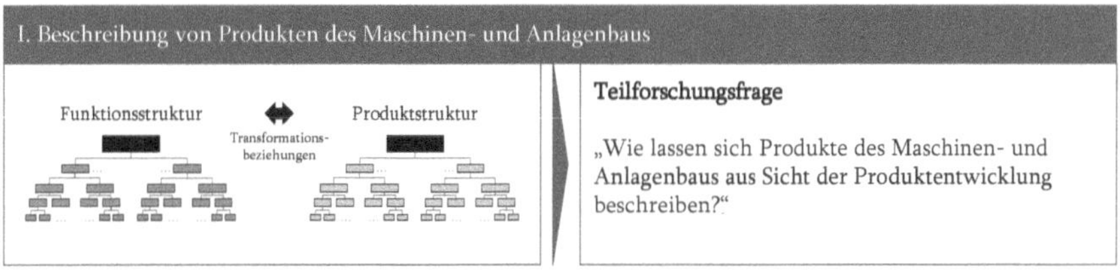

Abbildung 5-3: Beschreibung von Produkten des Maschinen- und Anlagenbaus

Kapitel 2.1 zeigt, wie im Rahmen der Produktentwicklung eine Funktionsstruktur und in nachfolgenden Schritten die physische Produktstruktur entsteht. Um die dargelegte Teilforschungsfrage zu beantworten, ist daher ein dreistufiges Beschreibungsmodell zu erarbeiten. Dieses erläutert, wie die funktionale Struktur des Produktes für die Ökologieanalyse zu beschreiben, zu operationalisieren und zu dokumentieren ist (Kapitel 5.1.1). Darauf aufbauend erfolgt die mathematische Beschreibung und Dokumentation der physischen Struktur, um eine Analyse der Ökologie des Produktes zu befähigen. Zu der Skizzierung der Produktstruktur kommen die Lebensdauern einzelner Produktumfänge hinzu (Kapitel 5.1.2). Den Abschluss bildet die Untersuchung und Strukturierung der Beziehungen zwischen den beiden Sichtweisen (Kapitel 5.1.3).

5.1.1 Beschreibung der funktionalen Struktur

Im Rahmen der Produktentwicklung lässt sich jedes Produkt lösungsneutral in Form einer Funktionsstruktur dokumentieren. Diese Art der Beschreibung vermeidet in der frühen Phase der Entwicklung eine zu schnelle Fixierung von Lösungsmöglichkeiten.[405] Dies ist für die vorliegende Arbeit von Relevanz, da die neue Methodik ein bestehendes Produkt analysiert und gleichzeitig Verbesserungspotenziale für die Entwicklung von funktional ähnlichen Produkten identifiziert. Darüber hinaus trägt die Beschreibung in Form der Funktionsstruktur zur deutlichen Steigerung des Systemverständnisses komplexer technischer Produkte im Maschinen- und Anlagenbau bei, da eine Gliederung funktional unabhängige (Teil-)Systeme sowie die explizite Benennung entsprechender Schnittstellen erfolgt[406]. Im Rahmen der zu entwickelnden Methodik soll der Aufbau der Funktionsstruktur den Anwender unterstützen ein besseres Gefühl für die ökologische Dimension der Nachhaltigkeit zu erlangen. Aus diesem Grund erläutert dieses Teilkapitel eine Systematik zur Beschreibung und Strukturierung von Produktfunktionen für die Ökologieanalyse. Hierzu ist festzuhalten, dass die Funktionsstrukturierung technischer Produkte in der bestehenden Literatur der Konstruktionstechnik ausführlich beschrieben ist[407]. Relevante Ausführungen finden sich neben den beschriebenen Umfängen in Kapitel 2.1.3.1 unter anderem in der VDI-Richtlinie 2222[408] sowie der VDI-Richtlinie 2803[409].

In der Anwendung hat sich insbesondere die hierarchische Darstellung der Funktionsstruktur als praktikabel erwiesen, weshalb diese auch in der zu entwickelnden Methodik Anwendung findet[410]. Diese strukturiert die Gesamtfunktion des Produktes in Funktionen sowie Teilfunktionen. Die Dokumentation dieser erfolgt einheitlich durch ein quantifizierbares Substantiv und ein Verb im Infinitiv.[411] Meistens gliedert sich die Struktur in bis zu drei Hierarchieebenen. Auch wenn die Funktionsstruktur eine kundenorientierte Produktbeschreibung zur Fokussierung der Nutzung der Produktfunktionalität darstellt, sind auch die originären Funktionen des Produktes zu dokumentieren, welche nicht expliziert für den Kunden, jedoch für die Realisierung der Gesamtfunktion erforderlich sind.[412]

Aus dem Ziel, eine funktionsorientierte Ökologieanalyse von Produkten des Maschinen- und Anlagenbaus zu ermöglichen, ergeben sich unterschiedliche Anforderung an

[405] Vgl. Ponn und Lindemann (2011), Gestaltung technischer Produkte, S. 299

[406] Vgl. Ponn und Lindemann (2011), Gestaltung technischer Produkte, S. 299; Vgl. Schlößer (2020), Auslegung prototypischer Produktinkremente, S. 161

[407] Vgl. Breunig (2017), Produktarchitekturgestaltung mechatronischer Baukastensysteme, S. 122f.

[408] Vgl. Verein Deutscher Ingenieure e.V. (1997), VDI 2222

[409] Vgl. Verein Deutscher Ingenieure e.V. (2019), VDI 2803

[410] Vgl. Schlößer (2020), Auslegung prototypischer Produktinkremente, S. 129

[411] Vgl. Verein Deutscher Ingenieure e.V. (2019), VDI 2803, S. 5

[412] Vgl. Göpfert und Tretow (2013), Produktarchitektur, S. 265

die Beschreibung der Produktfunktionen. Einerseits sollte eine Beschreibung der Elemente in dem Umfang erfolgen, dass eine Zuordnung von Prozessen mit den entsprechenden Ressourcenbeanspruchungen durch Funktionsausführungen über alle Funktionsstrukturstufen hinweg sichergestellt ist. Andererseits sollten komponentenspezifische Umweltauswirkungen den Funktionsstrukturstufen zuordenbar sein. Für die Erfüllung dieser Anforderungen bietet sich analog zur Strukturstückliste (siehe Kapitel 2.1.3) die Einführung einer Funktionsstrukturliste für die Produkte im Maschinen- und Anlagenbau an. Zur besseren Übersichtlichkeit und eindeutigen Identifikation gilt es, jeder Funktion eine eindeutige Identifikationsnummer (ID) zuzuweisen. Weiterhin soll die Strukturstufe einer Funktion in Abhängigkeit von der übergeordneten Funktion erfolgen. Tabelle 5-1 zeigt die Funktionsstrukturliste in allgemeiner Darstellungsform sowie angewendet auf das Beispiel der Umbuganlage. Für ein besseres Verständnis finden sich in der beispielhaften Darstellung noch zugehörige Funktionsbezeichnungen. Der Buchstabe δ steht im weiteren Verlauf der Arbeit für die Menge aller Funktionsstrukturelemente.

Tabelle 5-1: Dokumentation der Funktionen in Form einer Funktionsstrukturliste

Allgemeine Darstellung:

ID	Strukturstufe	Funktionsart
$ID_{FSE,1}$	0	Gesamtfunktion
$ID_{FSE,2}$	$s_{FSE,2j}$	$fa_{FSE,2}$
$ID_{FSE,3}$	$s_{FSE,3j}$	$fa_{FSE,3}$
...	...	...
$ID_{FSE,\delta}$	$s_{FSE,\delta j}$	$fa_{FSE,\delta}$

Legende

$ID_{FSE,i}$	Identifikationsnummer ID von FSE_i
$s_{FSE,ij}$	Strukturstufe s von FSE_i in übergeordneten FSE_j
$fa_{FSE,i}$	Funktionsart fa von FSE_i
δ	Anzahl an Funktionsstrukturelementen (FSE)
	$i, j \in [1, \delta]$

Beispielhafte Darstellung (Ausschnitt):

ID	Name	Strukturstufe	Funktionsart
F01	Umbugen	0	Gesamt
F02	Maschinenaufstellung gewährleisten	1	Nebenfunk.
F03	Sicheren Stand gewährleisten	2	Teilfunk.
F04	Ausrichtung der Maschine ermöglichen	2	Teilfunk.
F05	Werkzeug bereitstellen & manipulieren	1	Hauptfunk.
F06	Werkzeug vertikal verfahren	2	Teilfunk.
F07	Werkzeug horizontal verfahren	2	Teilfunk.
F08	Werkzeug verriegeln	2	Teilfunk.

Neben der Identifikationsnummer ID_{FSE} und der Strukturstufe s_{FSE} lässt sich die Wichtigkeit einer Funktion für den Einsatz oder Nutzer des Produktes ergänzen. Die VDI 2803 differenziert zu diesem Zweck zwischen Haupt- und Nebenfunktionen[413].

[413] Vgl. Verein Deutscher Ingenieure e.V. (2019), VDI 2803, S. 5

Jedes Produkt hat eine Hauptfunktion, kann aber mehrere Haupt- und Nebenfunktionen vorweisen, welche unabhängig voneinander sind. Darüber hinaus gilt, dass Teilfunktionen durch ihr Zusammenwirken eine übergeordnete Funktion ergeben. Diese kann eine Haupt- oder Nebenfunktion sein.[414] Die Angabe der Funktionsart fa_{FSE} ermöglicht bei der Ermittlung von Handlungsfeldern weitere Analyseformen, stellt aber lediglich eine optionale Angabe für die funktionsorientierte Ökologieanalyse dar. Diese zusätzliche Unterstützung zur strategischen Priorisierung der sich ergebenden Handlungsfelder wird bei den komplexen Produkten im Maschinen- und Anlagenbau aufgrund der oftmals Vielzahl zu erfüllender Funktionen als Vorteil erachtet.

Eine mathematische Beschreibung der dargelegten Zusammenhänge erzeugt eine Direktbedarfsmatrix (siehe Kapitel 2.1.3) übertragen auf die Funktionssicht. Für die Anwendung im Kontext der Ökologieanalyse erfolgt eine Erweiterung unter Berücksichtigung der geltenden Notation der Technosphärenmatrix der Sachbilanz bzw. LCI im Rahmen der LCA. Es ergibt sich die sogenannte Funktionsstruktur-Direktbedarfsmatrix $\boldsymbol{D}_{FSE} = \left(d_{FSE,ij}\right) \in \mathbb{R}^{\delta \times \delta}$, welche Abbildung 5-4 zu entnehmen ist.

Allgemeine Darstellung:

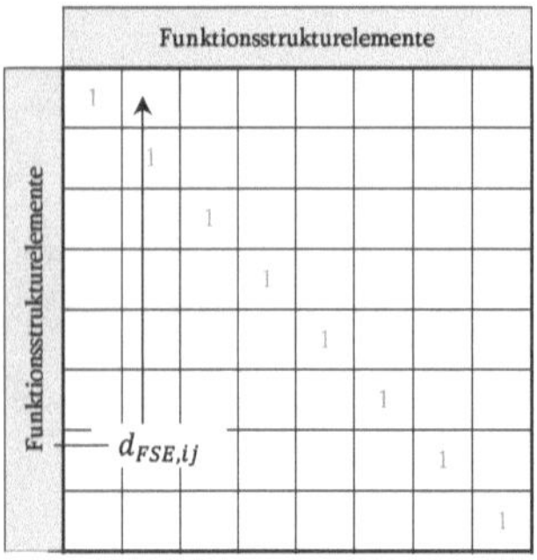

Beispielhafte Darstellung (Ausschnitt):

	F01	F02	F03	F04	F05	F06	F07	F08
F01	1	0	0	0	0	0	0	0
F02	-1	1	0	0	0	0	0	0
F03	0	-1	1	0	0	0	0	0
F04	0	-1	0	1	0	0	0	0
F05	-1	0	0	0	1	0	0	0
F06	0	0	0	0	-1	1	0	0
F07	0	0	0	0	-1	0	1	0
F08	0	0	0	0	-1	0	0	1

Legende

$d_{FSE,ij}$ Struktureller Zusammenhang von FSE_i in übergeordneten FSE_j, $(d_{FSE,ij}) = \boldsymbol{D}_{FSE} \in \mathbb{R}^{\delta \times \delta}$

$$\left.\begin{array}{ll} d_{FSE,ij} = 1, & i = j \\ d_{FSE,ij} = 0, & i < j \\ d_{FSE,ij} = -d_{F,ij}, & i > j \end{array}\right\} \text{ mit } i,j \in [1,\delta] \qquad d_{F,ij} = \begin{cases} 1, wenn\ FSE_i\ Teilfunktion\ von\ FSE_j \\ 0, wenn\ FSE_i\ keine\ Teilfunktion\ von\ FSE_j \end{cases}$$

Abbildung 5-4: Dokumentation der Funktions-Direktbedarfsmatrix

[414] Vgl. Verein Deutscher Ingenieure e.V. (2019), VDI 2803, S. 5; Vgl. Schlößer (2020), Auslegung prototypischer Produktinkremente, S. 144

Die Funktionsstruktur-Direktbedarfsmatrix $\boldsymbol{D}_{FSE}$ ist quadratisch und weist eine spalten- und zeilenweise identische Sequenz der Funktionsstrukturelemente auf. Die Einträge spiegeln die strukturellen Beziehungen zwischen einer Funktion und ihren Teilfunktionen wider. Auf den Diagonalen finden sich Einheitswerte. Teilfunktionen, die zu einer übergeordneten Funktion beitragen, sind durch einen negativen Eintrag gekennzeichnet. Die Einträge können spaltenweise so gelesen werden, dass zur Umsetzung der Nebenfunktionen F02 „Maschinenaufstellung gewährleisten" die Teilfunktionen F03 „Sicheren Stand gewährleisten" und F04 „Ausrichtung der Maschine ermöglichen" notwendig sind. Nach der mathematischen Beschreibung der funktionalen Struktur fokussiert das nächste Teilkapitel die Beschreibung der physischen Struktur.

5.1.2 Beschreibung der physischen Struktur

Das Ziel dieses Arbeitsschrittes ist die einheitliche Beschreibung der physischen Struktur der Produkte des Maschinen- und Anlagenbaus aus Entwicklersicht. Die Produktstruktur definiert die zentralen Komponenten des Produktes und legt zeitgleich den physischen Zusammenbau der Komponenten in Baugruppen und Modulen fest (siehe Kapitel 2.1.3). Neben der Funktionsstruktur findet auch die Erarbeitung der Produktstruktur in der wissenschaftlichen Literatur ausführlich Beachtung. Zur Umsetzung einer funktionsorientierten Ökologieanalyse im Maschinen- und Anlagenbau ergeben sich ebenfalls Anforderungen an die Beschreibung der physischen Produktstruktur. Die Basis zur Dokumentation dieser bilden daher Strukturstücklisten (siehe Kapitel 2.3.1). Für die eindeutige Identifikation gilt es, den Elementen Identifikationsnummern zuzuordnen. Weiterhin erfolgt die Dokumentation der jeweiligen Strukturstufe sowie Stückzahl eines Produktstrukturelements in Abhängigkeit des diesem übergeordneten Produktstrukturelements (siehe Tabelle 5-2). Der Buchstabe α steht im weiteren Verlauf der Arbeit für die Menge aller Produktstrukturelemente.

Tabelle 5-2: Dokumentation der Produktumfänge in Form der Strukturstückliste

Allgemeine Darstellung:

ID	Strukturstufe	Stückzahl
$ID_{PSE,1}$	0	1
$ID_{PSE,2}$	$s_{PSE,2j}$	$n_{PSE,2j}$
$ID_{PSE,3}$	$s_{PSE,3j}$	$n_{PSE,3j}$
...	...	...
$ID_{PSE,\alpha}$	$s_{PSE,\alpha j}$	$n_{PSE,\alpha j}$

Legende

$ID_{PSE,i}$	Identifikationsnummer ID von PSE_i
$s_{PSE,ij}$	Strukturstufe s von PSE_i in übergeordneten PSE_j
$n_{PSE,ij}$	Stückzahl n von PSE_i in übergeordnetem PSE_j
α	Anzahl an Produktstrukturelementen (PSE)
	$i,j \in [1,\alpha]$

Beispielhafte Darstellung (Ausschnitt):

ID	Name	Strukturstufe	Stückzahl
M100000	Umbuganlage	0	1
M111000	Grundgestell	1	1
M121100	Grundrahmen	2	1
M121200	Maschinenfüße	2	4
M121300	Querträger	2	2
M121400	Rollenbahn	2	4
M121500	Obertisch	2	1
M131501	Tisch	3	1
M131502	Werkzeugverriegelung	3	4
M141503	Kolben	4	1

Wie in Kapitel 2.1.3 dargelegt, lassen sich die beschriebenen Zusammenhänge in Form einer Direktbedarfsmatrix abbilden (siehe Abbildung 5-5). Die Produktstruktur-Direktbedarfsmatrix $\boldsymbol{D}_{PSE} = \left(d_{PSE,ij}\right) \in \mathbb{R}^{\alpha \times \alpha}$ ist ebenfalls quadratisch und weist eine spalten- und zeilenweise identische Sequenz der Produktstrukturelemente auf. Sie unterscheidet sich jedoch von der klassischen in der Literatur etablierten Direktbedarfsmatrix dahingehend, dass nicht nur die strukturellen Beziehungen abgebildet sind, sondern auch auf der Diagonalen Einheitswerte stehen. Die Matrizen sind daher so zu lesen, dass für die Herstellung von M111000 Grundgestell unter anderem ein M121100 Grundrahmen, vier M121200 Maschinenfüße, zwei M121300 Querträger, vier M121400 Rollenbahnen und ein M121500 Obertisch erforderlich sind. Für die spätere Ökologieanalyse ist es dabei wichtig, dass es hierbei eine untere Dreiecksmatrix entsteht.

Allgemeine Darstellung:

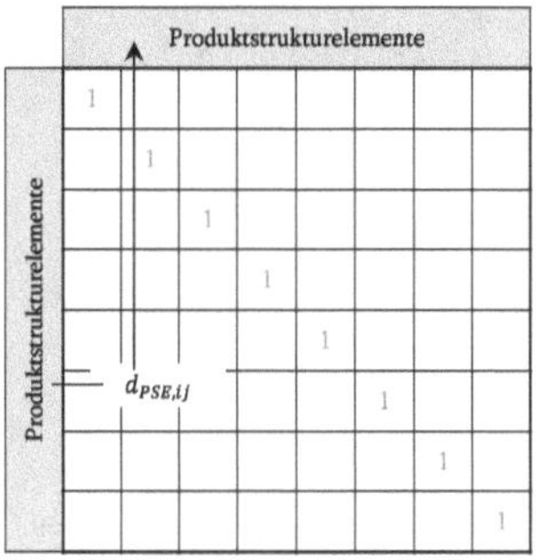

Beispielhafte Darstellung (Ausschnitt):

	M100000	M111000	M121100	M121200	M121300	M121400	M121500	M131502
M100000	1	0	0	0	0	0	0	0
M111000	-1	1	0	0	0	0	0	0
M121100	0	-1	1	0	0	0	0	0
M121200	0	-4	0	1	0	0	0	0
M121300	0	-2	0	0	1	0	0	0
M121400	0	-4	0	0	0	1	0	0
M121500	0	-1	0	0	0	0	1	0
M131502	0	0	0	0	0	0	-1	1

Legende

$d_{PSE,ij}$ Struktureller Zusammenhang von PSE_i in übergeordneten PSE_j, $(d_{PSE,ij}) = \mathbf{D}_{PSE} \in \mathbb{R}^{\alpha \times \alpha}$

$$\left.\begin{array}{ll} d_{PSE,ij} = 1, & i = j \\ d_{PSE,ij} = 0, & i < j \\ d_{PSE,ij} = -d_{P,ij}, & i > j \end{array}\right\} \text{mit } i,j \in [1,\alpha] \qquad d_{P,ij} = \begin{cases} n_{PSE,ij}, & \textit{wenn } PSE_i \textit{ in übergeordneten } PSE_j \textit{ enthalten} \\ 0, & \textit{wenn } PSE_i \textit{ nicht in übergeordneten } PSE_j \textit{ enthalten} \end{cases}$$

Abbildung 5-5: Dokumentation der Produktstruktur-Direktbedarfsmatrix

Neben der Beschreibung der Zusammensetzung des Produktes im Maschinen- und Anlagenbau gilt es, im Rahmen der funktionsorientierten Ökologieanalyse auch die natürliche Obsoleszenz bzw. **Ausfallzeit** einzelner Produktstrukturelemente zu berücksichtigen, die zur weiteren Funktionserfüllung über die gesamte Produktnutzungsdauer unter Umständen neu zu produzieren oder rückführen sind und damit weitere Umweltauswirkungen veranlassen. Die Ausfallzeit von Produktstrukturelementen beschreibt sich in Form der Lebensdauer. Die **Lebensdauer** technischer Produkte differenziert sich nach der kalendarischen Lebensdauer, welche in Jahren, Monaten etc. anzugeben ist und den Nutzungszyklen bzw. Leistungskennzahlen, welche in Betriebsstunden, gefahrenen Kilometern etc. anzugeben sind[415]. Die Kalkulation der Lebensdauer von Produkt, Baugruppen und Komponenten referenziert auf die bestehende Literatur und Praxis[416] und geht nachfolgend nur auf die relevantesten Vorgehensweisen mit den erforderlichen Informationen für die funktionsorientierte Ökologieanalyse im Maschinen- und Anlagenbau ein.

Die Lebensdauer bestimmt sich über den Ausfall, der nach DIN 13306 definiert ist als „Verlust der Fähigkeit eines Objektes, eine geforderte Funktion zu erfüllen“[417]. Für die

[415] Vgl. Oberpriller et al. (2019), Massnahmen zur Förderung der Kreislaufwirtschaft, S. 52

[416] Vgl. Bertsche und Lechner (2004), Zuverlässigkeit im Fahrzeug- und Maschinenbau

[417] Vgl. Deutsches Institut für Normung e. V. (2018), DIN EN 13306:2018-02, S. 26

Lebensdauervorhersage bedarf es der Kenntnis aller Ausfallursachen, welche sich bei Maschinenelementen in drei Kategorien einteilen lassen[418]:

- Ermüdungsausfälle, Alterungsausfälle, Verschleißausfälle und Ausfälle durch Umwelteinflüsse
- Toleranzausfälle
- Ausfälle durch Fehler in Fertigung, Montage oder Bedienung

Während sich die meisten Ausfallverhalten statistisch beschreiben lassen, bestehen für die Bestimmung der Materialermüdung probabilistische Lebensdauervorhersagen[419]. Eine bekannte Vorgehensweise ist die stochastische Lebensdauerermittlung mittels der Schadensakkumulationshypothese von PALMGREN[420]-MINER[421].[422] Basierend auf der Kenntnis des Lastkollektivs und der Wöhlerkurve des Produktstrukturelements bildet sich die sogenannte Schadenssumme S. Diese gibt zusammenfassend einen Teilschaden an einem Produktstrukturelement aufgrund einer spezifischen Belastungsform wider. Zu beachten ist, dass sowohl das Belastungskollektiv als auch die Belastbarkeit in Form der Wöhlerkurve statistische Größen darstellen und sich daher nur durch ein ausgewogenes Verhältnis von Feldversuchen, Prüfstandsversuchen und stochastischen Berechnungen ermitteln lassen.[423]

Eine weitere Möglichkeit die Ausfallzeit eines Produktstrukturelements darzustellen, ist die Mean Time Between Failure (MTBF)[424]. Ausfallraten bestimmen sich anhand von Lebensdauerversuchen oder auf Basis von Felderfahrungen. Mittels der Auswertung der Ausfallrate λ einzelner Produktstrukturelemente ist eine Darstellung von deren Ausfallverhalten möglich.[425] Das Ausfallverhalten elektronischer, mechanischer oder mechatronischer Produktstrukturelemente können sich unterscheiden, jedoch ist die Weibull-Verteilung in Form einer Badewannenkurve im Maschinenbau die meistverwendete Verteilungsform[426]. Die Badewannenkurve lässt sich dabei in drei Bereiche unterteilen: Frühausfälle, Zufallsausfälle sowie Verschleiß- und Ermüdungsausfälle

[418] Vgl. Bertsche und Lechner (2004), Zuverlässigkeit im Fahrzeug- und Maschinenbau, S. 290
[419] Vgl. Bertsche und Lechner (2004), Zuverlässigkeit im Fahrzeug- und Maschinenbau, S. 290
[420] Vgl. Palmgren (1924), Die Lebensdauer von Kugellagern
[421] Vgl. Miner (1945), Cumulative Damage in Fatigue
[422] Vgl. Bertsche und Lechner (2004), Zuverlässigkeit im Fahrzeug- und Maschinenbau, S. 324
[423] Vgl. Bertsche und Lechner (2004), Zuverlässigkeit im Fahrzeug- und Maschinenbau, S. 331ff.
[424] Vgl. Deutsches Institut für Normung e. V. (1990), DIN 40041:1990-12, S. 8; Vgl. Bertsche und Lechner (2004), Zuverlässigkeit im Fahrzeug- und Maschinenbau, S. 30ff.
[425] Vgl. Ostheimer et al. (2013), Mean Time Between Failures, S. 4; Vgl. Bertsche und Lechner (2004), Zuverlässigkeit im Fahrzeug- und Maschinenbau, S. 22f.
[426] Vgl. Bertsche und Lechner (2004), Zuverlässigkeit im Fahrzeug- und Maschinenbau, S. 37; Vgl. Jäger (2007), Zuverlässigkeitsbewertung mechatronischer Systeme, S. 9

(siehe Abbildung 5-6). Während Frühausfälle ihre Ursache in Fehlern in der Fertigung und Montage, im Werkstoff oder im Rahmen der Konstruktion finden, treten in der zweiten Phase Ausfälle zeitlich konstant auf. Zufallsausfälle entstehen unter anderem durch Schmutzpartikel, Bedingungs- oder Wartungsfehler. Im Bereich der Verschleiß- und Ermüdungsausfälle steigt die Ausfallrate stark an, verursacht durch Dauerbruch, Alterung, Grübchen oder ähnlichem.[427]

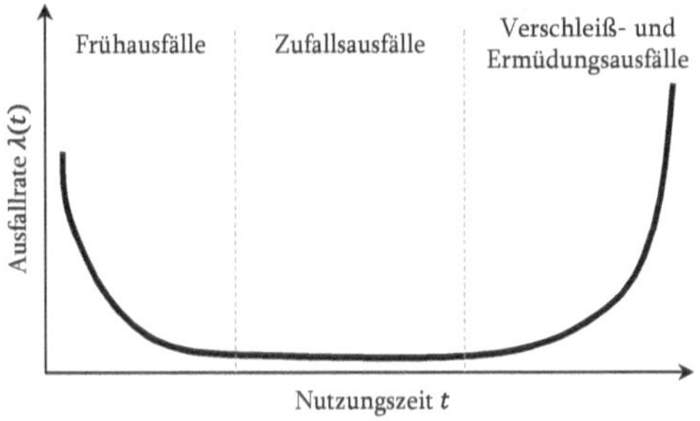

Abbildung 5-6: Badewannenkurve[428]

Der MTBF-Wert definiert sich als die Betriebsdauer zwischen zwei Ausfällen eines reparierbaren Produktes[429]. Anhand der Lebensdauerversuche bzw. der Daten aus den Felderfahrungen ermittelt sich eine Ausfallwahrscheinlichkeitsdichtefunktion $f(t)$, die die Anzahl der Ausfälle über die Betriebsdauer darstellt. Die Überlebenswahrscheinlichkeit $R(t)$ ist abhängig von der Betriebsdauer. Die MTBF beschreibt die nachfolgende Gleichung (5.1) und stellt den Erwartungswert eines Ausfalls in Form einer Zeitspanne dar.[430]

$$MTBF = \int_0^\infty t * f(t)dt = \int_0^\infty R(t)\,dt \tag{5.1}$$

mit

$MTBF$	Mean Time Between Failure
t	Nutzungszeit
$f(t)$	Funktion der Ausfallwahrscheinlichkeitsdichte abhängig von der Verteilungsform
$R(t)$	Überlebenswahrscheinlichkeit

[427] Vgl. Bertsche und Lechner (2004), Zuverlässigkeit im Fahrzeug- und Maschinenbau, S. 23f.
[428] Vgl. Bertsche und Lechner (2004), Zuverlässigkeit im Fahrzeug- und Maschinenbau, S. 24
[429] Vgl. Deutsches Institut für Normung e. V. (1990), DIN 40041:1990-12, S. 8
[430] Vgl. Bertsche und Lechner (2004), Zuverlässigkeit im Fahrzeug- und Maschinenbau, S. 31

Die Ausfallrate $\lambda(t)$ berechnet sich aus dem Quotienten von $f(t)$ und $R(t)$. Häufig wird in der Praxis zur Ermittlung der MTBF vereinfachend die Exponentialverteilungsform der Ausfallwahrscheinlichkeitsdichtefunktion $f(t)$ bzw. der analogen Funktion der Überlebenswahrscheinlichkeit $R(t)$ verwendet.[431] In diesem Fall vereinfacht sich die Bewertung der MBTF zu Gleichung (5.2)[432].

$$MTBF = \int_0^\infty e^{-\lambda t} dt = \frac{1}{\lambda} \tag{5.2}$$

mit

λ Ausfallrate

Die MTBF gilt für reparierbare Bauteile. Dabei kann sich die Zeit bis zum ersten Ausfall von den darauffolgenden Ausfallzeiten unterscheiden. Die erste Zeitspanne nennt sich Mean Time To First Failure (MTTFF). Für den Fall, dass das Produktstrukturelement nach dem Ausfall in einen neuwertigen Zustand gebracht werden kann, gleicht die MTBF der MTTFF. Für nichtreparierbare Produktstrukturelemente erfolgt die Ermittlung der Mean Time To Failure (MTTF), die sich in ihrer Berechnungsgrundlage jedoch nicht von der MTBF unterscheidet.[433] Bei der MTTF stehen nach dem Ausfall als Rückführungskategorien nur das Recycling oder die Entsorgung zur Auswahl.

Wie zu Beginn dieses Teilkapitels dargelegt, bestehen in der wissenschaftlichen Literatur eine Vielzahl von Ansätzen zur Kalkulation der Ausfallrate bzw. Lebensdauer technischer Produkte. Im Rahmen der vorliegenden Arbeit findet die Vorgehensweise der MTBF Anwendung, um die Ausfallrate einzelner Produktstrukturelemente in die funktionsorientierte Ökologieanalyse einzubeziehen. Sofern alternative Vorgehensweisen die Angabe der Lebensdauer in Zeitform ergeben, können diese äquivalent zur MBTF Anwendung finden. Sollte dem anwendenden Unternehmen keine Kalkulationen vorliegen, lassen sich Abschätzungen basierend auf Service- oder Reparaturberichten treffen. Die Dokumentation der MTBF für die Produktstrukturelemente erfolgt anhand der folgenden Vorlage, dargestellt in Tabelle 5-3.

[431] Vgl. Deutsches Institut für Normung e. V. (1990), DIN 40041:1990-12, S. 8; Vgl. Ostheimer et al. (2013), Mean Time Between Failures, S. 3f.

[432] Vgl. Ostheimer et al. (2013), Mean Time Between Failures, S. 6

[433] Vgl. Bertsche und Lechner (2004), Zuverlässigkeit im Fahrzeug- und Maschinenbau, S. 31f.; Vgl. Deutsches Institut für Normung e. V. (1990), DIN 40041:1990-12, S. 7f.

Tabelle 5-3: Dokumentation der Lebensdauern einzelner Produktstrukturelemente

Allgemeine Darstellung:

ID	MTTFF [min]	MTBF [min]
$ID_{PSE,1}$	$mt_{TFF,1}$	$mt_{BF,1}$
$ID_{PSE,2}$	$mt_{TFF,2}$	$mt_{BF,2}$
...	...	...
$ID_{PSE,\alpha}$	$mt_{TFF,\alpha}$	$mt_{BF,\alpha}$

Legende

$mt_{TFF,i}$ Mean Time to First Failure von Produktstrukturelement PSE_i

$mt_{BF,i}$ Mean Time Between Failure von Produktstrukturelement PSE_i

$i \in [1, \alpha]$

Beispielhafte Darstellung (Ausschnitt):

ID	MTTFF [min]	MTBF [min]
M100000	15768000	15268000
M111000	15768000	15268000
M121100	15768000	15268000
M121200	7884000	7384000
M121300	10512000	10012000
M121400	7884000	7384000
M121500	5256000	4756000
M131501	5256000	4756000
M131502	2628000	2128000

Anhand der dargestellten Zusammenhänge lassen sich der MTTF-Vektor $\boldsymbol{mt}_{TFF} = (mt_{TFF,i}) \in \mathbb{R}^{\alpha\times 1}$ und der MTBF-Vektor $\boldsymbol{mt}_{BF} = (mt_{BF,i}) \in \mathbb{R}^{\alpha\times 1}$ ableiten, welche beide für die funktionsorientierte Ökologieanalyse im Maschinen- und Anlagenbau relevant sind. Unter Annahme einer ordnungsgemäßen Auslegung und qualitativ korrekten Herstellung von Produktstrukturelementen im Maschinen- und Anlagenbau sind deren Ausfälle im weiteren Produktlebenszyklus nur aufgrund dynamischer Funktionsausführungen zu erwarten. Daher sind Lebensdauern bzw. Ausfallzeiten nur relevant für Produktstrukturelemente unter dynamischer Belastung. Bei rein statisch belasteten Produktstrukturelemente kann davon ausgegangen werden, dass deren Auslegung über die Lebensdauer der Maschine bzw. Anlage hinausgeht. Damit sind alle Produktstrukturelemente zu identifizieren, die zur Ausführung dynamischer Funktionen dienen. Abhängig von der Ebene des dynamisch belasteten Produktstrukturelements müssen Lebensdauerangaben für alle dynamisch belasteten Produktstrukturelemente der darunterliegenden Ebene oder das Produktstrukturelement selbst vorliegen. Sind beispielsweise die Lebensdauern aller dynamisch belasteten Produktstrukturelemente einer Baugruppe bekannt, genügt dies für Aussagen zur gesamten Baugruppe. Ist nur die Lebensdauer der Baugruppe bekannt und diese geringer als die Nutzungsdauer der Maschine bzw. Anlage, lassen sich im Folgenden keine Aussagen bezüglich der ökologischen Nachhaltigkeit aufgrund von Ausfällen von Produktstrukturelementen höherer Strukturstufe treffen, sondern nur für alle Produktstrukturelemente dieser Baugruppe. Um eine hohe Aussagekräftigkeit über alle Produktstrukturelemente zu erhalten, empfiehlt es sich, die Lebensdauern dynamisch belasteter Produktstrukturelemente auf der höchsten Strukturstufe zu ermitteln.

Nachdem sowohl Produkt- als auch Funktionsstruktur für Produkte im Maschinen- und Anlagenbau einheitlich beschrieben und dokumentiert sind, gilt es die Verknüpfung der einzelnen Elemente transparent zu machen. Hierzu steht im Nachfolgenden die Dokumentation der Transformationsbeziehungen im Fokus.

5.1.3 Verknüpfung von Funktions- und Produktstruktur

Die Produktarchitektur veranschaulicht unmittelbar die Zusammenhänge zwischen der funktionalen Betrachtung technischer Produkte sowie deren funktionsrealisierenden physischen Baugruppen und Komponenten[434]. Darüber hinaus erlaubt das Aufstellen der Produktarchitektur weitergehende Analysen und Visualisierungsmöglichkeiten, die den Entwickler dazu befähigen, im Kontext der Ökologieanalyse fundierte Entscheidungen zu treffen[435]. Zu diesem Zweck ist eine eindeutige Dokumentation der Transformationsbeziehungen zwischen Funktions- und Produktstrukturelementen der technischen Produkte im Maschinen- und Anlagenbau erforderlich. Die Beziehungen lassen sich in Form von Transformationsbeziehungsmatrizen dokumentieren, welche spalten- und zeilenweise Funktions- und Produktstrukturelemente gegenüberstellen. Die Elemente folgen dabei der gleichen Sequenz wie bei den vorangegangenen Direktbedarfsmatrizen. Es ergibt sich die Transformationsbeziehungsmatrix $\boldsymbol{T}_T = (t_{T,ij}) \in \mathbb{R}^{\alpha \times \delta}$ (siehe Abbildung 5-7). Am Beispiel der Umbuganlage ist ersichtlich, dass die Funktion F04 „Ausrichtung der Maschine ermöglichen" in Beziehung mit den Komponenten M121100 Grundrahmen, M121200 Maschinenfüße und M121300 Querträger steht.

[434] Vgl. Schlößer (2020), Auslegung prototypischer Produktinkremente, S. 131
[435] Vgl. Beger (2020), Nachhaltigkeitsoptimierte Produktentwicklung, S. 33

Allgemeine Darstellung:

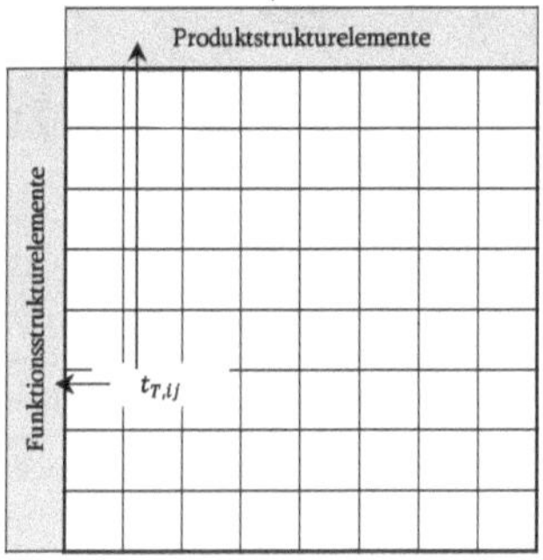

Beispielhafte Darstellung (Ausschnitt):

	M100000	M111000	M121100	M121200	M121300	M121400	M121500	M131502
F01	1	0	0	0	0	0	0	0
F02	0	1	0	0	0	0	0	0
F03	0	0	1	0	1	0	0	0
F04	0	0	1	1	1	0	0	0
F05	0	0	1	0	1	0	0	0
F06	0	0	0	0	0	0	1	0
F07	0	0	0	0	0	1	0	0
F08	0	0	0	0	0	0	0	0

Legende

$t_{T,ij}$ Transformationsbeziehung t_T zwischen FSE_i und PSE_j, mit $i \in [1,\delta]$, $j \in [1,\alpha]$, $(t_{T,ij}) = \boldsymbol{T_T} \in \mathbb{R}^{\alpha \times \delta}$

$$t_{T,ij} = \begin{cases} 1, & \textit{wenn eine Beziehung zwischen } FSE_i \text{ und } PSE_j \textit{ besteht} \\ 0, & \textit{wenn keine Beziehung zwischen } FSE_i \text{ und } PSE_j \textit{ besteht} \end{cases}$$

Abbildung 5-7: Dokumentation der Transformationsbeziehungen

Bei der Analyse der Zusammenhänge zwischen Funktions- und Produktstrukturelementen ist für die Ökologieanalyse in Ergänzung eine Differenzierung erforderlich. Es gilt nicht nur herauszufinden, ob eine Beziehung zwischen zwei Elementen besteht, sondern auch zu welchen Anteilen ein Element sich auf die jeweils anderen aufteilt. Gemeint ist, dass eine Komponente an der Ausführung verschiedener Funktionen im unterschiedlichen Verhältnissen beteiligt sein kann und umgekehrt eine Funktion sich durch verschiedene Komponenten in unterschiedlichen Anteilen realisiert (siehe Abbildung 5-8). Es ist erkennbar, dass sich trotz einheitlich definierten Transformationsbeziehungen die Anteile zur Transformation von Ökologiewerten von Funktion auf Produkt und umgekehrt unterscheiden. Wichtig bei der Unterscheidung der Transformationsbeziehungsarten ist, dass die Summe der übertragenen Anteile immer hundert Prozent ergibt. Gleichermaßen ist es wichtig, dass jedes Element mindestens eine Transformationsbeziehung aufweist. Dies erfüllt den Zweck, dass sich im Rahmen der Ökologieanalyse alle Umweltauswirkungen zwischen den Strukturen verrechnen lassen und keine Auswirkungen unberücksichtigt bleiben.

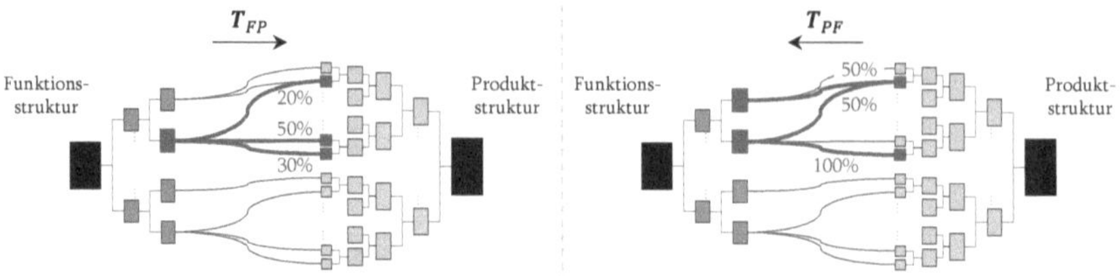

Transformation von FSE zu PSE:
Die für FSE erhobenen Ökologiewerte lassen sich anhand der Transformationsbeziehung den PSE zuordnen. Im markierten Beispiel teilen sich die Umweltauswirkungen der Funktion auf die drei Komponenten anteilig auf.
FSE: Funktionsstrukturelemente
PSE: Produktstrukturelemente

Transformation von PSE zu FSE:
Die für PSE erhobenen Ökologiewerte lassen sich anhand der Transformationsbeziehungen den FSE zuordnen. Im markierten Beispiel verteilen sich die Umweltauswirkungen der oberen Komponente auf zwei FSE, wohingegen die untere Komponente vollständig einer Funktion zugeordnet wird.

Abbildung 5-8: Unterscheidung der Transformationsbeziehungsarten

Die Transformationsbeziehungsmatrix $\boldsymbol{T}_{PF}$ beinhaltet die Zusammenhänge zur Transformation von Umweltauswirkungen von Produkt- zu Funktionsstruktur. Die Vorgehensweise zur prozentuale Zuordnung von Komponenten zu Funktionen orientiert sich an dem Vorgehen der Funktionskostenanalyse bzw. Wertanalyse[436]. Die Zuordnung erfolgt vornehmlich auf Basis von Produktwissen und -erfahrungen, sodass folglich keine feste Vorgehensweise besteht[437]. Damit beinhaltet dieser Schritt der Methodik eine gewisse Ungenauigkeit, die Raum für Subjektivität in die Anwendung der Methodik bringt. Um dem entgegenzuwirken, empfiehlt es sich die Abschätzung von mehreren Entwicklern vornehmen zu lassen und einen Median zu bilden. Darüber hinaus kann das anwendende Unternehmen interne Regeln definieren, die je nach Funktionsart oder Baugruppen gewisse Zuordnungen vorsehen. Dies steigert zudem die interne Vergleichbarkeit der Analyseergebnisse. So könnte beispielsweise bei dem Übertrag von Funktion auf Produkt die Leistung energieverbrauchender Baugruppen als Kriterium dienen. Eine andere Möglichkeit bestünde darin die Zuordnung anhand der Masse der funktionsausführenden Baugruppen vorzunehmen. Die nachfolgende Gleichung (5.3) zeigt die Transformationsbeziehungsmatrix $\boldsymbol{T}_{PF}$.

[436] Vgl. Ammann et al. (2011), Methodische Instrumente, S. 69ff.; Vgl. Verein Deutscher Ingenieure e.V. (1987), VDI 2235, S. 25f.

[437] Vgl. Beger (2020), Nachhaltigkeitsoptimierte Produktentwicklung, S. 33

$$T_{PF} = \begin{pmatrix} t_{PF,11} & \cdots & t_{PF,1\delta} \\ \vdots & \ddots & \vdots \\ t_{PF,\alpha 1} & \cdots & t_{PF,\alpha\delta} \end{pmatrix} \tag{5.3}$$

mit

T_{PF}	Transformationsbeziehungsmatrix von PSE auf FSE, $T_{PF} \in \mathbb{R}^{\alpha \times \delta}$
und	$\sum_{j=1}^{\delta} t_{PF,ij} = 1$, mit $i \in [1, \alpha]$

Um ebenfalls eine Transformation von Funktionen auf Komponenten zu ermöglich, entsteht analog die Transformationsbeziehungsmatrix T_{FP} (siehe Gleichung (5.4)).

$$T_{FP} = \begin{pmatrix} t_{FP,11} & \cdots & t_{FP,1\alpha} \\ \vdots & \ddots & \vdots \\ t_{FP,\delta 1} & \cdots & t_{FP,\delta\alpha} \end{pmatrix} \tag{5.4}$$

mit

T_{FP}	Transformationsbeziehungsmatrix von FSE auf PSE, $T_{FP} \in \mathbb{R}^{\delta \times \alpha}$
und	$\sum_{j=1}^{\alpha} t_{FP,ij} = 1$, mit $i \in [1, \delta]$

Zusammenfassend erfolgte die strukturierte Beschreibung der Produkte des Maschinen- und Anlagenbaus für die Anwendung der funktionsorientierten Ökologieanalyse. Das Beschreibungsmodell bietet dem Anwender die Möglichkeit, Daten bzgl. der Produkte unter Verwendung einfacher, tabellenbasierter Strukturen anzugeben und automatisiert in ein modellbasiertes Format zu überführen. Während die in diesem Kapitel beschriebenen Produkte die Bezugsobjekte für die Ökologieanalyse darstellen, sind die Prozesse entlang des Lebenszyklus die Entstehungsorte für die Umweltauswirkungen durch die jeweiligen Energie- und Ressourcenverbräuche. Aus diesem Grund beschreibt das nachfolgende Kapitel die Prozesse entlang des Produktlebenszyklus für die Anwendung der funktionsorientierten Ökologieanalyse im Maschinen- und Anlagenbau.

5.2 Beschreibung von Produktlebenszyklen im Maschinen- und Anlagenbau

Das Ziel des zweiten Schrittes der Methodik zur funktionsorientierten Ökologieanalyse im Maschinen- und Anlagenbau besteht in der Strukturierung und systematischen Beschreibung des Produktlebenszyklus und damit der Identifikation der jeweiligen Bilanzgrenze (siehe Abbildung 5-9).

Abbildung 5-9: Beschreibung des Produktlebenszyklus

Zur systematischen Beantwortung der korrespondierenden Forschungsfrage wird ein Beschreibungsmodell entwickelt, welches zunächst generische Prozesskategorien für die anwendungsspezifische Beschreibung von Produktlebenszyklen im Maschinen- und Anlagenbau ermittelt (Kapitel 5.2.1). Anhand von eindeutigen Kategorien soll sich einerseits für den Modellanwender die Beschreibung des Produktlebenszyklus erleichtern und andererseits die spätere Verrechnung und Analyse der Umweltauswirkungen aus Prozesssicht ermöglichen. Der zweite Schritt ermittelt und beschreibt relevante Prozessinformationen für die Ökologieanalyse (Kapitel 5.2.2). Die Beschreibungsvorlagen sollen den Modellanwender in der eigenen Dokumentation von Prozessinformationen unterstützen.

5.2.1 Ermittlung generischer Prozesskategorien

In diesem Abschnitt erfolgt die Strukturierung und Kategorisierung des Produktlebenszyklus zur Abgrenzung und Beschreibung des Untersuchungsbereichs. Die Basis bildet ein Untersuchungsrahmen zur Abgrenzung des Objektbereichs (Kapitel 5.2.1.1). Daraufhin erfolgt eine systematische Recherche, Konsolidierung und Harmonisierung von Prozessschritten (Kapitel 5.2.1.2). Basierend auf den Prozesslisten leiten sich Prozesskategorien zur Bildung einer generischen Prozessstruktur ab (Kapitel 5.2.1.3). Das beschriebene Vorgehen findet sich in der nachfolgenden Abbildung 5-10 wieder.

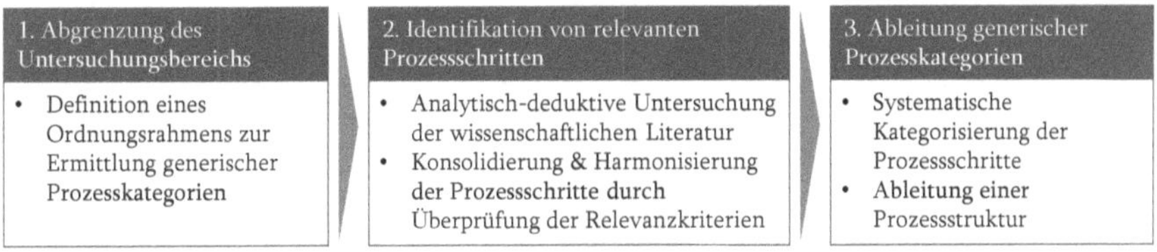

Abbildung 5-10: Vorgehen zur Ermittlung generischer Prozesskategorien

5.2.1.1 Abgrenzung des Untersuchungsbereichs

Die Grundlagen des Produktlebenszyklus im Maschinen- und Anlagenbau sind in Kapitel 2.2 dargelegt. Im Folgenden wird ein Untersuchungsrahmen entwickelt, der im weiteren Verlauf die Ermittlung generischer Prozesskategorien entlang des Lebenszyklus unterstützt. Diese wiederum befähigen im Rahmen der Modellbildung die anwendungsorientierte Abbildung des Produktlebenszyklus für die funktionsorientierte Ökologieanalyse im Maschinen- und Anlagenbau.

Die häufigste Kategorisierung von Geschäftsprozessen unterscheidet zwischen Kern-, Unterstützungs- und Managementprozessen. Unter Kernprozessen wird die wesentliche Wertschöpfung von Unternehmen verstanden. Dies meint die Herstellung von Produkten oder Dienstleistungen, die der Kunde monetär honoriert. Unterstützungsprozesse befähigen die Ausführung der Kernprozesse. Managementprozesse umfassen Regeln, Richtlinien und Verfahrensweisen für die zuvor genannten Prozesskategorien.[438] PORTER differenziert die Aktivitäten im Rahmen eines Prozesses in direkte und indirekte Aktivitäten[439]. Direkte Aktivitäten stehen im unmittelbaren Bezug zu dem Produkt und leisten einen Beitrag zu einem wirtschaftlichen Ergebnis. TAYLOR bezeichnet diese als Ausführungsaktivitäten und stellt sie den Planungsaktivitäten gegenüber.[440] Die zuletzt genannten bezeichnet PORTER als indirekte Aktivitäten ohne direkten Bezug zum Wertschöpfungsprozess[441]. Wie in Kapitel 2.2.2 ausgeführt, legt der Produktentwicklungsprozesses wesentliche Eigenschaften der Produkte fest. Prozesse im direkten Zusammenhang mit dem Produkt stehen somit im Einflussbereich der Produktentwicklung. Den Ausführungen folgend sind für die funktionsorientierte Ökologieanalyse insbesondere Kernprozesse bzw. direkte Aktivitäten im unmittelba-

[438] Vgl. Dumas et al. (2021), Grundlagen des Geschäftsprozessmanagements, S. 46
[439] Vgl. Porter (2000), Wettbewerbsvorteile, S. 63ff.
[440] Vgl. Taylor (1998), The principles of scientific management, S. 9ff.
[441] Vgl. Porter (2000), Wettbewerbsvorteile, S. 63ff.

ren Bezug zu dem Produkt weiter zu betrachten und dies nicht nur in der unternehmensinternen Produktion des Produktes, sondern auch in den Phasen der Produktnutzung und -rückführung. Daraus ergibt sich die Systemgrenze für die Ermittlung generischer Prozesskategorien, welche in der nachfolgenden Abbildung 5-11 dargestellt ist.

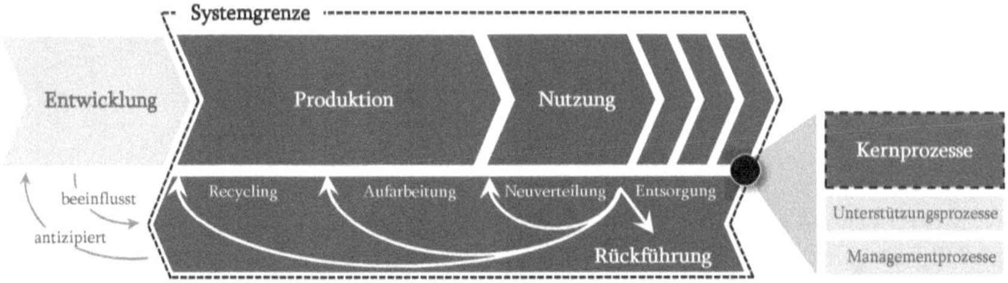

Abbildung 5-11: Untersuchungsbereich zur Ermittlung relevanter Prozessschritte

Dabei sei festgehalten, dass direkte Transport- oder Logistikprozesse in den jeweiligen Phasen Berücksichtigung finden können, sofern diese mit Entscheidungen der Produktentwicklung korrelieren. Beispielsweise könnte eine Materialentscheidung die Lieferantenauswahl erhöhen und hinsichtlich ihrer Umweltauswirkungen verbesserte Transportwege bedingen. Ausgeschlossen werden jedoch Transportwege von und zum Kunden, da die jeweilige Distanz und die Wahl der Transportmittel nicht im direkten Einflussbereich der Produktentwicklung liegen. Nach der Herleitung der Systemgrenze als Betrachtungsbereich der vorliegenden Arbeit erfolgt im nächsten Schritt die Recherche, Konsolidierung und Harmonisierung von Prozessschritten.

5.2.1.2 Identifikation von relevanten Prozessschritten

In dem definierten Untersuchungsbereich erfolgt eine umfassende, analytisch-deduktive Untersuchung der wissenschaftlichen Literatur zur Identifikation potenzieller direkter Prozessschritte. Eine empirisch-induktive Analyse untersucht parallel bestehende Beschreibungen von Prozessschritten und -kategorien aus Industrie- und Forschungsprojekten. Den Abschluss bildet die systematische Konsolidierung der identifizierten Prozessschritte durch die Eliminierung inhaltlicher Überschneidungen und Überprüfung der Relevanz für den vorliegenden Untersuchungsbereich.

Um eine systematische und zielgerichtete Recherche und Auswahl von direkten Prozessschritten entlang des Produktlebenszyklus im Maschinen- und Anlagenbau sicherzustellen, ist die Definition von Relevanzkriterien basierend auf dem hergeleiteten Untersuchungsbereich sinnvoll. Gleichzeitig reduziert die Einführung der Relevanzkriterien den Analyseaufwand erheblich. Die Relevanz eines Prozessschrittes für das vorliegende Beschreibungsmodell lässt sich anhand der nachfolgenden vier Kriterien bemessen.

Zunächst sollen die Prozessschritte den Objektbereich der vorliegenden Methodik adressieren, d.h. im Bezug zu Produkten, Baugruppen, Komponenten oder Produktfunktionen im *Maschinen- und Anlagenbau* stehen (siehe Kapitel 3.2.1). Zudem sollen die Prozessschritte im Produktlebenszyklus liegen und einer der *Lebenszyklusphasen* Produktion, Nutzung oder Rückführung zuordenbar sein (siehe Kapitel 5.2.1.1). Weiterhin sollen die Prozesse in einem *direkten Zusammenhang mit dem Produkt* stehen, d.h. es werden Baugruppen, Komponenten oder Materialien verarbeitet oder Funktionen des Produktes ausgeführt (siehe Kapitel 5.2.1.1). In Ergänzung soll ein Prozess durch aktive Beeinflussung der Produktgestalt durch den Entwickler hinreichend *veränderlich* sein, sodass ein veränderter Ausprägungszustand hinsichtlich des Energie- oder Ressourcenverbrauchs erzielbar ist. Zusammenfassend sind die beschriebenen Relevanzkriterien zur Ermittlung von Prozessschritten im Einflussbereich der Produktentwicklung in Tabelle 5-4 dargestellt.

Tabelle 5-4: Relevanzkriterien zur Ermittlung relevanter Prozessschritte

Kriterium	Beschreibung
Maschinen- und Anlagenbau	Der Prozess fällt in den Objektbereich der Arbeit, d.h. er adressiert Produkte, Baugruppen, Komponenten oder Produktfunktionen im Maschinen- und Anlagenbau
Lebenszyklusphasen	Der Prozess adressiert die definierten Lebenszyklusphasen, d.h. er ist zuordenbar zu Produktion, Nutzung oder Rückführung
Direkter Produktbezug	Der Prozess steht im direkten Zusammenhang mit dem Produkt, d.h. es erfolgt die Verarbeitung von Produktstrukturelementen oder die Ausführung von Produktfunktionen
Veränderlichkeit	Der Prozess ist hinreichend veränderlich, d.h. er kann durch aktive Änderung von Produkteigenschaften veränderte Ausprägungen hinsichtlich des Energie- und Ressourcenverbrauchs annehmen

Das beschriebene heuristische Vorgehen zur Ermittlung relevanter Prozessschritte und Ableitung generischer Prozesskategorien stellt trotz abgegrenztem Untersuchungsbereich (Produktlebenszyklus) und definierten Regeln zur Analyse (Relevanzkriterien) keinen abschließenden Anspruch auf Vollständigkeit[442]. Da es sich vielmehr um ein anwendungsorientiertes Abbild der Realität handelt, sieht die nachfolgende Prozesskategorisierung die kontinuierliche Ergänzung von weiteren Prozesskategorien

[442] Vgl. Zimmermann (2008), Operations Research, S. 273f.

vor. Nach der systematischen Recherche von direkten Prozessschritten in der Produktion, Nutzung und Rückführung von Produkten des Maschinen- und Anlagenbaus und Relevanzprüfung anhand der definierten Kriterien, erfolgt nun im nächsten Abschnitt die inhaltliche Konkretisierung durch die Identifikation generischer Prozesskategorien für jede Lebenszyklusphase.

5.2.1.3 Ableitung generischer Prozesskategorien

Das Ziel der Ermittlung generischer Prozesskategorien besteht darin den Modellanwender bei der Beschreibung des produktspezifischen Produktlebenszyklus zu unterstützen. Um der formalen Anforderung der Methodik der Nutzerfreundlichkeit Rechnung zu tragen, soll es möglich sein mittels der Prozesskategorien in ausreichender Granularität die individuelle Prozesskette zu bilden, die im Einflussbereich der Produktentwicklung liegt, und nachfolgend relevante Informationen zusammenzutragen. Darüber hinaus soll die Kategorisierung eine spätere Ökologieanalyse aus Prozesssicht befähigen.

Eine Unterteilung der identifizierten Prozessschritte in verschiedene Prozesskategorien erfolgt nach ihrer inhaltlichen Überschneidung. Basierend auf den Kategorien entsteht eine Prozessstruktur, die zur einfachen Handhabbarkeit maximal drei Strukturstufen umfasst. Nachfolgend erfolgt die kurze Vorstellung der abgeleiteten Prozesskategorien in den drei Phasen Produktion, Nutzung und Rückführung. Eine detaillierte Auflistung und Beschreibung der einzelnen Prozesskategorien mit entsprechenden Definitionen finden sich im Anhang A.1.

Im Kontext der **Produktionsphase** wurden zehn übergeordnete Prozesskategorien gebildet, wobei eine elfte Kategorie die Benennung weiterer Prozessschritte erlaubt. Die ersten Prozesskategorien umfassen die sechs übergeordneten Fertigungsarten Urformen, Umformen, Trennen, Fügen, Beschichten und Stoffeigenschaften ändern nach DIN 8580[443]. Darüber hinaus finden sich in der Lebenszyklusphase Prozesse zur Intralogistik und Qualitätssicherung wieder, die einen Transport zwischen Fertigungs- und Montageprozessen oder eine Prüfung von Produktstrukturelementen vorsehen. Die Prozesse zur Beschaffung und Gewinnung von Ressourcen sind den Fertigungs- und Montageprozessen oftmals vorgelagert und stellen häufig die ersten Prozesseschritte im Lebenszyklus von Produkten des Maschinen- und Anlagenbaus dar. Sind vorgelagerte Prozesse von Lieferanten nicht im Detail bekannt, können die bis dahin entstandenen Umweltauswirkungen der betroffenen Produktstrukturelemente im Rahmen

[443] Vgl. Deutsches Institut für Normung e. V. (2022), DIN 8580:2022-12

der Ökologieanalyse den generischen Beschaffungsprozessen zugewiesen werden. In die Prozesskategorie Andere lassen sich unter anderem all diejenigen Prozesse einsortieren, welche die Relevanzkriterien erfüllen, jedoch keiner weiteren Kategorie eindeutig zuzuordnen sind. Zudem ist es möglich die Prozessstruktur kontinuierlich zu erweitern vor dem Hinblick, dass im Laufe der Zeit mit immer weiteren Fertigungsarten und entsprechenden Herstellungsschritten gerechnet werden kann. Die nachfolgende Abbildung 5-12 zeigt die Prozessstruktur der Produktionsphase.

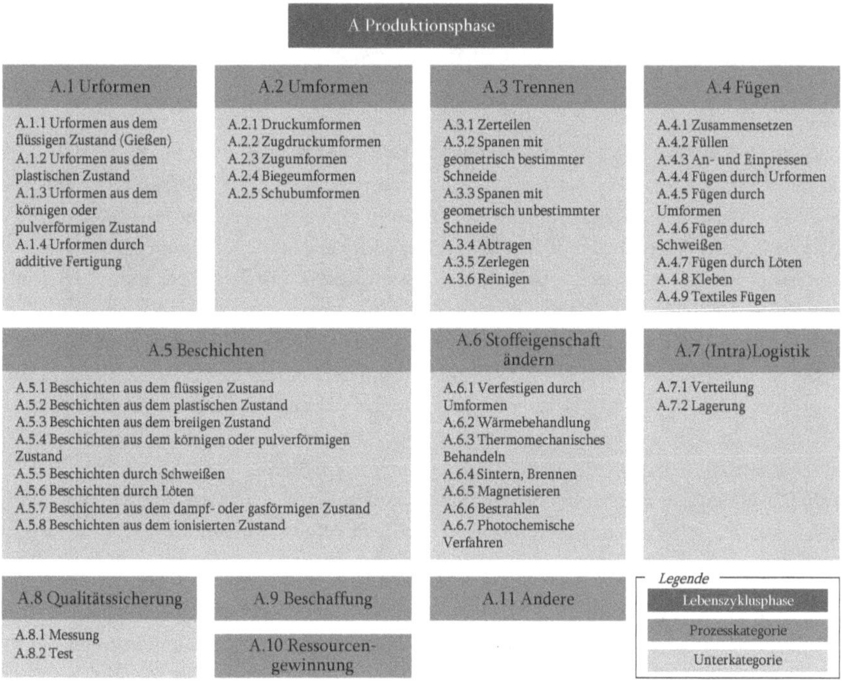

Abbildung 5-12: Generische Prozessstruktur in der Produktionsphase

Die **Nutzungsphase** von Produkten des Maschinen- und Anlagenbaus differenziert zwischen dem Rüsten, dem Einsatz, der Instandhaltung sowie dem Stillstand (siehe Abbildung 5-13). Die vier Prozesskategorien beruhen unter anderem auf der zeitlichen

Einteilung der Maschinen- und Anlagenverfügbarkeit nach VDI 3423[444] und dem Abgleich mit weiteren Kategorisierungen aus der wissenschaftlichen Literatur (siehe Tabelle 7-2 im Anhang A.1).

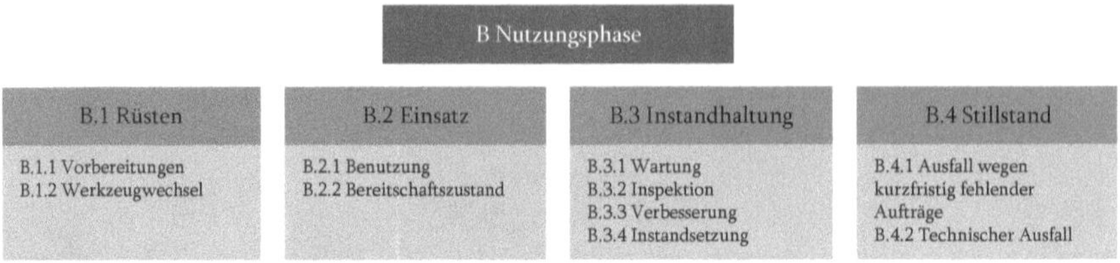

Abbildung 5-13: Generische Prozessstruktur in der Nutzungsphase

Nach MARTENS ET AL. umfasst die Nutzungsphase einer Maschine in der Regel 20 bis 30 Jahre[445]. Die Kategorisierung der Nutzungsphase befähigt den Modellanwender die Nutzungsphase einer Maschine oder Anlage in Form eines sogenannten *Nutzungsprofils* vereinfacht zu beschreiben. Ein Nutzungsprofil kann unterschiedliche Zeitspannen umfassen, z.B. eine Stunde, eine Schicht, einen Monat, ein Jahr oder eine Garantiezeit[446]. Durch die Beschreibung einer bestimmten, sich wiederholenden Prozessabfolge in Form eines Nutzungsprofils, können die dabei entstehenden Energie- und Ressourcenverbräuche im Rahmen der funktionsorientierten Ökologieanalyse mit der Anzahl der Nutzungsprofile im gesamten Nutzungszeitraum multipliziert werden. Es bietet sich daher an, die Zeitspannen auf einen typischen, sich wiederholenden Prozessablauf zu beschränken. Durch die Beschreibung unterschiedlicher Nutzungsprofile lassen sich beispielsweise verschiedene Intensitäten von Funktionsausführungen oder ein sich veränderndes Nutzungsverhaltens im Laufe der Zeit abbilden.

Die **Rückführungsphase** sieht eine Differenzierung nach den für die vorliegende Arbeit in Kapitel 2.2.3.3 einheitlich definierten Kreislaufstrategien vor. Die Prozessstrukturierung findet sich in Abbildung 5-14. Jedem Rückführungsprozess vorangestellt sind Prozesse zur Rückführung der Produktumfänge. Folgen können Prozesse zur Neuverteilung, Aufarbeitung, Recycling oder Entsorgung. Prozessschritte, die sich keiner benannten Rückführung direkt zuordnen lassen, finden sich erneut in der Kategorie Andere.

[444] Vgl. Verein Deutscher Ingenieure e.V. (2011), VDI 3423
[445] Vgl. Martens und Goldmann (2016), Recyclingtechnik, S. 6
[446] Vgl. Verein Deutscher Ingenieure e.V. (2011), VDI 3423, S. 5

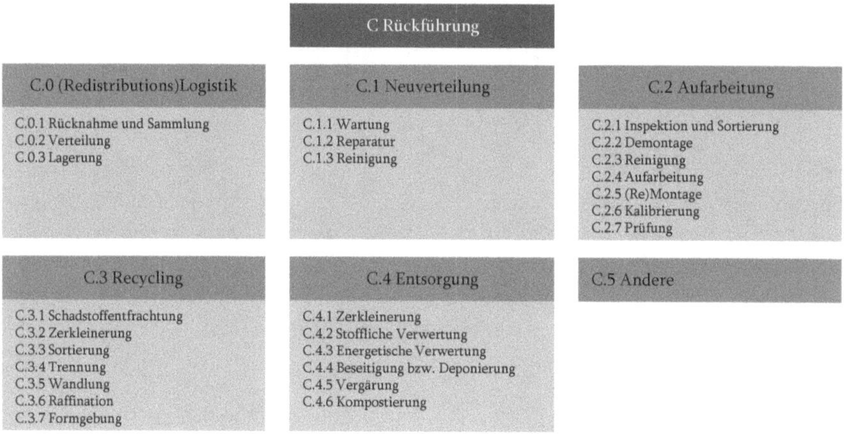

Abbildung 5-14: Generische Prozesskategorien in der Rückführungsphase

Die vorgestellte Prozessstruktur in den drei Phasen soll einerseits den Anwender bei der Beschreibung des vorliegenden Produktlebenszyklus im Maschinen- und Anlagenbau unterstützen und andererseits eine zielgerichtete Analyse der Prozesslandschaft im weiteren Verlauf der Methodik befähigen. Der nächste Schritt führt eine einheitliche Beschreibung der für die Ökologieanalyse erforderlichen Prozessinformationen ein.

5.2.2 Beschreibung relevanter Prozessinformationen

Neben der Abbildung des Produktlebenszyklus im Maschinen- und Anlagenbau, gilt es die für die funktionsorientierte Ökologieanalyse relevanten Prozessinformationen zu ermitteln (Kapitel 5.2.2.1) und zu dokumentieren (Kapitel 5.2.2.2).

5.2.2.1 Identifikation relevanter Prozessinformationen

Grundvoraussetzung für die funktionsorientierte Ökologieanalyse ist die einheitliche Aufnahme aller Prozessinformationen. Hierzu bedarf es einer entsprechenden Vorlage zur Dokumentation der Informationen aller Prozessschritte. Zur Abbildung des richtigen Grads zwischen Praxistauglichkeit und Genauigkeit der Prozessaufnahmen erfolgt die Analyse bestehender Methoden zur Strukturierung und Dokumentation von

Prozessen aus dem Prozessmanagement[447] und der Prozesskostenrechnung[448]. Die für die funktionsorientierte Ökologieanalyse erforderlichen Informationen sind im Folgenden erläutert. Darüber hinaus lassen sich je nach Unternehmen weitere Informationen ergänzen.

Identifikationsnummer

Für jeden Prozess ist ein eindeutiger Prozessname bzw. eine eindeutige Identifikationsnummer vorzusehen. Diese hilft dabei spätere Zusammenhänge zu analysieren und Umweltauswirkungen zurück zum Entstehungsort zu verfolgen. Die Zusammensetzung einer Identifikationsnummer kann frei erfolgen. Es empfiehlt sich jedoch eine definierte Logik zur verfolgen und beispielsweise mit der ersten Ziffer die jeweilige Lebenszyklusphase zu kennzeichnen.

Prozesskategorie

Um eine spätere Analyse der Ökologie aus Prozesssicht zu ermöglichen, ist die Dokumentation der zugehörigen Prozesskategorie hilfreich. Dies erlaubt die systematische Aggregation von prozessspezifischen Umweltauswirkungen und exemplarisch den Vergleich unterschiedlicher Rückführungsarten. Damit wird auch eine differenzierte Analyse der erhobenen Informationen aus Prozesssicht möglich. Darüber hinaus ist durch die Verwendung der Prozesskategorien sichergestellt, dass der Fokus weiterhin auf den im Einflussbereich der Produktentwicklung befindlichen Prozessen liegt und keine Erhebungsaufwände ohne Erkenntnisgewinn entstehen. Die übersichtliche Kategorisierung (siehe Kapitel 5.2.1) stellt eine einfache und schnelle Zuordnung sicher.

Prozessträger

Für die Ermittlung und Zuordnung prozessbedingter Umweltauswirkungen ist die Kenntnis über das Produktstrukturelement bzw. Funktionsstrukturelement, für welche die jeweiligen Energie- und Ressourcenverbräuche entstehen, notwendig. In der Produktions- und Rückführungsphase erfolgt die Verarbeitung von Produktstrukturelementen, in der Nutzungsphase die Ausführung von Funktionsstrukturelementen. Im Allgemeinen sind also die jeweiligen Prozessträger bzw. die Information zu deren eindeutiger Identifikation in der Prozessdokumentation festzuhalten[449]. Die Identifikation eines Prozessträgers erfolgt über die Zuordnung einer Identifikationsnummer

[447] Vgl. Gadatsch (2017), Grundkurs Geschäftsprozess-Management, S. 86ff.

[448] Vgl. Kaplan und Anderson (2007), Time-driven activity-based costing; Vgl. Menges (2022), Bewertung von Produktvarianten, S. 146ff.

[449] Vgl. Menges (2022), Bewertung von Produktvarianten, S. 148

der Funktionsstrukturelemente ID_{FSE} oder der Produktstrukturelemente ID_{PSE}, welche im Modell hinterlegt sind (siehe Kapitel 5.1). In der Produktions- und Rückführungsphase sei ergänzt, dass Fügeprozesse und Trennprozesse immer der Baugruppe mit der niedrigeren beteiligten Strukturstufe zuzuordnen sind (siehe Abbildung 5-15). Die Erfassung des Prozessträgers dient als Schlüssel zur Verknüpfung von Produkt- und Funktionsstrukturelementen mit Prozessen und den darin entstandenen Umweltauswirkungen.

Montage (Fügen):
Werden zwei oder mehrere PSE in einem Prozessschritt zusammengeführt bzw. montiert, dann fallen die dafür entstandenen Umweltauswirkungen für die entstandene Baugruppe bzw. das übergeordnete PSE an, welche als Prozessträger eingetragen wird.

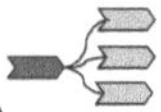

Demontage (Trennen):
Werden zwei oder mehrere PSE in einem Prozessschritt getrennt bzw. demontiert, dann fallen die dafür entstandenen Umweltauswirkungen noch für die Baugruppe bzw. das übergeordnete PSE an, welches als Prozessträger eingetragen wird. Die nachfolgenden Prozessschritte werden den gelösten Komponenten bzw. PSE zugeordnet.

Abbildung 5-15: Sonderfall bei der Prozesszuordnung zu Produktstrukturelementen

Innerhalb der jeweiligen Lebenszyklusphasen sind für die funktionsorientierte Ökologieanalyse weitere spezifische Informationen erforderlich, welche nun mit einer separaten Beschreibung folgen. In der Produktions- und Rückführungsphase gilt es die beschriebenen Prozessdaten um die Anzahl bearbeiteter Prozessträger zu ergänzen.

Anzahl bearbeiteter Prozessträger

Innerhalb eines Prozesses in der Produktions- oder Rückführungsphase erfolgt nicht nur die parallele Ver- bzw. Bearbeitung unterschiedlicher Prozessträger, sondern auch unterschiedlicher Mengen des gleichen Prozessträgers. Beispielsweise kann ein Stanzprozess zwanzig Schienen gleichzeitig schneiden, wovon nur eine in das zu produzierende Produkt einfließt.

Die Beschreibung von Prozessen in der Nutzungsphase wird um die Prozessdauer, die Anzahl der Funktionsausführungen sowie die Nutzungsprozesshäufigkeit in einem Nutzungsprofil ergänzt.

Dauer

In Ergänzung ist die Aufnahme der Dauer eines Prozesses bzw. einer Funktionsausführung relevant, um im weiteren Verlauf der Ökologieanalyse die Belastungsdauern von Baugruppen oder Komponenten in der Produktnutzung zu kalkulieren und das jeweilige Lebensende vorherzusagen (siehe Kapitel 5.1.2). Die Dauer lässt sich dabei in Sekunden, Minuten oder Stunden angegeben. Wichtig ist jedoch die Verwendung einer einheitlichen Größenordnung. Einige Maschinenprogramme oder Informationssysteme schreiben den Start- und Endzeitpunkt eines Maschinenprogramms mit, sodass sich die jeweilige Dauer aus der Differenz ergibt. Alternativ kann bei der Ausführung eines Prozesses eine Stoppuhr mitlaufen.

Anzahl Funktionsausführungen

Während sich im Rahmen der Produktions- oder Rückführungsphase innerhalb eines Prozesses unterschiedliche Mengen eines Produktstrukturelements verarbeiten lassen, so können auch mehrere Ausführungen einer Produktfunktion innerhalb eines Nutzungsprozesses erfolgen. Um im Rahmen der funktionsorientierten Ökologieanalyse Aussagen zur Energie- und Ressourcenbeanspruchung einer Funktionsausführung tätigen zu können, ist die Dokumentation der Anzahl von Funktionsausführungen innerhalb eines Prozesses erforderlich.

Nutzungsprozesshäufigkeit in Nutzungsprofil

Wie in Kapitel 5.2.1.3 beschrieben, bietet es sich an, die Nutzungsphase in verschiedene Nutzungsprofile zu unterteilen. Innerhalb eines Nutzungsprofils können auch die gleichen Prozesse in wiederholender Ausführung vorkommen bzw. an mehreren Stellen im Laufe der Zeit durchlaufen. Aus diesem Grund ist die Anzahl des jeweiligen Nutzungsprozesses in einem Nutzungsprofil zu dokumentieren, um die wiederholende Erfassung desselben Prozesses zu vermeiden und damit den Erhebungsaufwand im Sinne der Handhabbarkeit zu reduzieren.

Basierend auf dem identifizierten Prozessinformationsbedarf, steht nachfolgend die Erläuterung der Dokumentation von Informationen aus Produktions-, Nutzungs- und Rückführungsprozessen im Vordergrund.

5.2.2.2 Beschreibung und Dokumentation von Prozessinformationen

Basierend auf den im vorangegangenen Kapitel hergeleiteten erforderlichen Prozessinformationen entsteht eine einheitliche Dokumentationsvorschrift für die funktionsorientierte Ökologieanalyse im Maschinen- und Anlagenbau. Zur einfachen und gut handhabbaren Dokumentation von Prozessinformationen bieten sich tabellarische Prozessmodellierungen an. Diese nutzen einigen Toolhersteller, um basierend darauf umfangreiche Prozessmodelle (z.B. BPM-Modelle oder eEPK-Modelle) aufzubauen[450].

[450] Vgl. Gadatsch (2017), Grundkurs Geschäftsprozess-Management, S. 90

Die Beschreibung der identifizierten Prozessinformationen soll ebenfalls in tabellarischer Form erfolgen, um diese im weiteren Verlauf in eine mathematische Beschreibung für die Ökologieanalyse zu überführen. Die folgende Tabelle 5-5 zeigt exemplarisch die Beschreibung von Prozessen in der Produktionsphase angewendet auf das Beispiel der Umbuganlage. Der Buchstabe γ steht im weiteren Verlauf der Arbeit für die Anzahl an Produktionsprozessen.

Tabelle 5-5: Dokumentation von Prozessinformationen in der Produktionsphase

Allgemeine Darstellung:

ID	Prozesskategorie	Prozessträger	Anzahl bearbeiteter Träger
$ID_{PPZ,1}$	$K_{PPZ,1}$	$pzt_{P,11} \dots pzt_{P,1\alpha}$	$n_{P,11} \dots n_{P,1\alpha}$
$ID_{PPZ,2}$	$K_{PPZ,2}$	$pzt_{P,21} \dots pzt_{P,2\alpha}$	$n_{P,21} \dots n_{P,2\alpha}$
...	...	...	...
$ID_{PPZ,\gamma}$	$K_{PPZ,1}$	$pzt_{P,\gamma 1} \dots pzt_{P,\gamma\alpha}$	$n_{P,\gamma 1} \dots n_{P,\gamma\alpha}$

Beispielhafte Darstellung (Ausschnitt):

ID	Prozesskategorie	Prozessträger		Anzahl bearbeiteter Träger	
PP19001	A.9.2	M121100	M121300	1	1
PP19002	A.9.2	M131501	M131601	1	1
PP19003	A.9.2	M131508	M133108	2	2
...	...	...		...	

Legende

$ID_{PPZ,i}$	Identifikationsnummer des Produktionsprozesses PPZ_i	$n_{P,ij}$	Anzahl Prozessträger n in Produktionsprozesses PPZ_i
$K_{PPZ,i}$	Produktionsprozesskategorie K von Produktionsprozesses PPZ_i	γ	Anzahl an Produktionsprozessen (PPZ)
$pzt_{P,ij}$	Produktstrukturelement PSE als Prozessträger in Produktionsprozess PPZ_i		$i \in [1, \gamma]$, $j \in [1, \alpha]$

Hierbei werden wie in Kapitel 5.2.2.1 beschrieben jedem Prozess eine eindeutige Identifikationsnummer ID_{PPZ} sowie Prozesskategorie K_{PPZ} zugeordnet. Daneben finden sich die im Rahmen des jeweiligen Prozesses be- oder verarbeitete Prozessträger pzt_P. Da das Beispiel eine Prozessliste aus der Produktionsphase zeigt, finden sich ebenfalls Anzahl bearbeiteter Prozessträger n_P für jeden in der dritten Spalte angegebenen Prozessträger in der Liste. Im Rahmen der Nutzungsphase bleiben die ersten drei Spalten identisch, wohingegen die Prozessdauer, die Anzahl der Funktionsausführungen sowie die Nutzungsprozesshäufigkeit in einem Nutzungsprofil zu ergänzen sind.

Neben den eigentlichen Prozessen sind auch die Nutzungsprofile, die zur einfachen Beschreibung der gesamten Nutzungsphase dienen, durch die Angabe einer Identifikationsnummer ID_{NPF} und in ihrer Häufigkeit n_{NPF} zu dokumentieren. In dem verwendeten Beispiel erfolgt die Ausführung des Standard Nutzungsprofils der Umbuganlage in dem angedachten Zeitraum 6.800 Mal. Die nachfolgende Tabelle 5-6 dient als entsprechende Dokumentationshilfe. Im Rahmen der funktionsorientierten Ökologieanalyse lassen sich einzelne Nutzungsprofile sowohl separat, als auch in Kombination zur Beschreibung der gesamten Nutzungsphase analysieren. Der Buchstabe ζ steht im weiteren Verlauf der Arbeit für die Anzahl an Nutzungsprofilen.

Tabelle 5-6: Dokumentation der Nutzungsprofile im Gesamtbetrachtungszeitraum

Allgemeine Darstellung:

ID	Anzahl
$ID_{NPF,1}$	$n_{NPF,1}$
$ID_{NPF,2}$	$n_{NPF,2}$
...	...
$ID_{NPF,\zeta}$	$n_{NPF,\zeta}$

Beispielhafte Darstellung (Ausschnitt):

ID	Anzahl
NPF01	6.800
NPF02	3.200

Legende

$ID_{NPF,i}$	Identifikationsnummer von Nutzungsprofil NPF_i
$n_{NPF,i}$	Anzahl des Nutzungsprofils NPF_i im Gesamtbetrachtungszeitraum
ζ	Anzahl an Nutzungsprofilen (NPF)
	$i \in [1, \zeta]$

Die in Tabelle 5-6 dargestellte Zahl eines Nutzungsprofils in der Gesamtbetrachtungsdauer einer Maschine oder Anlage transformiert sich für die funktionsorientierte Ökologieanalyse in den Nutzungsprofilvektor $\boldsymbol{n}_{NPF} = (n_{NPF,i}) \in \mathbb{R}^{\zeta \times 1}$.

Ergebnis des zweiten Schrittes der Methodik ist demnach die einheitliche Beschreibung und Strukturierung von Prozessschritten entlang des Lebenszyklus von Produkten des Maschinen- und Anlagenbaus im Einflussbereich der Produktentwicklung. Die erarbeitete Prozessstruktur befähigt den Modellanwender in der strukturierten Beschreibung produktspezifischer Prozessketten und damit Definition der Bilanzgrenze. Durch die einheitliche Dokumentationsvorlage, begrenzt sich der Aufwand bei der Erhebung von Prozessinformationen auf die wesentlichen Aspekte. Im nachfolgenden Kapitel 5.3 sei auf die dritte Betrachtungsdimension, die Ökologie, im Kontext der funktionsorientierten Ökologieanalyse eingegangen.

5.3 Beschreibung von Ökologieindikatoren im Einflussbereich der Produktentwicklung

Das Ziel des dritten Schrittes der Methodik zur funktionsorientierten Ökologieanalyse im Maschinen- und Anlagenbau besteht in der Strukturierung und systematischen Beschreibung von Ökologieindikatoren im Einflussbereich der Produktentwicklung (siehe Abbildung 5-16).

Abbildung 5-16: Beschreibung entwicklungsrelevanter Ökologieindikatoren

Zur systematischen Beantwortung der korrespondierenden Forschungsfrage soll ein Beschreibungsmodell entstehen, welches zur Beherrschung der Multidimensionalität der ökologischen Nachhaltigkeit relevante Ökologieindikatoren identifiziert und strukturiert (Kapitel 5.3.1). Darauf aufbauend erfolgt die Entwicklung einer einheitlichen Beschreibungsvorlage für spezifisch ausgewählte Ökologieindikatoren im Rahmen der funktionsorientierten Ökologieanalyse (Kapitel 5.3.2).

5.3.1 Ermittlung von Ökologieindikatoren

Zur Ermittlung der für die funktionsorientierte Ökologieanalyse relevanten Ökologieindikatoren gilt es zunächst einen Untersuchungsrahmen aufzubauen (Kapitel 5.3.1.1). Daraufhin erfolgt eine systematische, analytisch-deduktive Literaturrecherche, dessen Ergebnisse in Form einer Longlist dokumentiert werden (Kapitel 5.3.1.2). Basierend auf einer systematischen Kategorisierung der identifizierten Ökologieindikatoren entsteht eine Shortlist, welche Unternehmen bei der Herleitung eines individuellen Indikatorensets unterstützt. Es folgt die Einführung einer Ökologiestruktur (Kapitel 5.3.1.3). Abbildung 5-17 zeigt das beschriebene Vorgehen.

Abbildung 5-17: Vorgehen zur Ermittlung generischer Ökologieindikatoren

5.3.1.1 Abgrenzung des Untersuchungsbereichs

Um im Sinne der formalen Anforderung eine gute Handhabbarkeit der Methodik zu erzeugen, soll Transparenz über die ökologische Nachhaltigkeit durch eine klare Strukturierung und Beschreibung von relevanten Ökologieindikatoren gelingen. Wie in Kapitel 2.3.2.1 dargelegt, bestehen im Rahmen der Ökologieanalyse mindestens drei Betrachtungsebenen zur Indikation der Umweltauswirkungen. Die nachfolgende Abbildung 5-18 zeigt diese Ebenen exemplarisch.

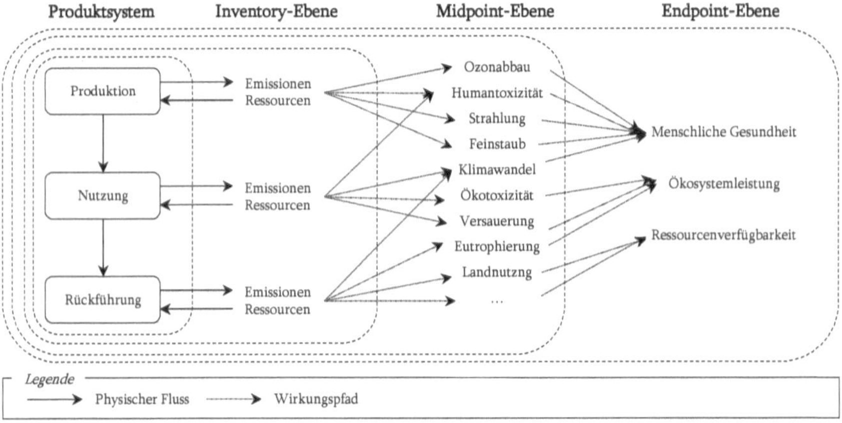

Abbildung 5-18: Schematische Darstellung der drei Indikatorenebenen der LCA[451]

Die meisten LCAs nutzen die Midpoint-Ebene oder Endpoint-Ebene für die Berichtserstattung. Diese Indikatoren sind ausführlich in der Literatur und Praxis beschrieben und bezeichnen sich als Wirkungskategorien. Durch die Verwendung der

[451] Vgl. Arvidsson (2021), Inventory Indicators in Life Cycle, S. 172; Vgl. Goedkoop et al. (2008), ReCiPE 2008, S. 3

Wirkungskategorien mit ihren Charakterisierungsfaktoren reduziert sich zwar die Anzahl der zu vergleichenden Indikatoren, gleichzeitig geht jedoch der direkte Zusammenhang zu den jeweiligen Entstehungsursachen verloren. Da Ziel der Methodik die Schaffung von Transparenz für die Produktentwicklung ist, liegt der Schwerpunkt der vorliegenden Arbeit auf der Erhebung und Analyse der Ökologieindikatoren der Inventory-Ebene. Hier bestehen zwar in zahlreichen Veröffentlichungen unterschiedlichste Indikatorenlisten, jedoch findet sich wie in Kapitel 3 herausgestellt, keine einheitliche Übersicht von durch die Produktentwicklung beeinflussbaren Indikatoren. Zu diesem Zweck gilt es einen Untersuchungsbereich für die Ermittlung von Ökologieindikatoren herzuleiten. Die Relevanz eines Indikators für die vorliegende Arbeit ergibt sich durch die Beeinflussbarkeit der Produktentwicklung und damit durch den Produktbezug eines Indikators.

Im Kontext der LCA kann eine Unterscheidung in Betriebsbilanz, Produktbilanz und Prozessbilanz erfolgen[452]. Die funktionsorientierte Ökologieanalyse lässt sich in die *Produktbilanz* einordnen, da verschiedene Prozessketten zur Produktherstellung, -nutzung und -rückführung analysiert werden und dabei keine Einschränkung auf Prozesse im eigenen Unternehmen vorliegt. Wie in Kapitel 2.3.3 dargelegt, bestehen vier übergeordnete *Ökologiekategorien*: Energie und Emissionen, Wasser und Abwasser, Materialien und Abfälle sowie Landnutzung und Biodiversität. Aufgrund des fehlenden direkten Produktbezugs schließt sich die letzte Kategorie Landnutzung und Biodiversität von den weiteren Betrachtungen aus. Weiterhin unterscheidet die LCA zwischen dem Prozessinput und -output[453], sodass sich die drei Kategorien in sechs Suchfelder für Ökologieindikatoren unterteilen lassen.

KIM ET AL. differenzieren Indikatoren nach ihrer *Hierachieebene* in Welt, Land, Branche bzw. Sektor, Unternehmen, Produkt und Prozesseinheit[454]. Der Fokus der vorliegenden Arbeit liegt auf der Analyse von produktspezifischen Umweltauswirkungen entlang ihres Lebenszyklus. Aus diesem Grund grenzt sich der Untersuchungsrahmen weiter ein.

Neben der Hierachieebene lassen sich Indikatoren anhand ihrer *Charakteristik* in quantitative und qualitative Ökologieindikatoren differenzieren. Während qualitative Indikatoren in Textform dargelegt sind, lassen sich quantitative Indikatoren in einer

---

[452] Vgl. Sailer (2020), Nachhaltigkeitscontrolling, S. 185

[453] Vgl. Issa und Pigosso (2013), Product-related EPIs, S. 33

[454] Vgl. Kim et al. (2012), Sustainability indicators and metrics, S. 1174ff.

Zahl bemessen. Im Kontext der LCA finden quantitative Indikatoren für die Bemessung der Produktnachhaltigkeit Anwendung.[455] Die funktionsorientierte Ökologieanalyse wählt die gleiche Herangehensweise und schließt qualitative Ökologieindikatoren von der Untersuchung aus. Abbildung 5-19 zeigt den Untersuchungsbereich für die Identifikation relevanter Ökologieindikatoren im Rahmen der vorliegenden Arbeit.

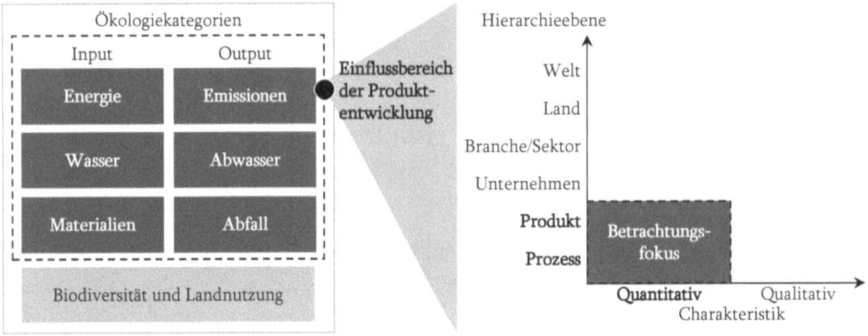

Abbildung 5-19: Untersuchungsbereich zur Ermittlung der Ökologieindikatoren

Innerhalb des dargelegten Untersuchungsbereichs erfolgt im nächsten Schritt eine systematische Literaturrecherche zur Identifikation relevanter Ökologieindikatoren. Auch an dieser Stelle sei darauf hingewiesen, dass das beschriebene Vorgehen zur Ermittlung relevanter Ökologieindikatoren trotz des abgegrenzten Untersuchungsbereichs keinen abschließenden Anspruch auf Vollständigkeit hat. So ist vorgesehen, dass sich die entstehenden Indikatorlisten im Laufe der Zeit nach demselben Vorgehen ergänzen und erweitern lassen.

5.3.1.2 Identifikation von Ökologieindikatoren

Zur Identifikation von Ökologieindikatoren innerhalb des definierten Untersuchungsbereichs erfolgt eine systematische Literaturrecherche. Hierbei finden die Suchbegriffe „Sustainable", „Sustainability", „Environment", „Environmental", „KPI", „Indicator", „Measure", „Product", „Manufacturing", „Production" und „Circular Economy" in Englisch und in Deutsch Anwendung. Insgesamt haben sich 1064 Indikatoren aus 101 Quellen ergeben, welche in Form einer Longlist dokumentiert sind. Eine Auswertung der verwendeten Quellen nach Veröffentlichungsjahr und -medium findet sich im Anhang A.2. Insbesondere wissenschaftliche Veröffentlichungen aus Journals oder Konferenzbeiträgen zeigen Vorschläge für Ökologieindikatoren auf Inventory-Ebene auf.

[455] Vgl. Lehmann (2009), Qualitative und quantitative Indikatoren zur Nachhaltigkeitsbewertung, S. 132f.

Die meisten Literaturquellen stammen aus dem Jahr 2012 oder jünger. Innerhalb der Untersuchung fanden zudem Indikatoren Berücksichtigung, die im Zuge der erhöhten Anforderungen bei der Nachhaltigkeitsberichtserstattung im Fokus stehen, wie die der Europäischen Kommission im Zuge von CSRD[456]. Jeder im Rahmen der Literaturrecherche identifizierte Indikator ist mit einer Definition und Einheit umschrieben. Die jeweiligen Quellen sind durch Benennung von Autor, Titel, Jahr, Seite, DOI oder ISBN und gegebenenfalls Journal dokumentiert. Zur Konsolidierung der identifizierten Indikatoren wird jeder Indikator ergänzend in Form eines generischen Ökologieindikators beschrieben und einer Ökologiekategorie zugewiesen. Die Einführung von generischen Ökologieindikatoren baut auf dem Vorgehen von WELSING[457] auf. Ökologieindikatoren, die das gleiche Phänomen beschreiben, aber von den Quellen unterschiedliche Bezeichnungen erhalten haben oder leichte Abwandlungen darstellen, führt der generische Ökologieindikator als die gleichen eindeutigen Indikatoren zusammen. Beispielsweise umfasst der generische Ökologieindikator „Energieverbrauch" unter anderem folgende Indikatoren: „Energie (Verbrauch)"[458], „Energieverbrauch"[459], „Energieverwendung"[460], „Gesamtenergieverbrauch"[461] oder „Kumulierter Energieaufwand"[462].

Durch die Untersuchung der Indikatoren haben sich leicht abweichend vom definierten Untersuchungsrahmen final sechs Kategorien ergeben: Energie, Emissionen, Material, Abfall, Wasser und Abwasser sowie Andere. Die Kategorie Andere erlaubt die Dokumentation von Indikatoren, die sich nicht eindeutig einer einzigen der bestehenden Kategorien zuordnen lassen, wie Lärm oder Vibration. Insgesamt erfolgte die Reduktion von den 1064 erfassten Indikatoren auf 246 generische Ökologieindikatoren. Zur Bildung der Shortlist, die einen schnellen Überblick über die am häufigsten genannten generischen Ökologieindikatoren geben soll, gilt es die Ökologieindikatoren nach ihrer Häufigkeit für jede Ökologiekategorie zu sortieren. Um eine Übersichtlichkeit zur gewährleisten liegt die Grenze zur Berücksichtigung eines generischen Ökologieindikators auf der Shortlist bei mindestens zehn Nennungen. Daraus resultiert eine Shortlist mit 30 Indikatoren, welche übersichtlich nach deren Häufigkeit in Abbildung 5-20 aufgeführt sind. So befinden sich 624 der 1064 identifizierten Ökologieindikatoren in der Shortlist. Damit können die relevantesten 12 % generischen knapp

[456] Vgl. Europäische Kommission (2023), European Sustainability Reporting Standards
[457] Vgl. Welsing (2023), Nachhaltigkeit von Produktionsnetzwerkkonfigurationen, S. 110 ff.
[458] Vgl. Hur et al. (2005), Simplified LCA, S. 236
[459] Vgl. ISO International Organisation for Standardization (2019), ISO 14033:2019-02, S. 46
[460] Vgl. Amrina und Yusof (2011), KPIs for sustainable manufacturing evaluation, S. 1095
[461] Vgl. Ruiz-Mercado et al. (2014), Expanding GREENSCOPE beyond the gate, S. 715
[462] Vgl. Aguado et al. (2013), Efficient and sustainable improvements, S. 146

60 % der insgesamt identifizierten Ökologieindikatoren abdecken. Dies unterstreicht die Relevanz der auf der Shortlist dargelegten Indikatoren. Eine Detaillierung der in der Shortlist aufgeführten generischen Ökologieindikatoren finden sich mit Quellenangaben, einheitlicher Beschreibung und zugehöriger Einheit im Anhang A.2.

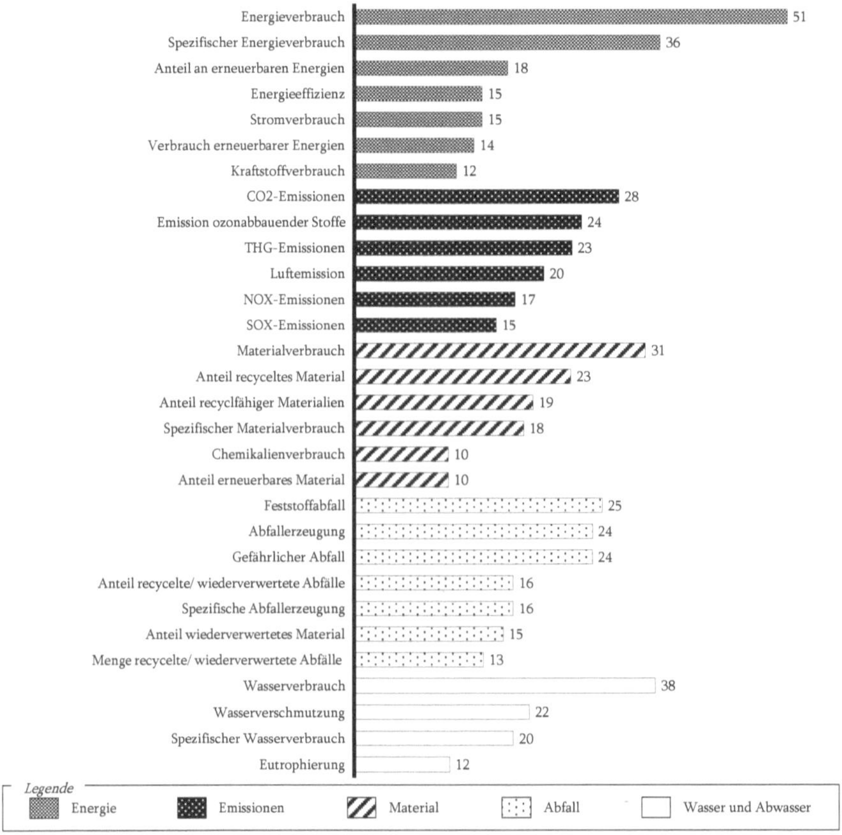

Abbildung 5-20: Häufigkeit der generischen Indikatoren in den untersuchten Quellen

In Abbildung 5-20 ist zu erkennen, dass der generische Ökologieindikator „Energieverbrauch“ mit 51 Nennung den am häufigsten identifizierten Indikator in den Literaturquellen darstellt. Mit 36 Nennung folgt in der Kategorie **Energie** der Indikator „spezifischer Energieverbrauch“, welcher den Energieverbrauch in Abhängigkeit von einer Bezugsgröße, wie der produzierten Menge, wiedergibt und somit die Energieintensität der gewählten Bezugsgröße innerhalb einer bestimmten Systemgrenze abbildet. Hierzu sind jedoch sowohl der jeweilige Energieverbrauch des gewählten Systems als auch die Bezugsgröße zu messen und in ein Verhältnis zueinander zu setzen. Die Häufigkeit dieses Indikators begründet sich unter anderem in den unterschiedlichen Bezugsgrößen und betrachteten Systemen. Darüber hinaus ist der Indikator „Anteil an erneuerbaren Energien“ häufig in den Literaturquellen zu finden. Dieser Indikator stellt jedoch nur ein Mittel zur Berechnung der CO_2-Emissionen dar. Der „Stromverbrauch“, „Kraftstoffverbrauch“ und „Verbrauch erneuerbaren Energien“ sind absolute Messgrößen, wohingegen die „Energieeffizienz“ den bilanzierten Input ins Verhältnis zum Output setzt.

In der Kategorie **Emissionen** ist der generische Ökologieindikator „CO_2-Emissionen“ der meist genannte Indikator. Zudem wird häufig die Menge von Schwefeldioxid bzw. Stickstoffdioxid als relevanter Indikator aufgeführt. Die weiteren relevanten Ökologieindikatoren dieser Kategorie fassen mehrere emittierte Stoffe zusammen wie „Treibhausgasemissionen“ oder „allgemeine Luftemissionen“.

Mit 31 Nennungen ist der Ökologieindikator „Materialverbrauch“ der am häufigsten genannte in den Literaturquellen der Kategorie **Material**. Es folgen die Indikatoren zum Anteil des recycelten Material und zur Recyclingfähigkeit des Materials. Analog zur Kategorie Energie, wird auch hier der „spezifische Materialverbrauch“ häufig aufgeführt.

In der Kategorie **Abfall** ist der am häufigsten benannte Ökologieindikator „Feststoffabfall“ gefolgt von der absoluten und spezifischen Menge des erzeugten Abfalls. Mit 24 Nennungen ist auch die Menge des gefährlichen Abfalls hervorzuheben. Die Rückführung von Abfällen oder Materialien adressieren die Ökologieindikatoren hinsichtlich der Menge bzw. des Anteils recycelter oder wiederverwerteter Stoffe.

Innerhalb der Kategorie **Wasser und Abwasser** gehören der absolute und der spezifische Wasserverbrauch zu den am häufigsten genannten Ökologieindikatoren. Der Verbrauch umfasst dabei die reine Entnahme sowie die Einbringung in ein Produkt. Darüber hinaus finden Indikatoren bezüglich der Verschmutzung sowie Eutrophierung des Abwassers häufige Verwendung.

Die Ökologieindikatoren lassen sich im nächsten Schritt zur Bildung einer generischen Ökologiestruktur für die einheitliche Strukturierung von Ökologieindikatoren im Rahmen der vorliegenden Arbeit nutzen.

5.3.1.3 Ableitung der generischen Ökologiestruktur

Die dargelegten generischen Ökologieindikatoren lassen sich im Rahmen der vorliegenden Arbeit zur Bildung einer sogenannten Ökologiestruktur heranziehen. Die Ökologiestruktur besteht in Anlehnung an die Ausführungen von SCHÖGGL ET AL.[463] auf erster Ebene aus den sechs Ökologiekategorien und auf zweiter Ebene aus den generischen Ökologieindikatoren. Die nachfolgende Abbildung 5-21 zeigt exemplarisch die Ökologiestruktur mit den 30 generischen Ökologieindikatoren der Shortlist.

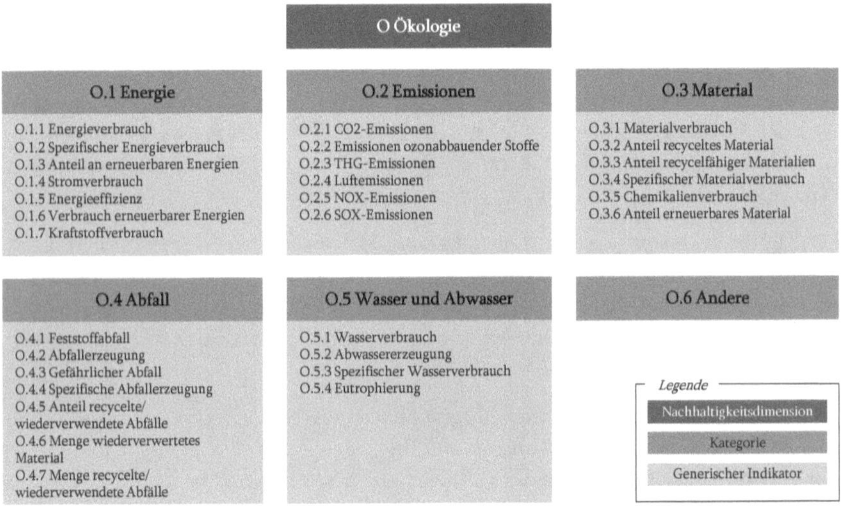

Abbildung 5-21: Ökologiestruktur

Es sei darauf hingewiesen, dass die Ökologieindikatoren auf zweiter Ebene hierarchisch den Ökologiekategorien auf erster Ebene zuzuordnen sind, jedoch die die Ökologieindikatoren auf zweiter Ebene untereinander Teilmengen darstellen können. Exemplarisch spezifiziert der Stromverbrauch O.1.4 den Energieverbrauch O.1.1. Sofern jedoch nicht die Aggregation aller Ökologieindikatoren zu einem einzigen Öko-

[463] Vgl. Schöggl et al. (2016), Sustainability Assessment, S. 6

logiewert angedacht ist, ist es ausreichend entsprechende Indikatoren in ihrer Kategorie zu strukturieren. Mithilfe der Longlist ist eine Erweiterung oder Modifikation der im Rahmen der funktionsorientierten Ökologieanalyse betrachteten generischen Ökologieindikatoren unternehmensspezifisch möglich. Die Ökologiestruktur selber verhilft dazu gezielt Umweltauswirkungen zu verrechnen und diese für die Ableitung von produktspezifischen Handlungsfeldern zu analysieren.

5.3.2 Auswahl und Beschreibung von Ökologieindikatoren

Nach der Identifikation relevanter Ökologieindikatoren gilt es, diese im nächsten Schritt für die funktionsorientierte Ökologieanalyse im Maschinen- und Anlagenbau auszuwählen und einheitlich zu beschreiben. Hierzu sei zunächst die Dokumentation aller ausgewählten Ökologieindikatoren erläutert (Kapitel 5.3.2.1). Im Anschluss erfolgt die Darlegung einer Dokumentationsvorlage für die Erhebung relevanter Ökologiedaten im Kontext der Prozessaufnahme (Kapitel 5.3.2.2).

5.3.2.1 Auswahl von Ökologieindikatoren

Basierend auf den erarbeiteten Indikatorenlisten ist der Modellanwender in der Lage im Abgleich mit unternehmensinternen Nachhaltigkeitszielen ein unternehmensspezifisches Set an Indikatoren aufzustellen. Die Longlist beinhaltet alle ökologischen Nachhaltigkeitsindikatoren mit Produktbezug, die sich während der Recherche herausgestellt haben. Diese Liste dient insbesondere der Inspiration, da selten verwendete Indikatoren gefunden und gegebenenfalls in das eigene Set inkludiert werden können. Die Shortliste konsolidiert die Ergebnisse und beinhalten lediglich die am häufigsten genannten Indikatoren je Ökologiekategorie und erlaubt somit die schnellere Identifikation relevanter Ökologieindikatoren. Zur Unterstützung der Erzeugung eines individuellen Indikatorsets haben ISSA ET AL. fünf Fragestellungen für die Auswahl geeigneter Ökologieindikatoren und Überprüfung der jeweiligen Anwendungstauglichkeit erarbeitet[464]:

- Ist der Indikator für die Produkte geeignet?
- Wie viele Daten sind für die Messung des Indikators erforderlich?
- Ist die Datenerhebung für den Indikator mit erheblichen Kosten verbunden?
- Ist der Indikator einfach zu verwenden und zu verstehen?
- Erfordert der Indikator Expertenwissen?

---

[464] Vgl. Issa et al. (2015), Product-related environmental performance indicators, S. 326

Auf diese Art und Weise kann jedes Unternehmen eine eigene Ökologiestruktur mit individuellen Ökologieindikatoren erzeugen. Zur einfachen Aufnahme der ausgewählten Indikatoren für die funktionsorientierte Ökologieanalyse bietet sich eine tabellarische Auflistung an (siehe Tabelle 5-7). Von jedem Indikator ist die Angabe einer eindeutigen Identifikationsnummer ID_{OE}, der Ökologiekategorie K_{OE} sowie der jeweiligen Einheit d_{OE} erforderlich. Auf diese Art und Weise wird für jeden ausgewählten Ökologieindikator einmalig die Kategorie und Einheit hinterlegt, sodass diese bei den Prozessaufnahmen nicht wiederholend aufzuführen sind. Für das Beispiel der Umbuganlage wurden exemplarisch die Ökologieindikatoren Stahlverbrauch, Aluminiumverbrauch und elektrische Energie zur Betrachtung im Rahmen der funktionsorientierten Ökologieanalyse ausgewählt. Der Buchstabe β steht im weiteren Verlauf der Arbeit für die Anzahl betrachteter Ökologieindikatoren.

Tabelle 5-7: Dokumentation von Ökologieinformationen

Allgemeine Darstellung:

ID	Ökologie-kategorie	Ökologie-indikator	Einheit
$ID_{OE,1}$	$K_{OE,1}$	OE_1	$d_{OE,1}$
ID_{OE2}	$K_{OE,2}$	OE_2	$d_{OE,2}$
…	…	…	…
$ID_{OE,\beta}$	$K_{OE,\beta}$	OE_β	$d_{OE,\beta}$

Beispielhafte Darstellung (Ausschnitt):

ID	Ökologie-kategorie	Ökologie-indikator	Einheit
OE01	O.3.1	Stahl	kg
OE02	O.3.1	Aluminium	kg
OE05	O.1.4	Elektr. Energie	kWh
…	…	…	…

Legende

$ID_{OE,i}$	Identifikationsnummer von Ökologieindikator OE_i	$d_{OE,i}$	Einheit d von Ökologieindikator OE_i	
$K_{OE,i}$	Ökologiekategorie K von Ökologieindikator OE_i	β	Anzahl an Ökologieindikatoren (OE)	$i \in [1,\beta]$

Zur Sicherstellung der Praktikabilität erfolgt nachfolgend die Beschreibung der für eine zielgerichtete Datenerhebung erforderlichen Informationen bezüglich der ausgewählten Ökologieindikatoren.

5.3.2.2 Erhebung von Ökologieindikatoren

Nach der einmaligen Hinterlegung, welche Ökologieindikatoren im Rahmen der funktionsorientierten Ökologieanalyse zu betrachten sind, gilt es die Prozessaufnahmen aus Kapitel 5.2.2.2 um die Ökologiesicht zu erweitern. In jeder Phase des Produktlebenszyklus durchlaufen das Produkt und seine Komponenten eine Fülle von Produktions- bzw. Rückführungsprozessen oder Nutzungsprozesse führen Produktfunktionen aus. Jeder dieser Prozesse benötigt Inputs wie Energie und Materialien und liefert neben den gewünschten Outputs wie Rohstoffen, Halbzeugen oder Komponenten auch unerwünschte Outputs wie Emissionen und Abfälle.[465] Aus diesem Grund sind die Inputs und Outputs gemeinsam mit den Prozessinformationen zu dokumentieren.

Nach den Datenerhebungsblättern der DIN EN ISO 14044[466] ist die Ergänzung um die gemessene Menge des Ökologieindikators, die Einheit sowie die Beschreibung des Erfassungsverfahrens vorzusehen. Durch die bereits hinterlegten Einheiten aller ausgewählten Ökologieindikatoren (siehe Kapitel 5.3.2.1) ist dies bei den Prozessaufnahmen nicht mehr erforderlich. Der Ökologiewert ow beschreibt die jeweilige Menge des Ökologieindikators. Die Beschreibung des jeweiligen Erfassungsverfahrens bzw. der Datenquelle Q kann nach Ermessen des Modellanwenders erfolgen, ist jedoch für die Kalkulation der Umweltauswirkungen im Kontext der Ökologieanalyse keine notwendige Angabe. Datenquellen können beispielsweise die direkte Messung von Ökologiewerten, z.B. durch das Ablesen von Stromzählern, die Nutzung von internen IT-Systemen und Datenbanken oder die Verwendung von Datenbanken von Drittanbietern sein, z.B. die GaBi Datenbank mit mehr als 15.000 Prozessdatensätzen[467]. Die nachfolgende Tabelle 5-8 zeigt die für die Prozessaufnahme um die Ökologie ergänzten Spalten am Beispiel der Produktionsphase.

Tabelle 5-8: Erweiterung der Prozessdokumentation um die Umweltauswirkungen am Beispiel der Produktionsphase

Allgemeine Darstellung:

ID	⋮	Ökologiewert	Quelle
$ID_{PPZ,1}$		$ow_{P,11} \cdots ow_{P,1\beta}$	$Q_{PPZ,1}$
$ID_{PPZ,2}$	⋮	$ow_{P,21} \cdots ow_{P,2\beta}$	$Q_{PPZ,2}$
…		…	…
$ID_{PPZ,\gamma}$		$ow_{P,\gamma 1} \cdots ow_{P,\gamma\beta}$	$Q_{PPZ,\gamma}$

Beispielhafte Darstellung (Ausschnitt):

ID	⋮	Ökologiewert				Quelle
PP12201		0	0	30	…	Gemessen
PP19048	⋮	25	0	0	…	Gemessen
PP19031		0	55	0	…	Gemessen
…		…	…	…	…	…

Legende

$ow_{P,ij}$ Ökologiewert ow von Ökologieindikator OE_j in Produktionsprozess PPZ_i; $i \in [1,\gamma]$, $j \in [1,\beta]$

$Q_{PPZ,i}$ Quelle bzw. Erfassungsverfahren Q von Ökologieindikator OE_j in Produktionsprozess PPZ_i

Zusammenfassend identifiziert der dritte Schritt der Methodik relevante Ökologieindikatoren mit Produktbezug und stellt diese in Form einer Longlist und einer Shortlist dem Modellanwender zur Auswahl eines spezifischen Indikatorensets und Bildung ei-

[465] Vgl. Birkhofer et al. (2012), Umweltgerechtes Konstruieren, S. 564
[466] Vgl. Deutsches Institut für Normung e. V. (2021), DIN EN ISO 14044:2021-02, S. 46ff.
[467] Vgl. Sphera (2024), GaBi Databases

ner spezifischen Ökologiestruktur zur Verfügung. Darüber hinaus bestehen Dokumentationsvorlagen, um die Analyse produktspezifischer Umweltauswirkungen vornehmen zu können. Durch die Erweiterung der Prozessaufnahmen um die Ökologiesicht wird ersichtlich, dass die Prozessdaten das Bindeglied zwischen Prozessträgern und Ökologieinformationen darstellen. Daher erfolgt im Rahmen des nächsten Kapitels 5.4 die Erläuterung der Zusammenhänge sowie die Analyse von Funktions- und Produktstrukturelementen hinsichtlich ausgewählter Ökologieindikatoren.

5.4 Analyse von Funktions- und Produktstruktur hinsichtlich ausgewählter Ökologieindikatoren

Das Ziel des vierten Schrittes der Methodik zur funktionsorientierten Ökologieanalyse besteht in der Ermittlung der Zusammenhänge zwischen Ökologie und Produktarchitektur und damit in der Analyse von Funktions- und Produktstrukturelementen hinsichtlich der ausgewählten Ökologieindikatoren (siehe Abbildung 5-22).

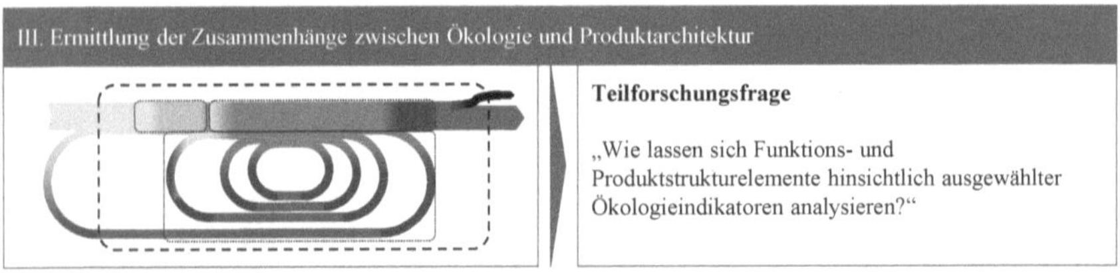

Abbildung 5-22: Ermittlung der Zusammenhänge zwischen Ökologie und Produktarchitektur

Zur Beantwortung der Teilforschungsfrage erfolgt im ersten Schritt die Erklärung der Zusammenhänge zwischen Produkt, Prozess und Ökologie (Kapitel 5.4.1). Hierzu gilt es die Lebenszyklusphasen Produktion, Nutzung und Rückführung separat voneinander zu betrachten und das jeweilige Life Cycle Inventory (LCI) aufzustellen. Darauf aufbauend lässt sich die Ökologie auf Funktions- und Produktstrukturebene für jede Lebenszyklusphase unter Berücksichtigung unterschiedlicher Lebensdauern und Rückführungsprozesse im Sinne der wertsteigernden Kreislaufwirtschaft analysieren (Kapitel 5.4.2). Den Abschluss dieses Kapitels bildet die Kalkulation der Gesamtumweltauswirkungen über alle Phasen des Produktlebenszyklus für Funktions- und Produktsicht (Kapitel 5.4.3).

5.4.1 Erklärung der Zusammenhänge zwischen Produkt, Prozess und Ökologie

Aufgrund der Besonderheiten jeder einzelnen Lebenszyklusphase gilt es diese für die Erklärung der Zusammenhänge separat voneinander zu betrachten. Der größte Unterschied liegt darin, dass in der Nutzungsphase nicht Prozesse für die Bereitstellung oder Verarbeitung von Komponenten anfallen, sondern die eigentlichen Funktionen des Produktes ausführen. Abbildung 5-23 zeigt die gebildete Systemgrenze der Ökologieanalyse mit den einzelnen Bestandteilen, welche die nachfolgenden Teilkapitel separat spezifizieren.

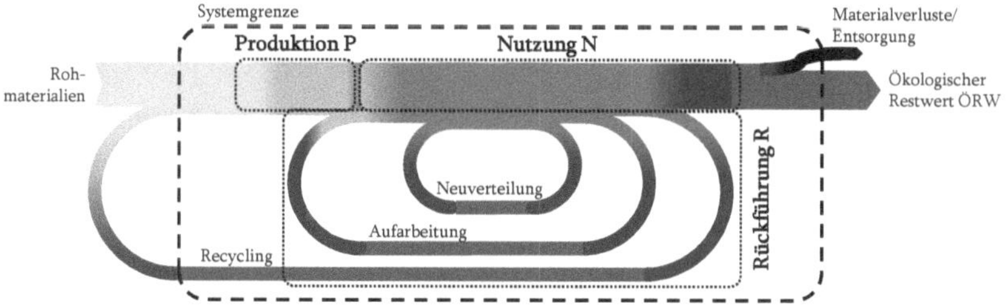

Abbildung 5-23: Systemgrenze der Ökologieanalyse

5.4.1.1 Produktionsphase

Im Rahmen der Produktionsphase erfolgen, wie in Kapitel 5.2 dargestellt, Prozesse zur Bearbeitung von Materialien, Herstellung von Komponenten und Montage gesamter Produkte im Maschinen- und Anlagenbau. Ein Prozess fällt demnach für mindestens ein konkretes Produktstrukturelement an. Die Prozesse verbrauchen Energie und Ressourcen, welche sich anhand der ausgewählten Ökologieindikatoren bemessen lassen. Die Zusammenführung dieser Informationen erfolgt in einem einheitlichen Format, das in der nachfolgenden Tabelle 5-9 dargelegt ist.

Basierend auf den dargestellten Informationen lässt sich als erstes die Prozessträgermatrix der Produktionsphase $\boldsymbol{PZT}_P = (pzt_{P,ij}) \in \mathbb{R}^{\gamma \times \alpha}$ ableiten, welche die in einem Produktionsprozessschritt hergestellten Prozessträger beinhaltet. Spaltenweise befinden sich die Produktstrukturelemente in gleicher Sequenz wie bei der Produktstruktur-Direktbedarfsmatrix $\boldsymbol{D}_{PSE}$. Die einzelnen Zeilen stehen für jeweils einen Produktionsprozess. Darüber hinaus lässt sich in gleicher Sequenz die Matrix mit der Anzahl bearbeiteter Prozessträger bzw. Produktstrukturelemente innerhalb der Produktionsprozesse $\boldsymbol{N}_P = (n_{P,ij}) \in \mathbb{R}^{\gamma \times \alpha}$ bilden.

Tabelle 5-9: Prozessdokumentation in der Produktionsphase

Allgemeine Darstellung:

ID	Prozesskategorie	Prozessträger	Anzahl bearb. Träger	Ökologiewert
$ID_{PPZ,1}$	$K_{PPZ,1}$	$pzt_{P,11} \dots pzt_{P,1\alpha}$	$n_{P,11} \dots n_{P,1\alpha}$	$ow_{P,11} \dots ow_{P,1\beta}$
$ID_{PPZ,2}$	$K_{PPZ,2}$	$pzt_{P,21} \dots pzt_{P,2\alpha}$	$n_{P,21} \dots n_{P,2\alpha}$	$ow_{P,21} \dots ow_{P,2\beta}$
...	...	...	...	...
$ID_{PPZ,\gamma}$	$K_{PPZ,\gamma}$	$pzt_{P,\gamma 1} \dots pzt_{P,\gamma\alpha}$	$n_{P,\gamma 1} \dots n_{P,\gamma\alpha}$	$ow_{P,\gamma 1} \dots ow_{P,\gamma\beta}$

Beispielhafte Darstellung (Ausschnitt):

ID	Prozesskategorie	Prozessträger		Anzahl bearb. Träger		Ökologiewert OE1	OE2	OE5 ...
PP19001	A.9.2	M121100	M121300	1	1	2250	0	0 ...
PP19002	A.9.2	M131501	M131601	1	1	8	0	0 ...
PP19003	A.9.2	M131508	M133108	2	2	120	0	0 ...
...	...	...		...		...		

Ableitung Prozessträgermatrix	Ableitung Matrix bearbeiteter Prozessträger	Ableitung Ökologiewertematrix
$\boldsymbol{PZT}_P$	$\boldsymbol{N}_P$	$\boldsymbol{OW}_P$

Als dritte Matrix lässt sich die Ökologiewertematrix $\boldsymbol{OW}_P = \left(ow_{P,ij}\right) \in \mathbb{R}^{\gamma \times \beta}$ der Produktionsphase basierend auf den erhobenen Prozessinformationen ableiten. Hierbei sind für jeden Prozessschritt die gemessenen Werte der Ökologieindikatoren hinterlegt. Die Zeilen bilden die Produktionsprozesse, die Spalten die ausgewählten Ökologieindikatoren. Gemäß der Vorzeichenkonvention des LCI stehen Ökologiewerte, die einen einfließenden Strom in das Produktsystem quantifizieren, mit einem negativen Vorzeichen und Ökologiewerte, die einen Ausgangsstrom wie Abfall- oder Emissionsflüsse aus dem Produktsystem quantifizieren, mit einem positiven Vorzeichen in der Ökologiewertematrix. Die entsprechende Vorzeichenkonvention ist durch die Angabe der jeweiligen Ökologiekategorie (siehe Kapitel 5.3.2) hinterlegt und gilt auch für die Ökologiewerte der nachfolgenden Lebenszyklusphasen.

Neben den bereits in Kapitel 5.2 und Kapitel 5.3 hergeleiteten Informationen gilt es, einen Skalierungsfaktor zu bestimmen, um eine entsprechende Zuordnung der Energie- und Ressourcenverbräuche in den Prozessen zu den Prozessträgern zu ermöglichen. Die Skalierung setzt sich dabei in der vorliegenden Arbeit aus der Allokation und Normierung zusammen. Die Allokation ist erforderlich, wenn ein Prozess mehrere

Prozessträger umfasst. Beispielsweise können in einem Spritzgusswerkzeug die Formen für zwei unterschiedliche Komponenten vorgesehen sein. Mit Hilfe der Allokation erfolgt dann eine Aufteilung der Ökologiewerte zum Beispiel nach Menge oder Masse. Die Normierung umfasst dahingegen die Aufteilung der erhobenen Ökologiewerte, sofern der Prozess von dem gleichen Prozessträger mehrere Stück behandelt. So entstehen beispielhaft zwanzig gleiche Schienen in einem Stanzprozess, im Endprodukt ist jedoch nur eine verbaut. Der Anteil eines Prozessträgers wird daher durch seine in dem Prozess verarbeitete Menge geteilt. Allokation und Normierung kombiniert ergeben zusammen die Skalierung, welche immer zum Ziel hat die erhobenen Ökologiewerte eines Prozesses auf die Stückzahl eins eines Prozessträgers zu skalieren. Es ergibt sich im Fall der Produktionsphase die Skalierungsmatrix $\boldsymbol{SF}_P$, deren Zusammenhänge der nachfolgenden Gleichung (5.5) zu entnehmen sind. Im Rahmen der vorliegenden Arbeit erfolgt eine Allokation und Normierung nach der Menge. Der Aufbau der Skalierungsmatrix gleicht dabei dem der Prozessträgermatrix $\boldsymbol{PZT}_P$.

$$\boldsymbol{SF}_P = \begin{pmatrix} sf_{P,11} & \cdots & sf_{P,1\alpha} \\ \vdots & \ddots & \vdots \\ sf_{P,\gamma 1} & \cdots & sf_{P,\gamma\alpha} \end{pmatrix} \tag{5.5}$$

mit

$\boldsymbol{SF}_P$	Skalierungsmatrix für die Prozessträger in den Produktionsprozessen PPZ, $\boldsymbol{SF}_P \in \mathbb{R}^{\gamma\times\alpha}$
und	$(SF_P)_{ij} := sf_{P,ij} = \frac{1}{\sum_{j=1}^{\alpha} n_{P,ij}}$
	$i \in [1, \gamma],\ j \in [1, \alpha], (n_{P,ij}) = \boldsymbol{N}_P$

Mit der in Kapitel 5.1 eingeführten Produktstruktur-Direktbedarfsmatrix $\boldsymbol{D}_{PSE}$ ergibt sich die Technosphärenmatrix der Produktionsphase $\boldsymbol{A}_P$, in Gleichung (5.6) dargestellt.

$$\boldsymbol{A}_P = \begin{pmatrix} \boldsymbol{D}_{PSE} & \emptyset \\ -\boldsymbol{SF}_P & \boldsymbol{I}_{PPZ} \end{pmatrix} \tag{5.6}$$

mit

$\boldsymbol{A}_P$	Technosphärenmatrix der Produktionsphase P, $\boldsymbol{A}_P \in \mathbb{R}^{(\alpha+\gamma)\times(\alpha+\gamma)}$
$\boldsymbol{I}_{PPZ}$	Einheitsmatrix der Produktionsprozesse PPZ, $\boldsymbol{I}_{PPZ} \in \mathbb{R}^{\gamma\times\gamma}$

Im Gegensatz zu der im Grundlagenkapitel 2.3.2.2 vorgestellten Technosphärenmatrix finden sich in $\boldsymbol{A}_P$ die komplexen Strukturen von den betrachteten technischen Produkten im Maschinen- und Anlagenbau wieder. Es ist übersichtlich hinterlegt, welche Prozesse skaliert für welches Produktstrukturelement erforderlich sind. Bei dem mehrfachen Aufkommen eines Produktstrukturelementes im gesamten Produkt sind die dahinterliegenden Prozesse nur einmal aufzunehmen. Sollte sich die erforderliche Menge eines Produktstrukturelementes verändern, so reicht es den entsprechenden Wert in $\boldsymbol{D}_{PSE}$ zu variieren. Dies steigert die Praktikabilität gegenüber bestehenden Methoden. Anhand der durch Tabelle 5-9 gewonnenen Ökologiewertmatrix $\boldsymbol{OW}_P$ lässt sich ebenfalls die Interventionsmatrix der Produktionsphase $\boldsymbol{B}_P$ aufstellen, dargestellt in Gleichung (5.7). In der Interventionsmatrix finden sich die erhobenen Ökologiewerte für jeden Prozess in der Produktionsphase.

$$\boldsymbol{B}_P = (\emptyset \quad \boldsymbol{OW}_P^T) \tag{5.7}$$

mit

$\boldsymbol{B}_P$ Interventionsmatrix der Produktionsphase P, $\boldsymbol{B}_P \in \mathbb{R}^{\beta\times(\alpha+\gamma)}$

Mit der Technosphärenmatrix $\boldsymbol{A}_P$ und der Interventionsmatrix $\boldsymbol{B}_P$ ist das Life Cycle Inventory für die Produktionsphase aufgestellt. Am Beispiel der Umbuganlage ergeben sich die in Abbildung 5-24 ausschnittsweise dargelegten Zusammenhänge.

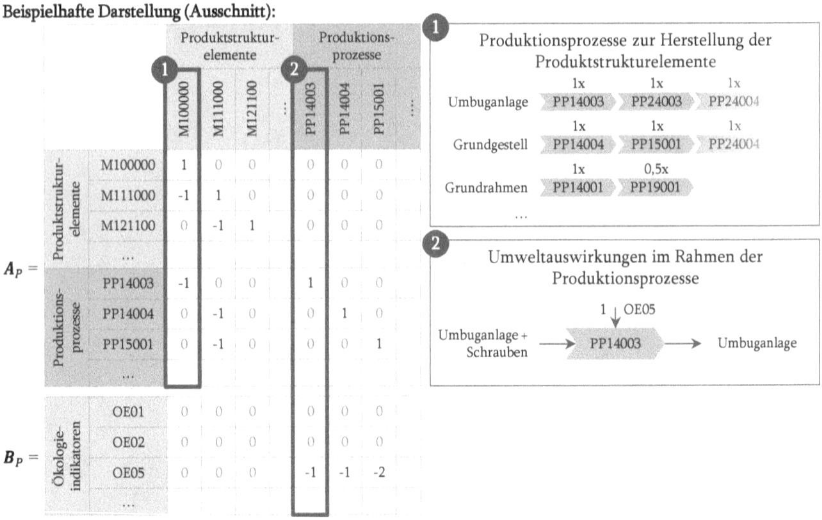

Abbildung 5-24: Technosphärenmatrix und Interventionsmatrix der Umbuganlage in der Produktionsphase

5.4.1.2 Nutzungsphase

Wie eingangs dargestellt erfolgt in der Nutzungsphase die Ausführung von Funktionen. Diese sind daher im Rahmen der Prozessaufnahmen als Prozessträger zu listen und die Anzahl der Funktionsausführungen innerhalb eines Prozesses zu dokumentieren. Beispielsweise ist es möglich einen Umbugprozess als eine Abfolge von Funktionen, wie Material einführen, umbugen, Material ausführen, zu analysieren, welche hochautomatisiert erfolgen. Die Angabe der Prozessdauer und des Ökologiewertes bilden in Abhängigkeit von den Erhebungsmöglichkeiten des Anwenders unterschiedliche Granularitätsstufen ab. Die nachfolgende Tabelle 5-10 zeigt das zugehörige Erhebungsblatt. Der Buchstabe ε steht im weiteren Verlauf der Arbeit für die Anzahl aller Nutzungsprozesse.

Tabelle 5-10: Prozessdokumentation in der Nutzungsphase

Allgemeine Darstellung:

ID	Prozesskategorie	Prozessträger	Anzahl FSE Ausführungen	Dauer [min]	Ökologiewert	Anzahl NPZ in NPF
$ID_{NPZ,1}$	$K_{NPZ,1}$	$pzt_{N,11} \dots pzt_{N,1\delta}$	$n_{FSE,11} \dots n_{FSE,1\delta}$	z_1	$ow_{N,11} \dots ow_{N,1\beta}$	$n_{NPZ,11} \dots n_{NPZ,1\zeta}$
$ID_{NPZ,2}$	$K_{NPZ,2}$	$pzt_{N,21} \dots pzt_{N,2\delta}$	$n_{FSE,21} \dots n_{FSE,2\delta}$	z_2	$ow_{N,21} \dots ow_{N,2\beta}$	$n_{NPZ,21} \dots n_{NPZ,2\zeta}$
…	…	…	…	…	…	…
$ID_{NPZ,\varepsilon}$	$K_{NPZ,\varepsilon}$	$pzt_{P,\varepsilon 1} \dots pzt_{N,\varepsilon\delta}$	$n_{FSE,\varepsilon 1} \dots n_{FSE,\varepsilon\delta}$	z_ε	$ow_{N,\varepsilon 1} \dots ow_{N,\varepsilon\beta}$	$n_{NPZ,\varepsilon 1} \dots n_{NPZ,\varepsilon\zeta}$

Legende

$ID_{NPZ,i}$	Identifikationsnummer von NPZ_i	$ow_{N,ik}$	Ökologiewert OW von OE_k in NPZ_i
$K_{NPZ,i}$	Nutzungsprozesskategorie K von NPZ_i	$n_{NPZ,il}$	Anzahl NPZ_i in Nutzungsprofil NPF_l
$pzt_{N,ij}$	Funktionsstrukturelement FSE_j ausgeführt in NPZ_i	ε	Anzahl an Nutzungsprozessen (NPZ)
$n_{FSE,ij}$	Anzahl Funktionsausführungen von FSE_j in NPZ_i	$i \in [1,\varepsilon]$ $j \in [1,\delta]$	$k \in [1,\beta]$ $l \in [1,\zeta]$
z_i	Zeit z von NPZ_i		

Beispielhafte Darstellung (Ausschnitt):

ID	Prozesskategorie	Prozessträger	Anzahl FSE Ausführungen	Dauer [min]	Ökologiewert OE1	OE2	OE5	…	A. NPZ in NPF NPF01	NPF02
NP11202	B.1.2	F07	1	2	22	0	0	…	1	2
NP11201	B.1.2	F08, F09, F11, F12	4, 4, 4, 4	60	8	0	0	…	1	2
NP12102	B.2.1	F18, F19, F20	7, 1, 1	2	120	0	0	…	75	40
…	…	…	…		…	…	…	…	…	

Ableitung Prozessträgermatrix $\boldsymbol{PZT}_N$

Ableitung FSE Ausführungsmatrix $\boldsymbol{N}_{NPZ-FSE}$

Ableitung Zeitvektor $\boldsymbol{z}_{NPZ}$

Ableitung Ökologiewertematrix $\boldsymbol{OW}_N$

Ableitung Nutzungsprofilmatrix $\boldsymbol{N}_{NPF-NPZ}$

Anhand der dargestellten Spalten lassen sich fünf Matrizen für die weitere Verrechnung im Rahmen der Ökologieanalyse bilden, deren Beschreibung wie folgt lautet. Die Prozessträgermatrix $\boldsymbol{PZT}_N = (pzt_{N,ij}) \in \mathbb{R}^{\varepsilon \times \delta}$ umfasst die Funktionsstrukturelemente, die im Rahmen der Nutzungsphasenprozesse auszuführen und als Prozessträger zu dokumentieren sind. Spaltenweise sind die Funktionsstrukturelemente in gleicher Sequenz wie in der Funktionsstruktur-Direktmatrix $\boldsymbol{D}_{FSE}$ aufgelistet. Die zeilenweise Anordnung beschreibt die Nutzungsprozesse. Die Ausführungsmatrix der Funktionsstrukturelemente $\boldsymbol{N}_{NPZ-FSE} = (n_{FSE,ij}) \in \mathbb{R}^{\varepsilon \times \delta}$ gibt die Ausführungshäufigkeit einer bestimmten Funktion in dem jeweiligen Nutzungsprozess an. Der Zeitvektor $\boldsymbol{z}_{NPZ} = (z_i) \in \mathbb{R}^{\varepsilon \times 1}$ umfasst die jeweiligen Prozessdauern. Diese sind relevant, um im weiteren Verlauf der Arbeit die Belastungsdauer einzelner Produktumfänge kalkulieren zu können. Die Ökologiewertematrix der Nutzungsphase $\boldsymbol{OW}_N = (ow_{N,ik}) \in \mathbb{R}^{\varepsilon \times \beta}$ beinhaltet analog zur Produktionsphase die Ökologiewerte der einzelnen Ökologieindikatoren in den jeweiligen Nutzungsprozessen.

Da viele Anwendungsbereiche dieselben Produkte des Maschinen- und Anlagenbaus unterschiedlich nutzen und damit verschiedene Energie- und Ressourcenverbräuche entstehen, erfolgt im Rahmen der vorliegenden Arbeit die Aufstellung sogenannter Nutzungsprofile. Die letzte Spalte des Erhebungsblattes, dargestellt in Tabelle 5-10, bildet die Anzahl des betrachteten Nutzungsprozesses NPZ im jeweiligen Nutzungsprofil NPF. Die letzte Matrix, die Nutzungsprofilmatrix $\boldsymbol{N}_{NPF-NPZ} = (n_{NPZ,il}) \in \mathbb{R}^{\varepsilon \times \zeta}$, gibt an, wie häufig das betrachtete Nutzungsprofil einen definierten Prozess durchführt. Anhand dessen können einmalig alle Nutzungsprozesse mit den zugehörigen Funktionsausführungen und Ökologiewerten beschrieben und für die Abbildung unterschiedlichen Kundenverhaltens oder Anwendungsszenarien deren Häufigkeit variieren. Dies soll ebenfalls die Praxistauglichkeit der Methodik sicherstellen und ein effizientes Nutzen-Aufwand-Verhältnis schaffen.

Zur Bildung der Technosphärenmatrix und Interventionsmatrix der Nutzungsphase sind neben den aus Tabelle 5-10 abgeleiteten Matrizen die durchschnittlichen Ökologiewerte je Funktionsstrukturelement zu bestimmen, um im Rahmen der Ableitung von Handlungsfeldern einzelne Funktionen mit den größten ökologischen Auswirkungen ausfindig zu machen. Hierzu erfolgt zunächst eine Normierung der erhobenen Ökologiewerte. Das Ergebnis ist die nach den Funktionsausführungshäufigkeiten normierte Ökologiewertematrix $\boldsymbol{OW}_{N,nor}$, dargestellt in Gleichung (5.8).

$$\boldsymbol{OW}_{N,nor} = \begin{pmatrix} ow_{N,nor,11} & \cdots & ow_{N,nor,1\beta} \\ \vdots & \ddots & \vdots \\ ow_{N,nor,\varepsilon 1} & \cdots & ow_{N,nor,\varepsilon\beta} \end{pmatrix} \tag{5.8}$$

mit

$\boldsymbol{OW}_{N,nor}$ Normierte Ökologiewerte in den Nutzungsprozessen NPZ nach Funktionsstrukturelementen, $\boldsymbol{OW}_{N,nor,k} \in \mathbb{R}^{\varepsilon\times\beta}$

und $ow_{N,nor,ij} = \frac{1}{\sum_{k=1}^{\delta} n_{FSE,ik}} \cdot ow_{N,ij}$

$i \in [1,\ \varepsilon],\ j \in [1,\beta],\ k \in [1,\ \delta]$

$(ow_{N,ij}) = \boldsymbol{OW}_N, (n_{FSE,ik}) = \boldsymbol{N}_{NPZ-FSE}$

Basierend auf den normierten Ökologiewerten lässt sich der durchschnittliche Ökologiewert für jedes Funktionsstrukturelement in einem Nutzungsprofil errechnen (siehe Gleichung (5.9)). Die Allokation erfolgt hierbei über die absolute Häufigkeit einer Funktionsausführung innerhalb eins Nutzungsprofils. Die zuvor beschriebene Vorzeichenkonvention besagt, dass als Input deklarierte Ökologieindikatoren negativ und als Output deklarierte Ökologieindikatoren positive Vorzeichen beinhalten.

$$\boldsymbol{U}_{FSE,k} = \begin{pmatrix} u_{FSE,11k} & \cdots & u_{FSE,1\delta k} \\ \vdots & \ddots & \vdots \\ u_{FSE,\beta 1k} & \cdots & u_{FSE,\beta\delta k} \end{pmatrix} \tag{5.9}$$

mit

$\boldsymbol{U}_{FSE,k}$ Umweltauswirkungsmatrix für jedes Funktionsstrukturelement FSE in einem Nutzungsprofil NPF, $\boldsymbol{U}_{FSE,k} \in \mathbb{R}^{\beta\times\delta}$ für $k \in [1,\ \zeta]$

und $u_{FSE,ijk} = \frac{\sum_{p=1}^{\varepsilon} n_{NPZ,pk} \cdot n_{FSE,pj} \cdot ow_{NP,nor,pi}}{\sum_{p=1}^{\varepsilon} n_{NPZ,pk} \cdot n_{FSE,pj}}$

$i \in [1,\ \beta],\ \ j \in [1,\delta], p \in [1,\varepsilon]$

$(n_{FSE,pj}) = \boldsymbol{N}_{NPZ-FSE}, (n_{NPZ,pk}) = \boldsymbol{N}_{NPF-NPZ}$

Um die ermittelten durchschnittlichen Ökologiewerte je Funktionsstrukturelement im Rahmen des LCI der Nutzungsphase in das richtige Verhältnis zu den durchgeführten Prozessen zu stellen, braucht es eine skalierte Zuordnung der jeweiligen Funktionsstrukturelemente mit ihren Umweltauswirkungen zu den zugehörigen Prozessen. Dies meint, wie häufig oder intensiv eine Funktion mit den ermittelten durchschnittlichen Ökologiewerten in einem Nutzungsprozess ausgeführt wird. Diesen Zusammenhang bildet die skalierte Ausführungsmatrix $\boldsymbol{N}_{NPZ-FSE,skal,kl}$ in Gleichung (5.10) ab.

$$\boldsymbol{N}_{NPZ-FSE,skal,kl} = \begin{pmatrix} n_{FSE,skal,11kl} & \cdots & n_{FSE,skal,1\delta kl} \\ \vdots & \ddots & \vdots \\ n_{FSE,skal,\varepsilon 1kl} & \cdots & n_{FSE,skal,\varepsilon\delta kl} \end{pmatrix} \quad (5.10)$$

mit

$\boldsymbol{N}_{NPZ-FSE,skal,kl}$ Skalierte Ausführungsmatrix der Funktionsstrukturelemente FSE,
$\boldsymbol{N}_{NPZ-FSE,skal,kl} \in \mathbb{R}^{\varepsilon\times\delta}$ für $k \in [1,\zeta]$, $l \in [1,\beta]$

und $n_{FSE,skal.,ijkl} = \frac{n_{FSE,ij} \cdot ow_{N,nor,il}}{u_{FSE,jkl}}$
$i \in [1,\ \varepsilon]$, $j \in [1,\delta]$, $(n_{FSE,ij}) = \boldsymbol{N}_{NPZ-FSE}$, $(ow_{N,nor,il}) = \boldsymbol{OW}_{N,nor}$, $(u_{FSE,ljk}) = \boldsymbol{U}_{FSE,k}$

Anhand der erarbeiteten Matrizen liegen alle Zusammenhänge zur Bildung der Technosphärenmatrix $\boldsymbol{A}_{N,kl}$ der Nutzungsphase für jeweils ein Nutzungsprofil vor (siehe Gleichung (5.11)). Aufgrund der Abhängigkeit der skalierten Ausführungsmatrix der Funktionsstrukturelemente von dem jeweils betrachteten Ökologieindikator, überträgt sich diese Abhängigkeit auf die Technosphärenmatrix.

$$\boldsymbol{A}_{N,kl} = \begin{pmatrix} \boldsymbol{I}_{NPF} & \emptyset & \emptyset \\ -\boldsymbol{N}_{NPF-NPZ} & \boldsymbol{I}_{NPZ} & \emptyset \\ \emptyset & -\boldsymbol{N}^{T}_{NPZ-FSE,skal,kl} & \boldsymbol{D}_{FSE} \end{pmatrix} \quad (5.11)$$

mit

$\boldsymbol{A}_{N,kl}$ Technosphärenmatrix der Nutzungsphase N für ein Nutzungsprofil NPF,
$\boldsymbol{A}_{N,kl} \in \mathbb{R}^{(\zeta+\varepsilon+\delta)\times(\zeta+\varepsilon+\delta)}$ für $k \in [1,\zeta]$, $l \in [1,\beta]$

$\boldsymbol{I}_{NPF}$ Einheitsmatrix der Nutzungsprofile NPF, $\boldsymbol{I}_{NPF} \in \mathbb{R}^{\zeta\times\zeta}$

$\boldsymbol{I}_{NPZ}$ Einheitsmatrix der Nutzungsprozesse NPZ, $\boldsymbol{I}_{NPF} \in \mathbb{R}^{\varepsilon\times\varepsilon}$

Gleichermaßen bildet sich die Interventionsmatrix $\boldsymbol{B}_{N,k}$ der Nutzungsphase für ein Nutzungsprofil, deren Zusammenhang Gleichung (5.12) zeigt.

$$\boldsymbol{B}_{N,k} = (\emptyset \quad \emptyset \quad \boldsymbol{U}_{FSE,k}) \quad (5.12)$$

mit

$\boldsymbol{B}_{N,k}$ Interventionsmatrix der Nutzungsphase N für ein Nutzungsprofil NPF, $\boldsymbol{B}_{N,k} \in \mathbb{R}^{\beta\times(\zeta+\varepsilon+\delta)}$ für $k \in [1,\zeta]$

Mit der Technosphärenmatrix $\boldsymbol{A}_{N,kl}$ und der Interventionsmatrix $\boldsymbol{B}_{N,k}$ ist das Life Cycle Inventory für die Nutzungsphase aufgestellt. Am Beispiel der Umbuganlage ergeben sich die in Abbildung 5-25 ausschnittsweise dargelegten Zusammenhänge.

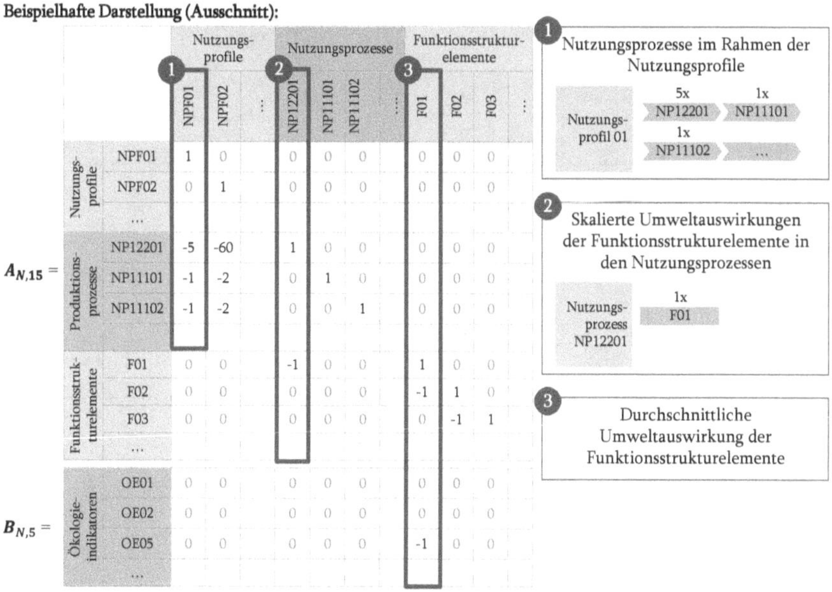

Abbildung 5-25: Technosphärenmatrix und Interventionsmatrix der Umbuganlage in der Nutzungsphase

5.4.1.3 Rückführungsphase

In Analogie zur Produktionsphase baut sich das Erhebungsblatt im Rahmen der Rückführungsphase auf, welches in der nachfolgenden Tabelle 5-11 dargestellt ist. Für jeden Prozessschritt erfolgt neben den Ökologiewerten die Dokumentation der Produktstrukturelemente mit ihrer bearbeiteten Anzahl als Prozessträger. Daraus ergeben sich die Prozessträgermatrix der Rückführungsphase $\boldsymbol{PZT}_R$, die Matrix bearbeiteter Prozessträger $\boldsymbol{N}_R$ sowie die Ökologiewertematrix der Rückführungsphase $\boldsymbol{OW}_R$. Der Buchstabe η steht im weiteren Verlauf der Arbeit für die Anzahl aller Rückführungsprozesse.

Tabelle 5-11: Prozessdokumentation in der Rückführungsphase

Allgemeine Darstellung:

ID	Prozesskategorie	Prozessträger	Anzahl bearb. Träger	Ökologiewert
$ID_{RPZ,1}$	$K_{RPZ,1}$	$pzt_{R,11} \cdots pzt_{R,1\alpha}$	$n_{R,11} \cdots n_{R,1\alpha}$	$ow_{R,11} \cdots ow_{R,1\beta}$
$ID_{RPZ,2}$	$K_{RPZ,2}$	$pzt_{R,21} \cdots pzt_{R,2\alpha}$	$n_{R,21} \cdots n_{R,2\alpha}$	$ow_{R,21} \cdots ow_{R,2\beta}$
…	…	…	…	…
$ID_{RPZ,\eta}$	$K_{RPZ,\eta}$	$pzt_{R,\eta 1} \cdots pzt_{R,\eta\alpha}$	$n_{R,\eta 1} \cdots n_{R,\eta\alpha}$	$ow_{R,\eta 1} \cdots ow_{R,\eta\beta}$

Legende

$ID_{RPZ,i}$	Identifikationsnummer von RPZ_i	$ow_{R,ik}$	Ökologiewert OW von OE_k in RPZ_i
$K_{RPZ,i}$	Rückführungsprozesskategorie K von RPZ_i	η	Anzahl aller Rückführungsprozesse (RPZ)
$pzt_{R,ij}$	Produktstrukturelement PSE_j verarbeitet in RPZ_i	$i \in [1,\eta]$	$j \in [1,\alpha]$ $k \in [1,\beta]$
$n_{R,ij}$	Anzahl Prozessträger n von PSE_j in RPZ_i		

Beispielhafte Darstellung (Ausschnitt):

ID	Prozesskategorie	Prozessträger		Anzahl bearb. Träger		Ökologiewert OE1	OE2	OE5 …
RP11137	C.3.2	M121100	-	1	-	0	0	1 …
RP11138	C.3.3	M121100	-	1	-	0	0	1 …
RP11139	C.3.6	M121100	-	1	-	0	0	3 …
…	…	…		…			…	

Ableitung Prozessträger-matrix $\boldsymbol{PZT}_R$ | **Ableitung Matrix bearbeiteter Prozessträger $\boldsymbol{N}_R$** | **Ableitung Ökologiewerte-matrix $\boldsymbol{OW}_R$**

Die Prozessträgermatrix $\boldsymbol{PZT}_R = (pzt_{R,ij}) \in \mathbb{R}^{\eta \times \alpha}$ listet alle Rückführungsprozesse mit den darin verarbeiteten Produktstrukturelementen. Die Sequenz der Spalten entspricht dabei der der Produktstruktur-Direktbedarfsmatrix $\boldsymbol{D}_{PSE}$. Die Matrix bearbeiteter Prozessträger $\boldsymbol{N}_R = (n_{R,ij}) \in \mathbb{R}^{\eta \times \alpha}$ folgt der gleichen Struktur wie die Prozessträgermatrix $\boldsymbol{PZT}_R$, beinhaltet jedoch zusätzlich die Mengenangaben eines jeweils verarbeiteten Produktstrukturelements. Die dritte Matrix, die Ökologiewertematrix der Rückführungsphase $\boldsymbol{OW}_R = (ow_{R,ik}) \in \mathbb{R}^{\eta \times \beta}$, dokumentiert die erhobenen Ökologiewerte je Ökologieindikator in den Rückführungsprozessen und folgt der zuvor genannten Vorzeichenkonvention.

Während ein technisches Produkt im Maschinen- und Anlagenbau häufig über zwanzig Jahre im Einsatz ist, fallen in dieser Zeit einzelne Komponenten aus oder werden ersetzt. Zur Kalkulation, wie häufig ein jedes Produktstrukturelement im Kreislauf zu führen ist, gilt es zunächst die Belastungsdauern innerhalb eines Nutzungsprofils zu ermitteln. Der im vorangegangenen Teilkapitel eingeführte Zeitvektor $\boldsymbol{z}_{NPZ}$ beinhaltet die Dauern der einzelnen Nutzungsprozesse. Ein Nutzungsprozess führt unterschiedliche Funktionen aus. Über den dahinterliegenden Zusammenhang lassen sich die Ausführungszeiten für jede Funktion, wie in Gleichung (5.13) dargestellt, listen. Während jede Zeile einen Nutzungsprozess adressiert, steht an den entsprechenden Spalteneinträgen der im Prozess ausgeführten Funktionen die zugehörige Nutzungsprozessdauer.

$$\boldsymbol{Z}_{NPZ-FSE} = \begin{pmatrix} z_{FSE,11} & \cdots & z_{FSE,1\delta} \\ \vdots & \ddots & \vdots \\ z_{FSE,\varepsilon 1} & \cdots & z_{FSE,\varepsilon\delta} \end{pmatrix} \tag{5.13}$$

mit

$\boldsymbol{Z}_{NPZ-FSE}$ Funktionsausführungszeiten in den Nutzungsprozessen NPZ, $\boldsymbol{Z}_{NPZ-FSE} \in \mathbb{R}^{\varepsilon\times\delta}$

$$z_{FSE,ij} = \begin{cases} z_{NPZ,i}, & ID_{FSE,j} = pzt_{N,ij} \\ 0, & ID_{FSE,j} \neq pzt_{N,ij} \end{cases}$$

$i \in [1, \varepsilon], j \in [1, \delta], (z_{NPZ,i}) = \boldsymbol{z}_{NPZ}$

Für jedes Nutzungsprofil kann demnach separat die Summe der Funktionsausführungszeiten über alle Nutzungsprozesse gebildet werden. Hierzu gilt es, die Dauer eines Nutzungsprozesses mit seiner Häufigkeit im Nutzungsprofil zu multiplizieren und die Summe für die jeweiligen Funktionsstrukturelemente über alle Nutzungsprozesse zu bilden. Es ergibt sich der Zeitenvektor $\boldsymbol{z}_{HD,j}$ für jedes Nutzungsprofil, dargelegt in Gleichung (5.14).

$$\boldsymbol{z}_{HD,j} = \begin{pmatrix} z_{HD,1j} \\ \vdots \\ z_{HD,\delta j} \end{pmatrix} \tag{5.14}$$

mit

$\boldsymbol{z}_{HD,j}$ Funktionsausführungszeiten über alle Nutzungsprozesse NPZ in einem Nutzungsprofil NPF,

$\boldsymbol{z}_{HD,j} \in \mathbb{R}^{\delta\times 1}$ für $j \in [1, \zeta]$

und $z_{HD,ij} = \sum_{k=1}^{\varepsilon} z_{FSE,ik} \cdot n_{NPZ,jk}$

$i \in [1, \delta], k \in [1, \varepsilon]$,

$(z_{FSE,ik}) = \boldsymbol{Z}_{NPZ-FSE}, (n_{NPZ,jk}) = \boldsymbol{N}_{NPF-NPZ}$

Anhand der Funktionsausführungszeiten lassen sich die Belastungsdauern für die Produktstrukturelemente, welche die jeweiligen Funktionen in den Prozessen realisieren, ermitteln. Hierzu sind die in Kapitel 5.1 vorgestellten Transformationsbeziehungen $\boldsymbol{T}_T$ (siehe Abbildung 5-7) erforderlich. Die Vorgehensweise zur Kalkulation der Belastungsdauern $\boldsymbol{b}_j$ für ein Nutzungsprofil zeigt Gleichung (5.15).

$$\boldsymbol{b}_j = \boldsymbol{T}_T^T \cdot \boldsymbol{z}_{HD,j} = \begin{pmatrix} b_{1j} \\ \vdots \\ b_{\alpha j} \end{pmatrix} \tag{5.15}$$

mit

$\boldsymbol{b}_j$ Belastungsdauernvektor der Produktstrukturelemente PSE in einem Nutzungsprofil NPF, $\boldsymbol{b}_j \in \mathbb{R}^{\alpha \times 1}$ für $j \in [1, \zeta]$

und $b_{ij} = \sum_{k=1}^{\delta} t_{T,ik} \cdot z_{HD,kl}$

$i \in [1, \alpha], k \in [1, \delta], (t_{T,ik}) = \boldsymbol{T}_T, (z_{HD,kl}) = \boldsymbol{z}_{HD,i}$

Auf Basis der ermittelten Belastungsdauern $\boldsymbol{b}_j$ berechnen sich im nächsten Schritt die Rückführungshäufigkeiten für jedes Produktstrukturelement. Es ergibt sich der Rückführungshäufigkeitsvektor $\boldsymbol{r}$ in Gleichung (5.16).

$$\boldsymbol{r} = \begin{pmatrix} r_1 \\ \vdots \\ r_\alpha \end{pmatrix} \tag{5.16}$$

mit

$\boldsymbol{r}$ Rückführungshäufigkeitsvektor der Produktstrukturelemente PSE, $\boldsymbol{r} \in \mathbb{R}^{\alpha \times 1}$

und
$$r_i = \begin{cases} \left\lfloor \frac{(\sum_{j=1}^{\zeta} b_{ij} \cdot n_{NPF,j}) - mt_{TFF,i}}{mt_{BF,i}} + 1 \right\rfloor, & mt_{TFF,i} \neq mt_{BF,i} \\ \left\lfloor \frac{\sum_{j=1}^{\zeta} b_{ij} \cdot n_{NPF,j}}{mt_{BF,i}} \right\rfloor, & mt_{TFF,i} = mt_{BF,i} \end{cases}$$

$i \in [1, \alpha], j \in [1, \zeta], (n_{NPF,j}) \in \boldsymbol{n}_{NPF}, (b_{ij}) \in \boldsymbol{b}_j,$
$(mt_{TFF,i}) = \boldsymbol{mt}_{TFF}, (mt_{BF,i}) = \boldsymbol{mt}_{BF}$

Handelt es sich bei r_i um eine Dezimalzahl, ist diese abzurunden, da bspw. bei $r = 3{,}4$ das entsprechende Produktstrukturelement dreimal zurückzuführen ist mit einem verbleibenden Rest von 0,6 bis zur nächsten Rückführung. Aus dem verbleibenden Rest lässt sich wiederum die rechnerische verbleibende Betriebszeit ermitteln, in der das Produktstrukturelement nach Ende der Nutzungsdauer noch potenziell nutzbar ist.

Die nachfolgende Abbildung 5-26 zeigt exemplarisch die Lebensdauer einzelner Produktstrukturelemente, welche sich in Abhängigkeit von dem Nutzungsprofil sowie der

Länge der Ausführung eines Nutzungsprofils unterscheiden können. Die Nutzungsprofile sind dabei nur nacheinander ausführbar, sondern können auch in definierten Zeitabständen wechseln oder alternierend vorkommen. Anhand der Nutzungsprofile können die Anwender der Methodik die am besten auf die Realität zutreffende Nutzung modellieren und eine entsprechende Lebensdauer der Produktstrukturelemente berücksichtigen.

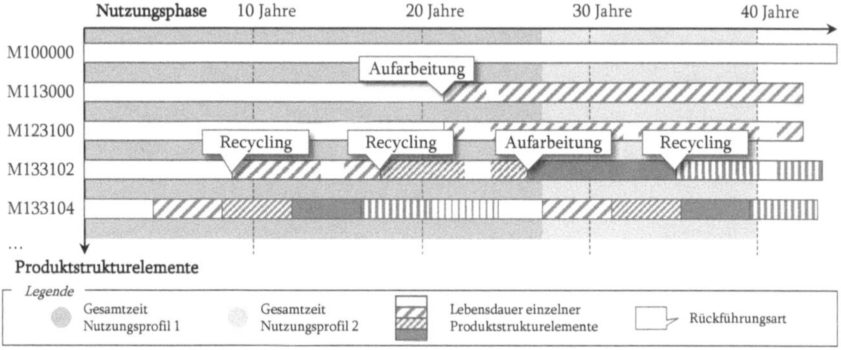

Abbildung 5-26: Rückführungshäufigkeiten einzelner Produktstrukturelemente in Abhängigkeit vom Nutzungsprofil

Gleichermaßen tritt im Rahmen der Rückführung von Baugruppen oder Komponenten nicht immer nur der eine Rückführungsprozess ein. Wie M133102 können Teile beispielsweise aufgearbeitet werden, bevor sie bei dem nächsten Ausfall dem Recycling zugeführt werden. Es ergeben sich Wahrscheinlichkeiten, wie oft eine Komponente einen definierten Rückführungsprozess durchläuft. Ziel ist daher im Rahmen der funktionsorientierten Ökologieanalyse die Kombination unterschiedlicher Rückführungsarten für jedes Produktstrukturelement zu berücksichtigen. Hierzu sind als weiteren Input vom Modellanwender die Rückführungswahrscheinlichkeiten zu dokumentieren. Bei den Rückführungsarten unterscheiden sich die in Kapitel 2.2.3.3 definierten Hauptrückführungsarten Neuverteilung, Aufarbeitung, Recycling und Entsorgung. Die zu dokumentierenden Rückführungswahrscheinlichkeiten basieren beispielsweise auf unternehmensinternen Strategien, Erfahrungswerten oder leiten sich bei der Betrachtung bestehender Produkte aus Serviceberichten ab. Die nachfolgemde Tabelle 5-12 zeigt das hierfür zu nutzende Erhebungsblatt. Sofern für ein Produktstrukturelement nur Prozesse für eine Rückführungsart vorliegen, ist an der zugehörigen Stelle der Wert eins zu dokumentieren. Der Buchstabe θ steht im weiteren Verlauf der Arbeit für die Anzahl aller Rückführungskategorien.

Tabelle 5-12: Dokumentation der Rückführungswahrscheinlichkeiten

Allgemeine Darstellung:

ID	Neuverteilung	Aufarbeitung	Recycling	Entsorgung	Summe
$ID_{PSE,1}$	rw_{11}	rw_{12}	rw_{13}	rw_{14}	100 %
$ID_{PSE,2}$	rw_{21}	rw_{22}	rw_{23}	rw_{24}	100 %
...	...	...	...	...	100 %
$ID_{PSE,\alpha}$	$rw_{\alpha 1}$	$rw_{\alpha 2}$	$rw_{\alpha 3}$	$rw_{\alpha 4}$	...

Beispielhafte Darstellung (Ausschnitt):

ID	Neuverteilung	Aufarbeitung	Recycling	Entsorgung	Summe
M100000	0,3	0,5	0,2	0	1
M111000	0,1	0,6	0,3	0	1
M121100	0	0,8	0,2	0	1
...	...	...	...	...	...

Ableitung Rückführungswahrscheinlichkeitsmatrix *RW*

Legende
rw_{ij} Rückführungswahrscheinlichkeit *RW* von PSE_i θ Anzahl an Rückführungskategorien (RK) $i \in [1,\alpha]$ $j \in [1,\theta]$

Die Rückführungswahrscheinlichkeiten ergeben in Matrixschreibweise die Rückführungswahrscheinlichkeitsmatrix $\boldsymbol{RW} = (rw_{ij}) \in \mathbb{R}^{\alpha\times\theta}$. Anhand der in Tabelle 5-11 mit aufgenommenen Prozesskategorien lassen sich die Rückführungswahrscheinlichkeiten transponiert auch den einzelnen Rückführungsprozessen zuordnen. Diese Zuordnung beschreibt die nachfolgende Gleichung (5.17).

$$\boldsymbol{D}_{RW} = \begin{pmatrix} d_{RW,11} & \cdots & d_{RW,1\alpha} \\ \vdots & \ddots & \vdots \\ d_{RW,\eta 1} & \cdots & d_{RW,\eta\alpha} \end{pmatrix} \tag{5.17}$$

mit

$\boldsymbol{D}_{RW}$ Rückführungswahrscheinlichkeitsmatrix der Rückführungsprozesse RPZ, $\boldsymbol{D}_{RW} \in \mathbb{R}^{\alpha\times\eta}$

und $d_{RW,ij} = \begin{cases} rw_{jk}, & K_{RPZ,i} = K_{RW,k} \\ 0, & K_{RPZ,i} \neq K_{RW,k} \end{cases}$

$i \in [1,\eta], j \in [1,\alpha], k \in [1,\theta], (rw_{jk}) = \boldsymbol{RW}$

Durch die Kombination der Rückführungshäufigkeiten $\boldsymbol{r}$ mit den Rückführungswahrscheinlichkeiten $\boldsymbol{D}_{RW}$ lassen sich die Rückführungsprozesse hinsichtlich ihrer erforderlichen Anzahl skalieren. Die Skalierungsmatrix $\boldsymbol{D}_{PSE-RPZ}$ gibt an, über welche Rückführungskategorie mit entsprechenden Rückführungsprozessen ein Produktstrukturelement wie oft zurückzuführen ist. Die entsprechende Matrixschreibweise findet sich in Gleichung (5.18), wobei die Spaltenreihenfolge der von $\boldsymbol{D}_{PSE}$ folgt.

$$\boldsymbol{D}_{PSE-RPZ} = \begin{pmatrix} d_{RPZ,11} & \cdots & d_{RPZ,1\alpha} \\ \vdots & \ddots & \vdots \\ d_{RPZ,\eta 1} & \cdots & d_{RPZ,\eta\alpha} \end{pmatrix} \tag{5.18}$$

mit

$\boldsymbol{D}_{PSE-RPZ}$ Skalierungsmatrix der Rückführungsprozesse RPZ nach der Rückführungshäufigkeit und -wahrscheinlichkeit, $\boldsymbol{D}_{PSE-RPZ} \in \mathbb{Z}^{\eta\times\alpha}$

und $d_{RPZ,ijk} = d_{RW,ij} \cdot r_{jk}$

$i \in [1,\eta], i \in [1,\alpha]$

Da es in der Realität keine halben Rückführungsprozesse geben kann, erfolgt entsprechend eine Auf- oder Abrundung der sich ergebenden Anzahl erforderlicher Rückführungsprozesse. Sollte also ein Tisch sich entsprechend der Wahrscheinlichkeiten 2,25-mal recyceln und 0,75-mal aufarbeiten lassen, dann beinhaltet die Matrix zweimal das Recycling und einmal die Aufarbeitung.

Zur Bildung der Technosphärenmatrix und Interventionsmatrix der Rückführungsphase sind analog zur Produktionsphase die Ökologiewerte in den jeweiligen Rückführungsprozessen hinsichtlich der bearbeiteten Produktstrukturelemente zu skalieren. Damit alle Rückführungshäufigkeiten und -wahrscheinlichkeiten in den richtigen Umfängen Berücksichtigung finden, erfolgt im Gegensatz zur Produktionsphase die direkte Skalierung der Ökologiewerte je Rückführungsprozess. Hierdurch ergibt sich die skalierte Ökologiewertematrix $\boldsymbol{OW}_{R,skal}$, dargestellt in Gleichung (5.19).

$$\boldsymbol{OW}_{R,skal} = \begin{pmatrix} ow_{R,skal,11} & \cdots & ow_{R,skal,1\beta} \\ \vdots & \ddots & \vdots \\ ow_{R,skal,\eta 1} & \cdots & ow_{R,skal,\eta\beta} \end{pmatrix} \tag{5.19}$$

mit

$\boldsymbol{OW}_{R,skal}$ Skalierte Ökologiewerte in den Rückführungsprozessen RPZ nach Produktstrukturelementen, $\boldsymbol{OW}_{R,skal} \in \mathbb{R}^{\eta\times\beta}$

und $ow_{R,skal,ij} = \frac{1}{\sum_{k=1}^{\alpha} n_{R,ik}} \cdot ow_{R,ij}$

mit $i \in [1, \eta], j \in [1, \beta], k \in [1, \alpha]$
$(ow_{R,ij}) = \boldsymbol{OW}_R, (n_{R,ik}) = \boldsymbol{N}_R$

Anhand der dargelegten Zusammenhänge ergibt sich die Technosphärenmatrix $\boldsymbol{A}_R$ der Rückführungsphase. Die nachfolgende Gleichung (5.20) zeigt die Zusammenhänge.

$$\boldsymbol{A}_R = \begin{pmatrix} \boldsymbol{D}_{PSE} & \emptyset \\ \boldsymbol{D}_{PSE-RPZ} & \boldsymbol{I}_{RPZ} \end{pmatrix} \tag{5.20}$$

mit

$\boldsymbol{A}_R$ Technosphärenmatrix der Rückführungsphase R für ein Nutzungsprofil NPF, $\boldsymbol{A}_R \in \mathbb{R}^{(\alpha+\eta)\times(\alpha+\eta)}$

$\boldsymbol{I}_{RPZ}$ Einheitsmatrix der Rückführungsprozesse RPZ, $\boldsymbol{I}_{RPZ} \in \mathbb{R}^{\eta\times\eta}$

Anhand der durch Tabelle 5-11 gewonnenen und im Anschluss skalierten Ökologiewertmatrix $\boldsymbol{OW}_{R,skal}$ lässt sich ebenfalls die Interventionsmatrix der Rückführungsphase $\boldsymbol{B}_R$ aufstellen. In der Interventionsmatrix finden sich die erhobenen Ökologiewerte für jeden Rückführungsprozess (siehe Gleichung (5.21)).

$$\boldsymbol{B}_R = \begin{pmatrix} \emptyset & \boldsymbol{OW}_{R,skal}^T \end{pmatrix} \tag{5.21}$$

mit

$\boldsymbol{B}_R$ Interventionsmatrix der Rückführungsphase R, $\boldsymbol{B}_R \in \mathbb{R}^{\beta\times(\alpha+\eta)}$

Mit der Technosphärenmatrix $\boldsymbol{A}_R$ und der Interventionsmatrix $\boldsymbol{B}_R$ ist das Life Cycle Inventory für die Rückführungsphase aufgestellt.

5.4.2 Analyse der Ökologie auf Funktions- und Produktstrukturebene

Zur Analyse der Ökologie auf Funktions- und Produktstrukturebene in den einzelnen Lebenszyklusphasen ist die Aufstellung der jeweiligen Endbedarfsmatrix zur Kalkulation der Gesamtumweltauswirkungen erforderlich. Hierzu erfolgt die Kalkulation der jeweils direkten und der gesamten Umweltauswirkungen. Unter den direkten Umweltauswirkungen verstehen sich die Summe aller Ökologiewerte derjenigen Prozesse, die sich unmittelbar einem Prozessträger zuordnen lassen. Die gesamten Umweltauswirkungen beinhalten darüber hinaus nicht nur die Umfänge, die direkt mit einem Prozessträger korrelieren, sondern auch die Umfänge der Prozessträger höherer Strukturstufe. Eine Baugruppe beinhaltet demnach in der Produktionsphase die Umweltauswirkungen für die Herstellung der einzelnen Komponenten in ihrem mengenmäßigen Zusammenhang. Eine Hauptfunktion inkludiert die Umfänge, die sich einzelnen

Teilfunktionen zuzuordnen. Die nachfolgende Abbildung 5-27 zeigt die Unterschiede am Beispiel von drei Produktstrukturelementen in der Produktionsphase auf.

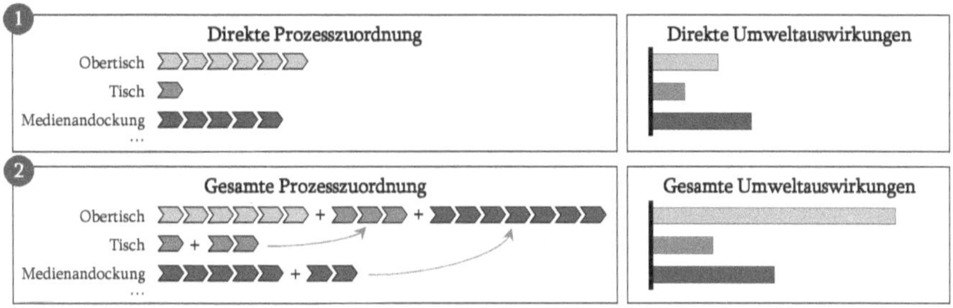

Abbildung 5-27: Differenzierung direkter und gesamter Umweltauswirkungen

Es folgt nun analog zum vorangegangenen Teilkapitel eine separate Darlegung der mathematischen Zusammenhänge zur Kalkulation der direkten und gesamten Umweltauswirkungen in den einzelnen Lebenszyklusphasen. Zu der initialen Produktionsphase kommt eine zweite Produktionsphase in Form einer Ersatzteilproduktion hinzu, welche die Prozesse mit ihren Umweltauswirkungen umfasst, die bei der Reparatur oder dem Austausch von Komponenten in der Nutzungsphase erforderlich sind. Hierunter fallen die Produktstrukturelemente, die den Rückführungskategorien Recycling oder Entsorgung folgen.

5.4.2.1 Initiale Produktionsphase

Zur Kalkulation der gesamten Umweltauswirkungen der Produkte im Maschinen- und Anlagenbau gilt es, basierend auf den in Kapitel 2.3.2 dargelegten Grundlagen die funktionelle Einheitsmatrix aufzustellen, um über die Skalierungsmatrix der Produktionsphase die Sachbilanzmatrix zu kalkulieren. Die nachfolgende Erläuterung der Zusammenhänge beginnt mit den gesamten Umweltauswirkungen für die Produktstrukturelemente.

Gesamte Umweltauswirkungen für PSE in der Produktionsphase

Zunächst erfolgt in der Produktionsphase die Kalkulation der gesamten Umweltauswirkungen. Die zugehörige funktionelle Einheitsmatrix $\boldsymbol{F}_{PG}$ beschreibt die funktionelle Einheit in Matrixschreibweise, gezeigt in Gleichung (5.22). Anhand dessen ist es möglich, nicht nur für die gesamte Maschine oder Anlage die gesamten Umweltauswirkungen zu berechnen, sondern auch für alle beinhalteten Produktstrukturelemente.

$$\boldsymbol{F}_{PG} = \begin{pmatrix} f_{PG,11} & \cdots & f_{PG,1(\alpha+\gamma)} \\ \vdots & \ddots & \vdots \\ f_{PG,(\alpha+\gamma)1} & \cdots & f_{PG,(\alpha+\gamma)(\alpha+\gamma)} \end{pmatrix} \tag{5.22}$$

mit

$\boldsymbol{F}_{PG}$ Funktionelle Einheitsmatrix der Produktionsphase P, $\boldsymbol{F}_{PG} \in \mathbb{R}^{(\alpha+\gamma)\times(\alpha+\gamma)}$

$$\begin{cases} f_{PG,ij} = 1, & i = j,\ mit\ i,j \in [1,\alpha] \\ f_{PG,ij} = 0, & i = j,\ mit\ i,j \in (\alpha,\alpha+\gamma] \\ f_{PG,ij} = 0, & i \neq j,\ mit\ i,j \in [1,\alpha+\gamma] \end{cases}$$

Im nächsten Schritt lässt sich die Skalierungsmatrix $\boldsymbol{S}_{PG}$ bestimmen (siehe Gleichung 5.23) und daraufhin die Sachbilanzmatrix $\boldsymbol{G}_{PG,PSE}$ kalkulieren mit den enthaltenen gesamten Umweltauswirkungen für jedes Produktstrukturelement (siehe Gleichung 5.24).

$$\boldsymbol{S}_{PG} = \boldsymbol{A}_P^{-1} \cdot \boldsymbol{F}_{PG} \tag{5.23}$$

mit

$\boldsymbol{S}_{PG}$ Skalierungsmatrix der Gesamtumweltauswirkungen in der Produktionsphase, $\boldsymbol{S}_{PG} \in \mathbb{R}^{(\alpha+\gamma)\times(\alpha+\gamma)}$

$$\boldsymbol{G}_{PG,PSE} = \boldsymbol{B}_P \cdot \boldsymbol{S}_{PG} \tag{5.24}$$

mit

$\boldsymbol{G}_{PG,PSE}$ Sachbilanzmatrix der Gesamtumweltauswirkungen in der Produktionsphase für die Produktstrukturelemente, $\boldsymbol{G}_{PG,PSE} \in \mathbb{R}^{\beta\times(\alpha+\gamma)}$

Direkte Umweltauswirkungen für PSE in der Produktionsphase

Ziel der Ökologieanalyse ist es nicht nur die Umweltauswirkungen der gesamten Maschine oder Anlage zu errechnen, sondern auch die Umweltauswirkungen aller Funktions- und Produktstrukturelemente im Einzelnen zu kennen. Um dieses Ziel zu erreichen sind die direkten Umweltauswirkungen zu kalkulieren, welche für Produktionsprozesse entstehen, die sich im Kontext der Produktionsphase direkt einem Produktstrukturelement zuordnen lassen. Hierzu gilt es analog die funktionelle Einheitsmatrix $\boldsymbol{F}_{PD}$ aufzustellen und die Sachbilanzmatrix $\boldsymbol{G}_{PD}$ zu kalkulieren. Zur Kalkulation der Umweltauswirkungen für ein Produktstrukturelement ist die Technosphärenmatrix

$\boldsymbol{A}_P$ abzuändern und die mengenmäßigen Zusammenhänge der enthaltenen Direktbedarfsmatrix $\boldsymbol{D}_{PSE}$ durch die Einheitsmatrix zu ersetzen. Daraus ergibt sich die modifizierte Technosphärenmatrix A_{PD} in Gleichung 5.25.

$$\boldsymbol{A}_{PD} = \begin{pmatrix} a_{PD,11} & \cdots & a_{PD,1(\alpha+\gamma)} \\ \vdots & \ddots & \vdots \\ a_{PD,(\alpha+\gamma)1} & \cdots & a_{PD,(\alpha+\gamma)(\alpha+\gamma)} \end{pmatrix} \tag{5.25}$$

mit

$\boldsymbol{A}_{PD}$ Direkte Technosphärenmatrix der Produktionsphase P, $\boldsymbol{A}_{PD} \in \mathbb{R}^{(\alpha+\gamma)\times(\alpha+\gamma)}$

$$\begin{cases} a_{PD,ij} = 1, & i = j, mit\ i,j \in [1, \alpha+\gamma] \\ a_{PD,ij} = 0, & i \neq j, mit\ i,j \in [1, \alpha] \\ a_{PD,ij} = a_{P,ij}, & i \neq j, mit\ i,j \in (\alpha, \alpha+\gamma] \end{cases}$$

$(a_{P,ij}) = \boldsymbol{A}_P$

Die erforderliche funktionelle Einheitsmatrix zur Kalkulation der direkten Umweltauswirkungen jedes Produktstrukturelements $\boldsymbol{F}_{PD}$ findet sich in Gleichung 5.26.

$$\boldsymbol{F}_{PD} = \begin{pmatrix} f_{PD,11} & \cdots & f_{PD,1(\alpha+\gamma)} \\ \vdots & \ddots & \vdots \\ f_{PD,(\alpha+\gamma)1} & \cdots & f_{PD,(\alpha+\gamma)(\alpha+\gamma)} \end{pmatrix} \tag{5.26}$$

mit

$\boldsymbol{F}_{PD}$ Direkte funktionelle Einheitsmatrix der Produktionsphase P, $\boldsymbol{F}_{PD} \in \mathbb{R}^{(\alpha+\gamma)\times(\alpha+\gamma)}$

$$\begin{cases} f_{PD,ij} = s_{PG,ij}, & i = j, mit\ i,j \in [1, \alpha] \\ f_{PD,ij} = 0, & i = j, mit\ i,j \in (\alpha, \alpha+\gamma] \\ f_{PD,ij} = 0, & i \neq j, mit\ i,j \in [1, \alpha+\gamma] \end{cases}$$

$(s_{PG,ij}) = \boldsymbol{S}_{PG}$

Mit Hilfe der Technosphärenmatrix und der funktionellen Einheitsmatrix ergibt sich die Sachbilanzmatrix $\boldsymbol{G}_{PD,PSE}$, welche die gesuchten Ökologiewerte je Produktstrukturelement über alle Produktionsprozesse hinweg umfasst (siehe Gleichung 5.27).

$$\boldsymbol{G}_{PD,PSE} = \boldsymbol{B}_P \cdot \boldsymbol{A}_{PD}^{-1} \cdot \boldsymbol{F}_{PD} \tag{5.27}$$

mit

$\boldsymbol{G}_{PD,PSE}$ Direkte Sachbilanzmatrix der Produktionsphase P für die Produktstrukturelemente PSE, $\boldsymbol{G}_{PD,PSE} \in \mathbb{R}^{\beta\times(\alpha+\gamma)}$

Direkte Umweltauswirkungen für FSE in der Produktionsphase

Wie in den vorangegangenen Kapiteln dargelegt, lassen sich die Umweltauswirkungen zusätzlich aus der Funktionssicht analysieren. Unter Zuhilfenahme der in Kapitel 5.1.3 in Gleichung 5.3 eingeführten Transformationsmatrix $\boldsymbol{T}_{PF}$ ist eine Zuordnung der Ökologiewerte zu den Funktionsstrukturelementen möglich. Hierzu ist eine Erweiterung von $\boldsymbol{T}_{PF}$ zu $\boldsymbol{T}_{P,PF}$ erforderlich (siehe Gleichung 5.28).

$$\boldsymbol{T}_{P,PF} = \begin{pmatrix} \boldsymbol{T}_{PF} \\ \emptyset \end{pmatrix} \tag{5.28}$$

mit

$\boldsymbol{T}_{P,PF}$ Transformationsmatrix von PSE zu FSE in der Produktionsphase P, $\boldsymbol{T}_{P,PF} \in \mathbb{R}^{(\alpha+\gamma)\times\delta}$

Die Sachbilanzmatrix $\boldsymbol{G}_{PD,FSE}$, welche die Umweltauswirkungen der Produktionsprozesse den Funktionsstrukturelementen zuordnet, ist Gleichung 5.29 zu entnehmen.

$$\boldsymbol{G}_{PD,FSE} = \boldsymbol{G}_{PD,PSE} \cdot \boldsymbol{T}_{P,PF} \tag{5.29}$$

mit

$\boldsymbol{G}_{PD,FSE}$ Direkte Sachbilanzmatrix der Produktionsphase P für die Funktionsstrukturelemente FSE, $\boldsymbol{G}_{PD,FSE} \in \mathbb{R}^{\beta\times\delta}$

Gesamte Umweltauswirkungen für FSE in der Produktionsphase

Basierend auf den bekannten direkten Umweltauswirkungen für jedes einzelne Funktionsstrukturelement in der Produktionsphase lassen sich ebenfalls die Gesamtumweltauswirkungen berechnen. Die Gesamtumweltauswirkungen $\boldsymbol{G}_{PG,FSE}$ der Produktionsphase für die Funktionsstrukturelemente errechnen sich mit der invertierten Funktionsstruktur-Direktbedarfsmatrix $\boldsymbol{D}_{FSE}$ nach Gleichung 5.30.

$$\boldsymbol{G}_{PG,FSE} = (\boldsymbol{G}_{PD,FSE} \cdot \boldsymbol{D}_{FSE}^{-1}) \tag{5.30}$$

mit

$\boldsymbol{G}_{PG,FSE}$ Sachbilanzmatrix der Produktionsphase P für die Funktionsstrukturelemente FSE, $\boldsymbol{G}_{PG,FSE} \in \mathbb{R}^{\beta\times\delta}$

Die dargelegten formelmäßigen Zusammenhänge ermöglichen somit die Kalkulation der Umweltauswirkungen in der ersten Produktion von Baugruppen und Komponenten sowie den Übertrag auf die in der Nutzungsphase zu realisierenden Funktionen. Abbildung 5-28 fasst die vier Schritte zusammen. Es ist erkennbar, dass die gesamten

Umweltauswirkungen auf oberster Strukturstufe der Funktions- und Produktstruktur identisch sind.

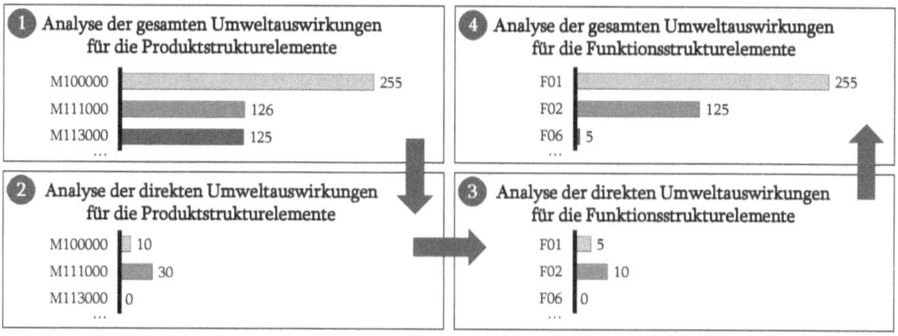

Abbildung 5-28: Analyse der direkten und gesamten Umweltauswirkungen in der Produktionsphase

5.4.2.2 Nutzungsphase

Zur Kalkulation der Umweltauswirkungen in der Nutzungsphase gilt es im ersten Schritt die direkten Umweltauswirkungen für die Funktionsstrukturelemente zu kalkulieren.

Direkte Umweltauswirkungen für FSE in der Nutzungsphase

Die Kalkulation gelingt durch das Aufstellen der funktionellen Einheitsmatrix für die Nutzungsphase für ein definiertes Nutzungsprofil. Hierzu ist zunächst die Angabe der Häufigkeit einer Funktionsausführung in dem betrachteten Nutzungsprofil erforderlich, welche sich durch Gleichung 5.31 bestimmt.

$$\boldsymbol{N}_{NPF-FSE} = \boldsymbol{N}^{T}_{NPZ-FSE,skal} \cdot \boldsymbol{N}_{NPF-NPZ} \tag{5.31}$$

mit

$\boldsymbol{N}_{NPF-FSE}$ Funktionsausführungsmatrix in einem Nutzungsprofil je Funktionsstrukturelement FSE, $\boldsymbol{N}_{NPF-FSE} \in \mathbb{R}^{\delta \times \zeta}$

Die Funktionsausführungshäufigkeiten in einem Nutzungsprofil $\boldsymbol{N}_{NPF-FSE}$ fungieren im Folgenden als funktionelle Einheiten in der funktionellen Einheitsmatrix. Anhand dessen ergibt sich die funktionelle Einheitsmatrix $\boldsymbol{F}_{N,NPF,k}$ der Nutzungsphase für ein jeweiliges Nutzungsprofil (siehe Gleichung 5.32).

$$\boldsymbol{F}_{N,NPF,k} = \begin{pmatrix} f_{N,NPF,11k} & \cdots & f_{N,NPF,1(\zeta+\varepsilon+\delta)k} \\ \vdots & \ddots & \vdots \\ f_{N,NPF,(\zeta+\varepsilon+\delta)1k} & \cdots & f_{N,NPF,(\zeta+\varepsilon+\delta)(\zeta+\varepsilon+\delta)k} \end{pmatrix} \quad (5.32)$$

mit

$\boldsymbol{F}_{N,NPF,k}$ Funktionelle Einheitsmatrix der Nutzungsphase N für ein Nutzungsprofil k, $\boldsymbol{F}_{N,NPF,k} \in \mathbb{R}^{(\zeta+\varepsilon+\delta)\times(\zeta+\varepsilon+\delta)}$, $k \in [1,\zeta]$

$$\begin{cases} f_{N,NPF,ijk} = 0, & i = j, mit\ i,j \in [1,\zeta+\varepsilon] \\ f_{N,NPF,ijk} = n_{NPF-FSE,ik}, & i = j, mit\ i,j \in (\zeta+\varepsilon, \zeta+\varepsilon+\delta] \\ f_{N,NPF,ijk} = 0, & i \neq j, mit\ i,j \in [1,\zeta+\varepsilon+\delta] \end{cases}$$

$(n_{NPF-FSE,ik}) = \boldsymbol{N}_{NPF-FSE}$

Aus der Multiplikation der Interventionsmatrix mit der aufgestellten funktionellen Einheitsmatrix berechnen sich die direkten Umweltauswirkungen für die Funktionsstrukturelemente in einem Nutzungsprofil $\boldsymbol{G}_{ND,FSE,NPF,k}$ (siehe Gleichung 5.33).

$$\boldsymbol{G}_{ND,FSE,NPF,k} = \boldsymbol{B}_{N,k} \cdot \boldsymbol{F}_{N,NPF,k} \quad (5.33)$$

mit

$\boldsymbol{G}_{ND,FSE,NPF,k}$ Direkte Sachbilanzmatrix der Nutzungsphase N für die Funktionsstrukturelemente FSE in Nutzungsprofil k, $\boldsymbol{G}_{ND,FSE,NPF,k} \in \mathbb{R}^{\beta\times(\zeta+\varepsilon+\delta)}$, $k \in [1,\zeta]$

Wie in Kapitel 5.2.2 dargelegt, können nicht nur unterschiedliche Nutzungsprofile miteinander verglichen, sondern auch in Kombination über die Produktlebensdauer auftreten. Zur Berücksichtigung der Kombination unterschiedlicher Nutzungsprofile im Laufe der Zeit, erfolgt die Bildung der Summe der zugehörigen Sachbilanzmatrizen. Gleichung 5.34 zeigt somit die Kalkulation der direkten Sachbilanzmatrix $\boldsymbol{G}_{ND,FSE}$ über die gesamte Produktlebensdauer bei unterschiedlichem Nutzungsverhalten.

$$\boldsymbol{G}_{ND,FSE} = \sum_{i=1}^{\zeta} n_{NPF,i} \cdot \boldsymbol{G}_{ND,FSE,NPF,i} \quad (5.34)$$

mit

$\boldsymbol{G}_{ND,FSE}$ Direkte Sachbilanzmatrix der gesamten Nutzungsphase N über alle Nutzungsprofile für die Funktionsstrukturelemente FSE, $\boldsymbol{G}_{ND,FSE} \in \mathbb{R}^{\beta\times(\zeta+\varepsilon+\delta)}$

$(n_{NPF,i}) = \boldsymbol{n}_{NPF}$

Gesamte Umweltauswirkungen für FSE in der Nutzungsphase

Die Kalkulation der gesamten Umweltauswirkungen für Funktionsstrukturelemente in der Nutzungsphase ergeben sich aus der Verrechnung der direkten Umweltauswirkungen $\boldsymbol{G}_{ND,FSE}$ multipliziert mit der invertierten Funktionsstruktur-Direktbedarfsmatrix $\boldsymbol{D}_{FSE}$ (siehe Gleichung 5.35).

$$\boldsymbol{G}_{NG,FSE} = (\boldsymbol{G}_{ND,FSE} \cdot \boldsymbol{D}_{FSE}^{-1}) \tag{5.35}$$

mit

$\boldsymbol{G}_{NG,FSE}$ Sachbilanzmatrix der Nutzungsphase N für die Funktionsstrukturelemente FSE, $\boldsymbol{G}_{NG,FSE} \in \mathbb{R}^{\beta\times(\zeta+\varepsilon+\delta)}$

Die gesamten Umweltauswirkungen der Funktionsstrukturelemente lassen sich analog jeweils separat für die einzelnen Nutzungsprofile kalkulieren. Aufgrund der Ähnlichkeit des formelmäßigen Zusammenhangs sei hierbei auf den Anhang A.3 verwiesen.

Direkte Umweltauswirkungen für PSE in der Nutzungsphase

Die Bestimmung der direkten Sachbilanzmatrizen verhelfen zur Übertragung der Ökologiewerte der Funktionsstrukturelemente auf die Produktstrukturelemente. Für die Transformation ergibt sich zunächst die Transformationsmatrix $\boldsymbol{T}_{N,FP}$ (siehe Gleichung 5.36). Diese nutzt die in Gleichung 5.4 in Kapitel 5.1.3 eingeführte Transformationsmatrix $\boldsymbol{T}_{FP}$.

$$\boldsymbol{T}_{N,FP} = \begin{pmatrix} \emptyset \\ \emptyset \\ \boldsymbol{T}_{FP} \end{pmatrix} \tag{5.36}$$

mit

$\boldsymbol{T}_{N,FP}$ Transformationsmatrix von FSE zu PSE in der Nutzungsphase N, $\boldsymbol{T}_{NP,FP} \in \mathbb{R}^{(\zeta+\varepsilon+\delta)\times\alpha}$

Aus der erweiterten Transformationsmatrix $\boldsymbol{T}_{N,FP}$ sowie den nutzungsprofilspezifischen direkten Sachbilanzmatrizen $G_{ND,FSE,NPF,k}$ ergeben sich nach Gleichung 5.37 die direkten Sachbilanzmatrizen der Produktstrukturelemente für die Nutzungsphase $G_{ND,PSE,NPF,k}$ zur Bestimmung der direkten Ökologiewerte je Produktstrukturelement.

$$\boldsymbol{G}_{ND,PSE,NPF,k} = \boldsymbol{G}_{ND,FSE,NPF,k} \cdot \boldsymbol{T}_{N,FP} \tag{5.37}$$

mit

$\boldsymbol{G}_{ND,PSE,NPF,k}$ Direkte Sachbilanzmatrix der Nutzungsphase für die Funktionsstrukturelemente FSE in Nutzungsprofil k, $\boldsymbol{G}_{ND,PSE,NPF,k} \in \mathbb{R}^{\beta\times\delta}$, $k \in [1,\zeta]$

Bei der Kombination unterschiedlicher Nutzungsprofile lässt sich erneut die Summe über alle Nutzungsprofile über die gesamte Nutzungszeit der Produkte im Maschinen- und Anlagenbau errechnen.

Gesamte Umweltauswirkungen für PSE in der Nutzungsphase

Analog zur Sachbilanzmatrix $\boldsymbol{G}_{NG,FSE}$ lassen sich ebenfalls die Ökologiewerte den Produktstrukturelementen zuordnen. Hierzu ist eine modifizierte Direktbedarfsmatrix $\boldsymbol{D}_{HM,PSE}$ erforderlich, welche rein die Zusammenhänge zwischen den Produktstrukturelementen aufzeigt, ohne jedoch die Mengenangaben zu beinhalten (siehe Gleichung 5.38).

$$\boldsymbol{D}_{HM,PSE} = \begin{pmatrix} d_{HM,PSE,11} & \cdots & d_{HM,PSE,1\alpha} \\ \vdots & \ddots & \vdots \\ d_{HM,PSE,\alpha 1} & \cdots & d_{HM,PSE,\alpha\alpha} \end{pmatrix} \quad (5.38)$$

mit

$\boldsymbol{D}_{HM,PSE}$ Direktbedarfsmatrix der Produktstrukturelemente PSE ohne Mengenangaben, $\boldsymbol{D}_{HM,PSE} \in \mathbb{R}^{\alpha\times\alpha}$

$$d_{HM,PSE,ij} = \begin{cases} 1, & i = j \\ 0, & i \neq j \; und \; d_{PSE,ij} = 0 \\ -1, & i \neq j \; und \; d_{PSE,ij} \neq 0 \end{cases}$$

$i,j \in [1,\alpha]$, $(d_{PSE,ij}) = \boldsymbol{D}_{PSE}$

Mit der modifizierten Direktbedarfsmatrix $\boldsymbol{D}_{HM,PSE}$ und den direkten Umweltauswirkungen für die Produktstrukturelemente in einem Nutzungsprofil ergeben sich die Umweltauswirkungen für die Produktstrukturelemente für ein Nutzungsprofil $\boldsymbol{G}_{NG,PSE,NPF,k}$ durch die Kalkulation nach Gleichung 5.39.

$$\boldsymbol{G}_{NG,PSE,NPF,k} = (\boldsymbol{G}_{ND,PSE,NPF,k} \cdot \boldsymbol{D}_{HM,PSE}^{-1}) \quad (5.39)$$

mit

$\boldsymbol{G}_{NG,PSE,NPF,k}$ Sachbilanzmatrix der Nutzungsphase N für die Produktstrukturelemente PSE in Nutzungsprofil k, $\boldsymbol{G}_{NG,PSE,NPF,k} \in \mathbb{R}^{\beta\times\delta}, k \in [1,\zeta]$

Durch die Bildung der Summe über die Sachbilanzmatrizen für jedes Nutzungsprofil errechnen sich die Umweltauswirkungen der Produktstrukturelemente $\boldsymbol{G}_{NG,FSE}$ über die gesamte Produktlebensdauer analog zu Gleichung 5.34. Die nachfolgende Abbildung 5-29 zeigt die ermittelten Umweltauswirkungen im Rahmen der Nutzungsphase am Beispiel der Umbuganlage.

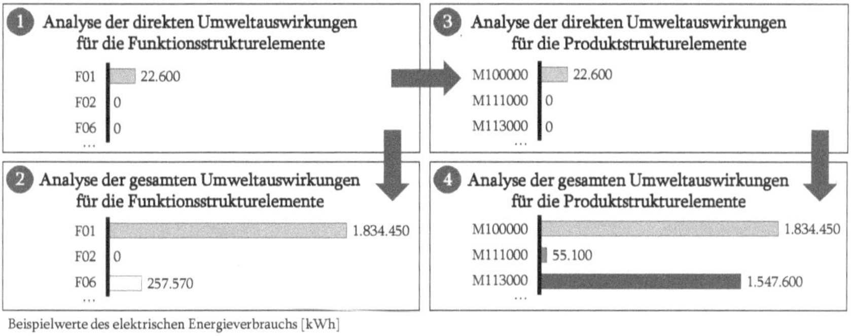

Abbildung 5-29: Analyse der direkten und gesamten Umweltauswirkungen in der Nutzungsphase

5.4.2.3 Rückführungsphase

Die Kalkulation der Umweltauswirkungen in der Rückführungsphase erfolgt analog zur Produktionsphase. Zur Vermeidung von Redundanz sei an dieser Stelle für detaillierte Ausführungen auf den Anhang A.3 verwiesen.

Basierend auf der funktionellen Einheitsmatrix der Rückführungsphase $\boldsymbol{F}_{RG} \in \mathbb{R}^{(\alpha+\eta)\times(\alpha+\eta)}$ errechnen sich die Sachbilanzmatrix der Gesamtumweltauswirkungen in der Rückführungsphase $\boldsymbol{G}_{RG,PSE} \in \mathbb{R}^{\beta\times(\alpha+\eta)}$ für die Produktstrukturelemente, sprich die verarbeiteten Baugruppen oder Komponenten. Neben den Gesamtumweltauswirkungen ergeben sich analog zur Produktionsphase ebenfalls die direkten Umweltauswirkungen einzelner Produktstrukturelemente. Hierzu erfolgt zunächst die Aufstellung der modifizierten direkten Technosphärenmatrix $\boldsymbol{A}_{RD} \in \mathbb{R}^{(\alpha+\eta)\times(\alpha+\eta)}$, welche die mengenmäßigen Zusammenhänge der enthaltenen Produktstruktur-Direktbedarfsmatrix $\boldsymbol{D}_{PSE}$ durch eine Einheitsmatrix ersetzt. Durch die direkte funktionelle Einheitsmatrix der Rückführungsphase $\boldsymbol{F}_{RD} \in \mathbb{R}^{(\alpha+\gamma)\times(\alpha+\gamma)}$ ergibt sich mit der direkten Technosphärenmatrix $\boldsymbol{A}_{RD}$ die direkte Sachbilanzmatrix der Produktstrukturelemente $\boldsymbol{G}_{RD,PSE} \in \mathbb{R}^{\beta\times(\alpha+\eta)}$, welche die gesuchten Ökologiewerte je Produktstrukturelement über alle Rückführungsprozesse hinweg umfasst.

Die direkten und gesamten Ökologiewerte lassen sich anhand der Transformationsbeziehungen ebenfalls für die Funktionsstrukturelemente übertragen. Hierzu entsteht die Transformationsmatrix der Rückführungsphase $\boldsymbol{T}_{R,PF} \in \mathbb{R}^{(\alpha+\eta)\times\delta}$. Die Multiplikation mit der direkten Sachbilanzmatrix der Produktstrukturelemente $G_{RD,PSE}$ ergibt die direkte Sachbilanzmatrix der Rückführungsphase für die Funktionsstrukturelemente $\boldsymbol{G}_{RD,FSE} \in \mathbb{R}^{\beta\times\delta}$. Durch die Multiplikation dieser mit der inventierten Funktionsstruktur-Direktbedarfsmatrix $\boldsymbol{D}_{FSE}$ entsteht die Sachbilanzmatrix $\boldsymbol{G}_{RG,FSE} \in \mathbb{R}^{\beta\times\delta}$ mit den gesamten Umweltauswirkungen für die Funktionsstrukturelemente in der Rückführungsphase.

Die dargelegten Zusammenhänge ermöglichen somit die Kalkulation der Umweltauswirkungen in der Rückführung von Baugruppen und Komponenten sowie den Übertrag auf die in der Nutzungsphase zu realisierenden Funktionen.

5.4.2.4 Ersatzteilproduktion

Während technische Produkte im Maschinen- und Anlagenbau häufig über zwanzig Jahre im Betrieb sind, können einzelne Produktumfänge bereits nach wenigen Jahren ausfallen und die Herstellung von Ersatzteilen erfordern. Dies ist insbesondere der Fall, wenn die vorherigen Produktumfänge dem Recycling oder der Entsorgung folgen und keinem Aufarbeitungsprozess zur Verfügung stehen. Zur Berücksichtigung der verbundenen Umweltauswirkungen gilt es, die zugehörigen Herstellungsprozesse zu bestimmen und in die Kalkulation der Gesamtumweltauswirkungen über alle Lebenszyklusphasen hinweg mit einfließen zu lassen. Die nachfolgende Direktbedarfsmatrix $\boldsymbol{D}_{PSE-RPZ,E}$ beinhaltet die erforderliche Menge an Recycling- und Entsorgungsprozessen (siehe Gleichung 5.40).

$$\boldsymbol{D}_{PSE-RPZ,E} = \begin{pmatrix} d_{RPZ,E,11} & \cdots & d_{RPZ,E,1\alpha} \\ \vdots & \ddots & \vdots \\ d_{RPZ,E,\eta 1} & \cdots & d_{RPZ,E,\eta\alpha} \end{pmatrix} \tag{5.40}$$

mit

$\boldsymbol{D}_{PSE-RPZ,E}$ Prozessbedarfsmatrix für die Ersatzteilproduktion E, $\boldsymbol{D}_{PSE-RPZ,E} \in \mathbb{R}^{\eta\times\alpha}$

$$d_{RPZ,E,ij} = \begin{cases} d_{RPZ,ij}, & K_{RPZ,i} \in \{Recycling, Entsorgung\} \\ 0, & K_{RPZ,i} \notin \{Recycling, Entsorgung\} \end{cases}$$

$i \in [1,\eta], j \in [1,\alpha], (d_{RPZ,ij}) = \boldsymbol{D}_{PSE-RPZ}$

Die Prozessbedarfsmatrix $\boldsymbol{D}_{PSE-RPZ,E}$ unterscheidet sich von der Skalierungsmatrix $\boldsymbol{D}_{PSE-RPZ}$ dadurch, dass die Erstgenannte nur die Rückführungsmengen von Produktstrukturelementen beinhaltet, die den Rückführungskategorien „Recycling" und „Entsorgung" zuzuweisen sind. Basierend darauf lässt sich ableiten, wie häufig Ersatzteile und zugehörige Produktionsprozesse im Rahmen der Ersatzteilproduktion erforderlich sind. Durch die Multiplikation des Einheitsvektors der Rückführungsprozesse $\boldsymbol{e}_\eta \in \mathbb{R}^{\eta\times 1}$ mit der transponierten Prozessbedarfsmatrix $\boldsymbol{D}_{PSE-RPZ,E}$ ergibt sich die insgesamt erforderliche Menge von Produktumfängen, die dem Recycling- oder Entsorgungsprozess folgen (siehe Gleichung 5.41). Dadurch, dass jedes Produktstrukturelement bereits in der initialen Produktion entsteht, ist der Einheitsvektor der Produktstrukturelemente $\boldsymbol{e}_\alpha$ abschließend zu subtrahieren, um die Menge noch zu produzierender Ersatzteile zu bestimmen.

$$\boldsymbol{n}_E = \boldsymbol{D}^T_{PSE-RPZ,E} \cdot \boldsymbol{e}_\eta - \boldsymbol{e}_\alpha \tag{5.41}$$

mit

$\boldsymbol{n}_E$	Anzahl neu zu produzierender Produktstrukturelemente PSE, $\boldsymbol{n}_E \in \mathbb{R}^{\alpha\times 1}$
$\boldsymbol{e}_\eta$	Einheitsvektor der Rückführungsprozesse, $\boldsymbol{e}_\eta \in \mathbb{R}^{\eta\times 1}$
$\boldsymbol{e}_\alpha$	Einheitsvektor der Produktstrukturelemente, $\boldsymbol{e}_\alpha \in \mathbb{R}^{\alpha\times 1}$

Anhand der bestimmten Anzahl neu zu produzierender Produktstrukturelemente bestimmt sich die funktionelle Einheitsmatrix $\boldsymbol{F}_{EG}$ für die Ersatzteilproduktion zur Bestimmung der Gesamtumweltauswirkungen in Gleichung 5.42.

$$\boldsymbol{F}_{EG} = \begin{pmatrix} f_{EG,11} & \cdots & f_{EG,1(\alpha+\gamma)} \\ \vdots & \ddots & \vdots \\ f_{EG,(\alpha+\gamma)1} & \cdots & f_{EG,(\alpha+\gamma)(\alpha+\gamma)} \end{pmatrix} \tag{5.42}$$

mit

$\boldsymbol{F}_{EG}$	Funktionelle Einheitsmatrix der Ersatzteilproduktion E, $\boldsymbol{F}_{EG} \in \mathbb{R}^{(\alpha+\gamma)\times(\alpha+\gamma)}$ $\begin{cases} f_{EG,ij} = n_{E,i}, & i = j \; und \; i,j \in [1,\alpha] \\ f_{EG,ij} = 0, & i = j \; und \; i,j \in (\alpha, \alpha+\gamma] \\ f_{EG,ij} = 0, & i \neq j, mit \; i,j \in [1, \alpha+\gamma] \end{cases}$ $(n_{E,i}) = \boldsymbol{n}_E$

Ist die funktionelle Einheitsmatrix der Ersatzteilproduktion aufgestellt, gilt ab diesem Punkt die Verrechnungssystematik zur Quantifizierung der Umweltauswirkungen aus Kapitel 5.4.2.1. Auf eine Wiederholung der Verrechnungsschritte wird an dieser Stelle verzichtet. Ergebnis sind die folgenden vier Matrizen: $\boldsymbol{G}_{EG,PSE}$, $\boldsymbol{G}_{ED,PSE}$, $\boldsymbol{G}_{ED,FSE}$ und $\boldsymbol{G}_{EG,FSE}$.

Durch die Kalkulation der Sachbilanzmatrizen lassen sich die Umweltauswirkungen in allen Lebenszyklusphasen separat untersuchen. Abbildung 5-30 zeigt einen exemplarischen Überblick über die geschaffene Informationsgrundlage in Form der gesamten Umweltauswirkungen. Neben den direkten und gesamten Umweltauswirkungen in den drei Lebenszyklusphasen ist es möglich den gesamten Produktlebenszyklus zu untersuchen, worauf das nachfolgende Kapitel eingeht.

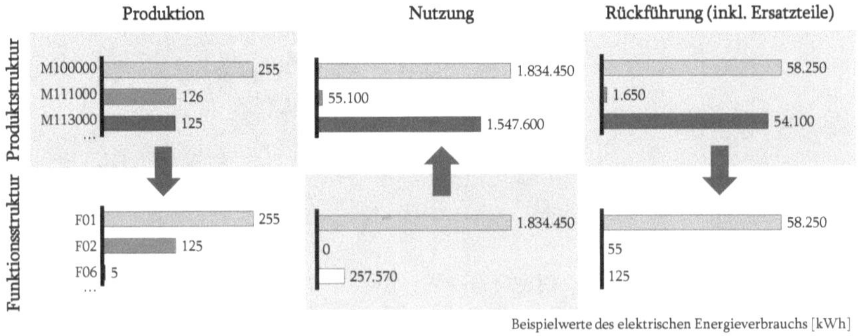

Abbildung 5-30: Überblick über die geschaffene Informationsunterlage demonstriert anhand der gesamten Umweltauswirkungen der Umbuganlage

5.4.3 Analyse der Umweltauswirkungen über den gesamten Produktlebenszyklus

Zur vollständigen Analyse der Umweltauswirkungen entlang des gesamten Produktlebenszyklus ist die Zusammenführung der einzelnen Phasen erforderlich. Hierzu gilt es die Summe über alle Phasen in Funktions- und Produktsicht anhand der nachfolgenden Gleichungen zu bilden. Für die gesamten Umweltauswirkungen sind für die Analyse aus Funktionssicht die Zusammenhänge aus Gleichung 5.43 zu entnehmen. Analog ergibt sich die Summenformel für die direkten Umweltauswirkungen.

$$\boldsymbol{G}_{G,FSE} = \boldsymbol{G}_{PG,FSE} + \boldsymbol{G}_{NG,FSE} + \boldsymbol{G}_{RG,FSE} + \boldsymbol{G}_{EG,FSE} \tag{5.43}$$

mit

$\boldsymbol{G}_{G,FSE}$ Sachbilanzmatrix des gesamten Produktlebenszyklus für die Funktionsstrukturelemente FSE, $\boldsymbol{G}_{G,FSE} \in \mathbb{R}^{\beta \times \delta}$

Gleichung 5.44 zeigt in Ergänzung die Summenformel zur Analyse der gesamten Umweltauswirkungen über alle Lebenszyklusphasen hinweg für die Produktstrukturelemente. Das gleiche Vorgehen gilt für die direkten Umweltauswirkungen.

$$G_{G,PSE} = G_{PG,PSE} + G_{NG,PSE} + G_{RG,PSE} + G_{EG,PSE} \quad (5.44)$$

mit

$G_{G,PSE}$ Sachbilanzmatrix des gesamten Produktlebenszyklus für die Produktstrukturelemente PSE, $G_{G,PSE} \in \mathbb{R}^{\beta \times \alpha}$

Damit ergeben sich die Sachbilanzmatrizen über den gesamten Produktlebenszyklus. Ergebnis des vierten Teilschrittes der Methodik sind die untersuchten Zusammenhänge zwischen Produkt, Prozess und Ökologie in den drei Lebenszyklusphasen sowie die Bestimmung der direkten und gesamten Umweltauswirkungen jeweils aus Funktions- und Produktsicht. Der modulare Aufbau legt die Basis für einen Vergleich von Prozesskombinationen oder Alternativen der Funktionserfüllung durch einfache Anpassung der sich verändernden Umfänge der Funktions- oder Produktstrukturelemente. Das nachfolgende Kapitel soll die systematische Identifikation beeinflussbarer Handlungsfelder ermöglichen und Anleitung zur iterativen Nutzung der Ergebnisse im Rahmen der Produktentwicklung bieten.

5.5 Ableitung von Handlungsfeldern für die Entwicklung ökologisch nachhaltiger Produkte

Das Ziel des fünften und letzten Schrittes der Methodik zur funktionsorientierten Ökologieanalyse im Maschinen- und Anlagenbau besteht in der systematischen Identifikation von Handlungsfeldern zur Steigerung der ökologischen Produktnachhaltigkeit (siehe Abbildung 5-31).

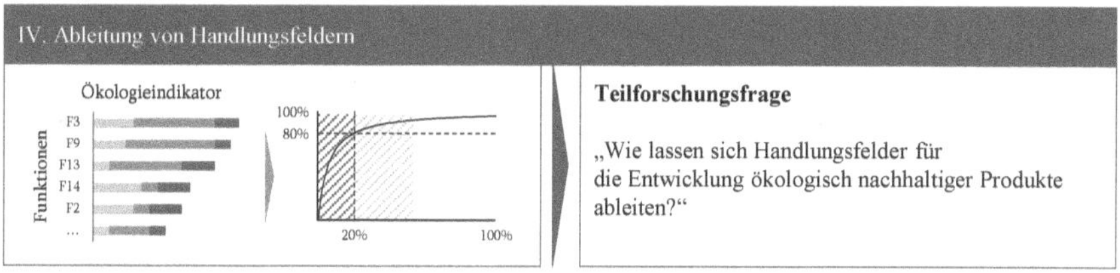

Abbildung 5-31: Ableitung von Handlungsfeldern

Zur Beantwortung der Teilforschungsfrage erfolgt die Entwicklung eines Vorgehensmodells zur systematischen und iterativen Analyse der Ökologie von Produkten im Maschinen- und Anlagenbau sowie entsprechenden Ableitung von Handlungsfeldern zur Steigerung der Produktnachhaltigkeit. Zu diesem Zweck beschreibt das erste Teilkapitel den Untersuchungsrahmen (Kapitel 5.5.1). Es folgt die Ableitung von relevanten und beeinflussbaren Handlungsfeldern für die Entwicklung ökologisch nachhaltiger Produkte im Maschinen- und Anlagenbau (Kapitel 5.5.2). Den Abschluss bildet ein zielorientierter Vergleich der Wirkung konkurrierender Verbesserungsmaßnahmen, welche die identifizierten Handlungsfelder adressieren, um diese mit der größten Gesamtwirkung im Entwicklungsprozess zu forcieren (Kapitel 5.5.3).

5.5.1 Aufstellung der Analysemorphologie

Die geschaffene Informationsgrundlage erlaubt eine Analyse der Zusammenhänge aus unterschiedlichen Perspektiven und für diverse Strukturebenen. Ziel dieses Abschnittes ist daher die Basis für eine zielgerichtete Analyse der geschaffenen Grundlage durch den Modellanwender zu erzeugen und Transparenz über die unterschiedlichen Analysemöglichkeiten zu geben. Zu diesem Zweck zeigt Abbildung 5-32 die möglichen Betrachtungsebenen hinsichtlich der drei zusammenhängenden Dimensionen Produkt, Prozess und Ökologie.

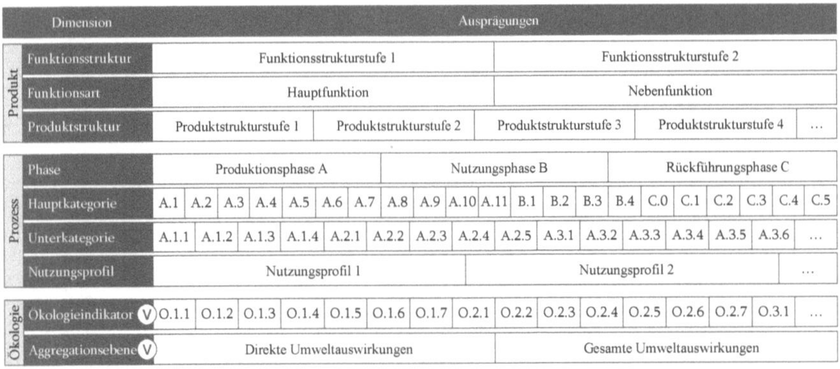

Abbildung 5-32: Analysemorphologie

Wie in Kapitel 5.1 ausführlich beschrieben, setzt sich das **Produkt** aus Funktions- und Produktstruktur zusammen. Folglich lassen sich auch die Ergebnisse aus dem vorangegangenen Kapitel 5.4 hinsichtlich beider Strukturen untersuchen. Durch die jeweils unterschiedlichen Strukturstufen kann der Modellanwender zwischen diesen auswählen. Darüber hinaus ist eine zusätzliche Analyse hinsichtlich der Funktionsart möglich, sofern in Kapitel 5.1.1 durch den Modellanwender dokumentiert. Diese Differenzierung unterstützt eine Priorisierung der weiterführend zu untersuchenden Funktionen, da möglicherweise eine Hauptfunktion mehr elektrische Energie verbrauchen sollte als eine bestimmte Nebenfunktion einer Maschine oder Anlage. In dem Fall, dass die betrachtete Nebenfunktion große Mengen Energie beansprucht, kann der Modellanwender entsprechende Handlungsfelder schnell identifizieren. Während sich mehrere Funktionsarten gleichzeitig visualisieren lassen, ist jeweils eine Entscheidung zwischen Produkt- oder Funktionssicht zu treffen.

Die Dimension **Prozess** erlaubt eine Aufschlüsselung der Informationsgrundlage hinsichtlich der Prozessstrukturstufen. So kann eine gemeinsame oder separate Betrachtung der drei Lebenszyklusphasen Produktion, Nutzung und Rückführung erfolgen. Eine oder zwei Strukturstufen höher ist ein Vergleich verschiedener Prozesskategorien im unterschiedlichen Detaillierungsgrad möglich. Die Ausprägungen der Prozesskategorien richten sich nach den im Unternehmenskontext verwendeten Prozessbeschreibungen. Zusätzlich besteht durch die Einführung der Nutzungsprofile in Kapitel 5.2.2 die Möglichkeit zwischen diesen zu unterscheiden oder eine kombinierte Analyse durchzuführen.

Die letzte Dimension **Ökologie** differenziert die im Rahmen der jeweiligen Anwendung erhobenen Ökologieindikatoren. Da sich in der vorliegenden Arbeit die Ökologieindikatoren nicht zu einem gesamten Nachhaltigkeitswert aggregieren lassen, ergeben sich im Gegensatz zur Produkt- und Prozessperspektive keine unterschiedliche Hierarchieebenen. Hinsichtlich der Ökologiewerte ist jedoch eine Differenzierung nach direkten und gesamten Umweltauswirkungen (siehe Kapitel 5.4.2) möglich. Eine weitere Besonderheit bei der ökologischen Dimension besteht darin, dass sowohl bei dem Ökologieindikator als auch der Auswahl der Aggregationsebene entsprechend der Kennzeichnung nur eine Entweder-oder-Beziehung zwischen den Ausprägungen besteht, während sich die anderen Dimensionsausprägungen auch kombiniert betrachten lassen.

Zur Ökologieanalyse ist jeweils mindestens eine Auswahl in den Bereichen Produkt, Prozess und Ökologie zu treffen. Die Ausführungen in Kapitel 2.1.2 haben verdeutlicht, dass ein Produktentwicklungsprozess idealerweise funktionsorientiert abläuft. Dementsprechend hat sich die funktionsorientierte Analyse der Produktökologie als zentraler Stellhebel für die Identifikation beeinflussbarer und relevanter Handlungsfelder herauskristallisiert. Aus diesem Grund ist der Beginn einer jeden Ökologieanalyse aus Funktionssicht zu empfehlen. Das folgende Kapitel geht auf eine systematische Vorgehensweise zur Verknüpfung der aufgezeigten Sichtweisen im Sinne „vom Groben ins Feine“ vor.

5.5.2 Ableitung von Handlungsfeldern

Ziel dieses Abschnittes besteht in der Konkretisierung eines empfohlenen Analysepfades zur Ermittlung von Handlungsfeldern für die Entwicklung ökologisch nachhaltiger Produkte im Maschinen- und Anlagenbau. Entsprechend der Ausführungen im vorangegangenen Kapitel, beginnt die Ermittlung von Handlungsfeldern für die Produktentwicklung mit der Analyse aus Funktionssicht. BRIKENHOF ET AL. explizieren, dass für die Entwicklung ökologischer Produkte alle Lebenszyklusphasen zu berücksichtigen sind, da sonst falsche Ergebnisse entstehen[468]. Aus diesem Grund spannt sich zunächst der Analyseraum der Produktfunktionen nach den drei Lebenszyklusphasen Produktion, Nutzung und Rückführung auf. Bei der Untersuchung empfiehlt sich hinsichtlich der Ökologie die gesamten Umweltauswirkungen der Funktionsstrukturelemente auf erster Strukturstufe durchzuführen. Es ergeben sich in der aufgespannten Analysemorphologie die Ausprägungen „Funktionsstrukturstufe 1", „Produktionsphase A", „Nutzungsphase B", Rückführungsphase C", „Gesamte Umweltauswirkungen" und die Benennung eines Ökologieindikators, z.B. im Falle der Umbuganlage „O.1.4".

Zur Untersuchung der Produktökologie lassen sich die Informationen in unterschiedlichen Visualisierungsformen darlegen. ABELA schlägt eine Differenzierung von Visualisierungstypen nach ihrem Zweck vor[469]. Ziel der ersten Untersuchung ist es, eine Priorisierung der betrachteten Produktfunktionen zu erzeugen und damit in eine Reihenfolge nach ihrer Relevanz für weiterführende Untersuchungen zu bringen. Für diese Zielsetzung bietet sich in Anlehnung an SCHUH ET AL.[470] und KREß[471] die Visualisierung der ausgewählten Zusammenhänge in Form eines Analysewürfels an.

Die drei Lebenszyklusphasen spannen das Koordinatensystem des Analysewürfels auf. Die Produktionsphase ist auf der x-Achse, die Nutzungsphase auf der y-Achse und die Rückführungsphase auf der z-Achse aufgetragen. Innerhalb des Koordinatensystems platzieren sich die Funktionsstrukturelemente entsprechend ihrer gesamten Umweltauswirkungen. Je weiter eine Funktion vom Koordinatenursprung entfernt ist, desto größer die entsprechenden Umweltauswirkungen in den Phasen. Für einen gezielten Vergleich der Funktionsstrukturelemente empfiehlt sich eine relative Normierung der Werte, wobei der jeweils höchste Ökologiewert der betrachteten Funktionsstrukturelemente in einer jeden Lebenszyklusphase die obere Grenze und damit den Wert eins darstellt. Zur Normierung kann der folgende formelmäßige Zusammenhang aus

[468] Vgl. Birkhofer et al. (2012), Umweltgerechtes Konstruieren, S. 564
[469] Vgl. Abela (2013), Advanced Presentations by Design, S. 99ff.
[470] Vgl. Schuh et al. (2013), Chefsache Komplexität, S. 40
[471] Vgl. Kreß (2022), Erbringung hybrider Leistungsangebote in Wertschöpfungsnetzwerken, S. 196

Gleichung 5.48 am Beispiel der Produktionsphase Verwendung finden. Die Zusammenhänge der weiteren Lebenszyklusphasen befinden sich im Anhang A.3. Ergebnis sind die normierten Sachbilanzmatrizen der gesamten Umweltauswirkungen für die Funktionsstrukturelemente.

$$x_{ij} = \frac{g_{PG,FSE,ij}}{g_{PG,FSE,imax}} \text{ mit } g_{PG,FSE,imax} := \max_{j\in[1,\delta]} g_{PG,FSE,ij} \tag{5.45}$$

mit

$\boldsymbol{X}_{PG,FSE}$ Normierungsmatrix der gesamten Umweltauswirkungen in der Produktionsphase für die Funktionsstrukturelemente, $(x_{ij}) = \boldsymbol{X}_{PG,FSE} \in \mathbb{R}^{\beta\times\delta}$
$i \in [1,\beta], j \in [1,\delta], (g_{PG,FSE,ij}) = \boldsymbol{G}_{PG,FSE} \in \mathbb{R}^{\beta\times\delta}$

Mit den normierten Ökologiewerten je Lebenszyklusphase für die gesamten Umweltauswirkungen der Funktionen ergibt sich der Analysewürfel in Abbildung 5-33.

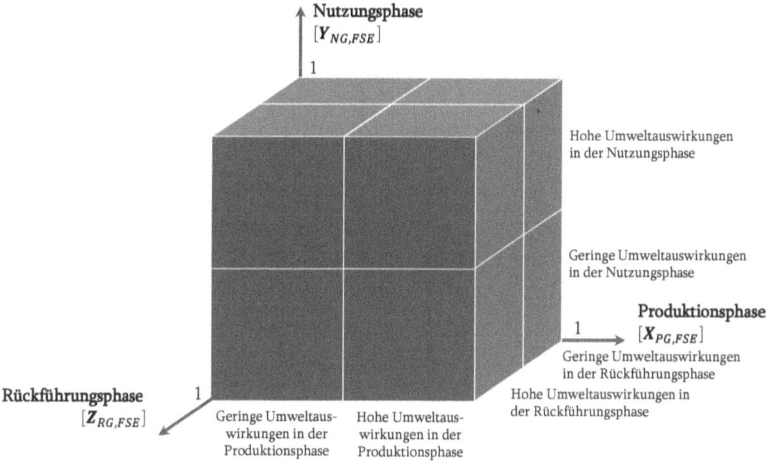

Abbildung 5-33: Analysewürfe zur Ableitung von Handlungsfeldern

Je nach Positionierung der Funktionen in dem Würfel ergibt sich eine Priorisierung, welche Funktionen bevorzugt weiter zu untersuchen sind. So sind Funktionen, die in allen Lebenszyklusphasen hohe Umweltauswirkungen aufweisen, mit besonderem Augenmerk auf Verbesserungspotenziale hin zu untersuchen. Wenn Funktionen sich in einen der drei Achsen vom Koordinatenursprung weit entfernt befinden, sind die jeweiligen Phasen priorisiert zu analysieren. Basierend darauf ergeben sich acht Bereiche in dem Analysewürfel, die sich für unterschiedliche Folgeuntersuchungen anbieten. Die nachfolgende Tabelle 5-13 zeigt die definierten Fallunterscheidungen und gibt Empfehlungen für die fortfolgende Untersuchung von Ursachen und potenziell beeinflussbaren Handlungsfeldern.

Tabelle 5-13: Analyseempfehlungen zur Ableitung von Handlungsfeldern

Bewertung	Analyseempfehlung
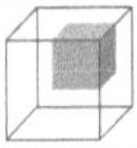	**Produktion hoch | Nutzung hoch | Rückführung hoch** Liegen in allen drei Lebenszyklusphasen hohe Umweltauswirkungen vor, ist die Nutzungsphase als längste Phase im Maschinen- und Anlagenbau (siehe Kapitel 2.2.3) zuerst zu analysieren. Folgend bietet es sich an, anhand der funktionserfüllenden Produktstrukturelemente die Produktions- und Rückführungsphase parallel zu betrachten.
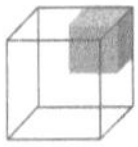	**Produktion hoch | Nutzung hoch | Rückführung gering** Die Untersuchung beginnt ebenfalls mit der Nutzungsphase. Haben sich Handlungsfelder in dieser Phase identifizieren lassen, folgt die Analyse der Produktionsphase. Dabei liegt der Fokus auf den funktionserfüllenden Produktstrukturelemente mit den zugehörigen Produktionsschritten.
	**Produktion hoch | Nutzung gering | Rückführung hoch** Liegen sowohl in der Produktion als auch in der Rückführung hohe Umweltauswirkungen vor, bietet es sich an beide Lebenszyklusphasen parallel zu analysieren. Hierzu erfolgt eine Betrachtung der funktionserfüllenden Produktstrukturelemente mit den zugehörigen Prozessen hinsichtlich ihrer Umweltauswirkungen sowie ein Vergleich von Rückführungskategorien.
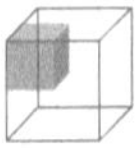	**Produktion gering | Nutzung hoch | Rückführung hoch** Die Untersuchung beginnt ebenfalls mit der Nutzungsphase. Haben sich Handlungsfelder in dieser Phase identifizieren lassen, folgt die Analyse der Rückführungsphase. Hier lassen sich unter anderem verschiedene Rückführungsarten und -häufigkeiten miteinander vergleichen. Es lässt sich vermuten, dass aufgrund der intensiven Beteiligung von Produktstrukturelementen bei der Funktionsausführung, es häufig zu Ausfällen und entsprechenden Rückführungen kommt.
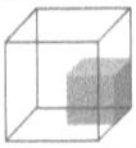	**Produktion hoch | Nutzung gering | Rückführung gering** Bei hohen Umweltauswirkungen in der Produktionsphase sind die funktionserfüllenden Produktstrukturelemente näher zu untersuchen. Durch die gezielte Analyse der Produktionsprozesse lassen sich relevante Handlungsfelder identifizieren.
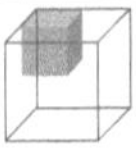	**Produktion gering | Nutzung hoch | Rückführung gering** Bei hohen Umweltauswirkungen in der Nutzungsphase sind die vorliegenden Nutzungsprofile in den Vergleich zu ziehen. Weiter bietet sich eine Untersuchung der Nutzungsprozesse an, die einen Überblick darüber schaffen, inwiefern es sich um einzelne Funktionsausführungen handelt, die betrachtete Funktion immer in Kombination auftritt oder nur bestimmte Prozesse in denen die Funktion beteiligt ist zu hohen Auswirkungen führen. Im letzten Schritt kann eine Untersuchung der ausführenden Produktstrukturelemente hinsichtlich möglichen Verbesserungspotenzialen erfolgen.
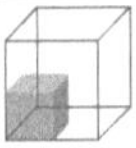	**Produktion gering | Nutzung gering | Rückführung hoch** Bei hohen Umweltauswirkungen in der Rückführung sind die funktionserfüllenden Produktstrukturelemente näher zu untersuchen. Sollte es sich um eine Rückführung mit Ersatzteilproduktion handeln, sind bei der Untersuchung der dahinterliegenden Prozesse ebenfalls die Produktionsprozesse einzubeziehen.
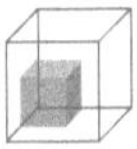	**Produktion gering | Nutzung gering | Rückführung gering** Es liegt keine Priorität zur Untersuchung der Funktionen in diesem Feld vor. Sollte es sich um Unterstützungsfunktionen oder unerhebliche Funktionen handeln, verschieben sich die Grenzen dieses Feldes näher zum Koordinatenursprung im Vergleich zur Betrachtung von Haupt- oder Nebenfunktionen.

Zur Untersuchung der Umweltauswirkungen lassen sich vier Analysebausteine bilden, die der Modellanwender entsprechend der Analyseempfehlungen zur Untersuchung der definierten Fallunterscheidungen nutzen kann. Nachfolgend erfolgt deren Erläuterung mit ausgewählten Demonstrationen am Beispiel der Umbuganlage.

Hohe Umweltauswirkungen in der Produktionsphase

Sofern eine Funktion hohe Umweltauswirkungen in der Produktionsphase aufweist, ergibt es Sinn, die funktionserfüllenden Produktstrukturelemente näher zu betrachten, da diese die Prozessträger in der Produktionsphase darstellen (siehe Kapitel 5.2.2). Die nachfolgende Abbildung 5-34 visualisiert exemplarisch die in der Produktionsphase entstandenen Umweltauswirkungen der funktionserfüllenden Produktstrukturelemente mit ihrer anteiligen Transformation auf die ausgewählte Funktion.

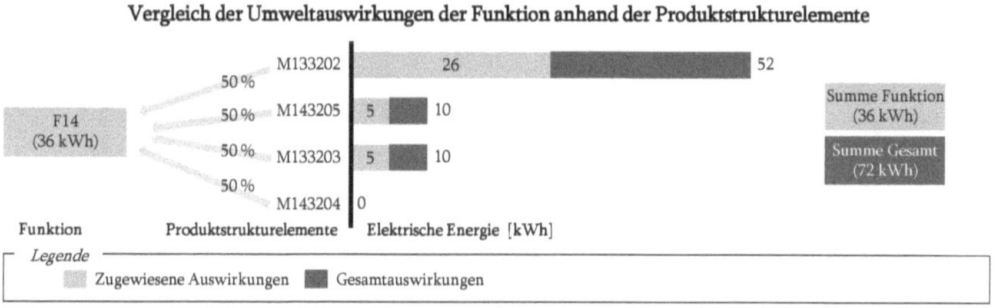

Abbildung 5-34: Analyse der Umweltauswirkungen der ausgewählten Funktion in der Produktionsphase

Anhand dieser Darstellung ist es dem Modellanwender möglich, diejenigen Produktstrukturelemente mit den größten Umweltauswirkungen zu identifizieren. Es empfiehlt sich, die Produktstrukturelemente nach ihren Auswirkungen absteigend weiter zu untersuchen. Einen Vorschlag hierfür gibt Abbildung 5-35.

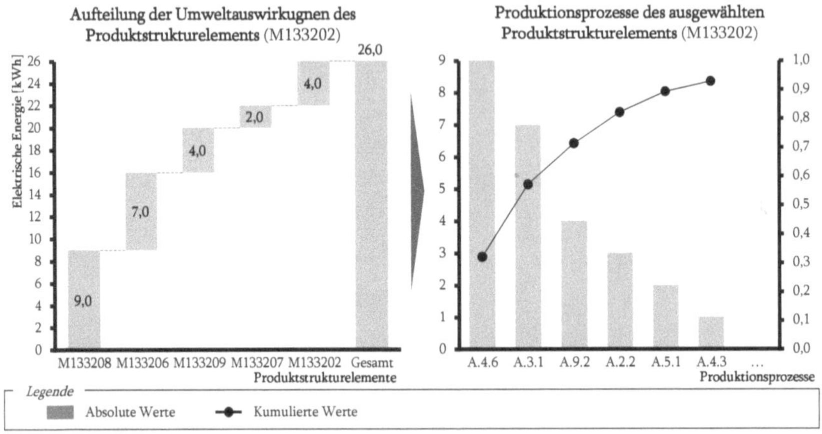

Abbildung 5-35: Analyse der Umweltauswirkungen eines Produktstrukturelements mit zugehörigen Produktionsprozessen

Besteht ein ausgewähltes Produktstrukturelement aus Weiteren, kann ein Wasserfalldiagramm die entsprechende Zusammensetzung visualisieren und den Beitrag der Strukturelemente höherer Strukturstufe kumuliert mit abbilden. Darüber hinaus hilft es neben der Hierarchieebenen des Produktes auch die Prozesssicht darzulegen, aus welchen Hauptprozesskategorien die betrachteten Produktstrukturelemente entstehen. Die Einzelprozessbetrachtung detailliert die beschriebene Sichtweise.

Hohe Umweltauswirkungen in der Nutzungsphase

Sofern eine Funktion durch hohe Umweltauswirkungen in der Nutzungsphase weiter zu untersuchen ist, ist es zielführend, die betrachteten Nutzungsprofile miteinander zu vergleichen. Bei einer kombinierten Betrachtung der Nutzungsprofile über die gesamte Nutzungszeit der Produkte im Maschinen- und Anlagenbau, bietet es sich an, einerseits die Umweltauswirkungen der Funktionsausführungen in den Nutzungsprofilen über die jeweils gesamte Betrachtungszeit und andererseits nur in einem einzigen Nutzungsprofil zu vergleichen. Eine beispielhafte Erkenntnis könnte sein, dass die Funktion F20 „Dekormaterial verkleben“ in der industriellen Anwendung weniger Strom verbraucht als in der Manufaktur, bei dem die Umbugschieber deutlich häufiger erneut auf die notwendige Temperatur zu bringen sind. Die nachfolgende Abbildung 5-36 visualisiert den beschriebenen Zusammenhang am Beispiel der Umbuganlage.

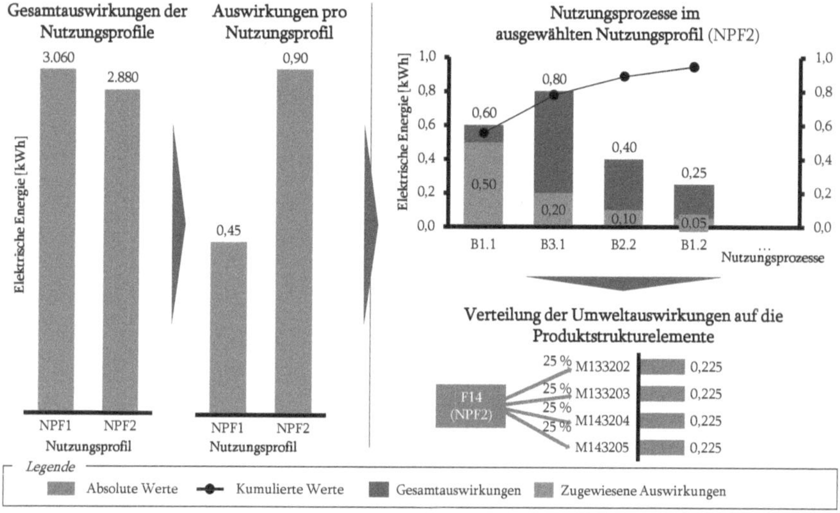

Abbildung 5-36: Analyse von Nutzungsprofilen und Nutzungsprozessen

Ist ein Nutzungsprofil von besonderem Interesse, dann lassen sich die Umweltauswirkungen auf die dahinterliegenden Nutzungsprozesse mit den zugehörigen Funktionsausführungshäufigkeiten aufschlüsseln. Führt ein Nutzungsprozess mehrere Funktionen aus, ist der jeweilige Anteil des Ökologiewertes für die betrachtete Funktion gekennzeichnet. Dem Modellanwender ist es so möglich zu untersuchen, inwiefern die hohen Umweltauswirkungen sich durch bestimmte Prozessabfolgen oder Funktionskombinationen ergeben. Zur Ergründung der dahinterliegenden Ursachen empfiehlt es sich, die funktionsrealisierenden Produktstrukturelemente weiter zu untersuchen. Die Absprungbasis für die Entwicklung nachhaltiger Produkte im Maschinen- und Anlagenbau könnte exemplarisch in der Erforschung alternativer Wirkprinzipien liegen. Sofern neben der Nutzungsphase noch weitere Lebenszyklusphasen hohe Umweltauswirkungen vorweisen, lassen sich die weiteren Analysebausteine anhängen.

Hohe Umweltauswirkungen in der Rückführungsphase

Analog zur Produktionsphase bietet es sich bei der Untersuchung der Umweltauswirkungen in der Rückführungsphase an, die funktionserfüllenden Produktstrukturelemente zu identifizieren und weiter zu untersuchen. Abbildung 5-37 zeigt die Vorgehensweise am Beispiel der Umbuganlage.

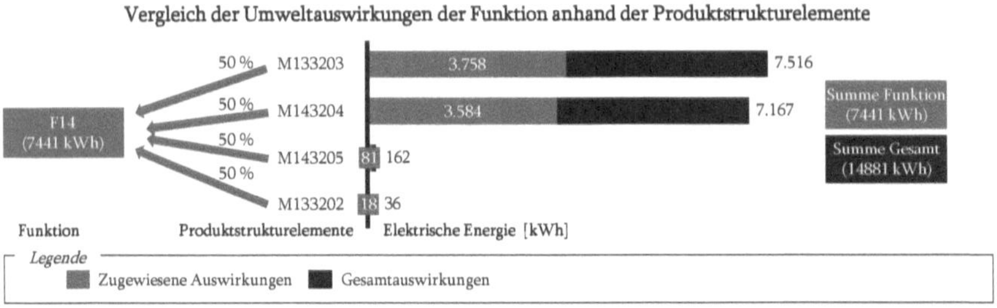

Abbildung 5-37: Analyse der Umweltauswirkungen der ausgewählten Funktion in der Rückführungsphase

Es empfiehlt sich die fortführende Betrachtung der Produktstrukturelemente in absteigender Reihenfolge bezüglich ihrer Ökologiewerte. Ebenfalls lassen sich die Produktstrukturelemente höherer Strukturstufe mit aufführen. Im Gegensatz zur Produktionsphase zeigt das gewählte Diagramm in Abbildung 5-38 die unterschiedlichen Rückführungskategorien, die die einzelnen Produktstrukturelemente durchlaufen. Fortführend ergibt sich die Prozesssicht. Die Rückführungsprozesse lassen sich ebenfalls in ihrer gesamten Häufigkeit absteigend nach ihrem Ökologiebeitrag sortieren.

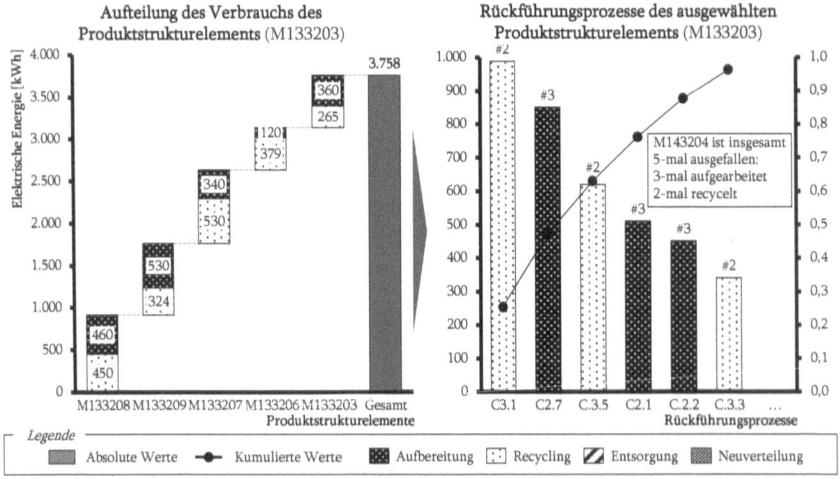

Abbildung 5-38: Analyse der Umweltauswirkungen Produktstrukturelements mit zugehörigen Rückführungsprozessen

Im Rahmen der Rückführungsphase finden die Umweltauswirkungen der Ersatzteilproduktion Betrachtung. Es ergibt sich der Sonderfall, dass wenn ein Produktstrukturelement Prozesse für die Ersatzteilproduktion aufweist, zusätzlich die zugehörigen Produktionsprozesse in der Analyse mit einfließen. In diesem Fall ist den Ausführung des vierten Analysebausteins zu folgen.

Hohe Umweltauswirkungen in der Produktions- und Rückführungsphase

Wie bereits dargelegt, können Funktionen im Analysewürfel gleichzeitig hohe Umweltauswirkungen in der Produktion und Rückführung aufweisen oder eine kombinierte Analyse aufgrund von hohen Umweltauswirkungen in der Ersatzteilproduktion sinnvoll sein. Der erste Untersuchungsschritt gleicht den vorangegangenen Analysebausteinen und beginnt mit der Darlegung der Transformationsbeziehungen zwischen Funktions- und Produktstrukturelementen. Daraufhin ergeben sich erneut die Diagramme zur Darstellung des Wertbeitrages der zugehörigen Produktstrukturelemente und die Visualisierung der Produktions- und Rückführungsprozesse in absteigender Reihenfolge nach ihren absoluten Umweltauswirkungen entlang des gesamten Betrachtungszeitraums. Neben den benannten Aspekten schaffen die ausgewählten Diagramme Transparenz über die Auswirkungen unterschiedlicher Rückführungsarten und -häufigkeiten.

Die Untersuchungen innerhalb der vier Analysebausteine können sich kaskadenförmig solange fortsetzen, bis entweder ein relevantes Handlungsfeld vorliegt oder keine Beeinflussung durch die Produktentwicklung möglich ist. Daher ergibt sich als sogenanntes *Abbruchkriterium* im Rahmen der funktionsorientierten Ökologieanalyse die Beeinflussbarkeit der Produktentwicklung. Lässt sich beispielsweise das betrachtete Fertigungsverfahren oder physikalische Wirkprinzip aufgrund externer Restriktionen nicht verändern, besteht die Möglichkeit aus der jeweiligen Detailanalyse auf die nächst höhere Analyseebene zurückzuspringen und den Analyseprozess fortzusetzen.

Findet sich ein beeinflussbares Handlungsfeld durch den Modellanwender, empfiehlt sich eine Explizierung anhand einer einheitlichen Dokumentationsvorlage, um einen Informationsverlust zu vermeiden. Abbildung 5-39 gibt einen Vorschlag zur Dokumentation von ermittelten Handlungsfeldern. Durch die Angabe von betrachteten Funktionsstrukturelement, Lebenszyklusphase, Produktstrukturelement, Nutzungsprofil, Prozess, Ökologieindikator, zugeordnete Auswirkungen sowie der Anteil an der Gesamtauswirkung des Prozesses ist das Handlungsfeld eindeutig beschrieben. Zudem lassen sich mögliche Verbesserungsmaßnahmen dokumentieren. Auf die systematische Nutzung der Ergebnisse in der Produktentwicklung sowie den Umgang mit konkurrierenden Verbesserungsmaßnahmen geht der folgende Teilschritt weiter ein.

Handlungsfeld H01				
	Funktionsstrukturelement	Phase	Produktstrukturelement	Nutzungsprofil
	F14	Produktion	M143205	-
	Prozess(kategorie)	Ökologieindikator	Zugeordnete Auswirkungen	Anteil an Gesamtauswirkung
	A.2.5	OE05	250 kWh	70 %
	Mögliche Maßnahme	Verringerung des Energieverbrauchs bei dem Umformprozess durch die Verringerung des Kolbengewichts		

Abbildung 5-39: Dokumentation von Handlungsfeldern

5.5.3 Analyse der Gesamtwirkung konkurrierender Verbesserungsmaßnahmen

Die dokumentierten Handlungsfelder befähigen den Modellanwender im Rahmen der Produktentwicklung konkrete Maßnahmen zur Steigerung der Produktnachhaltigkeit abzuleiten, wie die Anpassung von Material, Geometrie oder Prozessparametern. Aufgrund der Komplexität der Produkte und Produktlebenszyklen im Maschinen- und Anlagenbau ist anzunehmen, dass nicht alle identifizierten möglichen Verbesserungsmaßnahmen miteinander sinnvoll kombinierbar sind, sodass sich im Entwicklungsprozess Konzeptalternativen mit unterschiedlich forcierten Maßnahmen ergeben. Beispielsweise rechnen sich die Entwicklungskosten zur Verlängerung der Lebensdauer einzelner Komponenten nicht, wenn ohnehin im Sinne einer Kreislaufwirtschaft ein regelmäßiger Austausch dieser vorgesehen ist. Umgekehrt bringt ein strukturierter Rückführungsprozess erst positive Wirkung, wenn die aufzubereitenden Baugruppen sich zerstörungsfrei demontieren lassen. Die eigentliche Ermittlung von produktspezifischen Maßnahmen ist Aufgabe des Modellanwenders und liegt außerhalb des Objektbereichs der vorliegenden Arbeit. Es empfiehlt sich aber die möglichen alternativen Maßnahmenkonzepte insbesondere mit der dargelegten Analysemethodik hinsichtlich ihrer Ökologie iterativ zu vergleichen, siehe Abbildung 5-40.

Zur Bündelung konsistenter Maßnahmen bietet sich eine Vorgehensweise in Anlehnung an die Konsistenzmatrix als Teil der Szenariotechnik an[472]. Die Maßnahmen werden gegeneinander in der Matrix aufgetragen und jeweils bewertet inwiefern zwischen diesen eine Inkonsistenz, gegenseitige Unabhängigkeit oder Begünstigung besteht (siehe Abbildung 7-3, Anhang A.3). Für die ausgewählten Maßnahmenkonzepte können die durch den Modellanwender bereits erarbeiteten Eingangsdaten der Analysemethodik übernommen und lediglich die von den jeweiligen Maßnahmen veränderten Funktionsstrukturelemente, Produktstrukturelemente oder Prozessschritte mit ihren jeweiligen Umweltauswirkungen angepasst werden (siehe Kapitel 5.4).

---

[472] Vgl. Gausemeier et al. (1996), Szenario-Management, S. 254ff.

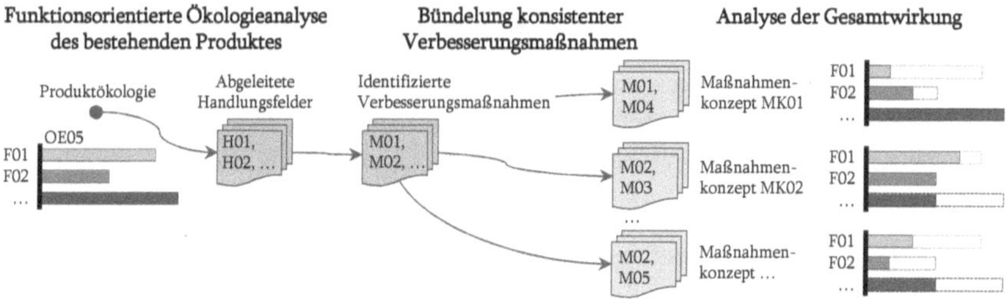

Abbildung 5-40: Analyse der komparativen Gesamtwirkungen verschiedener Maßnahmenkonzepte

Bei der Untersuchung der Wirksamkeit empfiehlt es sich mit den Maßnahmenkonzepten zu beginnen, die Maßnahmen zur Adressierung der Handlungsfelder mit dem größtmöglichen Verbesserungspotenzial umfassen. Der systematische Vergleich der alternativen Maßnahmenkonzepte hinsichtlich ihrer Gesamtwirkung befähigen den Modellanwender diese mit dem größten ganzheitlichen ökologischen Verbesserungen auszuwählen. Es wird vor allem möglich die Effekte struktureller Anpassungen mit denen von Materialentscheidungen oder Prozessverbesserungen in ihrer Wirksamkeit zu vergleichen. So könnte die Adressierung des größten identifizierten Handlungsfeldes eine geringere Gesamtwirkung vorweisen, als die Kombination verschiedener Maßnahmen kleinerer Handlungsfelder. Der Umgang mit möglichen Zielkonflikten zwischen den betrachteten Ökologieindikatoren zur Auswahl der zu verfolgenden Maßnahmenkonzepte obliegt dem Modellanwender. Eine Erweiterung um eine unternehmensinterne Gewichtung unterstützt diesen Schritt nach Bedarf. Analog zu der beschriebenen Vorgehensweise lassen sich auch bestehende oder geplante Produktvarianten des initial analysierten technischen Produktes im Maschinen- und Anlagenbau durch einfache Adaption der sich verändernden Elemente dynamisch untersuchen.

Ergebnis des fünften Teilschrittes der Methodik ist ein Vorgehen zur systematischen Identifikation von Handlungsfeldern für die Entwicklung nachhaltiger Produkte im Maschinen- und Anlagenbau. Die beschriebenen vier Analysebausteine können entsprechend der getroffenen Fallunterscheidung modular Verwendung finden, um für den Modellanwender individuelle und entsprechend des Unternehmenskontext passende Analyseformen zur Verfügung zu stellen. Damit wird eine operative Basis gelegt, um die Analyseergebnisse systematisch zu nutzen und alternative Verbesserungsmaßnahmen hinsichtlich ihrer Gesamtwirkung im Entwicklungsprozess dynamisch zu analysieren.

5.6 Zwischenfazit: Detaillierung der Methodik

Das Ziel des fünften Kapitels bestand in der Detaillierung der Methodik zur funktionsorientierten Ökologieanalyse im Maschinen- und Anlagenbau. Auf Basis der im vierten Kapitel beschriebenen Konzeption erfolgte die Detaillierung und Beschreibung der einzelnen Hauptschritte.

In Kapitel 5.1 fand zunächst die Ausarbeitung eines Beschreibungsmodells zur Strukturierung und Beschreibung von komplexen Produkten im Maschinen- und Anlagenbau aus Entwicklersicht statt. Basierend auf dem Konzept der Produktarchitektur gelang eine Weiterentwicklung im Kontext der Ökologieanalyse zur Schaffung einer einheitlichen Dokumentationsvorschrift und mathematische Modellierung. In Kapitel 5.2 folgte die analytisch-deduktive Ermittlung von 21 generischen Prozesskategorien zur Beschreibung und Modellierung des individuellen Produktlebenszyklus. Eine Dokumentationsvorschrift mit den relevanten Prozessinformationen für die Ökologieanalyse ermöglicht eine standardisierte Prozessaufnahme. Das dritte Beschreibungsmodell stellte in Kapitel 5.3 dem Anwender eine Longlist und Shortlist mit entwicklungsrelevanten Ökologieindikatoren zur Verfügung. Definierte Kriterien unterstützen die unternehmensspezifische Auswahl zu betrachtender Indikatoren. Auch hier folgte die Entwicklung einer einheitlichen Dokumentationsvorschrift. Kapitel 5.4 führte als Erklärungsmodell die vorangegangenen Ausarbeitungen zusammen. Im Fokus stand die Erklärung der Zusammenhänge zwischen Produkt, Prozess und Ökologie durch die gezielte Aufnahme von Prozessschritten mit Ökologiewerten und Zuordnung dieser zu dem jeweils verursachenden Funktions- oder Produktstrukturelementen. Die Analyse erfolgte nacheinander in den Phasen der Produktion, Nutzung und Rückführung unter Berücksichtigung der Lebensdauer, Rückführungsart und Rückführungswahrscheinlichkeit unterschiedlicher Produktumfänge sowie die Untersuchung diverser Nutzungsszenarien in Form von Nutzungsprofilen. Es ermöglichte sich die Kalkulation der direkten sowie der sich durch die mengenmäßigen Zusammenhänge in den Strukturen ergebenden gesamten Umweltauswirkungen der Strukturelemente. Den Abschluss bildete Kapitel 5.5 mit der Ausarbeitung eines Entscheidungsmodells zur systematischen Untersuchung der Produktökologie aus Funktionssicht. Anhand von acht Untersuchungsfällen, die je nach Entstehungsort der Umweltauswirkungen Vorschläge für die tiefergehende Analyse geben, gelingt nicht nur die Ermittlung von spezifischen Handlungsfeldern, sondern auch der zielorientierte Vergleich alternativer Verbesserungsmaßnahmen.

6 Validierung und kritische Reflexion

Das sechste Kapitel verfolgt das Ziel, die funktionsorientierte Ökologieanalyse an einem Praxisbeispiel anzuwenden und zu validieren. In Anlehnung an den Forschungsprozess nach ULRICH (siehe Kapitel 1.3) dient die empirisch-induktive Validierung der Überprüfung der erarbeiteten Methodik im Anwendungszusammenhang. Zunächst erfolgt die Vorstellung des Fallbeispiels der Intralogistik AG (Kapitel 6.1). Daraufhin folgt die Anwendung der Methodik (Kapitel 6.2) sowie die kritische Reflexion der dabei gewonnenen Erfahrungen (Kapitel 6.3).

6.1 Ausgangssituation der Intralogistik AG

Die Intralogistik AG ist ein weltweit führender Hersteller von Gabelstaplern und Lagertechnikgeräten. In der Validierung wurden Unternehmensname sowie kritische Informationen des Unternehmens im Rahmen der Veröffentlichung aus Geheimhaltungsgründen verändert. Dies hat keine Auswirkung auf die Validierungsergebnisse. Das Produktportfolio des Unternehmens ist geprägt von mehrgliedrigen, komplexen und energieintensiven Produkten. Die Kunden der Intralogistik AG sind insbesondere produzierende Unternehmen, welche zunehmend im Kontext der Nachhaltigkeitswende nach Nachweisen bzgl. der Produktnachhaltigkeit fragen. Zu diesem Zweck führt das Unternehmen seit einigen Jahren systematisch Lebenszyklusanalysen nach dem Standard der DIN EN ISO 14040 durch. Die Analyse erfolgt in einer gegründeten Nachhaltigkeitsabteilung für Zertifizierungszwecke. Eine detaillierte Analyse in der Produktentwicklung geschieht bislang noch nicht.

Im Rahmen dieser Nachhaltigkeitsanalysen hat sich herausgestellt, dass die Nutzungsphase, als längste Lebenszyklusphase der Produkte, über 80% der Treibhausgasemissionen (Scope 3) ausmacht. Die übergeordneten Handlungsbereiche sieht die Intralogistik AG in dem Produktdesign, den verwendeten Materialien, den Energiequellen sowie der Energieeffizienz. Vor diesem Hintergrund ist das Unternehmen auf der Suche nach konkreten Handlungsfeldern zur systematischen Verbesserung der Produktnachhaltigkeit.

Die Charakterisierung des Validierungspartners dieser Arbeit zeigt, dass dieser als Unternehmen im Maschinen- und Anlagenbau im Sinne der Begriffsdefinition dieser Arbeit einzustufen ist. Aufgrund der Größe des Produktportfolios soll zunächst ein einzelnes Produkt im Fokus stehen. Für die vorliegende Arbeit hat die Intralogistik AG ein Flurförderfahrzeug ausgewählt, welches als Bestseller eine strategische Bedeutung für das Unternehmen hat. Die nachfolgende Abbildung 6-1 zeigt den schematischen Aufbau des Flurförderfahrzeugs.

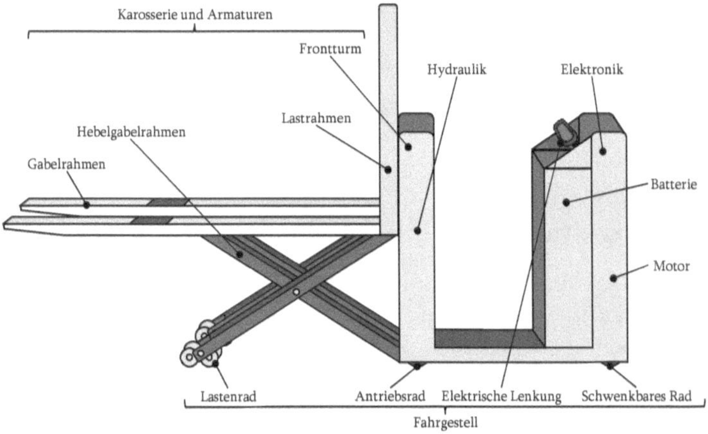

Abbildung 6-1: Schematische Darstellung des Flurförderfahrzeugs

Das Unternehmen plant in den kommenden Jahren die Weiterentwicklung dieses Produktes zur Steigerung der Produktnachhaltigkeit. Durch die ökologische Analyse, sowohl aus Produkt- als auch Funktionssicht, erhofft sich das Unternehmen eine Verbesserung der Produktökologie. Für das Produkt liegt bereits eine klassische Lebenszyklusanalyse der Nachhaltigkeitsabteilung vor, auf der die Validierung der vorliegenden Arbeit aufbaut.

6.2 Anwendung der Methodik zur funktionsorientierten Ökologieanalyse im Maschinen- und Anlagenbau

Nachfolgend erfolgt die Anwendung der zentralen Schritte der Methodik zur funktionsorientierten Ökologieanalyse für das vorgestellte Fallbeispiel. Den Anfang macht der Aufbau der erforderlichen Informationsgrundlage, gefolgt von der systematischen Analyse der Zusammenhänge zur Ableitung von Handlungsfeldern. Die Darstellung der Methodikschritte erfolgt ausschnittsweise und in einer anonymisierten Form.

6.2.1 Aufnahme der Informationsgrundlage

Im ersten Schritt gilt es, die erforderliche Informationsgrundlage zur funktionsorientierten Ökologieanalyse entsprechend der ersten drei Methodikschritte für das ausgewählte Fallbeispiel aufzunehmen. Hierzu erfolgte die Aufnahme und Dokumentation der folgenden Informationen gemeinsam mit der Intralogistik AG:

- Funktionsstruktur
- Produktstruktur
- MTBF der Produktstrukturelemente
- gewichtete Transformationsbeziehungen
- analysierte Ökologieindikatoren
- betrachtete Nutzungsprofile
- Prozessschritte entlang des Produktlebenszyklus mit den erhobenen Ökologiewerten
- Rückführungswahrscheinlichkeiten der Produktstrukturelemente

Trotz bestehender Lebenszyklusanalyse waren einige dieser Informationen in gemeinsamen Workshops neu zu erheben. Darunter fiel die Aufnahme der Funktionsstruktur, die Erarbeitung der gewichteten Transformationsbeziehungen, die Konkretisierung der Nutzungsprofile sowie die Differenzierung unterschiedlicher Rückführungsarten mit ihren Wahrscheinlichkeiten.

Die betrachteten Haupt- und Nebenfunktionen des Flurförderfahrzeugs sind die Aufnahme der Ladung, die Bewegung der Ladung, die Konfiguration der Fahrerkabine sowie die Sicherstellung der Fahrassistenz- und Sicherheitssysteme. Jede Haupt- und Nebenfunktion besitzt verschiedene Teilfunktionen. Die im Rahmen eines Workshops aufgenommene Funktionsstrukturliste zeigt Tabelle 6-1.

Tabelle 6-1: Funktionsstrukturliste des Flurförderfahrzeugs

ID	Name	Strukturstufe	Funktionsart
F01	Ladungstransport sicherstellen (Kommissionierung)	0	Gesamtfunktion
F02	Ladung aufnehmen	1	Hauptfunktion
F03	Gabeln in x-Richtung bewegen	2	Teilfunktion
F04	Gabeln in z-Richtung bewegen	2	Teilfunktion
F05	Gabeln um y-Achse abwinkeln	2	Teilfunktion
F06	Ladung bewegen	1	Hauptfunktion
F07	Fahrzeugbereitschaft herstellen	2	Teilfunktion
F08	Fahrzeug antreiben	2	Teilfunktion
F09	Fahrzeug lenken	2	Teilfunktion
F10	Fahrzeug bremsen	2	Teilfunktion
F11	Kabine konfigurieren	1	Nebenfunktion
F12	Fahrerstand bewegen	2	Teilfunktion
F13	Bügel verstellen	2	Teilfunktion
F14	Lenkrad verstellen	2	Teilfunktion
F15	Klappsitz verstellen	2	Teilfunktion
F16	Trittstufe verstellen	2	Teilfunktion
F17	Fahrassistenz- und Sicherheitssysteme gewährleisten	1	Nebenfunktion
F18	Kurvenstabilität sicherstellen	2	Teilfunktion
F19	Sicherheitsabstand gewährleisten	2	Teilfunktion
F20	Kollisionsschutz sicherstellen	2	Teilfunktion
F21	Bedienererkennung sicherstellen	2	Teilfunktion
F22	Zugriffsschutz gewährleisten	2	Teilfunktion

Neben der Funktionsstrukturliste haben sich auch die Elemente der Produktstruktur in die für die vorliegende Arbeit erforderliche Dokumentation überführen lassen. Zur einfacheren Handhabung des Fallbeispiels konzentriert sich die untersuchte Produktstruktur wie die vorliegende Lebenszyklusanalyse auf die ersten zwei Hierarchieebenen. Die Tabelle 6-2 zeigt einen Auszug aus der Strukturstückliste. Im gleichen Schritt haben sich die Lebensdauern der Produktstrukturelemente dokumentieren lassen. Als gesamte Nutzungszeit dienten 10.000 Stunden und das maximale Ladegewicht von 2.000 kg. Durch die Analyse von historischen Reparaturdaten der letzten zwei Jahre, bereitgestellt durch die Vertriebs- und Serviceorganisation der Intralogistik AG, haben sich die Produktstrukturelemente identifizieren lassen, welche regelmäßig Ausfällen unterliegen oder Beschädigungen erfahren. Hierunter fallen unter anderem das Lastenrad, die Steuereinheit, der Handgriff oder die Bremse. Auch das Antriebsrad und das schwenkbare Rad sind im Laufe der Nutzungszeit in der Regel zu erneuern.

Tabelle 6-2: Auszug aus der Strukturstückliste und Lebensdauern der Produktstrukturelemente

ID	Name	Strukturstufe	Stückzahl	ID	MTBF [min]
M001	Fahrzeug	0	1	M001	600.000
M002	Fahrgestell	1	1	M002	600.000
M003	Fahrgestellrahmen	2	1	M003	600.000
M004	Elektrische Lenkung	2	1	M004	600.000
M005	Antriebsrad	2	2	M005	60.000
M006	Schwenkbares Rad	2	2	M006	180.000
M007	Lastenrad	2	2	M007	15.000
M008	Karrosserie und Armaturen	1	1	M008	600.000
M009	Gabelrahmen	2	1	M009	600.000
M010	Hebelgabelrahmen	2	1	M010	600.000
M011	Frontturm	2	1	M011	600.000
M012	Lastrahmen	2	1	M012	600.000

In Abstimmung mit der Intralogistik AG erfolgte keine Differenzierung zwischen MTTFF und MTBF. Für alle Produktstrukturelemente, für die keine vorzeitigen Ausfälle im Rahmen der Produktnutzung bekannt sind, ist die Nutzungszeit von 10.000 Stunden bzw. 600.000 Minuten hinterlegt.

Der zweite Teil des Workshops umfasste die Erarbeitung der gewichteten Transformationsbeziehungsmatrizen. Zu diesem Zweck fanden die Funktions- und Produktstrukturelemente auf den jeweiligen Achsen in einem Excel Tabellenblatt Platz. Sofern eine Beziehung zwischen den Elementen beider Strukturen bestand, wurde diese Beziehung durch die Zahl eins festgehalten. Erst im Anschluss erfolgte eine Gewichtung der Beziehungen, um eine Zeilensumme von hundert Prozent zu erzeugen. In der Regel wurde eine gleichmäßige Verteilung der prozentualen Anteile auf die bestehenden Zusammenhänge gewählt und nur in Ausnahmefällen eine Umverteilung beispielsweise aufgrund der elektrischen Leistung einzelner Komponenten vorgenommen. Abbildung 6-2 zeigt einen Auszug der gewichteten Transformationsbeziehungen zur Überführung der Umweltauswirkungen von Funktionsstrukturelementen auf die Produktstrukturelemente.

		Produktstrukturelemente																		
		M001	M002	M003	M004	M005	M006	M007	M008	M009	M010	M011	M012	M013	M014	M015	M016	M017	M018	M019
Funktionsstrukturelemente	F01	1	0	0	0	0	0	0	0	0	0	0	0	0	0	0	0	0	0	0
	F02	0	0,2	0	0	0	0	0	0,2	0	0	0	0	0	0,2	0	0	0	0	0
	F03	0	0	0	0	0	0	0,1	0	0,1	0,1	0,1	0,1	0	0	0,1	0,1	0	0	0
	F04	0	0	0	0	0	0	0	0	0,1	0,1	0,1	0,1	0	0	0,1	0,1	0	0	0
	F05	0	0	0	0	0	0	0	0	0,1	0,1	0,1	0,1	0	0	0,1	0,1	0	0	0
	F06	0	0,1	0	0	0	0	0	0	0	0	0	0	0	0,15	0	0	0,45	0	0
	F07	0	0	0,2	0	0	0	0	0	0	0	0	0	0	0	0,2	0,2	0	0	0
	F08	0	0	0,15	0	0,15	0,15	0	0	0	0	0	0	0	0	0,15	0,15	0	0,15	0
	F09	0	0	0,15	0,15	0	0,15	0	0	0	0	0	0	0	0	0,15	0,15	0	0	0,1
	F10	0	0	0,1	0	0,1	0,1	0	0	0	0	0	0	0,1	0	0,1	0,1	0	0	0

Abbildung 6-2: Auszug aus der gewichteten Transformationsbeziehungsmatrix $\boldsymbol{T}_{FP}$

Die umgekehrte Gewichtung der Transformationsbeziehungen von den Produktstrukturelementen auf die Funktionsstrukturelemente findet sich in Abbildung 6-3.

		Funktionsstrukturelemente																					
		F01	F02	F03	F04	F05	F06	F07	F08	F09	F10	F11	F12	F13	F14	F15	F16	F17	F18	F19	F20	F21	F22
Produktstrukturelemente	M001	1	0	0	0	0	0	0	0	0	0	0	0	0	0	0	0	0	0	0	0	0	0
	M002	0	0,5	0	0	0	0,5	0	0	0	0	0	0	0	0	0	0	0	0	0	0	0	0
	M003	0	0	0	0	0	0	0,25	0,25	0,25	0,25	0	0	0	0	0	0	0	0	0	0	0	0
	M004	0	0	0	0	0	0	0	0	1	0	0	0	0	0	0	0	0	0	0	0	0	0
	M005	0	0	0	0	0	0	0	0,5	0	0,5	0	0	0	0	0	0	0	0	0	0	0	0
	M006	0	0	0	0	0	0	0	0,33	0,33	0,33	0	0	0	0	0	0	0	0	0	0	0	0
	M007	0	0	1	0	0	0	0	0	0	0	0	0	0	0	0	0	0	0	0	0	0	0
	M008	0	1	0	0	0	0	0	0	0	0	0	0	0	0	0	0	0	0	0	0	0	0
	M009	0	0	0,25	0,25	0,25	0,25	0	0	0	0	0	0	0	0	0	0	0	0	0	0	0	0
	M010	0	0	0,25	0,25	0,25	0,25	0	0	0	0	0	0	0	0	0	0	0	0	0	0	0	0
	M011	0	0	0,25	0,25	0,25	0,25	0	0	0	0	0	0	0	0	0	0	0	0	0	0	0	0
	M012	0	0	0,25	0,25	0,25	0,25	0	0	0	0	0	0	0	0	0	0	0	0	0	0	0	0

Abbildung 6-3: Auszug aus der gewichteten Transformationsbeziehungsmatrix $\boldsymbol{T}_{PF}$

Beispielsweise ist in Abbildung 6-3 erkennbar, dass die Umweltauswirkungen des Moduls M002 „Fahrgestell“ zu 50 % auf die Funktion F02 „Ladung aufnehmen“ und 50 % auf die Funktion F06 „Ladung bewegen“ zu übertragen sind. Umgekehrt sind die Umweltauswirkungen der Funktion F02 „Ladung aufnehmen“ in dem Fallbeispiels jeweils zu 20 % auf die Module M002 „Fahrgestell“, M008 „Karosserie und Armaturen“, M014 „Batterie“, M024 „Hydraulik“ und M030 „Elektronik“ zu verteilen sind.

Im Rahmen der vorhandenen Lebenszyklusanalyse hat die Intralogistik AG 86 Ökologieindikatoren betrachtet. Den größten Teil machen die Indikatoren zu Materialien sowie den zugehörigen Abfällen aus. 15 Indikatoren sind der Ökologiekategorie Emissionen, sechs Indikatoren der Ökologiekategorie Energie, vier Indikatoren der Ökologiekategorie Wasser und Abwasser zugewiesen. Tabelle 6-3 zeigt einen Auszug der betrachteten Ökologieindikatoren überführt in die Dokumentationsvorlage der entwickelten Methodik. Die weiteren Ökologieindikatoren sind an dieser Stelle aus Geheimhaltungsgründen nicht aufgeführt.

Tabelle 6-3: Auszug der Ökologieindikatoren der Intralogistik AG

ID	Ökologiekategorie	Ökologieindikator	Einheit
OE019	Energieverbrauch	Elektrische Energie, Niederspannung	kWh
OE020	Energieverbrauch	Elektrische Energie, Mittelspannung	kWh
OE068	Wasserverbrauch	Leitungswasser	l
OE070	Wasserverbrauch	Wasser, hochrein	kg
OE021	Materialverbrauch	Elektronisches Bauteil, aktiv, nicht spezifiziert	kg
OE022	Materialverbrauch	Elektronisches Bauteil, passiv, nicht spezifiziert	kg
OE023	Materialverbrauch	Elektronik für Steuergeräte	kg
OE064	Materialverbrauch	Stahl, unlegiert	kg
OE065	Materialverbrauch	Stahl, niedrig legiert	kg
OE063	Materialverbrauch	Chromstahl, warmgewalzt	kg

Über die betrachtete Nutzungszeit von 10.000 Stunden findet eine Differenzierung von drei Nutzungsprofilen statt, die eine unterschiedliche Nutzungsintensität des Flurförderfahrzeugs darstellen. Das erste Nutzungsprofil spiegelt einen Dauereinsatz des Flurförderfahrzeugs in einem großen Betrieb wieder. Mit der minimal möglichen Stillstandszeit erfolgt eine Kommissionierung in einem Dreischichtbetrieb. Das zweite Nutzungsprofil stellt den häufigsten Einsatzort des Flurförderfahrzeugs dar und bildet den Einsatz in einem Zweischichtbetrieb ab. Das dritte Nutzungsprofil beschreibt eine Prozessabfolge mit einer geringeren Belastungszeit bei der Kommissionierung, dafür mit oftmals sehr schweren zu bewegenden Lasten, beispielsweise in einem Einschichtbetrieb. Während die Flurförderfahrzeuge im Einschichtbetrieb direkt durch den Fahrer gelenkt werden, nutzen die Fahrer im Zwei- und Dreischichtbetrieb häufiger die autonomen Fahrassistenzsysteme. Die Logistik AG beschreibt, dass die Flurförderfahrzeuge häufig zu Beginn einer intensiven Nutzung unterliegen und im Laufe der Zeit unter anderem durch abnehmende Batteriekapazitäten in einen Zwei- oder Einschichtbetrieb überführt werden. Für das vorliegende Fallbeispiel wurde sich daher auf eine Kombination der drei Nutzungsprofile in gleichen Zeitanteilen geeinigt. Ein Nutzungsprofil beschreibt die Nutzungsprozessabfolge innerhalb von 200 Minuten und kommt über die gesamte Nutzungsdauer jeweils 1.000-mal vor.

Im Rahmen der Prozessaufnahmen standen unterschiedliche Datenquellen zur Verfügung. Bei den Lebenszyklusphasen, die weit von dem operativen Geschäft der Intralogistik AG entfernt lagen, fanden insbesondere generische Daten aus erwerblichen Datenbanken Verwendung. Die im Rahmen der Fertigung und Montage sowie der Nutzungsphase verwendeten Informationen beruhten größtenteils auf Primärdaten und Experteninterviews mit Mitarbeitern der Intralogistik AG. Die nachfolgende Abbildung 6-4 zeigt einen Überblick über die verwendeten Datenquellen.

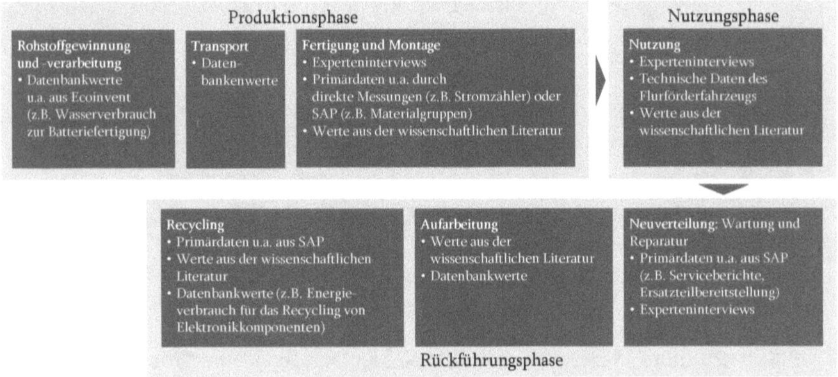

Abbildung 6-4: Datenquellen bei der Ökologieanalyse des Flurförderfahrzeugs

Die Dokumentation der Prozessaufnahmen richtet sich nach den in Kapitel 5 erarbeiteten Vorgaben. Tabelle 6-4 zeigt einen Auszug der für die Produktion aufgenommenen Prozesse am Beispiel des Lackierungsprozesses der Karosserieteile (M008). Die dem Modul M008 zugeordneten Komponenten werden von der Intralogistik AG lackiert. Der Lackierprozess sieht eine Vorbehandlung in Form einer Entfettung unter

Verwendung von Wasser und alkalischen Substanzen sowie einer mehrstufigen Spülbehandlung mit Wasser und kleinen Mengen chemischer Substanzen vor. Es folgt die Trocknung der Komponenten durch einen Trocknungstunnel. Bei beiden Prozessschritten entsteht Abwasser. Im dritten Schritt erfolgt eine Sortierung der Komponenten hinsichtlich der zu erhaltenen Farbe, die in Form einer Pulverbeschichtung automatisiert aufgetragen wird. Es folgt der Brennprozess in einem Brennofen bei einer Temperatur von ca. 200 °C. Den Abschluss bildet der Kühlprozess. Die Komponenten durchlaufen den Prozess mittels eines Kettenförderbands.

Tabelle 6-4: Auszug der Prozessaufnahme in der Produktionsphase

ID	Name	Prozess-kategorie	Prozess-träger	Anzahl bearb. Träger	Ökologiewert						
					ÖK014	ÖK016	ÖK019	ÖK020	ÖK026	ÖK042	ÖK068
PP022	Vorbehandlung 1	A.3.6	M008	1	0	0	0,23	0	0	0	0,80
PP023	Vorbehandlung 2	A.3.6	M008	1	0	0	0,76	0	0	0,78	0
PP024	Vorbehandlung 3	A.3.6	M008	1	0	0	0,39	0	0	0	4,80
PP025	Trocknung	A.3.6	M008	1	0	0	1,43	0	0	0,41	0
PP027	Lackieren Farbe 1	A.5.4	M008	1	0,19	0,03	2,09	0,92	0,15	0	0
PP031	Brennen	A.6.4	M008	1	0	0	3,63	0	0	3,39	0
PP032	Kühlen	A.6.2	M008	1	0	0	2,38	0	0	0	12,46

Analog zur Produktionsphase erfolgte die Dokumentation der Prozesse in der Nutzungs- und Rückführungsphase. Die Rückführung sah in den bisherigen Untersuchungen der Intralogistik AG ein Recycling demontierter Produktumfänge vor. Nicht recyclingfähige Komponenten folgten der energetischen Verwertung durch Verbrennung oder der Entsorgung auf einer Deponie. Im Zuge der Validierung fand zusätzlich eine Analyse eines hypothetischen Aufarbeitungsszenarios statt, welches im Rahmen eines Workshops diskutiert und durch generische Datenbankwerte zur vollständigen Prozessdokumentation ergänzt wurde. Zur Berücksichtigung der unterschiedlichen Rückführungsarten erfolgte im letzten Schritt die workshopbasierte Aufnahme der Rückführungswahrscheinlichkeiten, dargestellt in Tabelle 6-5. Die meisten Produktstrukturelemente folgen der Recyclingstrategie, einzelne wurden der Reparatur und dem Aufarbeitungsszenario zugewiesen.

Tabelle 6-5: Auszug der definierten Rückführungswahrscheinlichkeiten

ID	Neuverteilung	Aufarbeitung	Recycling	Entsorgung	Summe
M001	0	0	1	0	1
M002	0	0	1	0	1
M003	0	0	1	0	1
M004	0	0	1	0	1
M005	0,4	0,6	0	0	1
M006	0,8	0	0,2	0	1
M007	0,2	0,8	0	0	1
M008	0	0	1	0	1

6.2.2 Analyse der Produktökologie

Zur einfacheren und zielgerichteten Handhabung der geschaffenen Informationsgrundlage erfolgte die Konzeption eines Demonstrators und somit die softwaretechnische Realisierung der mathematischen Zusammenhänge der Methodik in der Programmiersprache Python. Der Demonstrator verarbeitet die im vorangegangenen Teilkapitel aufgenommenen Informationsgrundlagen und überführt diese automatisiert in die erforderlichen Matrizen. So entstehen die Technosphärenmatrizen, Interventionsmatrizen sowie die direkten und gesamten Sachbilanzmatrizen der drei Lebenszyklusphasen Produktion, Nutzung und Rückführung für das Flurförderfahrzeug. Abbildung 6-5 zeigt einen Auszug der direkten Ökologiewerte des Ökologieindikators elektrische Energie mit Niederspannung in kWh aufgeteilt auf einzelne Module sowie Haupt- und Nebenfunktionen über den gesamten Betrachtungszeitraum von 10.000 Stunden. In der Gegenüberstellung der Produkt- und Funktionssicht ist ersichtlich, dass für jede Lebenszyklusphase die gesamten Umweltauswirkungen sowohl aus Produkt- als auch aus Funktionssicht gleich sind, sich jedoch unterschiedlich auf die jeweiligen Strukturelemente aufteilen.

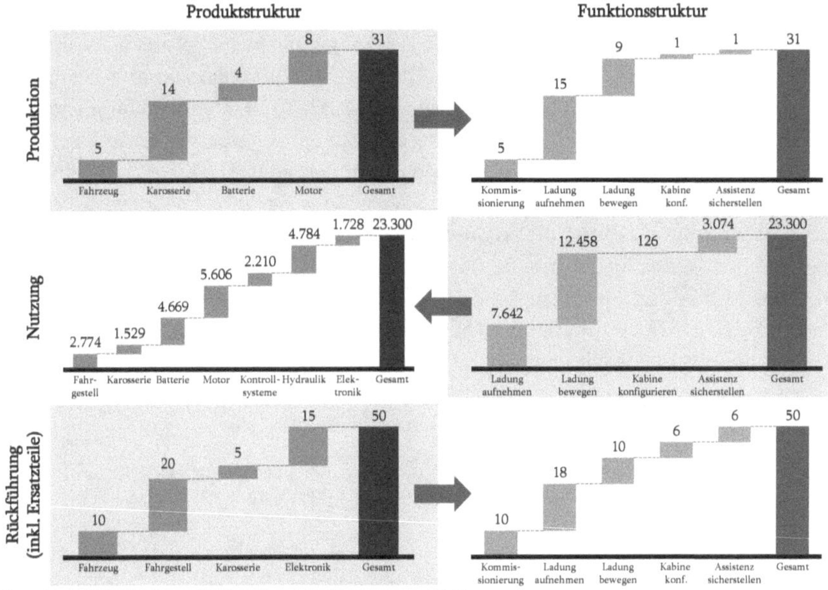

Betrachteter Ökologieindikator: elektrische Energie E_{el}, Niederspannung [kWh]

Abbildung 6-5: Auszug der Ergebnisse der Sachbilanzmatrizen

Zur Ableitung von konkreten Handlungsfeldern für die Produktentwicklung zeigt Abbildung 6-6 die modifizierte Analysemorphologie für das Flurförderfahrzeug.

	Dimension	Ausprägungen															
Produkt	Funktionsstruktur	Funktionsstrukturstufe 1	Funktionsstrukturstufe 2														
Produkt	Funktionsart	Hauptfunktion	Nebenfunktion														
Produkt	Produktstruktur	Produktstrukturstufe 1	Produktstrukturstufe 2														
Prozess	Phase	Produktionsphase A	Nutzungsphase B	Rückführungsphase C													
Prozess	Hauptkategorie	A.3	A.4	A.5	A.6	A.7	A.8	A.9	A.10	B.1	B.2	B.3	B.4	C.1	C.2	C.3	C.4
Prozess	Unterkategorie	A.3.6	A.4.1	A.4.3	A.4.6	A.4.7	A.4.8	A.5.1	A.5.4	A.6.2	A.6.4	A.7.1	A.7.2	A.8.1	A.8.2	A.9.1	…
Prozess	Nutzungsprofil	Nutzungsprofil 1	Nutzungsprofil 2	Nutzungsprofil 3													
Ökologie	Ökologieindikator (V)	OE19	OE20	OE68	OE70	OE21	OE22	OE23	OE64	OE65	OE63	…					
Ökologie	Aggregationsebene (V)	Direkte Umweltauswirkungen	Gesamte Umweltauswirkungen														

Abbildung 6-6: Analysemorphologie für das Flurförderfahrzeug

Die Analysemorphologie folgt den Ausführungen von Kapitel 5.5 und bildete die Absprungbasis für die Identifikation von Verbesserungspotenzialen in einem Workshop mit der Produktentwicklung der Intralogistik AG. Die Auswahl der in grau hinterlegten Ausprägungen der Analysemorphologie durch die Produktentwicklung erzeugte den Analysewürfel, dargestellt in Abbildung 6-7. Zur einfacheren Visualisierung in der vorliegenden Arbeit ist dieser in zwei Ansichten aufgetrennt. Die linke Hälfte der Abbildung zeigt die Funktionen mit einem im Verhältnis geringen Energieverbrauch in der Rückführungsphase und die rechte Hälfte der Abbildung mit einem hohen Energieverbrauch in der Rückführungsphase. Die Achsen sind auf den jeweils höchsten Ökologiewert in der jeweiligen Lebenszyklusphase normiert. Die Untersuchung hat bestätigt, dass die Hauptfunktionen „Ladung aufnehmen“ (F02) und „Ladung bewegen“ (F06) hohe Umweltauswirkungen in allen drei Lebenszyklusphasen aufweisen, wobei die zweitgenannte Funktion insgesamt den höheren Verbrauch elektrischer Energie vorweist und daher den Anfang weiterer Untersuchungen bildete.

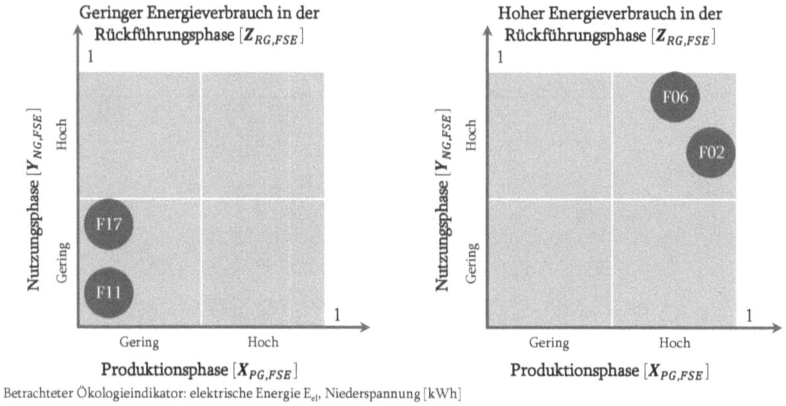

Abbildung 6-7: Analyseebenen mit den Haupt- und Nebenfunktionen

Entsprechend der in Kapitel 5.5 definierten Logik fokussierte die erste Detailuntersuchung der Funktion 06 „Ladung bewegen“ die Nutzungsphase. Abbildung 6-8 zeigt die Analysezusammenhänge. Da in dem betrachteten Zeitfenster alle drei Nutzungsprofile die gleiche Ausführungshäufigkeit vorweisen, ist eine Aufteilung der Umweltauswirkungen auf ein einziges Nutzungsprofil nicht erforderlich. Der größte Energieverbrauch besteht bei der Bewegung der Ladung in Nutzungsprofil 1. Hierbei zeigt insbesondere der Nutzungsprozess der Kategorie B.2.1 „Ladung verfahren“ die größten Umweltauswirkungen. Durch die Übertragung des Energieverbrauchs auf die Komponenten zeigt sich, dass neben dem Motor insbesondere die Hydraulik hohe Umweltauswirkungen aufzeigt. Die Gespräche mit der Produktentwicklung haben verdeutlicht, dass für den Antrieb hohe Auswirkungen erwartbar waren, jedoch der ökologische Einfluss der Hydraulik nicht in der Form bekannt war. Die Untersuchung der Leistung der einzelnen Module bestätigte die Annahme in ähnlichen Verteilungen, sodass die vorgeschlagene Untersuchung zur Identifikation von Handlungsfeldern eine hinreichend genaue Abbildung der Realität verspricht. Es ließ sich demnach als erstes *Handlungsfeld* festhalten, dass die *Hydraulik hinsichtlich der Energieeffizienzsteigerungsmaßnahmen* in der Nutzungsphase weiter zu *untersuchen* ist.

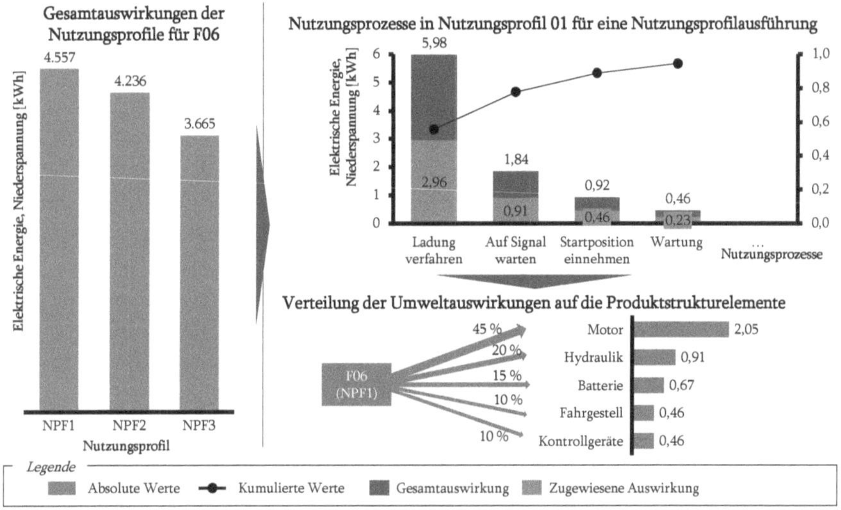

Abbildung 6-8: Analyse der Nutzungsphase für die Funktion Ladung bewegen

Jedes Nutzungsprofil bildet wie eingangs beschrieben einen Zeitraum von 200 Minuten ab. Abbildung 6-8 verdeutlich, dass trotz der unterschiedlichen Intensität und angenommenen Lasten, die das Flurförderfahrzeug bewegt, sich der elektrische Energieverbrauch weniger stark unterscheidet als von der Intralogistik AG initial angenommen. Einen größeren Einfluss auf die in einem Nutzungsprofil entstehenden Treibhausgasemissionen als die Nutzungsintensität scheint die *Effizienz des Batteriesystems* sowie die *Effizienz des verwendeten Ladegeräts* zu haben. Die diesbezüglich geführten Diskussionen mit den Produktentwicklern haben zu weiteren *Handlungsfeldern* zur Steigerung der Produktnachhaltigkeit geführt und Maßnahmen hervorgebracht, wie einen Wechsel der Batteriechemie oder eine Überarbeitung des Thermalsystems für einen wirkungsgradoptimalen Betriebspunkt der Batterie. Nach ausführlicher Untersuchung der Nutzungsphase folgte die weitere Analyse der Produktions- und Rückführungsphase.

Eine Untersuchung der Hauptfunktion 02 „Ladung aufnehmen" hat ergeben, dass insbesondere Komponenten des Moduls 08 „Karosserie und Armaturen" zum hohen Verbrauch elektrischer Energie mit Niederspannung in der Produktionsphase führen. Eine Untersuchung der zugehörigen Produktionsprozesse anhand der Methodik hat die Ursache unter anderem den Lackierungsprozessen zugeordnet. Im Rahmen der Diskussion möglicher Handlungsfelder innerhalb der Lackierungsprozesse wurden die Produktentwickler zudem aufmerksam auf den relativ hohen Pulververbrauch zur Lackierung der Karosseriekomponenten. Es hat sich unter anderem herausgestellt, dass viele dem Kunden nicht sichtbare Flächen oder versteckte Komponenten in einem nicht erforderlichen Maß lackiert werden. Dies mündete in einem weiteren *Handlungsfeld* zur Steigerung der Ressourceneffizienz und damit *Reduzierung des erforderlichen Pulvers zur Lackierung von Karosseriekomponenten*. Weiterhin war die Produktentwicklung der Intralogistik AG über den hohen Einfluss der im Rahmen der Nutzungsphase auszutauschenden Komponenten auf die Treibhausgasemissionen überrascht, wie durch den Austausch der Lastenräder nach durchschnittlich 250 Betriebsstunden. Dies begründet sich insbesondere in dem erforderlichen Materialeinsatz und der Neuproduktion der jeweiligen Komponenten. Das Flurförderfahrzeug besteht in seinen Materialgruppen aus knapp 85 % Stahl, 10 % Kunststoff und 5 % weiteren Metallen. Die Stahlproduktion ist sehr energieintensiv und sorgt für einen entsprechenden CO_2-Fußabdruck bei den daraus produzierten Komponenten. Die Produktentwicklung hat sich bei mehreren Produktstrukturelementen die *Überprüfung einer Lebensdauerverlängerung* und *Untersuchung von Möglichkeiten zur Materialsubstitution* notiert.

Durch die iterative Anwendung der Methodik und Simulation der Wirkung unterschiedlicher Verbesserungsmaßnahmen ist die Intralogistik AG darauf aufmerksam geworden, dass eine *Aufarbeitung und Wiederverwendung der Stahlkomponenten* zielführend sein kann, um den Energie- und Ressourcenverbrauch weiter zu senken (siehe Abbildung 6-9). Um eine Aufarbeitung zu ermöglichen, sind das Design sowie die Schnittstellen zu weiteren Komponenten des Flurförderfahrzeugs, unter anderem zur Berücksichtigung möglicher Technologiesprünge im Laufe der Zeit, im Entwicklungsprojekt anzupassen. Da sich dadurch einzelne auf das bestehende Produkt bezogene Verbesserungsmaßnahmen gegenseitig ausschließen bzw. erübrigen, erfolgte eine Bündelung möglicher Maßnahmen zu alternativen Maßnahmenkonzepten durch die

Intralogistik AG. Die jeweiligen Umweltauswirkungen der sich verändernden Funktionen, Komponenten oder Prozesse wurden im Rahmen der Validierung mithilfe von Literatur- und Datenbankenwerten vorläufig abgeschätzt.

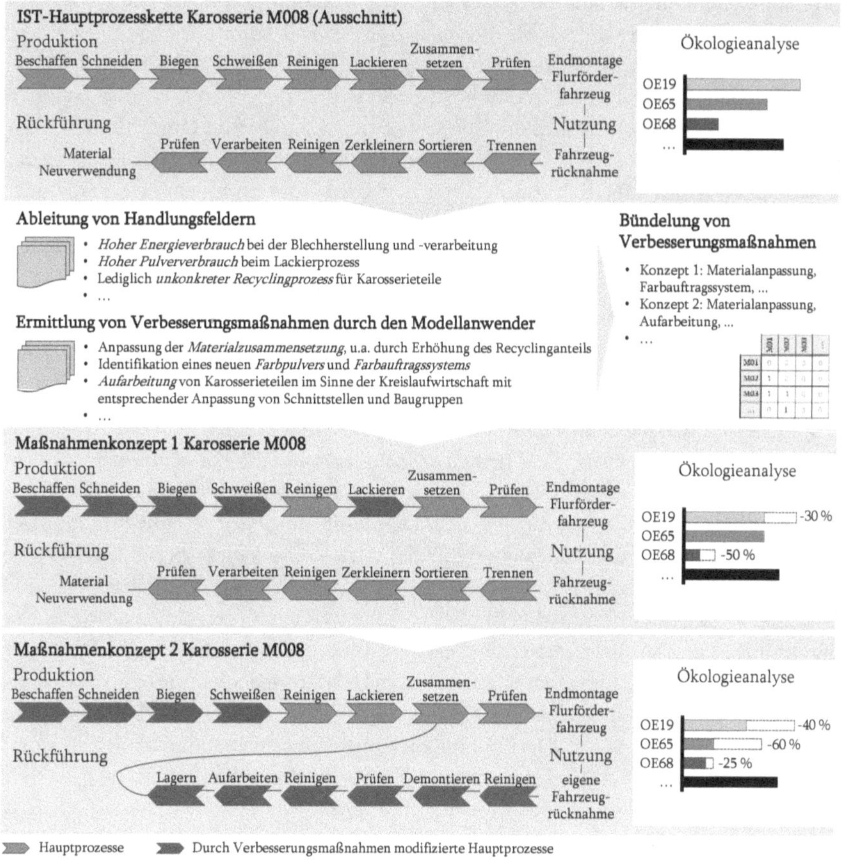

Abbildung 6-9: Analyse der Gesamtwirkung alternativer Maßnahmenkonzepte

Die funktionsorientierte Ökologieanalyse der Maßnahmenkonzepte für das Anwendungsbeispiel haben ergeben, dass beispielsweise das zweite Maßnahmenkonzept trotz einer eigenen Rückführung der Karosseriekomponenten am Ende ihrer Nutzungszeit deren eine größere ökologische Gesamtwirkung vorweist, als lediglich den Fokus auf

Entwicklungsarbeiten für den Lackierungsprozess der Karosseriekomponenten zu legen (Maßnahmenkonzept 1). Durch die erneute Nutzung der Karosserieteile sind nur einzelne Stellen nach zu lackieren und die Menge insgesamt neu zu produzierender Karosserieteile sinkt im Laufe der Zeit deutlich, wodurch sich mehr energieintensiv hergestellter Stahl einsparen lässt. In einem anderen Fall konnte festgestellt werden, dass bei einem *Austausch der Batterie* nach einer definierten Nutzungsdauer das Flurförderfahrzeug länger in den intensiven Dreischichtbetrieben zum Einsatz kommen kann und sich damit wesentlich die Nutzungsdauer des gesamten Flurförderfahrzeugs verlängern lässt. Der Austausch der Batterie steht mit einer Erhöhung der Effizienz des verwendeten Ladegeräts nicht im Konflikt und wird sogar durch eine Überarbeitung des Batteriesystems begünstigt, sodass sich die größte Gesamtwirksamkeit durch die Kombination damit verbundener Maßnahmen ergibt. Nach einer detaillierten Analyse der Wirkung verschiedener Maßnahmenkonzepte hat die Intralogistik AG beschlossen ein neues Projekt zur *Entwicklung einer neuen Produktarchitektur für das Flurförderfahrzeugs zur Verfolgung einer wertsteigernden Kreislaufwirtschaft* aufzusetzen.

Insgesamt ließen sich durch die Anwendung der Methodik an dem ausgewählten simplifizierten Beispiel zahlreiche Handlungsfelder identifizieren, die die Sensibilität der Produktentwickler für die Themen Nachhaltigkeit und Kreislaufwirtschaft gestärkt haben und von der Intralogistik AG in das Lastenheft der nächsten Flurförderfahrzeuggeneration übernommen wurden. Durch die methodische Unterstützung der funktionsorientierten Ökologieanalyse für das vorgestellte Fallbeispiel bestätigte sich eine effektive und effiziente Anwendbarkeit der wesentlichen Schritte der Methodik. Zusammenfassend gilt, dass die Methodik gemäß den vorgeschlagenen Schritten durchführbar ist. Darüber hinaus zeigte der gewählte Realisationsansatz, dass die Überführbarkeit der Methodik in einen Softwaredemonstrator machbar und sich die Transparenz über die Umweltauswirkungen durch die funktionsorientierte Ökologieanalyse unmittelbar verbessern lässt. Darüber hinaus führte die umfassende Simulation zu einem zielorientierten Vergleich alternativer Verbesserungsmaßnahmen, die dazu verhalfen Konzepte mit signifikanter Gesamtverbesserung weiter zu forcieren.

6.3 Kritische Reflexion der Anwendungserfahrung

Nach der Anwendung der zentralen Schritte der Methodik anhand des vorgestellten Fallbeispiels der Intralogistik AG lässt sich festhalten, dass die in der Arbeit entwickelte Methodik eine geeignete Unterstützung bei der Analyse der Ökologie von Produkten im Maschinen- und Anlagenbau in der Entwicklung darstellt. Es folgt die Überprüfung der Erfüllung der in Kapitel 4.2 formulierten inhaltlichen und formalen Anforderung an die Methodik sowie die kritische Reflektion der Anwendungserfahrung.

Die entwickelten Modelle und die Integration dieser zu einem anwendungsorientierten Gesamtvorgehen erfüllen die vorgestellten inhaltlichen Anforderungen an die Methodik aus Kapitel 4.2.1. Die Beschreibung der komplexen Produkte des Maschinen- und Anlagenbaus aus Sicht der Produktentwicklung legt den Grundstein für die Analyse der Produktökologie. Die weiteren Beschreibungsmodelle stellen sicher, dass jede Lebenszyklusphase ausreichend Betrachtung findet und die beeinflussbaren Aspekte der Ökologie im Fokus stehen. Die Erklärung der Zusammenhänge zwischen Produkt, Prozess und Ökologie bildet die Basis für eine funktionsorientierte Ökologieanalyse im Rahmen der Produktentwicklung zur Ableitung von produktspezifischen Handlungsfeldern. Die geschaffene Transparenz resultiert entsprechend des Zielbildes in einer Reduzierung der produktbezogenen Umweltauswirkungen. Die klare Beschreibung der für die funktionsorientierte Ökologieanalyse erforderlichen Informationen trägt zur Praxistauglichkeit bei.

Auch die in Kapitel 4.2.2 definierten formalen Anforderungen erfüllt die Methodik vollständig. Im Rahmen der Validierung hat sich herausgestellt, dass die erarbeiteten Modelle eine formale und empirische Richtigkeit aufweisen. Die Zweckbezogenheit ist gegeben, da die Ableitung von Handlungsfeldern für die Entwicklung nachhaltiger Produkte reproduzierbar und widerspruchsfrei erfolgt. Die Herausforderungen der Intralogistik AG zeigen darüber hinaus, dass eine ausreichende Übereinstimmung zwischen Modellwelt und Realität bestehen. Die Nutzerfreundlichkeit ergibt sich durch die Anwendungsorientierung der Methodik und die einfache Interpretation der Ergebnisse. Dabei stehen der Aufwand zur Schaffung der Informationsgrundlage dem Nutzen durch die Ableitung konkreter Handlungsfelder für die Steigerung der Nachhaltigkeit komplexer Produkte in einem adäquaten Verhältnis gegenüber, weshalb die Wirksamkeit der Methodik sich als gegeben erweist.

Die Anwendung in der industriellen Praxis liefert Hinweise und Erkenntnisse, die Anknüpfungspunkte zur Weiterentwicklung der Methodik aufzeigen. Als besonders positiv haben die geführten Validierungsgespräche die Analyse der Ökologie aus Funktionssicht herausgestellt. Die dafür notwendige Definition der gewichteten Transformationsbeziehungen unterliegt jedoch gewisser Unsicherheit und Subjektivität des Modellanwenders, sodass weitere Forschung die Untersuchung der Transformationsbeziehung und produktspezifischen objektiven Bestimmung fokussieren sollte. Neben einer

Analyse aus Funktionssicht haben die Validierungsgespräche ergeben, dass insbesondere die Möglichkeit zwischen den Hierarchieebenen von Produkt und Prozess zu wechseln sich als besonders wertvoll erweist. Gleichzeitig haben die Modellanwender die Möglichkeit zur Untersuchung unterschiedlicher Rückführungsarten mit den zugehörigen Wahrscheinlichkeiten als zentrales Element im Kontext der Nachhaltigkeitswende benannt, um Implikationen hinsichtlich der Kreislaufführung von Produktumfängen besser abschätzen zu können. Die Ermittlung der Rückführungshäufigkeiten beruht bislang auf der Bestimmung der Belastungsdauern für die Produktstrukturelemente. Hier bietet sich ebenfalls Potenzial weitere Einflussfaktoren individueller Nutzungsprofile auf die Lebensdauer von technischen Produkten im Maschinen- und Anlagenbau zu untersuchen. Da es sich im Rahmen der funktionsorientierten Ökologieanalyse um komplexe Strukturen und große zu verarbeitende Datenmengen handelt, besteht eine potenzielle Weiterentwicklung in der Ausgestaltung eines geeigneten Dashboards zur Visualisierung der Ergebnisse für unterschiedliche Stakeholder im Unternehmen. Wie bei allen Lebenszyklusanalysen hängt die Qualität der Analyseergebnisse mit der zur Verfügung stehenden Datenqualität zusammen. Im Zuge der Digitalisierung ist davon auszugehen, dass die Datenqualität kontinuierlich steigt. Dennoch kann es sinnig sein, die Anbindung an bestehende IT-Systeme im Unternehmen zu untersuchen und damit den Datenerhebungsaufwand deutlich zu reduzieren. Den Bedarf zeigt die Validierung mit der Notwendigkeit zur Nutzung diverser Datenquellen. Ganzheitliche Ansätze wie das Model Based Systems Engineering oder der Einsatz von Process Mining bieten hierzu Potenzial. Zudem empfiehlt sich der Aufbau einer unternehmensinternen Datenstruktur mit relevanten Ökologiewerten beispielsweise innerhalb des ERP-Systems, um insbesondere eine interne Vergleichbarkeit der Analyseergebnisse sicherzustellen und gleichzeitig den neu zu erhebenden Datenumfang mit jeder vorgenommenen Analyse weiter zu reduzieren. Damit einhergehend besteht Potenzial darin, den Vergleich der Wirksamkeit unterschiedlicher Verbesserungsmaßnahmen im Entwicklungsprozess aufgrund der komplexen Zusammenhänge durch intelligente multikriterielle Optimierungsmodelle weiter zu automatisieren. Darüber hinaus hat sich als ein Weiterentwicklungspotenzial der Methodik die Erweiterung um die ökonomische Dimension herauskristallisiert. Dies begründet sich darin, dass sich die unternehmerischen Entwicklungsaktivitäten im Kern um Zeit, Kosten und Qualität drehen und damit verbundene Entscheidungsprozesse nun um die Ökologie zu erweitern sind. Die Entwicklung einer entsprechenden integrierten Controlling Funktion könnte die Praxistauglichkeit und die damit einhergehende Verbindlichkeit weiter erhöhen.

7 Zusammenfassung und Ausblick

Nachhaltigkeit ist das relevanteste Thema unserer Zeit. Insbesondere Unternehmen des Maschinen- und Anlagenbaus stehen unter dem Druck ökologisch nachhaltige Produkte zu gestalten. Damit dies gelingen kann ist die Schaffung von Transparenz über die Umweltauswirkungen der Produkte entlang ihres gesamten Produktlebenszyklus in der Produktentwicklung von entscheidender Bedeutung, da Entwickler hier über 80 % des Energie- und Ressourcenverbrauchs definieren. Die zentrale Herausforderung besteht jedoch darin, dass bestehende Methoden wie die LCA die heutigen komplexen Zusammenhänge, verursacht durch die Komplexität moderner Produktsysteme sowie die Mehrdimensionalität der Nachhaltigkeit, nur ungenau und mit extrem hohen Aufwand abbilden können. Wichtige Elemente wie die Kreislaufführung von Produktumfängen bleiben oftmals unberücksichtigt. Weiterhin ist der Einflussbereich der Produktentwicklung häufig intransparent.

Vor dem Hintergrund der beschriebenen Ausganssituation bestand das übergeordnete Ziel der vorliegenden Arbeit darin, eine Methodik zur funktionsorientierten Analyse der Ökologie von Produkten im Maschinen- und Anlagenbau zu ermöglichen. Hierzu sollte die Methodik zunächst durch die einheitliche Beschreibung von Produkten im Maschinen- und Anlagenbau die richtige Betrachtungsebene für die Produktentwicklung identifizieren und einheitliche Strukturierungsvorschriften liefern. In Ergänzung sollte eine klare Beschreibung und Strukturierung des Produktlebenszyklus sicherstellen, dass der Fokus auf den für die Produktentwicklung beeinflussbaren Umfängen liegt und ein zielgerechtes Nutzen-Aufwand-Verhältnis entsteht. Gleichzeitig sicherte die saubere Beschreibung des Untersuchungsrahmens die interne Vergleichbarkeit. Weiterhin sollte die Methodik die Auswahl entwicklungsrelevanter Ökologieindikatoren unterstützen. Im nächsten Schritt galt es, die Zusammenhänge zwischen Produkt, Prozess und Ökologie zu erklären. Hierbei sollten die Lebensdauer, Rückführungsart und -wahrscheinlichkeit einzelner Produktumfänge sowie unterschiedliche Nutzungsszenarien in Form von Nutzungsprofilen Betrachtung finden. Basierend darauf sollte der Modellanwender in die Lage versetzt werden ausgehend von einer Funktionsbetrachtung systematisch beeinflussbare Handlungsfelder zu identifizieren und durch iterative Anwendung der Methodik die Wirksamkeit unterschiedlicher Verbesserungsmaßnahmen zu vergleichen.

Zunächst hat das erste Kapitel die Motivation skizziert sowie die Zielstellung der Arbeit abgeleitet. Im Anschluss erfolgte die Darlegung des der Arbeit zugrundeliegenden Forschungskonzeption nach ULRICH. Den Abschluss des ersten Kapitels bildete die Vorstellung des Aufbaus der Arbeit.

Das Ziel des zweiten Kapitels bestand in der Vermittlung der relevanten Grundlagen zur funktionsorientierten Ökologieanalyse im Maschinen- und Anlagenbau sowie in der Definition der erforderlichen Begrifflichkeiten im Kontext dieser Arbeit. Einleitend standen die Grundlagen zur Entwicklung technischer Produkte im Maschinen- und Anlagenbau im Fokus. Dazu erfolgte die Definition der Begriffe technisches Produkt, Produktentwicklung und Prozess im Kontext dieser Arbeit. Es folgte die Definition der Grundlagen zum Produktlebenszyklus im Maschinen- und Anlagenbau mit entsprechender Begriffserläuterung. Hierbei fand insbesondere eine Untersuchung der Zusammenhänge zwischen Produktentwicklungsprozess und Produktlebenszyklus statt und damit der Relevanz von Entwicklungsentscheidungen auf die Gestalt des Lebenszyklus sowie dem damit verbundenen Energie- und Ressourcenverbrauch. Dem folgte die Darstellung der Grundlagen zur Ökologieanalyse als dritten wesentlichen Bestandteil des Objektbereiches der vorliegenden Arbeit mit der Definition wesentlicher Termini im Kontext der Ökologieanalyse. Eine Vorstellung bestehender Methoden und Ansätze zur Analyse und Bewertung der Nachhaltigkeit, insbesondere der Ökobilanz nach DIN EN ISO 14040 folgte. Ferner standen die mathematischen Zusammenhänge im Rahmen der Ökobilanz als zentralen Anknüpfungspunkt für die zu entwickelnde Methodik zur funktionsorientierten Ökologieanalyse im Fokus. Den Abschluss bildete die Erläuterung relevanter Ökologiekategorien.

Im Rahmen des dritten Kapitels erfolgte die Aufbereitung des Praxis- sowie Theoriedefizits, um den Forschungsbedarf zur funktionsorientierten Ökologieanalyse systematisch herzuleiten. Die basierend auf Studienergebnissen und Erfahrungswissen der Autorin dargelegten Herausforderungen in der Praxis verdeutlichten die Notwendigkeit einer Ökologieanalyse in der Produktentwicklung. Sie zeigten aber auch ein fehlendes strukturiertes Vorgehen zur Nutzung der Ergebnisse im Entwicklungsprozess auf. Ein maßgeblicher Grund hierfür liegt in der Komplexität der Produkte im Maschinen- und Anlagenbau sowie der mangelnden Betrachtung der Funktionssicht und Strukturierung von Produkten in Form einer Produktarchitektur. Dies stellt jedoch eine wesentliche Voraussetzung dafür dar, die Umweltauswirkungen von Produkten im Maschinen- und Anlagenbau in den richtigen Kontext zu bringen, Handlungsfelder abzuleiten und die Wirkung alternativer Verbesserungsmaßnahmen zu vergleichen. Basierend auf definierten Kriterien erfolgte im nächsten Schritt die Bewertung bestehender wissenschaftlicher Ansätze. Dabei stellt sich heraus, dass es Unternehmen nach wie vor schwerfällt, eine systematische Ableitung von Handlungsfeldern vorzunehmen und Maßnahmen mit der größten Gesamtwirkung zu identifizieren. Trotz teilweise hoher Erfüllungsgrade in Bezug auf den Objektbereich der vorliegenden Arbeit konnte keiner der vorgestellten Ansätze gleichzeitig die Bewertungskriterien im Zielbereich hinreichend adressieren noch die Lösungshypothese im ausreichendem Maße berücksichtigen. Anforderungen an die betrachteten Ansätze, wie „Berücksichtigung der Produktlebensdauer und -rückführung" oder die „Ermittlung entwicklungsrelevanter Ökologieindikatoren", fanden teilweise gar nicht oder nur in geringen Teilen Betrachtung. Es haben sich jedoch einzelne Ansätze identifizieren lassen, die einen punktuellen Beitrag zu einzelnen Methodenschritten leisten und somit den Forschungsprozess unterstützen. Insgesamt hat jedoch kein Autor eine integrierte Methodik zur funktionsorientierten Ökologieanalyse mit der in dieser Arbeit verfolgten Zielstellung dargelegt.

Das Ziel des vierten Kapitels bestand in der Konzeptionierung der Methodik. Neben den Nutzenpotenzialen wurde ein Zielbild zur Ausrichtung der Methodik skizziert. Aufbauend definierten sich die inhaltlichen und formalen Anforderungen, welche die Grundlage für die anschließende Konzeption darstellten. In Ergänzung fand eine Erläuterung der fünf Hauptschritte der Methodik mit anschließender Überführung in Partialmodelle statt.

Gegenstand des fünften Kapitels war die Detaillierung des entwickelten Grobkonzeptes der Methodik. Zunächst erfolgte die Ausarbeitung eines Beschreibungsmodells zur Strukturierung und Beschreibung von Produkten im Maschinen- und Anlagenbau aus Entwicklersicht. Hierfür wurde das Konzept der Produktarchitektur aufgegriffen und im Kontext der Ökologieanalyse weiterentwickelt, sodass sich eine einheitliche Dokumentationsvorschrift und mathematische Modellierung ergaben. Im Anschluss folgte die analytisch-deduktive Ermittlung von 21 generischen Prozesskategorien zur Beschreibung und Modellierung des individuellen Produktlebenszyklus mit relevanten Prozessinformationen für die Ökologieanalyse. Das dritte Beschreibungsmodell stellte dem Anwender eine Longlist und Shortlist mit entwicklungsrelevanten Ökologieindikatoren zur Verfügung. Auch hier wurde eine einheitliche Dokumentationsvorschrift entwickelt. Es folgte die Ausarbeitung des vierten Modells, welches ein Erklärungsmodell darstellt. Im Fokus stand die Erklärung der Zusammenhänge zwischen Produkt,

Prozess und Ökologie durch die gezielte Aufnahme von Prozessschritten mit Ökologiewerten und Zuordnung dieser zu dem jeweils verursachenden Funktions- oder Produktstrukturelementen. Die Analyse erfolgte nacheinander in den Phasen der Produktion, Nutzung und Rückführung unter Berücksichtigung der Lebensdauer, Rückführungsart und Rückführungswahrscheinlichkeit unterschiedlicher Produktumfänge sowie die Untersuchung diverser Nutzungsszenarien in Form von Nutzungsprofilen. Es ermöglichte sich die Kalkulation der direkten sowie der sich durch die mengenmäßigen Zusammenhänge in den Strukturen ergebenden gesamten Umweltauswirkungen der Strukturelemente. Diese modulare Vorgehensweise befähigt den Vergleich von Prozesskombinationen oder Alternativen der Funktionserfüllung. Zudem reduzierte sich der Aufwand im Vergleich zu einer LCA dahingehend, dass bei Entwicklungsprojekten nur Umfänge für die sich verändernden Funktions- und Produktstrukturelemente neu zu erheben sind. Den Abschluss bildete die Ausarbeitung eines Entscheidungsmodells zur systematischen Untersuchung der Produktökologie aus Funktionssicht. Es haben sich acht Untersuchungsfälle herauskristallisiert, die je nach Entstehungsort der Umweltauswirkungen Vorschläge für die tiefergehende Analyse und Ermittlung von spezifischen Handlungsfeldern bieten. Basierend darauf identifizierte alternative Verbesserungsmaßnahmen lassen sich durch den modularen Aufbau der Methodik zudem dynamisch hinsichtlich ihrer Wirksamkeit vergleichen.

Innerhalb des sechsten Kapitels erfolgte anhand eines Fallbeispiels der Logistik AG aus der industriellen Praxis die Validierung der Methodik. Neben der Validierung der Gesamtmethodik sowie der erhaltenen Partialmodelle galt es, Potenziale zur Erweiterung und Verbesserung der Methodik zu identifizieren. Eine kritische Reflexion der Anwendungserfahrung bildet den Abschluss.

Die als Resultat dieser Arbeit vorliegende Methodik befähigt Unternehmen im Kontext der Nachhaltigkeitswende Transparenz über die Umweltauswirkungen ihrer komplexen Produkte sowie der Wirkung möglicher Verbesserungsmaßnahmen zu schaffen. Damit trägt die Methodik zur Steigerung der Nachhaltigkeit von Produkten im Maschinen- und Anlagenbau bei. Dies gelingt durch die Analyse der Ökologie von Funktions- und Produktstrukturelementen in allen Lebenszyklusphasen unter Berücksichtigung unterschiedlicher Lebensdauern, Rückführungsarten und -wahrscheinlichkeiten von einzelnen Produktumfängen sowie diversen Nutzungsprofilen.

Zuletzt charakterisiert sich eine zielgerichtete Forschungsarbeit dadurch, dass sie Ansatzpunkte für weitere wissenschaftliche Untersuchungen im thematisierten Forschungsgebiet aufdeckt. Eine mögliche horizontale und vertikale Erweiterung der erarbeiteten Methodik unterstützt diesen Prozess. Anknüpfungspunkte zu einer vertikalen Erweiterung für weitere Forschungsarbeiten stellt die ergänzende Betrachtung von Ökologieindikatoren auf Midpoint und Endpoint-Ebene dar (siehe Kapitel 5.3.1). Insbesondere Gesetzgebungen nutzen die Midpoint-Ebene, um die Umweltauswirkungen auf zentrale Ökologieindikatoren zu reduzieren und Reduktionsziele vorzugeben. Die Erweiterung der Ökologieanalyse um die Perspektive der Midpoint-Ebene erhöht jedoch die Komplexität in den vorzunehmenden Analysen. Darüber hinaus lässt sich die Methodik als Absprungbasis für den Umgang mit möglichen Zielkonflikten im Rahmen des Produktentwicklungsprozesses nutzen. Die Erweiterung um ein Optimierungsmodell zur Ermittlung idealer Produktparameter kann den Produktentwicklungsprozess zur Steigerung der Produktnachhaltigkeit erheblich erleichtern. Zur horizontalen Erweiterung der Methodik im Rahmen weiterer Forschungsarbeiten bietet sich die Integration der Kostenperspektive an. Dies kann gelingen durch die methodische Ähnlichkeit zur etablierten Prozesskostenrechnung. Die Methodik könnte zusätzlich um die Aufnahme und Definitionen von Zielwerten erweitert werden, sodass kontinuierlich ein Soll-Ist Abgleich im Sinne eines verbesserten Nachhaltigkeitscontrollings entsteht.

Literaturverzeichnis

Aarts, B., Ecological sustainability and biodiversity, In: International Journal of Sustainable Development & World Ecology, Nr. 2, 6. Jg., 1999, S. 89-102.

Abela, A., Advanced Presentations by Design - Creating Communication That Drives Action, 2. Aufl.; Wiley, New York, 2013.

Abele, N.; Hoffmann, S.; Carvalho, A. de; Schweitzer, M.; Wulf, V.; Kluth, K., Design eines praxisorientierten und wissensbasierten Cyber-Physischen Systems für industrielle Rüstvorgänge, In: Zeitschrift für Arbeitswissenschaft, Nr. 2, 76. Jg., 2022, S. 176-191.

Afgan, N.; Carvalho, M., Sustainability assessment of hydrogen energy systems, In: International Journal of Hydrogen Energy, Nr. 13, 29. Jg., 2004, S. 1327-1342.

Aguado, S.; Alvarez, R.; Domingo, R., Model of efficient and sustainable improvements in a lean production system through processes of environmental innovation, In: Journal of Cleaner Production, 47. Jg., 2013, S. 141-148.

Ahmad, S.; Wong, K.; Rajoo, S., Sustainability indicators for manufacturing sectors, In: Journal of Manufacturing Technology Management, Nr. 2, 30. Jg., 2019, S. 312-334.

Akao, Y., Quality function deployment - Integrating customer requirements into product design, Productivity Press, Cambridge, Massachusetts, 2004.

Alemam, A.; Li, S., Matrix-based quality tools for concept generation in eco-design, In: Concurrent Engineering, Nr. 2, 24. Jg., 2016, S. 113-128.

Almeida Souza, P. de; *Barros Pereira, H.* de, Towards Indicators of Sustainable Product Design, In: 2006 IEEE International Engineering Management Conference, IEEE, 2006, S. 274-277.

Alves, J.; Alves, J., Production management model integrating the principles of lean manufacturing and sustainability supported by the cultural transformation of a company, In: International Journal of Production Research, Nr. 17, 53. Jg., 2015, S. 5320-5333.

Ammann, J.; Marchthaler, J.; Wigger, T.; Lohe, R.; Götz, K.; Geldmann, U.; Jönsson, S.; Schöler, H.; Kersten, G.; Mathe, R.; Wiest, R., Methodische Instrumente, In: VDI-Gesellschaft Produkt- und Prozessgestaltung (Hrsg.), Wertanalyse – das Tool im Value Management, Springer, Berlin, Heidelberg, 2011, S. 57-101.

Amrina, E.; Yulianto, A., Interpretive Structural Model of Key Performance Indicators for Sustainable Maintenance Evaluatian in Rubber Industry, In: IOP Conference Series: Materials Science and Engineering, 319. Jg., 2018, S. 12055.

Amrina, E.; Yusof, S., Key performance indicators for sustainable manufacturing evaluation in automotive companies, In: 2011 IEEE International Conference on Industrial Engineering and Engineering Management, IEEE, 2011, S. 1093-1097.

Amrina, E.; Yusof, S., Interpretive structural model of key performance indicators for sustainable manufacturing evaluation in automotive companies, In: 2012 IEEE International Conference on Industrial Engineering and Engineering Management (IEEM 2012) - Hong Kong, China, 10 - 13 December 2012, IEEE, Piscataway, New Jersey, 2012, S. 656-660.

Andes, L., Methodensammlung zur Nachhaltigkeitsbewertung - Grundlagen, Indikatoren, Hilfsmittel, Karlsruher Institut für Technologie KIT, 2019.

Arampantzi, C.; Minis, I., A new model for designing sustainable supply chain networks and its application to a global manufacturer, In: Journal of Cleaner Production, 156. Jg., 2017, S. 276-292.

Arnold, D.; Isermann, H.; Kuhn, A.; Tempelmeier, H.; Furmans, K., Handbuch Logistik, Springer, Berlin, Heidelberg, 2008.

Arnoscht, J., Beherrschung von Komplexität bei der Gestaltung von Baukastensystemen, Dissertation, Rheinisch-Westfälische Technische Hochschule Aachen; Apprimus Verlag, 2011.

Arvidsson, R., Inventory Indicators in Life Cycle Assessment, In: Ciroth, A.; Arvidsson, R. (Hrsg.), Life cycle inventory analysis - Methods and data, Springer, Cham, Switzerland, 2021, S. 171-190.

Assen, N. v. d.; Voll, P.; Peters, M.; Bardow, A., Life cycle assessment of CO2 capture and utilization: a tutorial review, In: Chemical Society reviews, Nr. 23, 43. Jg., 2014, S. 7982-7994.

Atlee, J.; Kirchain, R., Operational sustainability metrics assessing metric effectiveness in the context of electronics-recycling systems, In: Environmental science & technology, Nr. 14, 40. Jg., 2006, S. 4506-4513.

Augsberg, L.; Ciroth, A.; Feifel, S.; Franze, J.; Kaltschmitt, M.; Klemmayer, I.; Meyer, K.; Saling, P.; Schebek, L.; Weinberg, J.; Wulf, C., Lebenszyklusanalysen, In: Kaltschmitt, M.; Schebek, L. (Hrsg.), Umweltbewertung für Ingenieure - Methoden und Verfahren, Springer, Berlin, Heidelberg, 2015, S. 203-314.

Ays, J., Kontextbasierte Integration agiler und plangetriebener Entwicklungsprozesse, 1. Aufl.; Apprimus Wissenschaftsverlag, Aachen, 2022.

Azapagic, A., Systems Approach to Corporate Sustainability, In: Process Safety and Environmental Protection, Nr. 5, 81. Jg., 2003, S. 303-316.

Azevedo, S.; Carvalho, H.; Duarte, S.; Cruz-Machado, V., Influence of Green and Lean Upstream Supply Chain Management Practices on Business Sustainability, In: IEEE Transactions on Engineering Management, Nr. 4, 59. Jg., 2012, S. 753-765.

Baan, L. de; Alkemade, R.; Koellner, T., Land use impacts on biodiversity in LCA: a global approach, In: The International Journal of Life Cycle Assessment, Nr. 6, 18. Jg., 2013, S. 1216-1230.

Baan, L. de; Mutel, C.; Curran, M.; Hellweg, S.; Koellner, T., Land use in life cycle assessment: global characterization factors based on regional and global potential species extinction, In: Environmental science & technology, Nr. 16, 47. Jg., 2013, S. 9281-9290.

Baba, A.; Ma'aram, A.; Ishak, F.; Sirat, R.; Kadir, A., Key performance indicator of sustainability in the Malaysian food supply chain, In: IOP Conference Series: Materials Science and Engineering, Nr. 1, 697. Jg., 2019.

Barni, A.; Capuzzimati, C.; Fontana, A.; Pirotta, M.; Hänninen, S.; Räikkönen, M.; Uusitalo, T., Design of a Lifecycle-Oriented Environmental and Economic Indicators Framework for the Mechanical Manufacturing Industry, In: Sustainability, Nr. 5, 14. Jg., 2022, S. 2602.

Becker, T., Prozesse in Produktion und Supply Chain optimieren, 3. Aufl. 2018; Springer, Berlin, Heidelberg, 2018.

Beekaroo, D.; Callychurn, D.; Hurreeram, D., Developing a sustainability index for Mauritian manufacturing companies, In: Ecological Indicators, 96. Jg., 2019, S. 250-257.

Beger, A.-L., Methodik für eine nachhaltigkeitsoptimierte Produktentwicklung, Dissertation, Rheinisch-Westfälische Technische Hochschule Aachen, 2020.

Begon, M.; Howarth, R. W.; Townsend, C. R., Ökologie, Springer, Berlin, Heidelberg, 2017.

Bell, S.; Morse, S., Sustainability Indicators: Measuring the Immeasurable, In: Journal of Rural Studies, Nr. 3, 16. Jg., 2000.

Bender, B.; Gericke, K., Entwicklungsprozesse, In: Lindemann, U. (Hrsg.), Handbuch Produktentwicklung, Hanser, München, 2016, S. 399-424.

Benfer, M.; Peukert, S.; Lanza, G., A Framework for Digital Twins for Production Network Management, In: Procedia CIRP, 104. Jg., 2021, S. 1269-1274.

Bertsche, B.; Lechner, G., Zuverlässigkeit im Fahrzeug- und Maschinenbau - Ermittlung von Bauteil- und System-Zuverlässigkeiten, 3. Aufl.; Springer, Berlin, Heidelberg, 2004.

Bhander, G.; Hauschild, M.; McAloone, T., Implementing life cycle assessment in product development, In: Environmental Progress, Nr. 4, 22. Jg., 2003, S. 255-267.

Bhinge, R.; Moser, R.; Moser, E.; Lanza, G.; Dornfeld, D., Sustainability Optimization for Global Supply Chain Decision-making, In: Procedia CIRP, 26. Jg., 2015, S. 323-328.

Bibliographisches Institut, Duden - Deutsches Universalwörterbuch - Das umfassende Bedeutungswörterbuch der deutschen Gegenwartssprache, 9. Aufl.; Dudenverlag, Berlin, 2019.

Bicalho, T.; Sauer, I.; Rambaud, A.; Altukhova, Y., LCA data quality: A management science perspective, In: Journal of Cleaner Production, 156. Jg., 2017, S. 888-898.

Birkhofer, H.; Rath, K.; Zhao, S., Umweltgerechtes Konstruieren, In: Rieg, F.; Steinhilper, R. (Hrsg.), Handbuch Konstruktion, Hanser, München, 2012, S. 561-582.

Bloomberg, ESG assets may hit $53 trillion by 2025, a third of global AUM - Research and Analysis. URL: https://www.bloomberg.com/professional/blog/esg-assets-may-hit-53-trillion-by-2025-a-third-of-global-aum/ [Zuletzt geprüft am: 14.12.2023].

Bobzien, P., CSRD & Co. - Die wichtigsten ESG-Regularien für Deutschland im Überblick. URL: https://www.cubemos.com/sustainability-blog/die-wichtigsten-esg-regularien-fur-deutschland-im-ueberblick [Zuletzt geprüft am: 14.12.2023].

Bocken, N., Kreislaufwirtschaft: Verlangsamung der Rohstoffströme und Erhöhung der Wertschöpfung, In: Eisenriegler, S. (Hrsg.), Kreislaufwirtschaft in der EU, Springer Fachmedien Wiesbaden, Wiesbaden, 2020, S. 135-149.

Bocken, N.; Pauw, I. de; Bakker, C.; van der Grinten, B., Product design and business model strategies for a circular economy, In: Journal of Industrial and Production Engineering, Nr. 5, 33. Jg., 2016, S. 308-320.

Bohm, M.; Haapala, K.; Poppa, K.; Stone, R.; Tumer, I., Integrating life cycle assessment into the conceptual phase of design using a design repository, In: Journal of Mechanical Design, Nr. 9, 132. Jg., 2010.

Boulay, A.-M.; Bare, J.; Benini, L.; Berger, M.; Lathuillière, M.; Manzardo, A.; Margni, M.; Motoshita, M.; Núñez, M.; Pastor, A.; Ridoutt, B.; Oki, T.; Worbe, S.; Pfister, S., The WULCA consensus characterization model for water scarcity footprints: assessing impacts of water consumption based on available water remaining (AWARE), In: The International Journal of Life Cycle Assessment, Nr. 2, 23. Jg., 2018, S. 368-378.

Breunig, S., Produktarchitekturgestaltung mechatronischer Baukastensysteme, Dissertation, Rheinisch-Westfälische Technische Hochschule Aachen, 2017.

Brockhoff, K., Forschung und Entwicklung - Planung und Kontrolle, 5. Aufl.; Oldenbourg; DE GRUYTER, München, Wien, Berlin, 1999.

Brundtland, G., Our common future, Oxford University Press, Oxford, New York, 1987.

Buchholz, M., Energie - Wie verschwendet man etwas, das nicht weniger werden kann?, Springer, Berlin, Heidelberg, 2016.

Bundesgesetzblatt, Gesetzt über die unternehmerischen Sorgfaltspflichten in Lieferketten - LkSG, Nr. 46, 2021 Teil 1, 2021, S. 2959-2969.

Bundesministerium für Umwelt, Naturschutz, nukleare Sicherheit und Verbraucherschutz, Gesetz zur Förderung der Kreislaufwirtschaft und Sicherung der umweltverträglichen Bewirtschaftung von Abfällen - KrWG, 2012.

Bundesministerium für Umwelt, Naturschutz, nukleare Sicherheit und Verbraucherschutz, EU-Taxonomie und die rechtliche Grundlage - Was ist die EU-Taxonimie. URL: https://www.bmuv.de/FA1777 [Zuletzt geprüft am: 14.12.2023].

Bundesrepublik Deutschland, Elektro- und Elektronik-Altgeräte-Behandlungsverordnung - EAG-BehandV, 2021.

Butzer, S.; Schötz, S., D3.3-D3.4 Map of Remanufacturing Processes Landscape - For Horizon 2020, Grant Agreement No 645984, 2016.

Cai, W.; Lai, K., Sustainability assessment of mechanical manufacturing systems in the industrial sector, In: Renewable and Sustainable Energy Reviews, 135. Jg., 2021, S. 110169.

Campbell, B.; Beare, D.; Bennett, E.; Hall-Spencer, J.; Ingram, J.; Jaramillo, F.; Ortiz, R.; Ramankutty, N.; Sayer, J.; Shindell, D., Agriculture production as a major driver of the Earth system exceeding planetary boundaries, In: Ecology and Society, Nr. 4, 22. Jg., 2017.

Carlowitz, H. C. von, Sylvicultura oeconomica - Hausswirthliche Nachricht und Naturmäßige Anweisung zur Wilden Baum-Zucht, Johann Friedrich Braun, Leipzig, 1713.

Cerdan, C.; Gazulla, C.; Raugei, M.; Martinez, E.; Fullana-i-Palmer, P., Proposal for new quantitative eco-design indicators: a first case study, In: Journal of Cleaner Production, Nr. 18, 17. Jg., 2009, S. 1638-1643.

Chaudhary, A.; Verones, F.; Baan, L. de; Hellweg, S., Quantifying Land Use Impacts on Biodiversity: Combining Species-Area Models and Vulnerability Indicators, In: Environmental science & technology, Nr. 16, 49. Jg., 2015, S. 9987-9995.

Chen, L.; Olhager, J.; Tang, O., Manufacturing facility location and sustainability: A literature review and research agenda, In: International Journal of Production Economics, 149. Jg., 2013, S. 154-163.

Choi, A.; Kaebernick, H.; Lai, W., Manufacturing processes modelling for environmental impact assessment, In: Journal of Materials Processing Technology, Nr. 1-3, 70. Jg., 1997, S. 231-238.

Ciroth, A.; Arvidsson, R., Life cycle inventory analysis - Methods and data, Springer, Cham, Switzerland, 2021.

Colla, V.; Cirilli, F.; Kleimt, B.; Unamuno, I.; Tosato, S.; Baragiola, S.; Klung, J.-S.; Quintero, B.; Miranda, U. de, Monitoring the environmental and energy impacts of electric arc furnace steelmaking, In: Matériaux & Techniques, Nr. 1, 104. Jg., 2016, S. 102-111.

Ćorić, M., Die Entwicklung nachhaltiger Produkte - Ein ganzheitlicher methodischer Ansatz der Nachhaltigkeitsbilanz, Dissertation, Technische Universität Darmstadt, 2016.

Czichos, H., Mechatronik - Grundlagen und Anwendungen technischer Systeme, 4. Aufl.; Springer Vieweg, Wiesbaden, 2019.

Da Luz, L.; Francisco, A. de; Piekarski, C.; Salvador, R., Integrating life cycle assessment in the product development process - A methodological approach, In: Journal of Cleaner Production, 193. Jg., 2018.

den Hollander, M.; Bakker, C.; Hultink, E., Product Design in a Circular Economy: Development of a Typology of Key Concepts and Terms, In: Journal of Industrial Ecology, Nr. 3, 21. Jg., 2017, S. 517-525.

Despeisse, M.; Mbaye, F.; Ball, P.; Levers, A., The emergence of sustainable manufacturing practices, In: Production Planning & Control, Nr. 5, 23. Jg., 2012, S. 354-376.

Deutsches Institut für Normung e. V., DIN 199-2:1977-12, Begriffe im Zeichnungs- und Stücklistenwesen - Stücklisten (zurückgezogen), 1977.

Deutsches Institut für Normung e. V., DIN 8505-3:1983, Löten - Einteilung der Verfahen nach Energieträgern, 1983.

Deutsches Institut für Normung e. V., DIN 40041:1990-12, Zuverlässigkeit - Begriffe, 1990.

Deutsches Institut für Normung e. V., DIN 1319-1:1995, Grundlagen der Meßtechnik - Teil 1: Grundbegriffe, 1995.

Deutsches Institut für Normung e. V., ISO/TR 14062:2002, Umweltmanagement - Integration von Umweltaspekten in Produktdesign und -entwicklung, 2002.

Deutsches Institut für Normung e. V., DIN 8583-1:2003-09, Fertigungsverfahren Druckumformen - Teil 1: Allgemeines, 2003.

Deutsches Institut für Normung e. V., DIN 8584-1:2003-09, Fertigungsverfahren Zugdruckumformen - Teil 1: Allgemeines, 2003.

Deutsches Institut für Normung e. V., DIN 8585-1:2003-09, Fertigungsverfahren Zugumformen - Teil 1: Allgemeines, 2003.

Deutsches Institut für Normung e. V., DIN 8586:2003-09, Fertigungsverfahren Biegeumformen - Einordnung, Unterteilung, Begriffe, 2003.

Deutsches Institut für Normung e. V., DIN 8587:2003-09, Fertigungsverfahren Schubumformen - Einordnung, Unterteilung, Begriffe, 2003.

Deutsches Institut für Normung e. V., DIN 8589-0:2003-09, Fertigungsverfahren Spanen - Teil 0: Allgemeines, 2003.

Deutsches Institut für Normung e. V., DIN 8590:2003-09, Fertigungsverfahren Abtragen - Einordnung, Unterteilung, Begriffe, 2003.

Deutsches Institut für Normung e. V., DIN 8591:2003-09, Fertigungsverfahren Zerlegen - Einordnung, Unterteilung, Begriffe, 2003.

Deutsches Institut für Normung e. V., DIN 8592:2003-09, Fertigungsverfahren Reinigen - Einordnung, Unterteilung, Begriffe, 2003.

Deutsches Institut für Normung e. V., DIN 8593-0:2003-09, Fertigungsverfahren Fügen - Teil 0: Allgemeines, 2003.

Deutsches Institut für Normung e. V., DIN 8593-1:2003-09, Fertigungsverfahren Fügen - Teil 1: Zusammensetzen, 2003.

Deutsches Institut für Normung e. V., DIN 8593-2:2003-09, Fertigungsverfahren Fügen - Teil 2: Füllen, 2003.

Deutsches Institut für Normung e. V., DIN 8593-3:2003-09, Fertigungsverfahren Fügen - Teil 3: Anpressen, Einpressen, 2003.

Deutsches Institut für Normung e. V., DIN 8593-4:2003-09, Fertigungsverfahren Fügen - Teil 4: Fügen durch Urformen, 2003.

Deutsches Institut für Normung e. V., DIN 8593-5:2003-09, Fertigungsverfahren Fügen - Teil 5: Fügen durch Umformen, 2003.

Deutsches Institut für Normung e. V., DIN 8593-6:2003-09, Fertigungsverfahren Fügen - Teil 6: Fügen durch Schweißen, 2003.

Deutsches Institut für Normung e. V., DIN 8593-7:2003-09, Fertigungsverfahren Fügen - Teil 7: Fügen durch Löten, 2003.

Deutsches Institut für Normung e. V., DIN 8593-8:2003-09, Fertigungsverfahren Fügen - Teil 8: Kleben, 2003.

Deutsches Institut für Normung e. V., DIN EN ISO 14025:2011, Umweltkennzeichnung und -deklaration - Typ III Umweltdeklarationen, Grundsätze und Verfahren, 2011.

Deutsches Institut für Normung e. V., DIN 8588:2013-08, Fertigungsverfahren Zerteilen - Einordnung, Unterteilung, Begriffe, 2013.

Deutsches Institut für Normung e. V., DIN EN ISO 9000:2015-11, Qualitätsmanagementsysteme - Grundlagen und Begriffe, 2015.

Deutsches Institut für Normung e. V., DIN EN ISO 14004:2016-08, Umweltmanagementsysteme - Allgemeine Leitlinien zur Verwirklichung, 2016.

Deutsches Institut für Normung e. V., DIN ISO 50006:2017-04, Energiemanagementsysteme - Messung der energiebezogenen Leistung unter Nutzung von energetischen Ausgangsbasen (EnB) und Energieleistungskennzahlen (EnPI) - Allgemeine Grundsätze und Leitlinien, 2017.

Deutsches Institut für Normung e. V., DIN EN 13306:2018-02, Instandhaltung - Begriffe der Instandhaltung, 2018.

Deutsches Institut für Normung e. V., DIN EN ISO 14006:2018-08, Umweltmanagementsysteme - Leitlinien zur Berücksichtigung umweltverträglicher Produktgestaltung, 2018.

Deutsches Institut für Normung e. V., DIN 31051:2019, Grundlagen der Instandhaltung, 2019.

Deutsches Institut für Normung e. V., DIN EN ISO 14064-1:2019, Treibhausgase - Teil 1: Spezifikation mit Anleitung zur quantitativen Bestimmung und Berichterstattung von Treibhausgasemissionen und Entzug von Treibhausgasen auf Organisationsebene, 2019.

Deutsches Institut für Normung e. V., DIN EN 45553:2020, Allgemeines Verfahren zur Bewertung der Wiederaufarbeitbarkeit energieverbrauchsrelevanter Produkte, 2020.

Deutsches Institut für Normung e. V., DIN EN ISO 14031:2021-09, Umweltmanagement - Umweltleistungsbewertung - Leitlinien, 2021.

Deutsches Institut für Normung e. V., DIN EN ISO 14040:2021-02, Umweltmanagement, Ökobilanz, Grundsätze und Rahmenbedingungen, 2021.

Deutsches Institut für Normung e. V., DIN EN ISO 14044:2021-02, Umweltmanagement, Ökobilanz, Anforderungen und Anleitungen, 2021.

Deutsches Institut für Normung e. V., DIN SPEC 91436:2021, Referenzmodell zum betrieblichen Abfall- und Wertstoffmanagement ausgerichtet an einer Vision "Zero Waste", 2021.

Deutsches Institut für Normung e. V., DIN 8580:2022-12, Fertigungsverfahren - Begriffe, Einteilung, 2022.

Deutsches Institut für Normung e. V., DIN EN 15804:2022-03, Nachhaltigkeit von Bauwerken - Umwelproduktdeklarationen - Grundregeln für die Produktkategorie Bauprodukte, 2022.

Deutsches Institut für Normung e. V., DIN EN ISO / ASTM 52900:2022, Additive Fertigung - Grundlagen, Terminologie, 2022.

Deutsches Institut für Normung e. V., DIN 1910-3:2023-05, Kunstsoffschweißen - Teil 3: Prozesse zum Schweißen thermoplastischer Kunststoffe, 2023.

Deutsches Institut für Normung e. V., DIN SPEC 91472:2023, Remanufacturing - Qualitätsklassifizierung für zirkuläre Prozesse, 2023.

Devanathan, S.; Ramanujan, D.; Bernstein, W.; Zhao, F.; Ramani, K., Integration of sustainability into early design through the function impact matrix, In: Journal of Mechanical Design, Nr. 8, 132. Jg., 2010.

Dewulf, W.; Duflou, J.; Ander, A., Toward a sectorwide design for environment support system for the rail industry, In: Environmental management, Nr. 2, 34. Jg., 2004, S. 181-190.

Die Bundesregierung, Deutsche Nachhaltigkeitsstrategie - Weiterentwicklung 2021, Berlin, 2021.

Dräger de Teran, T., Wasserverbrauch und Wasserknappheit - So schmeckt Zukunft: Der kulinarische Kompass für eine gesunde Erde, Berlin, 2021.

Dumas, M.; La Rosa, M.; Mendling, J.; Reijers, H. A., Grundlagen des Geschäftsprozessmanagements - Übersetzt von Thomas Grisold, Steven Groß, Jan Mendling, Bastian Wurm, 1. Aufl. 2021; Springer, Berlin, Heidelberg, 2021.

Dyckhoff, H.; Souren, R., Nachhaltige Unternehmensführung - Grundzüge industriellen Umweltmanagements, Springer, Berlin, Heidelberg, 2007.

Efroymson, R.; Dale, V., Environmental indicators for sustainable production of algal biofuels, In: Ecological Indicators, 49. Jg., 2015, S. 1-13.

Ehrlenspiel, K.; Kiewert, A.; Lindemann, U.; Mörtl, M., Kostengünstig Entwickeln und Konstruieren - Kostenmanagement bei der integrierten Produktentwicklung, 8. Aufl.; Springer, Berlin, 2020.

Ehrlenspiel, K.; Meerkamm, H., Integrierte Produktentwicklung - Denkabläufe, Methodeneinsatz, Zusammenarbeit, 6., vollständig überarbeitete und erweiterte Auflage; Hanser, Müchen, Wien, 2017.

Eigner, M., Modellbasierte Virtuelle Produktentwicklung, Springer, Berlin, Heidelberg, 2014.

Elhuni, R.; Ahmad, M., Key Performance Indicators for Sustainable Production Evaluation in Oil and Gas Sector, In: Procedia Manufacturing, 11. Jg., 2017, S. 718-724.

Elkington, J., Towards the Sustainable Corporation: Win-Win-Win Business Strategies for Sustainable Development, In: California Management Review, Nr. 2, 36. Jg., 1994, S. 90-100.

Ellen MacArthur Foundation, Towards a circular economy - Business rationale for an accelerated transition, 2015.

Ellen MacArthur Foundation, The butterfly diagram: Visualising the circular economy. URL: https://ellenmacarthurfoundation.org/circular-economy-diagram [Zuletzt geprüft am: 20.11.2022].

EnArgus, Beschichten. URL: https://www.enargus.de/pub/bscw.cgi/d1171-2/*/*/Beschichten.html?op=Wiki.getwiki [Zuletzt geprüft am: 31.12.2023].

EnArgus, Stoffeigenschaften ändern. URL: https://www.enargus.de/pub/bscw.cgi/d12239-2/*/*/Stoffeigenschaft%20%c3%a4ndern?search=stoffeigenschaft%20%c3%a4ndern&scope=all&op=Wiki.getwiki [Zuletzt geprüft am: 31.12.2023].

Ernzer, M.; Birkhofer, H., Environmental Impact Assessment in Design or is it Worth to Carry out a Full LCA, In: Folkeson, A.; Gralen, K.; Norell, M.; Sellgren, U.

(Hrsg.), Proceedings of the 14th International Conference on Engineering Design, ICED, 2003.

Esnouf, A.; Heijungs, R.; Coste, G.; Latrille, É.; Steyer, J.-P.; Hélias, A., A tool to guide the selection of impact categories for LCA studies by using the representativeness index, In: The Science of the total environment, 658. Jg., 2019, S. 768-776.

Europäische Kommission, Waste Framework Directive - 2008/98/EG, 2008.

Europäische Kommission, Der europäische Grüne Deal - Mitteilung der Kommission an das Europäische Parlament, den Europäischen Rat, den Europäischen Wirtschafts- und Sozialausschuss und den Ausschuss der Regionen, Brüssel, 2019.

Europäische Kommission, Deligierte Verordnung zur Ergänzung der Richtlinie 2013/34/EU des Europäischen Parlaments und des Europäischen Rates durch Standards für die Nachhaltigkeitsberichtserstattung - European Sustainability Reporting Standards (ESRS), 2023.

Europäisches Parlament, Kreislaufwirtschaft - Definition und Vorteile. URL: https://www.europarl.europa.eu/news/de/headlines/economy/20151201STO05603/kreislaufwirtschaft-definition-und-vorteile [Zuletzt geprüft am: 03.01.2024].

Europäisches Parlament; Europäische Union, Corporate Sustainability Reporting Directive - CSRD, In: Amtsblatt der Europäischen Union, Nr. L 322, 65. Jg., 2022, S. 15-80.

European Environment Agency, EEA core set of indicators - Guide, Publications Office, Luxembourg, 2005.

Eurostat Environment Statistics Unit, Environmental pressure indicators for the EU - Data 1985-98, Office for Official Publication of the European Communities, Luxembourg, 2001.

Fan, C.; Carrell, J.; Zhang, H., An investigation of indicators for measuring sustainable manufacturing, In: Proceedings of the 2010 IEEE International Symposium on Sustainable Systems and Technology, IEEE, 2010, S. 1-5.

Feldhusen, J.; Grote, K.-H., Der Produktentstehungsprozess (PEP), In: Feldhusen, J.; Grote, K.-H.; Pahl, G.; Beitz, W. (Hrsg.), Pahl/Beitz Konstruktionslehre - Methoden und Anwendung erfolgreicher Produktentwicklung, 8. Aufl.; Springer Vieweg, Berlin, Heidelberg, 2013, S. 11-24.

Feldhusen, J.; Grote, K.-H., Funktionszusammenhang, In: Feldhusen, J.; Grote, K.-H.; Pahl, G.; Beitz, W. (Hrsg.), Pahl/Beitz Konstruktionslehre - Methoden und Anwendung erfolgreicher Produktentwicklung, 8. Aufl.; Springer Vieweg, Berlin, Heidelberg, 2013, S. 242-246.

Feldhusen, J.; Grote, K.-H., Wirkzusammenhang, In: Feldhusen, J.; Grote, K.-H.; Pahl, G.; Beitz, W. (Hrsg.), Pahl/Beitz Konstruktionslehre - Methoden und Anwendung erfolgreicher Produktentwicklung, 8. Aufl.; Springer Vieweg, Berlin, Heidelberg, 2013, S. 246-252.

Feldhusen, J.; Grote, K.-H., Qualitätssicherung in der Produktentwicklung und Konstruktion, In: Bender, B.; Gericke, K.; Pahl, G. (Hrsg.), Pahl/Beitz Konstruktionslehre - Methoden und Anwendung erfolgreicher Produktentwicklung, 9. Aufl.; Springer, Berlin, 2021, S. 883-903.

Feng, S.; Joung, C., An Overview of a Proposed Measurement Infrastructure for Sustainable Manufacturing, 2009.

Feng, S.; Joung, C., Development Overview of Sustainable Manufacturing Metrics, 2010.

Fiksel, J., Designing resilient, sustainable systems, In: Environmental science & technology, Nr. 23, 37. Jg., 2003, S. 5330-5339.

Fink, L., Letter to CEOs - The Power of Capitalism. URL: https://www.blackrock.com/corporate/investor-relations/larry-fink-ceo-letter [Zuletzt geprüft am: 14.12.2023].

Finkbeiner, M.; Schwager, B., Umweltmanagement für kleine und mittlere Unternehmen - Die ISO 14000-Serie und Ihre Umsetzung, 3. Aufl.; Beuth Verlag GmbH; EBL, Berlin, Wien, Zürich, 2016.

Frischknecht, R., Lehrbuch der Ökobilanzierung, Springer Spektrum, Berlin, Heidelberg, 2020.

Gadatsch, A., Grundkurs Geschäftsprozess-Management - Analyse, Modellierung, Optimierung und Controlling von Prozessen, 8. Aufl.; Springer Vieweg, Wiesbaden, 2017.

Gallego-Álvarez, I.; Lozano, M.; Rodríguez-Rosa, M., An analysis of the environmental information in international companies according to the new GRI standards, In: Journal of Cleaner Production, 182. Jg., 2018, S. 57-66.

Gao, L.; Ren, N.; Wang, A., Pollution Mechanism and Control Strategies of Corn Deep Processing Industry, In: 2009 International Conference on Management and Service Science, IEEE, 2009, S. 1-4.

Gausemeier, J.; Fink, A.; Schlake, O., Szenario-Management: Planen und Führen mit Szenarien, 2. Auflage, Carl Hanser Verlag.

Gericke, K.; Bender, B.; Pahl, G.; Beitz, W.; Feldhusen, J.; Grote, K.-H., Der Produktentwicklungsprozess, In: Bender, B.; Gericke, K.; Pahl, G. (Hrsg.), Pahl/Beitz Konstruktionslehre - Methoden und Anwendung erfolgreicher Produktentwicklung, 9. Aufl.; Springer, Berlin, 2021, S. 57-93.

Global Commission on Adaption, Adapt now: a global call for leadership on climate resilience, 2019.

Global Reporting Initiative, Consolidated set of GRI sustainability reporting standards, 2016.

Global Sustainability Standards Board (GSSB), GRI 303: Wasser und Abwasser, 2018.

Goedkoop, M.; Heijungs, R.; Huijbregts, M.; Schryver, A.; Struijs, J.; Zelm, R., ReCiPE 2008 - A life cycle impact assessment method which comprises harmonised category indicators at the midpoint and the endpoint level, 2008.

Göpfert, J.; Tretow, G., Produktarchitektur, In: Feldhusen, J.; Grote, K.-H.; Pahl, G.; Beitz, W. (Hrsg.), Pahl/Beitz Konstruktionslehre - Methoden und Anwendung erfolgreicher Produktentwicklung, 8. Aufl.; Springer Vieweg, Berlin, Heidelberg, 2013, S. 252-279.

Grote, K.-H.; Engelmann, F.; Herbst, S.; Beitz, W., Grundlagen der Produktentwicklung, In: Hennecke, M.; Skrotzki, B. (Hrsg.), HÜTTE - Das Ingenieurwissen, 35. Aufl.; Springer Berlin; Springer, Berlin, 2020, S. 1-16.

Grunwald, A.; Kopfmüller, J., Nachhaltigkeit, Campus-Verlag, Frankfurt am Main, 2006.

Günther, E., ISO 14000. URL: https://wirtschaftslexikon.gabler.de/definition/iso-14000-38989/version-262409 [Zuletzt geprüft am: 26.03.2023].

Gutenberg, E., Grundlagen der Betriebswirtschaftslehre, Springer, Berlin, Heidelberg, 1951.

Gützlaff, A., Entscheidungsprozess zur kontinuierlichen Gestaltung von Produktionsnetzwerken, Dissertation, Rheinisch-Westfälische Technische Hochschule Aachen; Apprimus Verlag, 2022.

Haeckel, E., Generelle Morphologie der Organismen - Allgemeine Grundzüge der organischen Formen-Wissenschaft, mechanisch begründet durch die von Charles Darwin reformirte Descendenz-Theorie, 1. Aufl.; Reimer, Berlin, 1866.

Haller, K.; Lee, J.; Cheung, J., Meet the 2020 consumers driving change - Why brands must deliver on omnipresence, agility and sustainability, 2020.

Hallstedt, S., Sustainability criteria and sustainability compliance index for decision support in product development, In: Journal of Cleaner Production, 140. Jg., 2017, S. 251-266.

Hallstedt, S.; Villamil, C.; Lövdahl, J.; Nylander, J., Sustainability Fingerprint - guiding companies in anticipating the sustainability direction in early design, In: Sustainable Production and Consumption, 37. Jg., 2023, S. 424-442.

Hauff, M., Nachhaltige Entwicklung - Grundlagen und Umsetzung, 2. Aufl.; De Gruyter Oldenbourg, München, 2014.

Haupt, S.; Lichter, J.; May, F., Sorgfaltspflichten entlang globaler Lieferketten, 2021.

Healy, S.; Cludius, J.; Graichen, V., Einführung eines CO2-Genzausgleichssystems (CBAM) in der EU - Überblick über die Funktionsweise des CBAM, 2023.

Heijungs, R.; Suh, S., The Computational Structure of Life Cycle Assessment, Springer, Dordrecht, 2002.

Heinen, E., Einführung in die Betriebswirtschaftslehre, Gabler Verlag, Wiesbaden, 1968.

Heinzle, E.; Hungerbühler, K., Integrated process development: The key to future production of chemicals, In: CHIMIA International Journal for Chemistry, Nr. 5, 51. Jg., 1997, S. 176-183.

Hennemann, M., Steuerung öffentlich geförderter Forschungs- und Entwicklungsprojekte, Springer Gabler, Wiesbaden, 2018.

Herrmann, C., Ganzheitliches Life Cycle Management, Springer, Berlin, Heidelberg, 2010.

Herterich, M. M.; Uebernickel, F.; Brenner, W., Industrielle Dienstleistungen 4.0, Springer, Wiesbaden, 2016.

Hofstetter, P., Perspectives in life cycle impact assessment: a structured approach to combine models of the technosphere, ecosphere and valuesphere, ETH Zurich, 1998.

Hollberg, A.; Kiss, B.; Röck, M.; Soust-Verdaguer, B.; Wiberg, A.; Lasvaux, S.; Galimshina, A.; Habert, G., Review of visualising LCA results in the design process of buildings, In: Building and Environment, 190. Jg., 2021, S. 107530-107543.

Hosseinpour, A.; Peng, Q.; Gu, P., A benchmark-based method for sustainable product design, In: Benchmarking: An International Journal, Nr. 4, 22. Jg., 2015, S. 643-664.

Hristov, I.; Chirico, A., The Role of Sustainability Key Performance Indicators (KPIs) in Implementing Sustainable Strategies, In: Sustainability, Nr. 20, 11. Jg., 2019, S. 5742.

Huang, A., A Framework and Metrics for Sustainable Manufacturing Performance Evaluation at the Production Line, Plant and Enterprise Levels, University of Kentucky Libraries, 2017.

Huang, A.; Badurdeen, F., Sustainable Manufacturing Performance Evaluation: Integrating Product and Process Metrics for Systems Level Assessment, In: Procedia Manufacturing, 8. Jg., 2017, S. 563-570.

Huijbregts, M. A. J.; Steinmann, Z. J. N.; Elshout, P. M. F.; Stam, G.; Verones, F.; Vieira, M.; Hollander, A.; Zijp, M.; van Zelm, R., ReCiPe 2016 - A harmonized life cycle impact assessment method at midpoint and endpoint level, Bilthoven, 2016.

Hur, T.; Lee, J.; Ryu, J.; Kwon, E., Simplified LCA and matrix methods in identifying the environmental aspects of a product system, In: Journal of environmental management, Nr. 3, 75. Jg., 2005, S. 229-237.

Inkermann, D., Potentials of integrating MBSE and LCA to handle uncertainties and variants in early design stages, In: DS 119: Proceedings of the 33rd Symposium Design for X (DFX2022), The Design Society, 2022.

ISO International Organisation for Standardization, ISO 14033:2019-02, Environmental management - Quantitative environmental information - Guidelines and examples, 2019.

ISO International Organisation for Standardization, ISO 15392:2019, Sustainability in buildings and civil engineering works, 2019.

Issa, I.; Pigosso, D., Product-related environmental performance indicators - A guide to support the selection of product-related environmental performance indicators, 2013.

Issa, I.; Pigosso, D.; McAloone, T.; Rozenfeld, H., Leading product-related environmental performance indicators - a selection guide and database, In: Journal of Cleaner Production, 108. Jg., 2015, S. 321-330.

Jacob, M., Digitalisierung & Nachhaltigkeit, Springer Fachmedien Wiesbaden, Wiesbaden, 2019.

Jäger, P., Zuverlässigkeitsbewertung mechatronischer Systeme in frühen Entwicklungsphasen, Univ. Institut für Maschinenelemente, Stuttgart, 2007.

Jakhar, S., Designing the Green Supply Chain Performance Optimisation Model, In: Global Journal of Flexible Systems Management, Nr. 3, 15. Jg., 2014, S. 235-259.

Jank, M.-H., Produktportfoliosteuerung mittels präskriptiver Datenanalyseverfahren, Dissertation, Rheinisch-Westfälische Technische Hochschule Aachen, 2021.

Jasch, C., Environmental performance evaluation and indicators, In: Journal of Cleaner Production, Nr. 1, 8. Jg., 2000, S. 79-88.

Jayal, A.; Badurdeen, F.; Dillon, O.; Jawahir, I., Sustainable manufacturing: Modeling and optimization challenges at the product, process and system levels, In: CIRP Journal of Manufacturing Science and Technology, Nr. 3, 2. Jg., 2010, S. 144-152.

Jiang, Z.; Zhang, H.; Sutherland, J., Development of an environmental performance assessment method for manufacturing process plans, In: The International Journal of Advanced Manufacturing Technology, Nr. 5-8, 58. Jg., 2012, S. 783-790.

Jörissen, J.; Kopfmüller, J.; Brandl, V.; Paetau, M., Ein integratives Konzept nachhaltiger Entwicklung, Forschungszentrum Karlsruhe (FZKA), Karlsruhe, 1999.

Joung, C.; Carrell, J.; Sarkar, P.; Feng, S., Categorization of indicators for sustainable manufacturing, In: Ecological Indicators, 24. Jg., 2013, S. 148-157.

Kachaner, N.; Nielsen, J.; Portafaix, A.; Rodzko, F., The Pandemic Is Heithening Environmental Awareness. URL: https://www.bcg.com/publications/2020/pandemic-is-heightening-environmental-awareness [Zuletzt geprüft am: 14.12.2023].

Kaebernick, H.; Kara, S.; Sun, M., Sustainable product development and manufacturing by considering environmental requirements, In: Robotics and Computer-Integrated Manufacturing, Nr. 6, 19. Jg., 2003, S. 461-468.

Kalusche, D., Ökologie in Zahlen - Eine Datensammlung in Tabellen mit über 10.000 Einzelwerten, 2. Aufl.; Springer, Berlin, Heidelberg, 2015.

Kaplan, R. S.; Anderson, S. R., Time-driven activity-based costing - A simpler and more powerful path to higher profits, Harvard Business School Press, Boston, Massachusetts, 2007.

Karger, R.; Hoffmann, F., Chemische, physikalische und biologische Beschaffenheit des Wassers, In: Karger, R.; Hoffmann, F. (Hrsg.), Wasserversorgung, Springer Fachmedien Wiesbaden, Wiesbaden, 2013, S. 87-112.

Karger, R.; Hoffmann, F., Grundlagen einer Wasserversorgung, In: Karger, R.; Hoffmann, F. (Hrsg.), Wasserversorgung, Springer Fachmedien Wiesbaden, Wiesbaden, 2013, S. 1-9.

Kartika, S. I., Methodik zur Analyse des Baukastenpotentials bei bestehender Produktvielfalt, Shaker Verlag, Aachen, 2010.

Kaza, S.; Yao, L.; Bhada-Tata, P.; van Woerden, F.; lonkova, K.; Morton, J.; Poveda, R. A.; Sarraf, M.; Malkawi, F.; Harinath, A. S.; Banna, F.; An, G.; Imoto, H.; Levine,

D., What a waste 2.0 - A global snapshot of solid waste management to 2050, World Bank Group, Washington, DC, USA, 2018.

Kern, W.; Schröder, H.-H., Forschung und Entwicklung in der Unternehmung, Rowohlt-Taschenbuch-Verlag, Reinbeck bei Hamburg, 1977.

Kibira, D.; Brundage, M.; Feng, S.; Morris, K., Procedure for Selecting Key Performance Indicators for Sustainable Manufacturing, In: Journal of Manufacturing Science and Engineering, Nr. 1, 140. Jg., 2018.

Kim, D.; Leong, S.; Chen, C.-S., An overview of sustainability indicators and metrics for discrete part manufacturing, In: Volume 2: 32nd Computers and Information in Engineering Conference, Parts A and B, American Society of Mechanical Engineers, 2012, S. 1173-1181.

Kirchner, E., Werkzeuge und Methoden der Produktentwicklung - Von der Idee zum erfolgreichen Produkt, Springer Vieweg, Berlin, 2020.

Kishawy, H.; Hegab, H.; Saad, E., Design for Sustainable Manufacturing: Approach, Implementation, and Assessment, In: Sustainability, Nr. 10, 10. Jg., 2018, S. 3604-3618.

Klocke, F., Fertigungsverfahren 5, Springer, Berlin, Heidelberg, 2015.

Kobayashi, H., A systematic approach to eco-innovative product design based on life cycle planning, In: Advanced Engineering Informatics, Nr. 2, 20. Jg., 2006, S. 113-125.

Koch, J.; Keoleian, G., Evaluating environmental performance: a case study in the flat-panel display industry, In: Proceedings of the 1995 IEEE International Symposium on Electronics and the Environment ISEE (Cat. No.95CH35718), IEEE, 1995, S. 158-165.

Koen, P.; Ajamian, G.; Burkart, R.; Clamen, A.; Davidson, J.; D'Amore, R.; Elkins, C.; Herald, K.; Incorvia, M.; Johnson, A.; Karol, R.; Seibert, R.; Slavejkov, A.; Wagner, K., Providing Clarity and A Common Language to the “Fuzzy Front End”, In: Research Technology Management, Nr. 2, 44. Jg., 2001, S. 46-55.

Korthals, K., Wertstromanalyse in der Produktentwicklung, Rheinisch-Westfälische Technische Hochschule Aachen; Apprimus Verlag, 2014.

Krause, D.; Gebhardt, N., Methodische Entwicklung modularer Produktfamilien, Springer Berlin Heidelberg, Berlin, Heidelberg, 2018.

Kreitlein, S.; Rackow, T.; Franke, J., Energy KPI's, Challenges for Sustainable Manufacturing Strategies, Analysis of Existing Rules and Indicators in an Industrial Environment in Relation to the Establishment of Energy Benchmark, In: Advanced Materials Research, 1018. Jg., 2014, S. 501-508.

Kreß, J., Erbringung hybrider Leistungsangebote in Wertschöpfungsnetzwerken, Dissertation, Rheinisch-Westfälische Technische Hochschule Aachen; Apprimus Verlag, 2022.

Kubicek, H., Heuristische Bezugsrahmen und heuristisch angelegte Forschungsdesign als Elemente einer Konstruktionsstrategie empirischer Forschung, In: Köhler, R. (Hrsg.), Empirische und handlungstheoretische Forschungskonzeptionen in der Betriebswirtschaftslehre - Bericht über die Tagung in Aachen, März 1976, 1. Aufl.; Poeschel, Stuttgart, 1977, S. 3-36.

Kuhn, M., Gestaltung agiler Entwicklungsnetzwerke, Dissertation, Rheinisch-Westfälische Technische Hochschule Aachen, 2021.

Kuo, T.-C.; Chang, S.-H.; Huang, S., Environmentally conscious design by using fuzzy multi-attribute decision-making, In: The International Journal of Advanced Manufacturing Technology, Nr. 5, 29. Jg., 2006, S. 419-425.

Kwok, S.; Schulte, J.; Hallstedt, S., Approach for sustainability criteria and product life-cycle data simulation in concept selection, In: Proceedings of the Design Society: DESIGN Conference, 1. Jg., 2020, S. 1979-1988.

Langer, G., Unternehmen und Nachhaltigkeit, In: Langer, G. (Hrsg.), Unternehmen und Nachhaltigkeit, Gabler, Wiesbaden, 2011, S. 1-8.

Lehmann, A., Qualitative und quantitative Indikatoren zur Nachhaltigkeitsbewertung (eines integrierten Wasserressourcenmanagementsystems in einer indonesischen Karstregion), In: Feifel, S.; Walk, W.; Wursthorn, S.; Schebek, L. (Hrsg.), Ökobilanzierung 2009 - Ansätze und Weiterentwicklungen zur Operationalisierung von Nachhaltigkeit - Tagungsband Ökobilanz-Werkstatt 2009, Campus Weihenstephan, Freising, 5. bis 7. Oktober 2009, KIT Scientific Publishing, Karlsruhe, 2009, S. 131-137.

Lindemann, U., Methodische Entwicklung technischer Produkte - Methoden flexibel und situationsgerecht anwenden, 3. Aufl.; Springer, Berlin, Heidelberg, 2009.

Liu, C.; Jia, G.; Kong, J., Requirement-Oriented Engineering Characteristic Identification for a Sustainable Product–Service System: A Multi-Method Approach, In: Sustainability, Nr. 21, 12. Jg., 2020, S. 1-20.

Liu, Z.; Li, B.; Huang, Haihong, Zhang, Hong-Chao, Research on Quantitative Assessment Methods of Environmental Performance in Green Design, In: 15th CIRP International Conference on Life Cycle Engineering (LCE 2008), 2008.

Lorenz, M.; Lüers, M.; Ludwig, M.; Rees, S.; Rauen, H.; Zelinger, M.; Stiller, R., Grüne Technologien für grünes Geschäft, 2020.

Lotka, A., Elements of Physical Biology, In: Nature, Nr. 2917, 116. Jg., 1925, S. 461.

Lotter, B., Einführung, In: Lotter, B.; Wiendahl, H.-P. (Hrsg.), Montage in der industriellen Produktion, Springer Berlin Heidelberg, Berlin, Heidelberg, 2012, S. 1-8.

Low, J.; Lu, W.; Song, B., Methodology for an integrated life cycle approach to design for environment, In: Key Engineering Materials, 572. Jg., 2013, S. 20-23.

Low, J.; Lu, W.; Song, B., Product Structure-Based Integrated Life Cycle Analysis (PSILA) - A technique for cost modelling and analysis of closed-loop production systems, In: Journal of Cleaner Production, 70. Jg., 2014, S. 105-117.

Low, J.; Tjandra, T.; Lu, W.; Lee, H., Adaptation of the product structure-based integrated life cycle analysis (PSILA) technique for carbon footprint modelling and analysis of closed-loop production systems, In: Journal of Cleaner Production, 120. Jg., 2016, S. 105-123.

Lsaputri, V.; Hisjam, M.; Sutopo, W., A review on sustainable metrics for Sustainability Measurement in Supply Chain, In: IOP Conference Series: Materials Science and Engineering, Nr. 1, 943. Jg., 2020, S. 12056.

Lu, B.; Zhang, J.; Xue, D.; Gu, P., Systematic lifecycle design for sustainable product development, In: Concurrent Engineering, Nr. 4, 19. Jg., 2011, S. 307-324.

Lüdeke-Freund, F.; Opel, O., Energie, In: Heinrichs, H.; Michelsen, G. (Hrsg.), Nachhaltigkeitswissenschaften, Springer, Berlin, Heidelberg, 2014, S. 429-454.

MacArthur, R.; Wilson, E., An equilibrium theory of insular zoogeography, In: Evolution, Nr. 4, 17. Jg., 1963, S. 373-387.

Mani, M.; Madan, J.; Lee, J.; Lyons, K.; Gupta, S., Sustainability characterisation for manufacturing processes, In: International Journal of Production Research, Nr. 20, 52. Jg., 2014, S. 5895-5912.

Martens, H.; Goldmann, D., Recyclingtechnik, Springer Fachmedien Wiesbaden, Wiesbaden, 2016.

Matino, I.; Colla, V.; Baragiola, S., Quantification of energy and environmental impacts in uncommon electric steelmaking scenarios to improve process sustainability, In: Applied Energy, 207. Jg., 2017, S. 543-552.

Mattmann, I., Modellintegrierte Produkt- und Prozessentwicklung, Springer Fachmedien Wiesbaden, Wiesbaden, 2017.

Mayer, A.; Haas, W.; Wiedenhofer, D.; Krausmann, F.; Nuss, P.; Blengini, G., Measuring Progress towards a Circular Economy: A Monitoring Framework for Economy-wide Material Loop Closing in the EU28, In: Journal of Industrial Ecology, Nr. 1, 23. Jg., 2018, S. 62-76.

Mayer, K., Nachhaltigkeit: 125 Fragen und Antworten - Wegweiser für die Wirtschaft der Zukunft, 2. Aufl.; Springer Gabler, Wiesbaden, Heidelberg, 2020.

McAloone, T.; Pigosso, D., Ökodesign, In: Bender, B.; Gericke, K.; Pahl, G. (Hrsg.), Pahl/Beitz Konstruktionslehre - Methoden und Anwendung erfolgreicher Produktentwicklung, 9. Aufl.; Springer, Berlin, 2021, S. 975-1021.

McDonough, W.; Braungart, M., Cradle to cradle - Remaking the way we make things, 1. Aufl.; North Point Press, New York, 2002.

Meadows, D. H.; Maedows, D. L.; Randers, J.; Behrens III., W. W., The limits to growth - A report for the Club of Rome's Project on the Predicament of Mankind, Universe Books, New York, 1972.

Menges, A., Bewertung von Produktvarianten mittels Process Data Mining, Dissertation, Rheinisch-Westfälische Technische Hochschule Aachen, 2022.

Mesa, J.; González-Quiroga, A.; Maury, H., Developing an indicator for material selection based on durability and environmental footprint: A Circular Economy perspective, In: Resources, Conservation and Recycling, 160. Jg., 2020, S. 104887.

Miller, G. T.; Spoolman, S. E., Living in the environment, 17. Aufl.; Brooks/Cole Cengage Learning, Pacific Grove, Calif., 2012.

Miner, M., Cumulative Damage in Fatigue, In: Journal of Applied Mechanics, Nr. 3, 12. Jg., 1945, A159-A164.

Mintcheva, V., Indicators for environmental policy integration in the food supply chain (the case of the tomato ketchup supply chain and the integrated product policy), In: Journal of Cleaner Production, Nr. 7, 13. Jg., 2005, S. 717-731.

Möhrle, M.; Specht, D.; Markgraf, D., Produktlebenszyklus. URL: https://wirtschaftslexikon.gabler.de/definition/lebenszyklus-39913/version-263311 [Zuletzt geprüft am: 13.11.2022].

Moraga, G.; Huysveld, S.; Mathieux, F.; Blengini, G.; Alaerts, L.; van Acker, K.; Meester, S. de; Dewulf, J., Circular economy indicators: What do they measure?, In: Resources, Conservation and Recycling, 146. Jg., 2019, S. 452-461.

Mujkic, Z.; Qorri, A.; Kraslawski, A., Sustainability and Optimization of Supply Chains: a Literature Review, In: Operations and Supply Chain Management: An International Journal, 2018, S. 186-199.

Myhre, G.; Shindell, D.; Bréon, F.-M.; Collins, W.; Fuglestvedt, J.; Huang, J.; Koch, D.; Lamarque, J.-F.; Lee, D.; Mednoza, B.; Nakajima, T.; Robock, A.; Stephens, G.; Takemura, T.; Zhang, H., Anthropogenic and Natural Radiative Forcing, In: Intergovernmental Panel on Climate Change (IPCC) (Hrsg.), Climate Change 2013: The Physical Science Basis. Contribution of Working Group I to the Fifth Assessment Report of the Intergovernmental Panel on Climate Change, Cambridge University Press, Cambridge, New York, 2013, S. 659-740.

Nentwig, W.; Bacher, S.; Brandl, R., Ökologie kompakt, 4. Aufl.; Springer Spektrum, Berlin, Heidelberg, 2017.

Neramballi, A.; Sakao, T.; Willskytt, S.; Tillman, A.-M., A design navigator to guide the transition towards environmentally benign product/service systems based on LCA results, In: Journal of Cleaner Production, 277. Jg., 2020, S. 124074.

Ness, B.; Urbel-Piirsalu, E.; Anderberg, S.; Olsson, L., Categorising tools for sustainability assessment, In: Ecological Economics, Nr. 3, 60. Jg., 2007, S. 498-508.

Neugebauer, S.; Bolz, M.; Mankaa, R.; Traverso, M., How sustainable are sustainability conferences? – Comprehensive Life Cycle Assessment of an international conference series in Europe, In: Journal of Cleaner Production, 242. Jg., 2020, S. 118516.

Nowak, A.; Leymann, F., Soziale Nachhaltigkeit. URL: https://wirtschaftslexikon.gabler.de/definition/soziale-nachhaltigkeit-53451/version-276540 [Zuletzt geprüft am: 04.10.2023].

Oberpriller, Q.; Weber, F.; Iten, R.; Fasko, Raphael, Frei, Urban, Beurteilung von ausgewählten Massnahmen zur Förderung der Kreislaufwirtschaft in der Nutzungsphase, Zürich, 2019.

OECD, Frascati Manual 2015 - Guidelines for Collecting and Reporting Data on Research and Experimental Development, OECD Publishing, Paris, 2015.

OECD Directorate for Science, Tecnology and Industry, OECD Sustainable Manufacturing Toolkit - Seven steps to environmental excellence, 2011.

OECD Directorate for Science, Tecnology and Industry, The OECD Inventory of Circular Economy indicators, 2021.

OECD Environmental Directorate, Key Environmental Indicators, 2008.

Olson, D.; Dinerstein, E.; Wikramanayake, E.; Burgess, N.; Powell, G.; Underwood, E.; D'amico, J.; Itoua, I.; Strand, H.; Morrison, J.; Loucks, C.; Allnutt, T.; Ricketts, T.; Kura, Y.; Lamoreux, J.; Wettengel, W.; Hedao, P.; Kassem, K., Terrestrial Ecoregions of the World: A New Map of Life on Earth, In: BioScience, Nr. 11, 51. Jg., 2001, S. 933.

Olugu, E.; Wong, K.; Shaharoun, A., Development of key performance measures for the automobile green supply chain, In: Resources, Conservation and Recycling, Nr. 6, 55. Jg., 2011, S. 567-579.

Ostheimer, B.; Schwickert, A.; Schreiber, F., Mean Time Between Failures - Grundlagen, Konzept, Methoden, Werkzeuge, In: Professur BWL - Wirtschaftsinformation (Hrsg.), Arbeitspapiere WI, Gießen, 2013, S. 1-28.

Ozalp, M.; Kucukbas, D.; Ilbahar, E.; Cebi, S., Integration of Quality Function Deployment with IVIF-AHP and Kano Model for Customer Oriented Product Design, In: Kahraman, C. (Hrsg.), Customer oriented product design - Intelligent and fuzzy techniques, Springer, Cham, 2020, S. 93-106.

Pahl, G.; Beitz, W.; Feldhusen, J.; Grote, K.-H., Pahl/Beitz Konstruktionslehre - Grundlagen erfolgreicher Produktentwicklung. Methoden und Anwendung, 7. Aufl.; Springer, Berlin, Heidelberg, 2007.

Palmgren, A., Die Lebensdauer von Kugellagern, In: Zeitschrift des Vereins Deutscher Ingenieure (ZVDI), Nr. 14, Band 68, 1924, 399-341.

Pampanelli, A.; Found, P.; Bernardes, A., A Lean & Green Model for a production cell, In: Journal of Cleaner Production, 85. Jg., 2014, S. 19-30.

Park, K.; Kremer, G., Text mining-based categorization and user perspective analysis of environmental sustainability indicators for manufacturing and service systems, In: Ecological Indicators, 72. Jg., 2017, S. 803-820.

Pastoors, S.; Scholz, U., Methoden zum Messen der Nachhaltigkeit von Produkten, In: Scholz, U.; Pastoors, S.; Becker, J. H.; Hofmann, D.; van Dun, R. (Hrsg.), Praxishandbuch Nachhaltige Produktentwicklung, Springer, Berlin, 2018, S. 23-30.

Patzak, G., Systemtechnik - Planung komplexer innovativer Systeme - Grundlagen, Methoden, Techniken, Springer, Berlin, 1982.

Pfeiffer, W., Technologie-Portfolio zum Management strategischer Zukunftsgeschäftsfelder, 6. Aufl.; Vandenhoeck und Ruprecht, Göttingen, 1991.

Ponn, J.; Lindemann, U., Konzeptentwicklung und Gestaltung technischer Produkte, Springer, Berlin, 2011.

PONS GmbH, PONS Wörterbuch für Schule und Studium: Latein, 1. Aufl.; PONS GmbH, Stuttgart, 2016.

Popoff, A.; Millet, D., Sustainable Life Cycle Design Using Constraint Satisfaction Problems and Quality Function Deployment, In: Procedia CIRP, 61. Jg., 2017, S. 75-80.

Porter, M. E., Wettbewerbsvorteile - Spitzenleistungen erreichen und behaupten, 6. Aufl.; Campus-Verlag, Frankfurt am Main, 2000.

Potting, J.; Hekkert, M.; Worrell, E.; Hanemaaijer, A., Circular Economy - Measuring Innovation in the Product Chain, The Hague, 2017.

Prabhu, T.; Vizayakumar, K., Technology choice using FHDM: a case of iron-making technology, In: IEEE Transactions on Engineering Management, Nr. 2, 48. Jg., 2001, S. 209-222.

Pufé, I., Nachhaltigkeitsmanagement, Hanser, München, 2012.

Puglieri, F.; Ometto, A.; Salvador, R.; Barros, M.; Piekarski, C.; Rodrigues, I.; Diegoli Netto, O., An Environmental and Operational Analysis of Quality Function Deployment-Based Methods, In: Sustainability, Nr. 8, 12. Jg., 2020, S. 1-18.

Reike, D.; Vermeulen, W.; Witjes, S., The circular economy: New or Refurbished as CE 3.0? - Exploring Controversies in the Conceptualization of the Circular Economy through a Focus on History and Resource Value Retention Options, In: Resources, Conservation and Recycling, 135. Jg., 2018, S. 246-264.

Ren, X., Development of environmental performance indicators for textile process and product, In: Journal of Cleaner Production, Nr. 6, 8. Jg., 2000, S. 473-481.

Reschke, R., Gestaltungsmodell der Kennzahlen und Indikatoren bei der Einführung und Weiterentwicklung von Qualitätsmanagementsystemen für deutsche Hochschulen, Dissertation, Rheinisch-Westfälische Technische Hochschule Aachen, 2019.

Reuter, C.; Prote, J.; Stöwer, M., Aggregation of Production Data for the Strategic Planning of Global Production Networks, In: Applied Mechanics and Materials, 794. Jg., 2015, S. 461-469.

Richardson, K.; Steffen, W.; Lucht, W.; Bendtsen, J.; Cornell, S.; Donges, J.; Drüke, M.; Fetzer, I.; Bala, G.; Bloh, W. v.; Feulner, G.; Fiedler, S.; Gerten, D.; Gleeson, T.; Hofmann, M.; Huiskamp, W.; Kummu, M.; Mohan, C.; Nogués-Bravo, D.; Petri, S.; Porkka, M.; Rahmstorf, S.; Schaphoff, S.; Thonicke, K.; Tobian, A.; Virkki, V.; Wang-Erlandsson, L.; Weber, L.; Rockström, J., Earth beyond six of nine planetary boundaries, In: Science advances, Nr. 37, 9. Jg., 2023.

Riesener, M., Ähnlichkeitsbasierte Produktkonfiguration im Maschinenbau, Dissertation, Rheinisch-Westfälische Technische Hochschule Aachen, 2015.

Riesener, M.; Kuhn, M.; Ruschitzka, C.; Becker, D.; Schuh, G., Identification of Fields of Action for the Development of Ecologically Sustainable Products, In: 2022 Portland International Conference on Management of Engineering and Technology (PICMET), IEEE, 2022, S. 1-10.

Riesener, M.; Kuhn, M.; Ruschitzka, C.; Schuh, G., Concept for a Function-oriented Ecology Analysis in Machinery and Plant Engineering, In: Procedia CIRP, 116. Jg., 2023, S. 53-58.

Risse, A., Fertigungsverfahren der Mechatronik, Feinwerk- und Präzisionsgerätetechnik, Vieweg+Teubner Verlag, Wiesbaden, 2012.

Rockström, J.; Steffen, W.; Noone, K.; Persson, Å.; Chapin III, F.; Lambin, E.; Lenton, T.; Scheffer, M.; Folke, C.; Schellnhuber, H., Planetary boundaries - Exploring the safe operating space for humanity, In: Ecology and Society, Nr. 2, 14. Jg., 2009.

Roddeck, W., Modellbildung und Simulation, In: Böge, A.; Böge, W.; Arndt, K.-D.; Bahmann, W.; Barfels, L.; Bauer, J.; Böge, G.; Dehli, M.; Heinrich, B.; Hirsch, A.; Kampf, M.; Kemnitz, A.; Kurzweil, P.; Labisch, S.; Linke, P.; Roddeck, W.; Schreiner, K.; Sebulke, J.; Surek, D.; Weidermann, F.; Weißbach, W. (Hrsg.), Handbuch Maschinenbau - Grundlagen und Anwendungen der Maschinenbau-Technik, 24. Aufl.; Springer Vieweg, Wiesbaden, Heidelberg, 2021, S. 621-639.

Rossi, M.; Papetti, A.; Marconi, M.; Germani, M., A multi-criteria index to support ecodesign implementation in manufacturing products: benefits and limits in real case studies, In: International Journal of Sustainable Engineering, Nr. 6, 12. Jg., 2019, S. 376-389.

Rufí-Salís, M.; Petit-Boix, A.; Villalba, G.; Gabarrell, X.; Leipold, S., Combining LCA and circularity assessments in complex production systems: the case of urban agriculture, In: Resources, Conservation and Recycling, 166. Jg., 2021, S. 105359.

Ruiz-Mercado, G.; Gonzalez, M.; Smith, R., Expanding GREENSCOPE beyond the gate: a green chemistry and life cycle perspective, In: Clean Technologies and Environmental Policy, Nr. 4, 16. Jg., 2014, S. 703-717.

Ruschitzka, C.; Kuhn, M.; Riesener, M.; Schuh, G., Ecology Analysis of Machines and Plants During Product Development, In: Bauernhansl, T.; Verl, A.; Liewald, M.; Möhring, H.-C. (Hrsg.), Production at the Leading Edge of Technology, Springer Nature Switzerland, Cham, 2024, S. 293-303.

Ruschitzka, C.; Reimann, S.; Kuhn, M.; Riesener, M.; Lu, S.; Schuh, G., Structuring Ecological Indicators in Machinery and Plant Engineering for Product Development, In: Bauernhansl, T.; Verl, A.; Liewald, M.; Möhring, H.-C. (Hrsg.), Production at the Leading Edge of Technology, Springer Nature Switzerland, Cham, 2024, S. 316-325.

Sager, B., Konfiguration globaler Produktionsnetzwerke, Dissertation, Technische Universität München, 2018.

Sailer, U., Nachhaltigkeitscontrolling - Was Controller und Manager über die Steuerung der Nachhaltigkeit wissen sollten, 3. Aufl.; UVK Verlagsgesellschaft mbH; UVK/Lucius, München, 2020.

Sala, S.; Farioli, F.; Zamagni, A., Progress in sustainability science: lessons learnt from current methodologies for sustainability assessment: Part 1, In: The International Journal of Life Cycle Assessment, Nr. 9, 18. Jg., 2013, S. 1653-1672.

Sarkar, P.; Joung, C.; Carrell, J.; Feng, S., Sustainable Manufacturing Indicator Repository, In: Proceedings of the ASME International Design Engineering Technical Conferences and Computers and Information in Engineering Conference - August 28 - 31, 2011, Washington, D.C, New York, 2011, S. 943-950.

Schaefer, M., Wörterbuch der Ökologie, 5. Aufl.; Spektrum Akademischer Verlag, Heidelberg, 2012.

Schallmo, D. R. A.; Brecht, L.; Ramosaj, B., Process Innovation: Enabling Change by Technology, Springer, Berlin, Heidelberg, 2018.

Schawel, C.; Billing, F., Produktlebenszyklus, In: Schawel, C.; Billing, F. (Hrsg.), Top 100 Management Tools - Das wichtigste Buch eines Managers Von ABC-Analyse bis Zielvereinbarung, 6. Aufl.; Springer Gabler, Wiesbaden, 2018, S. 275-277.

Schlößer, E., Auslegung prototypischer Produktinkremente im Kontext agiler Entwicklungsprojekte, Dissertation, Rheinisch-Westfälische Technische Hochschule Aachen, 2020.

Schmelzer, H. J.; Sesselmann, W., Geschäftsprozessmanagement in der Praxis - Kunden zufriedenstellen, Produktivität steigern, Wert erhöhen, 8. Aufl.; Hanser, München, 2013.

Schmidt, S., Die Diffusion komplexer Produkte und Systeme - Ein systemdynamischer Ansatz, Gabler, Wiesbaden, 2009.

Schmitt, R.; Bodenbenner, M.; Brings, H.; Montavon, B., Data Structures for Resilience in Life Cycle Sustainability, In: Schmitt, R. H.; Bergs, T.; Brecher, C.; Schuh,

G. (Hrsg.), Empower Green Production - Conference proceedings, Fraunhofer-Gesellschaft, 2023, 36-60.

Schöggl, J.-P.; Fritz, M.; Baumgartner, R., Sustainability Assessment in Automotive and Electronics Supply Chains - A Set of Indicators Defined in a Multi-Stakeholder Approach, In: Sustainability, Nr. 11, 8. Jg., 2016, S. 1185.

Scholz, U., Chancen der nachhaltigen Produktentwicklung, In: Scholz, U.; Pastoors, S.; Becker, J. H.; Hofmann, D.; van Dun, R. (Hrsg.), Praxishandbuch Nachhaltige Produktentwicklung, Springer, Berlin, 2018, S. 257-264.

Schönwiese, C.-D., Globale Klimaänderungen aufgrund des anthropogenen Treibhauseffektes und konkurrierender Einflüsse, In: Gehr, P.; Kost, C.; Stephan, G. (Hrsg.), CO2 - Eine Herausforderung für die Menschheit, Springer, Berlin, Heidelberg, 1997, S. 1-14.

Schuh, G., Innovationsmanagement, Springer, Berlin, Heidelberg, 2012.

Schuh, G., Lebenszyklusorientierte Produktentwicklung, In: Spath, D.; Westkämper, E.; Bullinger, H.-J.; Warnecke, H.-J. (Hrsg.), Neue Entwicklungen in der Unternehmensorganisation, Springer, Berlin, 2017, S. 195-210.

Schuh, G.; Dölle, C., Sustainable Innovation - Nachhaltig Werte schaffen, 2. Aufl. 2021; Springer, Berlin, Heidelberg, 2021.

Schuh, G.; Keuper, A.; Ruschitzka, C.; Schümmelfeder, S.; Prumbohm, F., Managing Sustainable Innovations - Ergebnisbericht der Benchmarking Studie, Aachen, 2024.

Schuh, G.; Krumm, S.; Amann, W., Chefsache Komplexität - Navigation für Führungskräfte, Springer Fachmedien Wiesbaden, Wiesbaden, 2013.

Schuh, G.; Kuhn, M.; Keuper, A.; Patzwald, M.; Schenk, L.; Guo, D.; Feucht, M.; Kantelberg, J.; Rossmair, G.; Schroth, Herbert, Viethen, U.; Zeller, P., New Modularity and Technology Roadmapping, In: Schmitt, R. H.; Bergs, T.; Brecher, C.; Schuh, G. (Hrsg.), Empower Green Production - Conference proceedings, Fraunhofer-Gesellschaft, 2023, S. 90-115.

Schuh, G.; Mauß, W.; Potente, T.; Schmitz, S.; Adlon, T.; Maetschke, J.; Neumann, H.; Salzwedel, J.; Kozielski, S.; Luckert, M.; Reuter, C.; Schmidhuber, M.; Witthöft, J., Green Re-Assembly Upgrade Factory, In: Schmitt, R. H.; Bergs, T.; Brecher, C.; Schuh, G. (Hrsg.), Empower Green Production - Conference proceedings, Fraunhofer-Gesellschaft, 2023, S. 314-338.

Schuh, G.; Riesener, M., Produktkomplexität managen - Strategien - Methoden - Tools, 3. Aufl.; Hanser, München, 2018.

Schuh, G.; Schmidt, C., Produktionsmanagement - Handbuch Produktion und Management 5, 2. Aufl.; Springer, Berlin, Heidelberg, 2014.

Schuh, G.; Schmitz, S.; Lukas, G.; Niwar, L.; Welsing, M.; Calchera, R., Framework for Circular Production Economy, In: Schmitt, R. H.; Bergs, T.; Brecher, C.; Schuh, G. (Hrsg.), Empower Green Production - Conference proceedings, Fraunhofer-Gesellschaft, 2023, S. 286-313.

Schulte, G., Material- und Logistikmanagement, R. Oldenbourg Verlag, 2001.

Schulte, P., Corporate Water Disclosure Guidelines - Toward a Common Approach to Reporting Water issues, New York, 2014.

Seidel, M., Methodische Produktplanung - Grundlagen, Systematik und Anwendung im Produktentstehungsprozess, Karlsruhe, 2005.

Seliger, G.; Müller, K.; Perlewitz, H., More Use with fewer Resources, In: Krause, F.-L.; Seliger, G. (Hrsg.), Life Cycle Networks - Proceedings of the 4th CIRP International Seminar on Life Cycle Engineering 26-27 June 1997, Berlin, Germany, Springer US, Boston, Massachusetts, 1997, S. 3-16.

Shahbazi, S.; Jönsson, C.; Wiktorsson, M.; Kurdve, M.; Bjelkemyr, M., Material efficiency measurements in manufacturing: Swedish case studies, In: Journal of Cleaner Production, 181. Jg., 2018, S. 17-32.

Sheldrick, L.; Rahimifard, S., Evolution in Ecodesign and Sustainable Design Methodologies, In: Nee, A. Y. C.; Song, B.; Ong, S.-K. (Hrsg.), Re-engineering Manufacturing for Sustainability - Proceedings of the 20th CIRP International Conference on Life Cycle Engineering, Singapore 17-19 April, 2013, Springer, Singapore, 2013, S. 35-40.

Sherif, Z.; Sarfraz, S.; Jolly, M.; Salonitis, K., Identification of the Right Environmental KPIs for Manufacturing Operations: Towards a Continuous Sustainability Framework, In: Materials (Basel, Switzerland), Nr. 21, 15. Jg., 2022.

Sihag, N.; Leiden, A.; Bhakar, V.; Thiede, S.; Sangwan, K.; Herrmann, C., The Influence of Manufacturing Plant Site Selection on Environmental Impact of Machining Processes, In: Procedia CIRP, 80. Jg., 2019, S. 186-191.

Silvestri, C.; Silvestri, L.; Piccarozzi, M.; Ruggieri, A., Toward a framework for selecting indicators of measuring sustainability and circular economy in the agri-food sector: a systematic literature review, In: The International Journal of Life Cycle Assessment, 2022.

Singh, R.; Murty, H.; Gupta, S.; Dikshit, A., Development of composite sustainability performance index for steel industry, In: Ecological Indicators, Nr. 3, 7. Jg., 2007a, S. 565-588.

Singh, S.; Goodyer, J.; Popplewell, K., Integrated environmental process planning for the design and manufacture of automotive components, In: International Journal of Production Research, Nr. 18-19, 45. Jg., 2007b, S. 4189-4205.

Specht, G.; Beckmann, C.; Amelingmeyer, J., F&E-Management - Kompetenz im Innovationsmanagement, 2. Aufl.; Schäffer-Poeschel, Stuttgart, 2002.

Sphera, Managed LCA Content (GaBi Databases). URL: https://sphera.com/life-cycle-assessment-lca-database/ [Zuletzt geprüft am: 24.03.2024].

Stachowiak, H., Allgemeine Modelltheorie, Springer, Wien, New York, 1973.

Stanners, D.; Bosch, P.; Dom, A.; Gee, D.; Martin, J.; Rickard, L.; Weber, J.-L., Frameworks for environmental indicators and assessments at the EEA, In: Hák, T. (Hrsg.), Sustainable indicators - A scientific assessment; a project of SCOPE, the Scientific Committee on Problems of the Environment, of the International Council for Science, Island Press, Washington, D.C, 2007, S. 127-144.

Steffen, W.; Richardson, K.; Rockström, J.; Cornell, S.; Fetzer, I.; Bennett, E.; Biggs, R.; Carpenter, S.; Vries, W. de; Wit, C. de; Folke, C.; Gerten, D.; Heinke, J.; Mace, G.; Persson, L.; Ramanathan, V.; Reyers, B.; Sörlin, S., Planetary boundaries: guiding human development on a changing planet, In: Science Magazine (New York, N.Y.), Nr. 6223, 347. Jg., 2015, S. 736-745.

Stocker, T. F.; Qin, D.; Plattner, G.-K.; Tignor, M.; Allen, S. K.; Boschung, J.; Nauels, A.; Xia, Y.; Bex, V.; Midgle, P. M., Climate change 2013: The Physical Science Basis - Working Group I contribution to the fifth assessment report of the Intergovernmental Panel on Climate Change, Cambridge University Press, Cambridge, 2013.

Swarnakar, V.; Singh, A.; Antony, J.; Jayaraman, R.; Tiwari, A.; Rathi, R.; Cudney, E., Prioritizing Indicators for Sustainability Assessment in Manufacturing Process: An Integrated Approach, In: Sustainability, Nr. 6, 14. Jg., 2022, S. 3264.

Tagliari, L.; Pandolfo, A.; Zeilmann, R., Developing a specific structured procedure to assess sustainability performance in manufacturing processes, In: Journal of Cleaner Production, 269. Jg., 2020, S. 122404.

Tao, J.; Chen, Z.; Yu, S.; Liu, Z., Integration of life cycle assessment with computer-aided product development by a feature-based approach, In: Journal of Cleaner Production, 143. Jg., 2017, S. 1144-1164.

Tao, J.; Li, L.; Yu, S., An innovative eco-design approach based on integration of LCA, CAD\CAE and optimization tools, and its implementation perspectives, In: Journal of Cleaner Production, 187. Jg., 2018, S. 839-851.

Taylor, F. W., The principles of scientific management, Dover, Mineola, New York, 1998.

Telenko, C.; Seepersad, C., A methodology for identifying environmentally conscious guidelines for product design, In: Journal of Mechanical Design, Nr. 9, 132. Jg., 2010.

Turau, V., Algorithmische Graphentheorie, 2. Aufl.; Oldenbourg, München, Wien, 2004.

Ulrich, H., Die Unternehmung als produktives soziales System - Grundlagen der allgemeinen Unternehmungslehre, Haupt, 1968.

Ulrich, H., Management, Haupt, Bern, Stuttgart, 1984.

Ulrich, K., The role of product architecture in the manufacturing firm, In: Research Policy, Nr. 3, 24. Jg., 1995, S. 419-440.

Ulrich, K. T.; Eppinger, S. D., Product design and development, 6. Aufl.; McGraw-Hill Education, New York, 2016.

Ulrich, P.; Hill, W., Wissenschaftstheoretische Grundlagen der Betriebswirtschaftslehre, In: Beck (Hrsg.), Wirtschaftswissenschaftliches Studium - Zeitschrift für Ausbildung und Hoschulkontakt, 5. Aufl.; München, 1976, S. 304-309.

Umweltbundesamt, Abiotische Rohstoffe schonend gewinnen. URL: https://www.umweltbundesamt.de/themen/abfall-ressourcen/ressourcenschonung-in-produktion-konsum/abiotische-rohstoffe-schonend-gewinnen#nachhaltiger-umgang-mit-rohstoffen [Zuletzt geprüft am: 01.10.2023].

Umweltbundesamt, Ökodesign. URL: https://www.umweltbundesamt.de/themen/wirtschaft-konsum/produkte/oekodesign [Zuletzt geprüft am: 29.10.2023].

Umweltbundesamt, Indikator: Nutzung der Wasserressourcen. URL: https://www.umweltbundesamt.de/daten/umweltindikatoren/indikator-nutzung-der-wasserressourcen#die-wichtigsten-fakten06.102 [Zuletzt geprüft am: 06.10.2023].

Umweltbundesamt, Emissionsübersichten nach Sektoren des Bundesklimaschutzgesetzes, Dassau, 2023.

UN General Assembly, Report of the United Nations Conference on Environment and Development, Rio de Janeiro, 1992.

United Nations, Indicators of sustainable development - Guidelines and methodologies, 3. Aufl.; United Nations, New York, 2007.

United Nations, Adoption of the Paris Agreement - Proposal by the President, Paris, 2015.

United Nations Environment Programme (UNEP), Basel Convention - on the control of transboundary movements of hazardous wastes and their disposal, Basel, 1989.

Valderrama, C.; Granados, R.; Cortina, J.; Gasol, C.; Guillem, M.; Josa, A., Implementation of best available techniques in cement manufacturing: a life-cycle assessment study, In: Journal of Cleaner Production, 25. Jg., 2012, S. 60-67.

van der Spiegel, D.; Linke, B.; Stauder, J.; Buchholz, S., Sustainability strategies of manufacturing companies on corporate, business and operational level, In: International Journal of Strategic Engineering Asset Management, Nr. 3, 2. Jg., 2015, S. 270.

Veleva, V.; Ellenbecker, M., Indicators of sustainable production: framework and methodology, In: Journal of Cleaner Production, Nr. 6, 9. Jg., 2001, S. 519-549.

Veleva, V.; Hart, M.; Greiner, T.; Crumbley, C., Indicators of sustainable production, In: Journal of Cleaner Production, Nr. 5, 9. Jg., 2001, S. 447-452.

Veleva, V.; Hart, M.; Greiner, T.; Crumbley, C., Indicators for measuring environmental sustainability, In: Benchmarking: An International Journal, Nr. 2, 10. Jg., 2003, S. 107-119.

Verein Deutscher Ingenieure e. V., VDI 2235, Wirtschaftliche Entscheidungen beim Konstruieren - Methoden und Hilfen, 1987.

Verein Deutscher Ingenieure e. V., VDI 2222, Methodisches Entwickeln von Lösungsprinzipien - Konstruktionsmethodik, 1997.

Verein Deutscher Ingenieure e. V., VDI 3780, Technikbewertung - Begriffe und Grundlage, 2000.

Verein Deutscher Ingenieure e. V., VDI 2284, Beschaffung, Betrieb und Instandhaltung von Produktionsmitteln unter Anwendung von Life Cycle Costing (LCC), 2005.

Verein Deutscher Ingenieure e. V., VDI 3423, Verfügbarkeit von Maschinen und Anlagen - Begriffe, Zeiterfassung und Berechnung, 2011.

Verein Deutscher Ingenieure e. V., VDI 2343 - Blatt 7, Recycling elektrischer und elektronischer Geräte - Re-use, 2014.

Verein Deutscher Ingenieure e. V., VDI 3405, Additive Fertigungsverfahren - Grundlagen, Begriffe, Verfahrensbeschreibungen, 2014.

Verein Deutscher Ingenieure e. V., VDI 4605, Nachhaltigkeitsbewertung, 2017.

Verein Deutscher Ingenieure e. V., VDI 4084, Instandsetzung und Aufarbeitung von Verbrennungsmotoren - Begriffe und Prozesse, 2018.

Verein Deutscher Ingenieure e. V., VDI 4801, Ressourceneffizienz in kleinen und mittleren Unternehmen (KMU) - Strategien und Vorgehensweisen zum effizienten Einsatz natürlicher Ressourcen, 2018.

Verein Deutscher Ingenieure e. V., VDI 2221, Entwicklung technischer Produkte und Systeme - Modell der Produktentwicklung, 2019.

Verein Deutscher Ingenieure e. V., VDI 2803, Funktionenanalyse - Grundlagen und Methoden, 2019.

Verein Deutscher Ingenieure e. V., VDI 2343 - Blatt 1, Recycling elektrischer und elektronischer Geräte - Grundlagen und Begriffe, 2023.

Verrier, B.; Rose, B.; Caillaud, E., Lean and Green strategy: the Lean and Green House and maturity deployment model, In: Journal of Cleaner Production, 116. Jg., 2016, S. 150-156.

Vinodh, S.; Jayakrishna, K., Development of integrated ECQFD, LCA and sustainable analysis model - A case study in an automotive component manufacturing organization, In: Journal of Engineering, Design and Technology, Nr. 1, 12. Jg., 2014, S. 102-127.

Voll, A.; Marquardt, W., Benchmarking of next-generation biofuels from a process perspective, In: Biofuels, Bioproducts and Biorefining, Nr. 3, 6. Jg., 2012, S. 292-301.

Walcher, D.; Leube, M., Kreislaufwirtschaft in Design und Produktmanagement - Co-Creation im Zentrum der zirkulären Wertschöpfung, Springer Gabler, Wiesbaden, 2017.

Watz, M.; Hallstedt, S., Integrating sustainability in product requirements, In: Proceedings of the DESIGN 2018 15th International Design Conference, Faculty of Mechanical Engineering and Naval Architecture, University of Zagreb, Croatia; The Design Society, Glasgow, UK, 2018, S. 1405-1416.

Wehking, K.-H., Technisches Handbuch Logistik 1, Springer, Berlin, Heidelberg, 2020.

Weißbach, W., Werkstoffkunde - Strukturen, Eigenschaften, Prüfung, 16. Aufl.; Vieweg, Wiesbaden, 2007.

Welsing, M., Bewertung der ökologischen Nachhaltigkeit von Produktionsnetzwerkkonfigurationen, Dissertation, Rheinisch-Westfälische Technische Hochschule Aachen, 2023.

White, S. A.; Miers, D., BPMN modeling and reference guide - Understanding and using BPMN ; develop rigorous yet understandable graphical representations of business processes, Future Strategies Inc, Lighthouse Point, Florida, 2008.

Winroth, M.; Almström, P.; Andersson, C., Sustainable production indicators at factory level, In: Journal of Manufacturing Technology Management, Nr. 6, 27. Jg., 2016, S. 842-873.

World Business Council for Sustainable Development; World Resources Institute, The greenhouse gas protocol - A corporate accounting and reporting standard, World Resources Institute and World Business Council for Sustainable Development, 2004.

World Economic Forum, Measuring Stakeholder Capitalism - Towards Common Metrics and Consistent Reporting of Sustainable Value Creation,, 2020.

World Resources Institute; World Business Council for Sustainable Development, Technical Guidance for Calculating Scope 3 Emisssions - Supplement to the Corporate Value Chain (Scope 3) Accounting & Reporting Standard, 1. Aufl.; London, 2013.

Yale Center for Environmental Law & Policy, 2005 Environmental Sustainability Index - Benchmarking National Environmental Stewardship,, 2005.

Yale Center for Environmental Law & Policy, Environmental Performance Index 2022 - Ranking country performance on sustainability issues,, 2022.

Zehbold, C., Lebenszykluskostenrechnung, Gabler Verlag, Wiesbaden, 1996.

Zhang, L.; Dong, W.; Jin, Z.; Li, X.; Ren, Y., An integrated environmental and cost assessment method based on LCA and LCC for automobile interior and exterior trim design scheme optimization, In: The International Journal of Life Cycle Assessment, Nr. 3, 25. Jg., 2020, S. 633-645.

Zhang, X.; Zhang, S.; Hu, Z.; Yu, G.; Pei, C.; Sa, R., Identification of connection units with high GHG emissions for low-carbon product structure design, In: Journal of Cleaner Production, 27. Jg., 2012, S. 118-125.

Zhang, Y., Green QFD-II: A life cycle approach for environmentally conscious manufacturing by integrating LCA and LCC into QFD matrices, In: International Journal of Production Research, Nr. 5, 37. Jg., 1999, S. 1075-1091.

Zhao, R.; Neighbour, G.; Deutz, P.; McGuire, M., Materials selection for cleaner production: An environmental evaluation approach, In: Materials & Design, 37. Jg., 2012, S. 429-434.

Zimmermann, H.-J., Operations Research - Methoden und Modelle, 2. Aufl.; Vieweg, Wiesbaden, 2008.

Betreute studentische Arbeiten

Während der Erstellung der Dissertation hat die Autorin unter wissenschaftlicher und inhaltlicher Leitung verschiedene studentische Arbeiten betreut. Ein Großteil dieser studentischen Arbeiten haben für die vorliegende Arbeit relevante Teilaspekte untersucht. Die gemeinsam mit den Abschlussarbeitenden erarbeiteten Erkenntnisse greift die vorliegende Arbeit an unterschiedlichen Stellen auf:

Becker, Daniel – Entwicklung einer Methodik zur Identifizierung von Handlungsfeldern für die Gestaltung nachhaltiger Produkte im Maschinen- und Anlagenbau, Masterarbeit, 2021. Erkenntnisse sind in Kapitel 5.3.1, 5.3.2 und 5.4.1 eingeflossen.

Bertram, Nils – Development of a methodology for a data-based sustainability assessment of technical products, Masterarbeit in Kooperation mit der Viterbi School of Engineering, University of Southern California, 2021. Erkenntnisse sind in Kapitel 5.3.1 eingeflossen.

de Jong, Timm – Entwicklung einer Methodik zur Strukturierung ökologischer Nachhaltigkeitskriterien für die Produktentwicklung, Bachelorarbeit, 2021. Erkenntnisse sind in Kapitel 5.3.1 eingeflossen.

Friedrich, Kai – Entwicklung einer Methodik für ein funktionsorientiertes Life Cycle Assessment im Maschinen- und Anlagenbau, Bachelorarbeit, 2024. Erkenntnisse sind in Kapitel 5.4.1 und 5.4.2 eingeflossen.

Haas, Helena – Entwicklung einer Methodik zur Analyse der ökologischen Nachhaltigkeit in der Produktentwicklung im Maschinen- und Anlagenbau, Masterarbeit, 2023. Erkenntnisse sind in Kapitel 5.1.3 und 5.4.1 eingeflossen.

Reimann, Svea – Development of a methodology for structuring ecological indicators in machinery and plant engineering that can be influenced by product development, Masterarbeit in Kooperation mit der Viterbi School of Engineering, University of Southern California, 2023. Erkenntnisse sind in Kapitel 5.3.1 eingeflossen.

Schäufler, Bianca – Entwicklung einer Methode zur Analyse der ökologischen Nachhaltigkeit von Produkten unter Berücksichtigung der Lebenszyklen einzelner Produktkomponenten, Masterarbeit, 2023. Erkenntnisse sind in Kapitel 5.1.2 und 5.4.1 eingeflossen.

Schlemmer, Philipp – Entwicklung einer Methode zur systematischen Integration von Ökologieanalysen in die Produktentwicklung, Bachelorarbeit, 2023. Erkenntnisse sind in Kapitel 5.5.2 eingeflossen.

Stark, Johannes – Entwicklung einer Methodik zur Beschreibung und Strukturierung des Produktlebenszyklus für die Ökobilanzierung im Maschinen- und Anlagenbau, Bachelorarbeit, 2021. Erkenntnisse sind in Kapitel 5.2.1 eingeflossen.

Ubach, Marc – Entwicklung eines Vorgehensmodells zur funktionsorientierten Analyse der Ökologie von technischen Produkten, Masterarbeit, 2024. Erkenntnisse sind in Kapitel 5.3.1 und 5.5.2 eingeflossen.

A Anhang

A.1 Beschreibung der Prozesskategorien

Tabelle 7-1: Prozesskategorien in der Produktionsphase

Kategorie	Definition	Nachweis(e)
A.1 Urformen	Das Urformen schafft einen festen Körper durch Zusammenhalt von formlosem Stoff, wobei die Stoffeigenschaften des Werkstücks bestimmbar in Erscheinung treten.	DIN 8580:2022-12, S. 4 und S. 9
A.1.1 Urformen aus dem flüssigen Zustand (Gießen)	Das Urformen aus dem flüssigen Zustand nennt sich auch Gießen. Das dabei genutzte Material ist eine Flüssigkeit, z.B. eine Metallschmelze.	Klocke (2015), S. 3f.; DIN 8580:2022-12, S. 9
A.1.2 Urformen aus dem plastischen Zustand	Dieser Verfahrensgruppe liegt plastisches Material zu Grunde. Das Spritzgießen bringt z.B. Granulat mit einer Spritzgussmaschine in einen plastischen Zustand und spritzt dieses in eine Form.	Klocke (2015), S. 115ff. DIN 8580:2022-12, S. 9
A.1.3 Urformen aus dem körnigen oder pulverförmigen Zustand	Ausgangsmaterial dieser Untergruppe sind Pulver von Metallen, Keramiken oder Kunststoffen. Die Materialien werden beispielsweise in die gewünschte Form gebracht, gepresst, anschließend in einem Sinterprozesses erhitzt und dadurch miteinander zu einem festen Körper verbunden.	Klocke (2015), S. 39f. und 115ff.; DIN 8580:2022-12, S. 9
A.1.4 Urformen durch additive Fertigung	Die additive Fertigung verbindet Materialien sukzessive miteinander, um physische Objekte nach den Vorgaben von 3D-Modelldaten herzustellen. Diese entstehen durch Materialzugabe element- oder schichtweise.	DIN EN ISO/ASTM 52900:2022-03, S. 6; VDI 3405 (2014), S.3f.; DIN 8580:2022-12, S. 9
A.2 Umformen	Beim Umformen entsteht ein fester Körper durch bildsames (plastisches) Ändern der Form, wobei sowohl die Masse als auch der Zusammenhalt bestehen bleiben.	DIN 8580:2022-12, S. 4 und S. 11
A.2.1 Druckumformen	Das Umformverfahren erreicht einen plastischen Zustand durch ein- oder mehrachsige Druckbeanspruchung. Zu den Untergruppen zählen das Wälzen, Freiformen, Gesenkformen, Eindrücken und Durchdrücken.	DIN 8583-1:2003-09, S. 3f.; DIN 8580:2022-12, S. 11
A.2.2 Zugdruckumformen	Das Zugdruckumformen erzeugt einen plastischen Zustand durch zusammengesetzte Zug- und Druckbeanspruchungen. Zu den Untergruppen zählen das Durchziehen, Tiefziehen, Drücken, Kragenziehen, Knickbauchen, Innenhochdruck-Weitstauchen.	DIN 8584-1:2003-09, S. 3f.; DIN 8580:2022-12, S. 11

Kategorie	Definition	Nachweis(e)
A.2.3 Zugumformen	Das Zugumformen schafft den plastischen Zustand durch ein- oder mehrachsige Zugbeanspruchungen. Zu den Untergruppen zählen das Längen, Weiten und Tiefen.	DIN 8585-1:2003-09, S. 3f.; DIN 8580:2022-12, S. 11
A.2.4 Biegeumformen	Das Biegeumformen realisiert den plastischen Zustand durch eine Biegebeanspruchung. Zu den Untergruppen gehören das Biegeumformen mit gradliniger Werkzeugbewegung, Biegeumformen mit drehender Werkzeugbewegung und Biegen mit Wirkenergie.	DIN 8586:2003-09, S. 3 und S. 11; DIN 8580:2022-12, S. 11
A.2.5 Schubumformen	Die Schubumformung erreicht den plastischen Zustand durch Schubbeanspruchung. Zu den Untergruppen zählen das Verschieben und Verdrehen,	DIN 8587:2003-09, S. 3 und S.6; DIN 8580:2022-12, S. 11
A.3 Trennen	Das Trennverfahren hebt den Zusammenhalten teilweise oder als Ganzes von Körpern auf.	DIN 8580:2022-12, S. 4
A.3.1 Zerteilen	Das Zerteilen stellt ein mechanisches Trennen von Werkstücken ohne Entstehen von formlosem Stoff dar (spanlos). Zu den Untergruppen zählen das Scherschneiten, Messerschneiden, Beißschneiden, Spalten, Reißen und Brechen.	DIN 8588:2013-08, S. 5 und S. 22; DIN 8580:2022-12, S. 12
A.3.2 Spanen mit geometrisch bestimmter schneide	Spanen, bei dem ein Werkzeug Verwendung findet, dessen Schneidenanzahl, Geometrie der Schneidkeile und Lage der Schneiden zum Werkstück bestimmt sind. Zu den Untergruppen zählen das Drehen, Bohren, Senken, Reiben, Fräsen, Hobeln, Stoßen, Räumen, Sägen, Feilen, Raspeln, Bürstspanen, Schaben und Meißeln.	DIN 8589-0:2003-09, S. 4 und S. 8; DIN 8580:2022-12, S. 12
A.3.3 Spanen mit geometrisch unbestimmter Schneide	Spanen, bei dem ein Werkzeug Verwendung findet, dessen Schneidenanzahl, Geometrie der Schneidkeile und Lage der Schneiden zum Werkstück unbestimmt sind. Zu den Untergruppen gehören das Schleifen mit rotierenden Werkzeugen, Bandschleifen, Hubschleifen, Honen, Läppen, Strahlspanen und Gleitspanen.	DIN 8589-0:2003-09, S. 4 und S. 8; DIN 8580:2022-12, S. 12
A.3.4 Abtragen	Abtrageverfahren trennen Stoffteilchen von einem festen Körper auf nicht-mechanischem Wege und beziehen sich sowohl auf das Entfernen von Werkstoff-Schichten als auch auf das Abtrennen von Werkstückteilen. Es unterteilt sich in thermisches, chemisches und elektrochemisches Abtragen.	DIN 8590:2003-09, S. 3 und S. 22; DIN 8580:2022-12, S. 12
A.3.5 Zerlegen	Das Zerlegen trennt zuvor gefügte Werkstücke geometrisch bestimmter Form oder Werkstücke mit eingefülltem, formlosem Stoff. Es entsteht keine Beschädigung der Werkstücke. Zu den Untergruppen zählen das Auseinandernehmen, Entleeren, Lösen kraftschlüssiger Verbindungen, Zerlegen von durch Urformen gefügten Teilen, Zerlegen von durch Umformen gefügten Teilen, Ablöten, Lösen von Klebeverbindungen und Zerlegen textiler Verbindungen.	DIN 8591:2003-09, S. 3 und S. 6; DIN 8580:2022-12, S. 12

Kategorie	Definition	Nachweis(e)
A.3.6 Reinigen	Das Reinigungsverfahren entfernt unerwünschte Stoffe (Verunreinigungen) von der Oberfläche von Werkstücken bzw. Produktstrukturelementen bis zu einem erforderlichen, vereinbarten oder möglichen Grad. Die zu entfernenden Stoffklassen und der Reinheitsgrad sind branchen- und produktspezifisch zu definieren. Es können manuelle, mechanisierte und automatisierte Verfahren Anwendung finden. Zu den Untergruppen gehören das Reinigungsstrahlen, mechanisches Reinigen, strömungstechnisches Reinigen, Lösemittelreinigen, chemisches Reinigen und thermisches Reinigen.	DIN 8592:2003-09, S. 3 und S.7; DIN 8580:2022-12, S. 12; VDI 2343 Blatt 7, S. 35; DIN EN 45553:2020, S. 7; DIN SPEC 91472:2023-06, S. 13
A.4 Fügen	Das Fügeverfahren stellt eine auf Dauer angelegte Verbindung oder Zusammenbringung von zwei oder mehreren Werkstücken her.	DIN 8580:2022-12, S. 5; DIN 8593-0:2003-09, S. 3
A.4.1 Zusammensetzen	Das Zusammensetzen bewirkt eine Verbindung der Fügeteile durch Schwerkraft (Reibung), Formschluss, Federkraft oder Kombination. Zu den Untergruppen zählen das Auflegen, Aufsetzen, Schichten, Einlegen, Einsetzen, Ineinanderschieben, Einhängen, Einrenken und federnd Einspreizen.	DIN 8593-1:2003-09, S. 3 und S. 6; DIN 8580:2022-12, S. 13
A.4.2 Füllen	Das Füllen ist ein Sammelbegriff für das Einbringen von gas- oder dampfförmigen, flüssigen, breiigen oder pastenförmigen Stoffen, ferner pulverigen oder körnigen Stoffen oder kleinen Körpern in hohle oder poröse Körper. Zum Füllen gehören die Untergruppen Einfüllen, Tränken und Imprägnieren.	DIN 8593-2:2003-09, S. 3f.; DIN 8580:2022-12, S. 13
A.4.3 An- und Einpressen	Das An- und Einpressen steht für Verfahren, bei denen eine elastische Verformung der Fügeteile sowie Hilfsfügeteile entsteht und der Kraftschluss ein ungewolltes Lösen verhindert. Zu den Untergruppen gehören das Schrauben, Klemmen, Klammern, Fügen durch Pressverbindung, Nageln bzw. Einschlagen, Verkeilen und Verspannen.	DIN 8593-3:2003-09, S. 3 und S. 6; DIN 8580:2022-12, S. 13
A.4.4 Fügen durch Urformen	Unter das Fügen durch Urformen fallen Verfahren, die zu einem Werkstück ein Ergänzungsstück aus formlosem Stoff bilden, mehrere Fügeteile durch dazwischen gebrachten formlosen Stoff verbinden oder in den formlosen Stoff Metallteile oder Ähnliches einlegen. Das Ausgießen, Einbetten, Vergießen, Eingalvanisieren, Ummanteln und Kitten sind Untergruppen.	DIN 8593-4:2003-09, S. 2 und S. 6; DIN 8580:2022-12, S. 13
A.4.5 Fügen durch Umformen	Fügen durch Umformen vereint Verfahren, die Fügeteile oder Hilfsfügeteile umformen, um einen Formschluss zu erzeugen. Die Umformkräfte können u.a. mechanischer, hydraulischer oder elektromagnetischer Art sein. Es ergeben sich die Untergruppen Fügen durch Umformen drahtförmiger Körper, Fügen durch Umformen bei Blech-, Roh- und Profilteilen sowie Fügen durch Nietverfahren.	DIN 8593-5:2003-09, S. 3 und S. 14; DIN 8580:2022-12, S. 13

Kategorie	Definition	Nachweis(e)
A.4.6 Fügen durch Schweißen	Das Fügen durch Schweißen verbindet zwei Fügeteile oder Hilfsfügeteile durch einen Stoffschluss miteinander. Fügeteile werden in der Regel an den Stoßflächen erwärmt und unter Anwendung äußerer Kraft mit oder ohne Schweißzusatz geschweißt. Zu den Untergruppen zählen das Pressschweißen und Schmelzschweißen.	DIN 8593-6:2003-09, S. 4; DIN 8580:2022-12, S. 13; DIN 1910-3:2023-05
A.4.7 Fügen durch Löten	Das Fügen durch Löten ist ein thermisches Verfahren, welches Metallteile mithilfe einer geschmolzenen Legierung miteinander verbindet. Die Untergruppen sind das Verbindungs-Weichlöten und Verbindungs-Hartlöten.	DIN 8593-7:2003-09, S. 4; DIN 8580:2022-12, S. 13; DIN 8505-3:1983
A.4.8 Kleben	Das Kleben meint das Fügen unter Verwendung eines Klebstoffes, d. h. eines nicht-metallischen Werkstoffes, der Fügeteile durch Flächenhaftung und innere Festigkeit (Adhäsion und Kohäsion) verbindet. Es erfolgt eine Unterteilung in Kleben mit physikalisch und mit chemisch abbindenden Klebstoffen.	DIN 8593-8:2003-09, S.3 und S.5; DIN 8580:2022-12, S. 13
A.4.9 Textiles Fügen	Das textile Fügen stellt einen Formschluss und/oder Kraftschluss bei textilen Faserstoffen her. Ein Lösen der Fügeteile ist möglich, sofern die Fasern miteinander verklebt sind.	DIN 8580:2022-12, S. 13; DIN 8593-0:2003-09, S. 4
A.5 Beschichten	Ein Beschichtungsverfahren bringt eine fest haftende Schicht aus formlosem Stoff auf ein Werkstück bzw. Produktstrukturelement auf.	DIN 8580:2022-12, S. 5
A.5.1 Beschichten aus dem flüssigen Zustand	Beim Beschichten aus dem flüssigen Zustand liegt das Beschichtungsmaterial als Flüssigkeit vor. Ein Beispiel stellt das Lackieren dar.	DIN 8580:2022-12, S. 14; EnArgus (2023), Beschichten
A.5.2 Beschichten aus dem plastischen Zustand	Unter dem Beschichten aus dem plastischen Zustand versteht sich u.a. die Aufbringung von Spachtelmasse zur Ausbesserung einer Oberfläche.	DIN 8580:2022-12, S. 14; EnArgus (2023), Beschichten
A.5.3 Beschichten aus dem breiigen Zustand	Bei dem Beschichten aus dem breiigen Zustand erfolgt das Auftragen einer breiigen Masse auf die Oberfläche eines Werkstücks.	DIN 8580:2022-12, S. 14; EnArgus (2023), Beschichten
A.5.4 Beschichten aus dem körnigen oder pulverförmigen Zustand	Bei dem Beschichten aus dem körnigen oder pulverförmigen Zustand werden Granulate oder Pulver auf Oberflächen aufgetragen. Hierzu gehört beispielsweise das Aufsintern.	DIN 8580:2022-12, S. 14; EnArgus (2023), Beschichten
A.5.5 Beschichten durch Schweißen	Bei dem Beschichten durch Schweißen erfolgt die Beschichtung einer Oberfläche durch einen Schweißauftrag wie beim Schmelzauftragsschweißen.	DIN 8580:2022-12, S. 14; EnArgus (2023), Beschichten
A.5.6 Beschichten durch Löten	Das Beschichten durch Löten trägt eine Beschichtungsschicht auf eine Oberfläche durch Lötverfahren auf.	DIN 8580:2022-12, S. 14; EnArgus (2023), Beschichten
A.5.7 Beschichten aus dem dampf- oder gasförmigen Zustand	Das Beschichten aus dem dampf- oder gasförmigen Zustand bezeichnet sich auch als Vakuumbeschichten. Mit Verfahren dieser Gruppe lassen sich beispielsweise dünne Beschichtungen auf Keramikschneidplatten auftragen.	DIN 8580:2022-12, S. 14; EnArgus (2023), Beschichten

Kategorie	Definition	Nachweis(e)
A.5.8 Beschichten aus dem ionisierten Zustand	Das Beschichten aus dem ionisierten Zustand dient der Beschichtung mit metallischen Werkstoffen aus wässrigen Lösungen, lösemittelhaltigen Bädern oder Salzschmelzen. Diese Verfahren werden auch als elektrochemische Metallabscheidungen bezeichnet. Weiter unterteilt werden kann die Gruppe in elektrolytische und chemische Abscheidungen.	Risse (2012), S. 332; DIN 8580:2022-12, S. 14; EnArgus (2023), Beschichten
A.6 Stoffeigenschaften ändern	Fertigungsverfahren der Kategorie Stoffeigenschaften ändern wandeln die Eigenschaften des Werkstoffs eines Werkstücks u.a. durch Veränderungen im submikroskopischen bzw. atomaren Bereich, z.B. durch Diffusion von Atomen, Erzeugung und Bewegung von Versetzungen im Atomgitter oder chemische Reaktionen.	DIN 8580:2022-12, S. 5
A.6.1 Verfestigen durch Umformen	Die Verfestigung durch Umformen ist ein Verfahren zur Oberflächenhärtung und beeinflusst die Festigkeit eines Werkstücks. Hierzu gehören das Verfestigungswalzen, Verfestigungsstrahlen, Verfestigungsziehen oder Verfestigungsschmieden.	Weißbach (2007), S. 171; DIN 8580:2022-12, S. 15
A.6.2 Wärmebehandlung	Die Wärmebehandlung verändert das Gefüge eines Materials durch Temperatureinflüsse oftmals zur Oberflächenhärtung. Hierunter fallen u.a. das Glühen, Härten, isothermisches Umwandeln, Anlassen, Auslagern, Vergüten, Tiefkühlen, thermochemisches Behandeln und Aushärten.	Weißbach (2007), S. 171; DIN 8580:2022-12, S. 15; EnArgus (2023), Stoffeigenschaft ändern
A.6.3 Thermomechanisches Behandeln	Das thermomechanische Behandeln verknüpft Verfahren der Umformung und Wärmebehandlung zur Einsparung von Energie, Erzeugung von Gefügezuständen oder Festigkeitssteigerung bei mikrolegierten Baustählen mit niedrigen C-Gehalten.	Weißbach (2007), S. 168ff.; DIN 8580:2022-12, S. 15
A.6.4 Sintern, Brennen	Das Sintern backt ein pulverförmiges oder einkörniges Material durch Erwärmen zusammen. Auftretende Diffusionsprozesse zwischen den Materialien können zu Eigenschaftsänderungen führen.	DIN 8580:2022-12, S. 15; EnArgus (2023), Stoffeigenschaft ändern
A.6.5 Magnetisieren	Die Magnetisierung verändert den Magnetismus von Materialien wie Eisen, Cobalt oder Nickel. Dieses Verfahren findet oftmals Anwendung bei der Herstellung bestimmter Elektromotoren oder Festplatten.	DIN 8580:2022-12, S. 15; EnArgus (2023), Stoffeigenschaft ändern
A.6.6 Bestrahlen	Das Bestrahlen verändert die Stoffeigenschaften durch die Bestrahlung, z.B. durch Elektronenstrahlen.	DIN 8580:2022-12, S. 15; EnArgus (2023), Stoffeigenschaft ändern
A.6.7 Photochemische Verfahren	Das photochemische Verfahren löst durch Lichteinfall photochemische Prozesse aus, die die Materialeigenschaften verändern. Beispiele sind das Belichten von Leiterplatten.	DIN 8580:2022-12, S. 15; EnArgus (2023), Stoffeigenschaft ändern

Kategorie	Definition	Nachweis(e)
A.7 (Intra)Logistik	Die Logistik meint den Transport und Umschlag von Waren auf Straße, Schiene, Wasser und in der Luft. Unter Intralogistik versteht sich die Organisation, Steuerung, Durchführung und Optimierung des innerbetrieblichen Materialflusses, der Informationsströme sowie des Warenumschlages. Die primäre Aufgabe ist die Versorgung der Maschinen- und Handarbeitsplätze zwischen Wareneingang und –ausgang.	Wehking (2020), S. 14; Arnold et al. (2008), S. 18f.
A.7.1 Verteilung	Zur Verteilung gehört die Beförderung von Objekten an einen anderen Ort. Hierunter fallen unter anderem die Kommissionierung, Förderung und Verladung.	Wehking (2020), S. 91; Arnold et al. (2008), S. 505
A.7.2 Lagerung	Die Lagerung umfasst die geplante Aufbewahrung von Objekten bzw. Arbeitsgegenständen im Materialfluss. Lager sind demnach Räumlichkeiten oder Flächen zur Aufbewahrung. Die Objekte sind dabei mengen- und bzw. oder wertmäßig erfasst. Sie übernehmen unter anderem die Aufgabe des Bevorratens und Pufferns.	Arnold et al. (2008), S. 509; Wehking (2020), S. 91
A.8 Qualitätssicherung	Die Qualitätssicherung ist Teil des Qualitätsmanagements und ist zur Überprüfung der Erfüllung definierter Qualitätsanforderungen ausgerichtet.	DIN EN ISO 9000:2015-11, S. 31
A.8.1 Messung	Die Messung beschreibt den Prozess zur Bestimmung eines Wertes relevant für die Qualitätssicherung.	DIN EN ISO 9000:2015-11, S. 55
A.8.2 Test	Der Test überprüft Funktionen entsprechend den Anforderungen an einen spezifischen beabsichtigten Gebrauch oder eine spezifische beabsichtigte Anwendung.	DIN EN ISO 9000:2015-11, S. 56
A.9 Beschaffung	Die Beschaffung dient der Besorgung von Rohstoffen, Halbzeugen oder ganzen Produktumfängen, die zur weiteren Produktion erforderlich sind. In den Beschaffungsprozess fallen die Einholung von Angeboten, die Analyse und Bewertung dieser, die Vergabe sowie die eigentliche Abnahme.	Herrmann (2010), S. 85 und S. 378; VDI 2884:2005-12, S. 7
A.10 Ressourcengewinnung	Die Ressourcengewinnung beschreibt den Abbau oder die Förderung von Bodenschätzen oder Naturvorkommen. Es lässt sich weiter zwischen der Gewinnung von Primärrohstoffen und Sekundärrohstoffen differenzieren.	Herrmann (2010), S. 85 und S. 378
A.11 Andere	Unter die Kategorie Andere fallen alle Produktionsprozesse, die sich den vorherigen Kategorien nicht zuordnen lassen.	

Tabelle 7-2: Prozesskategorien in der Nutzungsphase

Kategorie	Definition	Nachweis(e)
B.1 Rüsten	Industrielle Rüstvorgänge sind ein fundamentaler Schritt jedes Produktionsprozesses und umfassen vorbereitende Maßnahmen an (Fertigungs-)Maschinen oder Werkzeugen. Diese dienen der Vorbereitung des Arbeitssystems bzw. der Betriebsmittel für die Erfüllung der Arbeitsaufgabe.	Abele et al. (2022), S. 177 und S. 183
B.1.1 Vorbereitungen	Die Vorbereitung umfasst strategische Aktivitäten zur Spezifikation des Prozesses und Einplanung von Ressourcen. Hierunter fallen beispielsweise die Beschaffung von Betriebsmitteln oder die Programmierung der Maschinenparameter.	Abele et al. (2022), S. 183
B.1.2 Werkzeugwechsel	Der Werkzeugwechsel ist eine manuell oder (teil-)automatisch ausgeführte Tätigkeit zur Montage oder Demontage unterschiedlicher Komponenten bzw. Werkzeuge.	Abele et al. (2022), S. 183
B.2 Einsatz	Während des Einsatzes nimmt das Produkt im Maschinen- und Anlagenbau eine aktive Rolle ein und erfüllt seine Funktionen. Dabei erfolgt die Umsetzung von Energien und Informationen zur Zustandstransformation be- oder verarbeiteter Objekte.	Mattmann (2017), S. 94
B.2.1 Benutzung	Der Zustand Benutzung stellt den Kern des Einsatzes dar. Das Produkt im Maschinen- und Anlagenbau erfüllt seinen Zweck im Betriebszustand durch Bereitstellung der Produktfunktion.	Mattmann (2017), S. 94
B.2.2 Bereitschaftszustand	Im Bereitschaftszustand ist das Produkt im Maschinen- und Anlagenbau funktionsfähig, jedoch in einem betriebsfreien Zustand während der geforderten Anwendungszeit.	DIN EN 13306:2018-02, S. 34
B.3 Instandhaltung	Die Instandhaltung stellt die Kombination aller technischen und administrativen Maßnahmen zum Erhalt oder der Wiederherstellung des funktionsfähigen Zustands eines Produktes im Maschinen- und Anlagenbau dar, sodass es dieses die geforderte Funktion erfüllen kann.	DIN EN 13306:2018-02, S. 8
B.3.1 Wartung	Wartungsmaßnahmen erfolgen präventiv an funktionsfähigen Produkten des Maschinen- und Anlagenbaus zur Verzögerung des Abbaus des vorhandenen Abnutzungsvorrats.	VDI 2343 Blatt 1, S. 8; DIN 31051:2019, S .5
B.3.2 Inspektion	Die Inspektion prüft die Konformität der maßgeblichen Merkmale des Produktes im Maschinen- und Anlagenbau durch Messung, Beobachtung oder Prüfung.	DIN EN 13306:2018-02, S. 41
B.3.3 Verbesserung	Die Verbesserung umfasst die Kombination aller technischen und administrativen Maßnahmen zur Steigerung der Funktionssicherheit.	DIN EN 13306:2018-02, S. 36
B.3.4 Instandsetzung	Die Instandsetzung stellt physische Maßnahme zur Wiederherstellung der Funktion eines fehlerhaften Objektes.	DIN EN 13306:2018-02, S. 44

Kategorie	Definition	Nachweis(e)
B.4 Stillstand	Der Stillstand meint eine nicht geforderte Nutzungszeit der Maschine- oder Anlage.	DIN EN 13306:2018-02, S. 33
B.4.1 Ausfall wegen kurzfristig fehlender Aufträge	Der Ausfall wegen kurzfristig fehlenden Aufträgen stellt in der Regel eine geplante Unterbrechung der Funktionserfüllung der Maschine oder Anlage dar.	DIN EN 13306:2018-02, S. 34
B.4.2 Technischer Ausfall	Der technische Ausfall umfasst die Unterbrechung der Funktionserfüllung der Maschine oder Anlage durch interne oder externe Störungen.	DIN EN 13306:2018-02, S. 34 und S. 66

Tabelle 7-3: Prozesskategorien in der Rückführungsphase

Kategorie	Definition	Nachweis(e)
C.0 (Redistributions)Logistik	Die Logistik meint den Transport und Umschlag von Waren auf Straße, Schiene, Wasser und in der Luft. Die Redistribution bzw. Redistributionslogistik bezeichnen einen zur Distribution inversen Güterstrom. Mit dem Kreislaufwirtschafts- und Abfallgesetzes steht der Hersteller bzw. Vertreiber in der Verantwortung u. a. ein Rücknahme- und Verwertungssystem für Altprodukte aufzubauen sowie Sammel- bzw. Verwertungsquoten festzulegen.	Wehking (2020), S. 14; Arnold et al. (2008), S. 514; DIN SPEC 91472:2023-06, S. 12
C.0.1 Rücknahme und Sammlung	Definierte Übergabeorte orchestrieren die Sammlung bzw. die materialflusstechnische Erfassung des Sammelgutes. Ziel der Sammlung ist die Zusammenführung von Gütern zu größeren Lade- und Transporteinheiten. Hierbei ist der sogenannte Sammelrhythmus ausschlaggebend.	Arnold et al. (2008), S. 514f.
C.0.2 Verteilung	Siehe A.7.1	
C.0.3 Lagerung	Siehe A.7.2	
C.1 Neuverteilung	Die Neuverteilung meint die weitere Nutzung eines bestehenden Produktes in einem guten Zustand (Reuse) oder Reparatur eines defekten Produktes zur Erfüllung der gleichen Funktion (Repair).	Siehe Kapitel 2.2.3.3
C.1.1 Wartung	Siehe B.3.1	
C.1.2 Reparatur	Die Reparatur meint die gezielte Aufhebung eines Mangels oder Schadens eines Produktes zur Erfüllung seiner Funktion.	VDI 4084:2018-07, S. 4
C.1.3 Reinigung	Siehe A.3.6	
C.2 Aufarbeitung	Die Aufarbeitung meint die (industrielle) Wiederherstellung eines bestehenden Produktes oder Weiterverwendung von Altteilen in einem neuen Produkt (Remanufacture, Refurbish und Reassemble).	Siehe Kapitel 2.2.3.3
C.2.1 Inspektion und Sortierung	Die Inspektion und Sortierung bewerten die zurückgeführten Produktstrukturelemente hinsichtlich ihrer Produktidentität und der Wiederaufarbeitbarkeit bzw. dem Aufwand der Wiederaufarbeitung. Die Untersuchung kann je nach Produktanforderung visuell und/oder mittels Messverfahren erfolgen.	DIN EN 45553:2020, S. 7; DIN SPEC 91472:2023-06, S. 13; Butzer et al. (2016), S. 6; DIN 31051:2019-06, S. 5
C.2.2 Demontage	Die Demontage zerlegt die gebrauchten Produktstrukturelemente vollständig oder bis zu einem definierten, der Aufbearbeitung genügenden Maße in ihre Einzelteile. An dieser Stelle lassen sich nicht wiederaufarbeitbare Komponenten für ein Recycling sortenrein sammeln. Für mögliche Teilprozesse siehe A.3	DIN EN 45553:2020, S. 7; DIN SPEC 91472:2023-06, S. 13
C.2.3 Reinigung	Siehe C.1.3	

Kategorie	Definition	Nachweis(e)
C.2.4 Aufarbeitung	Die Aufarbeitung bringt die Produktstrukturelemente durch geeignete Prozesstechnologien wieder auf die gleiche Funktionalität und Leistungsfähigkeit wie das ursprüngliche Neuprodukt oder durch Upgrades auf einen über den bei in Verkehr bringen des aufarbeiteten Produktes geltenden technischen Standard hinaus. Elektronischen Speichermedien sind vollständig von Nutzerdaten zu bereinigen.	DIN EN 45553:2020, S. 7; DIN SPEC 91472:2023-06, S. 13
C.2.5 (Re)Montage	Die (Re)Montage setzt die aufgearbeiteten, gereinigten sowie direkt wiedernutzbaren Komponenten mit gegebenenfalls notwendigen Neuteilen zu einem aufarbeiteten Produkt zusammen. Der Einsatz anderer Neuteile als im ursprünglichen Gebrauchtteil ermöglicht ein Upgrade auf einen über den technischen Standard hinausgehenden Stand. Für mögliche Teilprozesse siehe A.4	DIN EN 45553:2020, S. 7; DIN SPEC 91472:2023-06, S. 13
C.2.6 Kalibrierung	Die Kalibrierung ermittelt unter vorgegebenen Bedingungen den Zusammenhang zwischen Messwert oder Erwartungswert der Ausgangsgröße und dem zugehörigen wahren oder richtigen Wert der als Eingangsgröße vorliegenden Messgröße für eine betrachtete Messeinrichtung.	Butzer et al. (2016), S. 6; DIN 1319-1:1995, S. 22
C.2.7 Prüfung	Die Prüfung untersucht die Qualität und insbesondere die Funktionalität und Leistungsfähigkeit der aufarbeiteten Produkte. Dies erfolgt entweder durch Test- und Prüfverfahren oder über die Kontrolle aller Prozessparameter und stellt sicher, dass nachfolgend marktübliche Gewährleistungen für Neuprodukte möglich sind.	DIN EN 45553:2020, S. 7 und S. 10; DIN SPEC 91472:2023-06, S. 13
C.3 Recycling	Unter Recycling versteht sich die Verarbeitung von Materialien zur Erreichung der gleichen oder niedrigeren Qualität (Recycle). Dazu gehören sämtliche Verwertungsverfahren zur ressourceneffizienten stofflichen Rückführung von Sekundärrohstoffen. Es schließt die Aufbereitung organischer Materialien ein, aber nicht die energetische Verwertung und die Aufbereitung zu Materialien, die für die Verwendung als Brennstoff oder zur Verfüllung bestimmt sind. Je nach Material bieten sich mechanische, chemische oder thermische Verfahren an.	Siehe Kapitel 2.2.3.3; BMUV (2012), Kreislaufwirtschaftsgesetz KrWG, §3; Martens et al. (2016), S. 2; DIN EN 45555:2019, S.7
C.3.1 Schadstoffentfrachtung	Die Schadstoffentfrachtung und selektive Behandlung ausgewählter Teile oder Materialien sind Voraussetzung für Recyclingverfahren und dienen der Verhinderung einer Verschleppung kritischer Bestandteile in nachfolgende Prozessstufen (z.B. Kartuschen, Batterien, Kondensatoren usw.) oder einer unkontrollierten Freisetzung in die Umwelt.	DIN EN 45555:2019, S. 14; EAG-BehandV (2021), §3; Martens et al. (2016), S. 29
C.3.2 Zerkleinerung	Die Zerkleinerung umfasst die Zerstörung vorhandener Werkstoffverbindungen unter mechanischer Einwirkung. Ziel ist dabei die Erzeugung definierter Stückgrößen oder Stückformen, die für die nachfolgende Sortierung ideal ist.	DIN EN 45555:2019, S. 12; EAG-BehandV (2021), §2; Martens et al. (2016), S. 31f.

Kategorie	Definition	Nachweis(e)
C.3.3 Sortierung	Ziel der Sortierung ist die Sortierung der aufgeschlossenen Abfälle in recyclingverträgliche Werkstoffgruppen oder sortenreine Werkstofftypen. Hierzu gehören beispielsweise die Dichtesortierung, die Magnetscheidung, die Wirbelstromsortierung, die sensorgestützte Sortierung oder die Flotation.	DIN EN 45555:2019, S. 12; Martens et al. (2016), S. 20ff. und S. 44ff.
C.3.4 Trennung	Die Trennung separiert Wertstoffe für deren Weiterverarbeitung. Hierzu gehören Demontage- und Löseprozesse zum Aufschluss der Werkstoffverbunde. Auch eine Feststoff-Flüssigkeits-Trennung kann zum Einsatz kommen.	DIN EN 45555:2019, S. 12; Martens et al. (2016), S. 20ff., S. 63f.
C.3.5 Wandlung	Die Wandlung schließt Prozesse zum Mischen, Suspendieren, Schmelzen und Lösen ein.	Martens et al. (2016), S. 21ff.
C.3.6 Raffination	Die Raffination umfasst chemische Reaktionen, Elektrolyse, Filtration oder Verdampfung. Sie ermöglicht die Reinigung der Schmelzen bei hohen Verunreinigungsgehalten der Schrotte oder die Abtrennung von enthaltenen Legierungs-Komponenten.	Martens et al. (2016), S. 21ff. und S. 113
C.3.7 Formgebung	Die Formgebung ermöglicht die werkstoffliche Wiederverwendung von Materialien.	Martens et al. (2016), S. 21ff. und S. 264
C.4 Entsorgung	Die Entsorgung umfasst die Verbrennung von Materialien zur Materialrückgewinnung (Recover) oder Ablage auf Mülldeponien.	Siehe Kapitel 2.2.3.3
C.4.1 Zerkleinerung	Siehe C.3.2	
C.4.2 Stoffliche Verwertung	Die stoffliche Verwertung beinhaltet sämtliche Verwertungsverfahren, die Abfälle einem sinnvollen Zweck zuführen, indem sie andere Materialien substituieren oder eine bestimmte Funktion erfüllen. Ausnahme gilt der energetischen Verwertung und der Aufbereitung zu Materialien, die zur Energieerzeugung bestimmt sind.	DIN EN 45555: 2019, S. 6
C.4.3 Energetische Verwertung	Die energetische Verwertung erzeugt nutzbare Energie durch direkte und kontrollierte Verbrennung oder andere Verarbeitung von Abfällen.	DIN EN 45555, S. 6; DIN SPEC 91436, S. 24
C.4.4 Beseitigung bzw. Deponierung	Die Beseitigung umfasst sämtliche Verfahren, die keine Verwertung darstellen, auch wenn es zur Nebenfolge hat, dass Stoffe oder Energie zurückgewonnen werden. Eine Deponierung von Abfällen oder Werkstoffen ist so weit wie möglich zu vermeiden.	DIN EN 45555, S. 7; DIN SPEC 91436, S. 24
C.4.5 Vergärung	Die Vergärung erzeugt Methan aus Stoffen organischen Ursprungs, sofern die infrastrukturellen Begebenheiten es erlauben und die Stoffe für die anaerobe Gärung geeignet sind.	DIN SPEC 91436:2021-05, S. 23
C.4.6 Kompostierung	Die Kompostierung bringt Stoffe organischen Ursprungs wieder in den Materialkreislauf, sofern die infrastrukturellen Begebenheiten es erlauben und die Stoffe für die Behandlung in Kompostwerken geeignet sind.	DIN SPEC 91436:2021-05, S. 23
C.5 Andere	Unter die Kategorie Andere fallen alle Rückführungsprozesse, die sich den vorherigen Kategorien nicht zuordnen lassen.	

A.2 Details zu den Ökologieindikatoren

Zur Identifikation von Ökologieindikatoren innerhalb des definierten Untersuchungsbereichs erfolgte eine systematische Literaturrecherche anhand der Suchbegriffe „Sustainable“, „Sustainability“, „Environment“, „Environmental“, „KPI“, „Indicator“, „Measure“, „Product“, „Manufacturing“, „Production“ und „Circular Economy“ in Englisch und in Deutsch. Insgesamt haben sich 1064 Indikatoren aus 101 Quellen ergeben, welche in Form einer Longlist dokumentiert sind. Eine Auswertung der verwendeten Quellen nach Veröffentlichungsjahr und -medium visualisiert Abbildung 7-1.

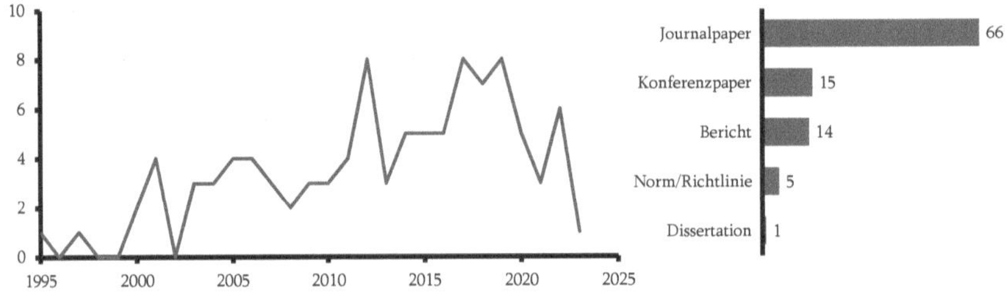

Abbildung 7-1: Anzahl der Quellen nach Veröffentlichungsjahr und –medium

Es zeigt sich, dass insbesondere wissenschaftliche Veröffentlichungen aus Journal- oder Konferenzbeiträgen Vorschläge für Ökologieindikatoren auf Inventory-Ebene aufzeigen. Die meisten Literaturquellen stammen aus dem Jahr 2012 oder jünger. Im Folgenden sind die generischen Ökologieindikatoren der Shortlist mit Einheit, Häufigkeit in der Longlist, Definition und Quellen dargestellt.

Tabelle 7-4: Shortlist der energiebezogenen Indikatoren

Gen. Indikator	Einheit	Anzahl	Definition	Quelle(n)
Energieverbrauch	kWh	51	"Total energy consumption (for a facility or entire supply chain-distribution)" Veleva und Ellenbecker (2001), S. 534	Aguado et al. (2013), Ahmad et al. (2019), Almeida Souza und Barros Pereira (2006), Amrina und Yulianto (2018), Amrina und Yusof (2011), Atlee und Kirchain (2006), Baba et al. (2019), Barni et al. (2022), Chen et al. (2013), Choi et al. (1997), Colla et al. (2016), Despeisse et al. (2012), DIN ISO 50006:2017, Dewulf et al. (2004), Europäische Kommission (2023), European Environment Agency (2005), Eurostat Environment Statistics Unit (2001), Fan et al. (2010), Feng und Joung (2009), Fiksel (2003), Gallego-Alvarez et al. (2018), Huang (2017), Huang und Badurdeen (2017), Hur et al. (2005), ISO 14033:2019-02, Jakhar (2014), Jasch (2000), Jayal et al. (2010), Joung et al. (2012), Kibira et al. (2018), Kim et al. (2012), Kuo et al. (2006), Liu et al. (2008), Mani et al. (2014), Park und Kremer (2017), Prabhu und Vizayakumar (2001), Ruiz-Mercado et al. (2014), Sarkar et al. (2011), Sherif et al. (2022), Silvestri et al. (2022), Swarnakar et al. (2022), Tagliari et al. (2020), Veleva et al. (2003), Veleva und Ellenbecker (2001), Verrier et al. (2016), Voll und Marquardt (2012), Winroth et al. (2016)
Spezifischer Energieverbrauch	kWh/kg erzeugtes Produkt	36	"Divide total energy used by the measure of production to calculate energy intensity" Veleva und Ellenbecker (2001), S. 534	Azapagic (2003), Barni et al. (2022), Beekaroo et al. (2019), DIN EN ISO 14031:2021, Europäische Kommission (2023), Fan et al. (2010), Global Reporting Initiative (2016), Hristov und Chirico (2019), Huang (2017), Huang und Badurdeen (2017), ISO 14033:2019-02, Jasch (2000), Kibira et al. (2018), Kim et al. (2012), Kobayashi (2006), Koch und Keoleian (1995), Kreitlein et al. (2014), Matino et al. (2017), Mesa et al. (2020), Mintcheva (2005), OECD (2011), OECD (2021), OECD Environment Directorate (2008), Pampanelli et al. (2014), Park und Kremer (2017), Ren (2000), Singh et al. (2007a), Veleva und Ellenbecker (2001), Veleva et al. (2001), Zhao et al. (2012)
Anteil an erneuerbaren Energien	%	18	"Total renewable energy consumption divided by total energy consumption" Barni et al. (2022), S. 27	Barni et al. (2022), DIN EN ISO 14031:2021, Europäische Kommission (2023), Fan et al. (2010), Hristov und Chirico (2019), Huang (2017), Huang und Badurdeen (2017), Kishawy et al. (2018), Mintcheva (2005), OECD (2011), OECD (2021), Sherif et al. (2020), Singh et al. (2007b), Veleva et al. (2001), Veleva und Ellenbecker (2001), Winroth et al. (2016), Yale Center for Environmental Law and Policy (2005)

Gen. Indikator	Einheit	Anzahl	Definition	Quelle(n)
Stromverbrauch	kWh	15	"Total electricity consumption of all units and equipment" Kishawy et al. (2018), S. 9	Ahmad et al. (2019), Barni et al. (2022), Bhinge et al. (2015), DIN ISO 50006:2017, Fiksel (2003), Hristov und Chirico (2019), ISO 14033:2019-02, Kishawy et al. (2018), Mani et al. (2014), OECD (2021), Sherif et al. (2022), Singh et al. (2007b), Valderrama et al. (2012), Van der Spiegel et al. (2015)
Energieeffizienz	*Nicht explizit den Quellen zu entnehmen*	15	"Useful equivalent energy output from the process divided by total energy input" Kishawy et al. (2018), S. 9	Europäische Kommission (2023), Feng et al. (2010), Gallego-Alvarez et al. (2018), Hristov und Chirico (2019), Huang und Badurdeen (2017), Kibira et al. (2018), Kim et al. (2012), Kishawy et al. (2018), Mani et al. (2014), Matino et al. (2017), OECD (2021), OECD Environment Directorate (2008), Sherif et al. (2022), VDI 4605 (2017), Yale Center for Environmental Law and Policy (2005)
Verbrauch erneuerbarer Energien	kWh	14	„Verbrauch an Energie aus erneuerbaren Energiequellen" VDI 4605 (2017), S. 12	Beekaroo et al. (2019), Chen et al. (2013), DIN EN 15804:2022, Europäische Kommission (2023), European Environment Agency (2005), Gallego-Alvarez et al. (2018), Huang (2017), Jayal et al. (2010), Joung et al. (2012), Kim et al. (2012), OECD (2021), Sherif et al. (2022), Silvestri et al. (2022), VDI 4605 (2017)
Kraftstoffverbrauch	l	12	*Keine explizite Beschreibung in den Quellen*	Ahmad et al. (2019), Amrina und Yusof (2011), Bhinge et al. (2015), DIN ISO 50006:2017, ISO 14033:2019-02, Jasch (2000), OECD (2021), Sherif et al. (2022), Singh et al. (2007b), Valderrama et al. (2012)

Tabelle 7-5: Shortlist der emissionsbezogenen Indikatoren

Gen. Indikator	Einheit	Anzahl	Definition	Quelle(n)
CO_2-Emissionen	kg CO_2	28	"Mass of total CO_2, emitted over the full life cycle (of a process)" Park und Kremer (2017), S. 816	Afgan und Carvalho (2014), Ahmad et al. (2019), Azevedo et al. (2012), Andes et al. (2019), Colla et al. (2016), Efroymson und Dale (2015), Eurostat Environment Statistics Unit (2001), Feng und Joung (2009), Gallego-Alvarez et al. (2018), Gao et al. (2009), Hristov und Chirico (2019), Jakhar (2014), Kibira et al. (2018), Mani et al. (2014), Matino et al. (2017), Mesa et al. (2020), Mujkić et al. (2018), OECD (2021). OECD Environment Directorate (2008), Park und Kremer (2017), Sherif et al. (2022), Singh et al. (2007a), Valderrama et al. (2012), Veleva et al. (2003)
Emissionen ozonabbauender Stoffe	kg CFC 11 eq	24	"Number of chemicals used with ozone depleting potential or mass of CFC-11 equivalents released" Park und Kremer (2017), S. 817	Barni et al. (2022), DIN EN ISO 14031:2021, European Environment Agency (2005), Eurostat Environment Statistics Unit (2001), Fiksel (2003), Global Reporting Initiative (2016), Hristov und Chirico (2019), Huang (2017), Kim et al. (2012), Koch und Keoleian (1995), OECD Environment Directorate (2008), Park und Kremer (2017), Sihag et al. (2019), Singh et al. (2007b), Swarnakar et al. (2022), United Nations (2007), Valderrama et al. (2012), Veleva et al. (2003), Winroth et al. (2016)
THG-Emissionen	kg CO_2e	23	"For all relevant greenhouse gases (e.g. carbon dioxide, methane, nitrous oxide, F-gases etc.), report in metric tonnes of carbon dioxide equivalent GHG Protocol Scope 1 and Scope 2 emissions." World Economic Forum (2020), S. 56	Arampantzi und Minis (2017), Beekaroo et al. (2019), Elhuni und Ahmad (2017), Europäische Kommission (2023), European Environment Agency (2005), Fan et al. (2010), Feng et al. (2010), Gallego-Alvarez et al. (2018), Global Reporting Initiative (2016), Hristov und Chirico (2019), Huang (2017), ISO 14033:2019-02, Jakhar (2014), Mani et al. (2014), Mujkić et al. (2018), OECD (2021), Park und Kremer (2017), Silvestri et al. (2022), Swarnakar et al. (2022), United Nations (2007), VDI 4605 (2017), Winroth et al. (2016), World Economic Forum (2020)

Gen. Indikator	Einheit	Anzahl	Definition	Quelle(n)
Luftemissionen	kg (für die jeweilige Substanz)	20	*Keine explizite Beschreibung in den Quellen*	Amrina und Yulianto (2018), Amrina und Yusof (2011), Baba et al. (2019), Beekaroo et al. (2019), Chen et al. (2013), Europäische Kommission (2023), Huang (2017), Hur et al. (2005), Jayal et al. (2010), Kim et al. (2012), Lsaputri et al. (2020), Mujkić et al. (2018), Park und Kremer (2017), Prabhu und Vizayakumar (2001), Sarkar et al. (2011), Swarnakar et al. (2022), Veleva und Ellenbecker (2001), Verrier et al. (2016), World Economic Forum (2020)
NOX-Emissionen	kg (für die jeweilige Substanz)	17	"The purpose of this indicator is to track the release of nitrogen oxides into the atmosphere" Eurostat Environment Statistics Unit (2001), S. 108	Afgan und Carvalho (2004), Ahmad et al. (2019), Azapagic (2003), Eurostat Environment Statistics Unit (2001), Feng und Joung (2009), Gallego-Alvarez et al. (2018), Global Reporting Initiative (2016), Hristov und Chirico (2019), ISO 14033:2019-02, Kim et al. (2012), Mani et al. (2014), Mujkić et al. (2018), OECD Environment Directorate (2008), Sherif et al. (2022), Silvestri et al. (2022), Valderrama et al. (2012), Yale Center for Environmental Law and Policy (2022)
SOX-Emissionen	kg (für die jeweilige Substanz)	15	*Keine explizite Beschreibung in den Quellen*	Ahmad et al. (2019), Azapagic (2003), Eurostat Environment Statistics Unit (2001), Feng und Joung (2009), Gallego-Alvarez et al. (2018), Gao et al. (2009), Global Reporting Initiative (2016), Hristov und Chirico (2019), ISO 14033:2019-02, Kim et al. (2012), Mani et al. (2014), OECD Environment Directorate (2008), Sherif et al. (2022), Valderrama et al. (2012), Yale Center for Environmental Law and Policy (2022)

Tabelle 7-6: Shortlist der materialbezogenen Indikatoren

Gen. Indikator	Einheit	Anzahl	Definition	Quelle(n)
Material-verbrauch	kg	31	"Total weight or volume of materials that are used to produce and package the organization's primary products and services during the reporting period" Global Reporting Initiative (2016), S. 154	Aguado et al. (2013), Ahmad et al. (2019), Amrina und Yulianto (2018), Barni et al. (2022), Chen et al. (2013), DIN EN ISO 14031:2021, Fan et al. (2010), Feng und Joung (2009), Fiksel (2003), Global Reporting Initiative GRI (2016), Huang (2017), ISO 14033:2019-02, Kibira et al. (2018), Kim et al. (2012), Koch und Keoleian (1995), Kuo et al. (2006), Mayer et al. (2018), OECD (2021), Park und Kremer (2017), Sarkar et al. (2011), Shahbazi et al. (2018), Sherif et al. (2022), Verrier et al. (2016)
Anteil recyceltes Material	%	23	"Total recycled materials used divided by total material input" Barni et al. (2022), S. 25	Barni et al. (2022), DIN EN ISO 14031:2021, Dewulf et al. (2004), Fan et al. (2010), Global Reporting Initiative (2016), Huang (2017), Huang und Badurdeen (2017), Hur et al. (2005), Joung et al. (2012), Kibira et al. (2018), Kishawy et al. (2018), Liu et al. (2008), Moraga et al. (2019), OECD (2011), OECD (2021), Rufí-Salís et al. (2021), Sherif et al. (2022), VDI 4605 (2017), Winroth et al. (2016), Zhao et al. (2012)
Anteil recyclingfähiger Materialien	%	19	"This indicator describes the weight of recyclable materials used in the product in relation to the total weight of the latter" Cerdan et al. (2009), S. 1639	Atlee und Kirchain (2006), Beekaroo et al. (2019), Cerdan et al. (2009), Fiksel (2003), Hristov und Chirico (2019), Hur et al. (2005), Jasch (2000), Lsaputri et al. (2020), OECD (2011), Olugu et al. (2011), Ruiz-Mercado et al. (2014), Shahbazi et al. (2018), Sherif et al. (2022), Zhao et al. (2012)

Gen. Indikator	Einheit	Anzahl	Definition	Quelle(n)
Spezifischer Materialverbrauch	kg/Normalisierungsfaktor	18	„Mengenangabe der eingesetzten Materialien und Rohstoffe (inklusive biotischer Stoffe) in kg; klassische Effizienzbetrachtung, als Ergänzung zur Absolutbetrachtung; sinnvolle Wichtung des Materialeinsatzes, bezogen auf die produktspezifische Funktionalität“ VDI 4605 (2017), S. 12	Barni et al. (2022), DIN EN ISO 14031:2021, Fan et al. (2010), Feng et al. (2010), Huang und Badurdeen (2017), Jasch (2000), Joung et al. (2012), Kim et al. (2012), Mayer et al. (2018), Mintcheva (2005), Shahbazi et al. (2018), Singh et al. (2007a), Singh et al. (2007b), Veleva und Ellenbecker (2001), VDI 4605 (2017), Winroth et al. (2016)
Chemikalienverbrauch	kg	10	“The total amount of persistent, bioaccumulative and toxic (PBT) chemicals in kilograms“ Veleva und Ellenbecker (2001), S. 537	Ahmad et al. (2019), Eurostat Environment Statistics Unit (2001), Lsaputri et al. (2020), Pampanelli et al. (2014), Park und Kremer (2017), Ruiz-Mercado et al. (2014), Singh et al. (2007b), Veleva und Ellenbecker (2001)
Anteil erneuerbares Material	%	10	“Total renewable materials used divided by total material input” Barni et al. (2022), S. 25	Azapagic (2003), Barni et al. (2022), Dewulf et al. (2004), OECD (2011), OECD (2021), Shahbazi et al. (2018), Sherif et al. (2022), Veleva et al. (2001), Veleva et al. (2003), Veleva und Ellenbecker (2001)

Tabelle 7-7: Shortlist der abfallbezogenen Indikatoren

Gen. Indikator	Einheit	Anzahl	Definition	Quelle(n)
Feststoffabfall	kg	25	"Volume of solid wastes created" Park und Kremer (2017), S. 818	Ahmad et al. (2019), Amrina und Yusof (2011), Baba et al. (2019), Bhinge et al. (2015), Choi et al. (1997), Despeisse et al. (2012), Fan et al. (2010), Feng und Joung (2009), Feng et al. (2010), Huang (2017), Kibira et al. (2018), Kishawy et al. (2018), Lsaputri et al. (2020), OECD (2021), Park und Kremer (2017), Ren (2000), Ruiz-Mercado et al. (2014), Sarkar et al. (2011), Sherif et al. (2022), Tagliari et al. (2020), World Economic Forum (2020), Yale Center for Environmental Law and Policy (2022)
Abfallerzeugung	kg	24	"The main purpose of this indicator is to monitor the total waste generated" Eurostat Environment Statistics Unit (2001), S. 32	Amrina und Yusof (2012), Barni et al. (2022), Chen et al. (2013), Colla et al. (2016), Europäische Kommission (2023), Eurostat Environment Statistics Unit (2001), Gallego-Alvarez et al. (2018), Huang (2017), Kim et al. (2012), Kishawy et al. (2018), Kuo et al. (2006), Matino et al. (2017), OECD (2021), OECD Environment Directorate (2008), Olugu et al. (2011), Park und Kremer (2017), Shahbazi et al. (2018), Van der Spiegel et al. (2015), Veleva und Ellenbecker (2001), Winroth et al. (2016), Zhao et al. (2012)
Gefährlicher Abfall	kg	24	"Total weight of hazardous waste" Global Reporting Initiative (2016), S. 220	Ahmad et al. (2019), Amrina und Yusof (2011), Azapagic (2003), DIN EN 15804:2022-03, Europäische Kommission (2023), Eurostat Environment Statistics Unit (2001), Fan et al. (2010), Gallego-Alvarez et al. (2018), Global Reporting Initiative GRI (2016), Huang (2017), ISO 14033:2019-02, Jayal et al. (2010), Koch und Keoleian (1995), OECD Environment Directorate (2008), Pampanelli et al. (2014), Ruiz-Mercado et al. (2014), Shahbazi et al. (2018), Sherif et al. (2022), Veleva und Ellenbecker (2001), Winroth et al. (2016), Yale Center for Environmental Law and Policy (2005)
Spezifische Abfallerzeugung	kg/Einheit	16	"In a given period, this is a measure of the relative environmental effectiveness by comparing the amount of items produced with the generation of industrial waste" Alves und Alves (2015), S. 10	Alves und Alves (2015), Arampantzi und Minis (2017), Barni et al. (2022), Beekaroo et al. (2019), DIN EN ISO 14031:2021, Hristov und Chirico (2019), Huang und Badurdeen (2017), Jasch (2000), OECD (2021), Pampanelli et al. (2014), Sherif et al. (2022), Singh et al. (2007b), VDI 4605 (2017)

Gen. Indikator	Einheit	Anzahl	Definition	Quelle(n)
Anteil recycelte/ wiederverwendete Abfälle	%	16	"total hazardous & non-hazardous waste recycled/reused divided by total hazardous & non–hazardous waste diverted from disposal" Barni et al. (2022), S. 23	Barni et al. (2022), Eurostat Environment Statistics Unit (2001), Hristov und Chirico (2019), Huang und Badurdeen (2017), Kim et al. (2012), Kishawy et al. (2018), Moraga et al. (2019), OECD (2021), Shahbazi et al. (2018), Singh et al. (2007b)
Anteil wiederverwendetes Material	%	15	„Prozentsatz in der Zusammensetzung eines Produkts, der wiederverwendet oder recycelt werden kann" DIN EN ISO 14031:2021, S. 48	Beekaroo et al. (2019), DIN EN ISO 14031:2021, Huang (2017), Jasch (2000), Joung et al. (2012), Kim et al. (2012), Kishawy et al. (2018), OECD (2021), Shahbazi et al. (2018), Sherif et al. (2022), Zhao et al. (2012)
Menge recycelte/ wiederverwendete Abfälle	kg	13	„Menge von recycelbarem oder wiederverwendbarem Abfall" DIN EN ISO 14031:2021, S. 49	Bhinge et al. (2015), Chen et al. (2013), DIN EN ISO 14031:2021, DIN EN 15804:2022, Jasch (2000), Mintcheva (2005), Ruiz-Mercado et al. (2014), Sherif et al. (2022)

Tabelle 7-8: Shortlist der wasserbezogenen Indikatoren

Gen. Indikator	Einheit	Anzahl	Definition	Quelle(n)
Wasser-ver-brauch	m^3	38	"Volume of water used for withdrawal, consumptive, and non-withdrawal" Park und Kremer (2017), S. 819	Ahmad et al. (2019), Amrina und Yulianto (2018), Amrina und Yusof (2011), Andes et al. (2019), Baba et al. (2019), Bhinge et al. (2015), Despeisse et al. (2012), DIN EN 15804:2022, Elhuni und Ahmad (2017), Europäische Kommission (2023), Eurostat Environment Statistics Unit (2001), Fan et al. (2010), Feng und Joung (2009), Feng et al. (2010), Gallego-Alvarez et al. (2018), Goedkoop et al. (2013), Huang (2017), Huijbregts et al. (2016), ISO 14033:2019-02, Kim et al. (2012), Kishawy et al. (2018), Koch und Keoleian (1995), Mani et al. (2014), Mujkić et al. (2018), OECD (2021), Pampanelli et al. (2014), Park und Kremer (2017), Ruiz-Mercado et al. (2014), Sarkar et al. (2011), Sherif et al. (2022), Silvestri et al. (2022), Singh et al. (2007b), Swarnakar et al. (2022), Valderrama et al. (2012), Veleva und Ellenbecker (2001), Winroth et al. (2016), World Economic Forum (2020)
Wasser-ver-schmut-zung	g	22	"The indicator is defined as the quantity of organic matter discharged by industrial activities into water" Eurostat Environment Statistics Unit (2001), S. 66	Ahmad et al. (2019), Amrina und Yusof (2011), Azapagic (2003), Europäische Kommission (2023), Eurostat Environment Statistics Unit (2001), Gallego-Alvarez et al. (2018), Gao et al. (2009), Hur et al. (2005), ISO 14033:2019-02, Kim et al. (2012), Lsaputri et al. (2020), OECD Environment Directorate (2008), Park und Kremer (2017), Ramsha Prabhu und Vizayakumar (2001), Ren (2000), Veleva et al. (2003), World Economic Forum (2020), Yale Center for Environmental Law and Policy (2005)
Spezifischer Wasser-verbrauch	m^3/Normalisierungsfaktor	20	"Total water intake divided by Normalisation factor" OECD (2011), S. 27	Ahmad et al. (2019), Alves und Alves (2015), Azapagic (2003), Barni et al. (2022), Beekaroo et al. (2019), Colla et al. (2016), DIN EN ISO 14031:2021, Europäische Kommission (2023), Hristov und Chirico (2019), Huang (2017), Huang und Badurdeen (2017), Jasch (2000), OECD (2011), Park und Kremer (2017), Ren (2000), Singh et al. (2007a), United Nations (2007), Veleva und Ellenbecker (2001), VDI 4605 (2017)

Gen. Indikator	Einheit	Anzahl	Definition	Quelle(n)
Eurtrophierung	kg	12	"The indicator is defined as the average annual load of nitrogen (N) and phosphorus (P) discharged from industrial activities into aquatic ecosystems" Eurostat Environment Statistics Unit (2001), S. 56	Ahmad et al. (2019), DIN EN 15804:2022, Eurostat Environment Statistics Unit (2001), Goedkoop et al. (2013), Huang (2017), Huijbregts et al. (2016), Kim et al. (2012), Neugebauer et al. (2020), OECD Environment Directorate (2008), Park und Kremer (2017), Veleva und Ellenbecker (2001)

A.3 Details zu den mathematischen Zusammenhängen

Im nachfolgenden Abschnitt finden sich diejenigen formelmäßigen Zusammenhänge, die zur Vermeidung von Redundanz in Kapitel 5 nicht aufgeführt sind.

Formeln für die Beschreibung der Produkte (siehe Kapitel 5.1)

Aufstellung der Funktionsstruktur-Direktbedarfsmatrix:

$$\boldsymbol{D}_{FSE} = \begin{pmatrix} d_{FSE,11} & \cdots & d_{FSE,1\delta} \\ \vdots & \ddots & \vdots \\ d_{FSE,\delta 1} & \cdots & d_{FSE,\delta\delta} \end{pmatrix} \tag{7.1}$$

mit

$\boldsymbol{D}_{FSE}$ Funktionsstruktur-Direktbedarfsmatrix , $\boldsymbol{D}_{FSE} \in \mathbb{R}^{\delta \times \delta}$

$$\left.\begin{array}{ll} d_{FSE,ij} = 1, & i = j \\ d_{FSE,ij} = 0, & i < j \\ d_{FSE,ij} = -d_{F,ij}, & i > j \end{array}\right\} \text{ mit } i,j \in [1,\delta]$$

$$d_{F,ij} = \begin{cases} 1, wenn\ FSE_i\ Teilfunktion\ von\ FSE_j \\ 0, wenn\ FSE_i\ keine\ Teilfunktion\ von\ FSE_j \end{cases}$$

Aufstellung der Produktstruktur-Direktbedarfsmatrix:

$$\boldsymbol{D}_{PSE} = \begin{pmatrix} d_{PSE,11} & \cdots & d_{PSE,1\alpha} \\ \vdots & \ddots & \vdots \\ d_{PSE,\alpha 1} & \cdots & d_{PSE,\alpha\alpha} \end{pmatrix} \tag{7.2}$$

mit

$\boldsymbol{D}_{PSE}$ Produktstruktur-Direktbedarfsmatrix, $\boldsymbol{D}_{PSE} \in \mathbb{R}^{\alpha\times\alpha}$

$$\left.\begin{array}{ll} d_{PSE,ij} = 1, & i = j \\ d_{PSE,ij} = 0, & i < j \\ d_{PSE,ij} = -d_{P,ij}, & i > j \end{array}\right\} \text{mit } i,j \in [1,\alpha]$$

$$d_{P,ij} = \begin{cases} n_{PSE,ij}, \; wenn\; PSE_i\; in\; übergeordneten\; PSE_j\; enthalten \\ 0, wenn\; PSE_i\; nicht\; in\; übergeordneten\; PSE_j\; enthalten \end{cases}$$

Aufstellen des MTTFF-Vektors der Produktstrukturelemente:

$$\boldsymbol{mt}_{TFF} = \begin{pmatrix} mt_{TFF,1} \\ \vdots \\ mt_{TFF,\alpha} \end{pmatrix} \tag{7.3}$$

mit

$\boldsymbol{mt}_{TFF}$ MTTFF-Vektor der Produktstrukturelemente PSE, $\boldsymbol{mt}_{TFF} \in \mathbb{R}^{\alpha\times 1}$

Aufstellen des MTBF-Vektors der Produktstrukturelemente:

$$\boldsymbol{mt}_{BF} = \begin{pmatrix} mt_{BF,1} \\ \vdots \\ mt_{BF,\alpha} \end{pmatrix} \tag{7.4}$$

mit

$\boldsymbol{mt}_{BF}$ MTBF-Vektor der Produktstrukturelemente PSE, $\boldsymbol{mt}_{BF} \in \mathbb{R}^{\alpha\times 1}$

Formeln für die Prozessbeschreibung (siehe Kapitel 5.2)

Aufstellen eines Nutzungsprofil-Vektors:

$$\boldsymbol{n}_{NPF} = \begin{pmatrix} n_{NPF,1} \\ \vdots \\ n_{NPF,\zeta} \end{pmatrix} \tag{7.5}$$

mit

$\boldsymbol{n}_{NPF}$ Anzahl eines Nutzungsprofil-Vektors im gesamten Betrachtungszeitraum, $\boldsymbol{n}_{NPF} \in \mathbb{R}^{\zeta\times 1}$

Formeln zur Aufstellung des LCI der Produktionsphase (siehe Kapitel 5.4.1.1)

Aufstellen der Prozessträgermatrix:

$$\boldsymbol{PZT}_P = \begin{pmatrix} pzt_{P,11} & \cdots & pzt_{P,1\alpha} \\ \vdots & \ddots & \vdots \\ pzt_{P,\gamma 1} & \cdots & pzt_{P,\gamma\alpha} \end{pmatrix} \tag{7.6}$$

mit

$\boldsymbol{PZT}_P$ Prozessträgermatrix der Produktionsprozesse PPZ, $\boldsymbol{PZT}_P \in \mathbb{R}^{\gamma \times \alpha}$

Aufstellen der Matrix mit der Anzahl bearbeiteter Prozessträger:

$$\boldsymbol{N}_P = \begin{pmatrix} n_{P,11} & \cdots & n_{P,1\alpha} \\ \vdots & \ddots & \vdots \\ n_{P,\gamma 1} & \cdots & n_{P,\gamma\alpha} \end{pmatrix} \tag{7.7}$$

mit

$\boldsymbol{N}_P$ Anzahl bearbeiteter Prozessträger in den Produktionsprozessen PPZ, $\boldsymbol{N}_P \in \mathbb{R}^{\gamma \times \alpha}$

Aufstellen der Ökologiewertematrix:

$$\boldsymbol{OW}_P = \begin{pmatrix} ow_{P,11} & \cdots & ow_{P,1\beta} \\ \vdots & \ddots & \vdots \\ ow_{P,\gamma 1} & \cdots & ow_{P,\gamma\beta} \end{pmatrix} \tag{7.8}$$

mit

$\boldsymbol{OW}_P$ Ökologiewertematrix in den Produktionsprozessen PPZ, $\boldsymbol{OW}_P \in \mathbb{R}^{\gamma \times \beta}$

Formeln zur Aufstellung des LCI der Nutzungsphase (siehe Kapitel 5.4.1.2)

Aufstellen der Prozessträgermatrix:

$$\boldsymbol{PZT}_N = \begin{pmatrix} pzt_{N,11} & \cdots & pzt_{N,1\delta} \\ \vdots & \ddots & \vdots \\ pzt_{N,\varepsilon 1} & \cdots & pzt_{N,\varepsilon\delta} \end{pmatrix} \tag{7.9}$$

mit

$\boldsymbol{PZT}_N$ Prozessträgermatrix der Nutzungsprozesse NPZ, $\boldsymbol{PZT}_N \in \mathbb{R}^{\varepsilon \times \delta}$

Aufstellen der Ausführungsmatrix:

$$\boldsymbol{N}_{NPZ-FSE} = \begin{pmatrix} n_{\mathrm{FSE},11} & \cdots & n_{\mathrm{FSE},1\delta} \\ \vdots & \ddots & \vdots \\ n_{FSE,\varepsilon 1} & \cdots & n_{FSE,\varepsilon\delta} \end{pmatrix} \tag{7.10}$$

mit

$\boldsymbol{N}_{NPZ-FSE}$ Ausführungsmatrix der Funktionsstrukturelemente FSE, $\boldsymbol{N}_{NPZ-FSE} \in \mathbb{R}^{\varepsilon\times\delta}$

Aufstellen des Zeitvektors der Nutzungsprozesse:

$$\boldsymbol{z}_{NPZ} = \begin{pmatrix} z_1 \\ \vdots \\ z_\varepsilon \end{pmatrix} \tag{7.11}$$

mit

$\boldsymbol{z}_{NPZ}$ Zeitvektor der Nutzungsprozesse NPZ, $\boldsymbol{z}_{NPZ} \in \mathbb{R}^{\varepsilon\times 1}$

Aufstellen der Ökologiewertematrix:

$$\boldsymbol{OW}_N = \begin{pmatrix} ow_{N,11} & \cdots & ow_{N,1\beta} \\ \vdots & \ddots & \vdots \\ ow_{N,\varepsilon 1} & \cdots & ow_{N,\varepsilon\beta} \end{pmatrix} \tag{7.12}$$

mit

$\boldsymbol{OW}_N$ Ökologiewertematrix in den Nutzungsprozessen NPZ, $\boldsymbol{OW}_N \in \mathbb{R}^{\varepsilon\times\beta}$

Aufstellung der Nutzungsprofilmatrix:

$$\boldsymbol{N}_{NPF-NPZ} = \begin{pmatrix} n_{NPZ,11} & \cdots & n_{NPZ,1\zeta} \\ \vdots & \ddots & \vdots \\ n_{NPZ,\varepsilon 1} & \cdots & n_{NPZ,\varepsilon\zeta} \end{pmatrix} \tag{7.13}$$

mit

$\boldsymbol{N}_{NPF-NPZ}$ Nutzungsprofilmatrix der Nutzungsprozessausführungen, $\boldsymbol{N}_{NPF-NPZ} \in \mathbb{R}^{\varepsilon\times\zeta}$

Formeln zur Aufstellung des LCI der Rückführungsphase (siehe Kapitel 5.4.1.3)

Aufstellen der Prozessträgermatrix:

$$\boldsymbol{PZT}_R = \begin{pmatrix} pzt_{R,11} & \cdots & pzt_{R,1\alpha} \\ \vdots & \ddots & \vdots \\ pzt_{R,\eta 1} & \cdots & pzt_{R,\eta\alpha} \end{pmatrix} \tag{7.14}$$

mit

$\boldsymbol{PZT}_R$ Prozessträgermatrix der Rückführungsprozesse RPZ, $\boldsymbol{PZT}_R \in \mathbb{R}^{\eta\times\alpha}$

Aufstellen der Matrix mit der Anzahl bearbeiteter Prozessträger:

$$\boldsymbol{N}_R = \begin{pmatrix} n_{R,11} & \cdots & n_{R,1\alpha} \\ \vdots & \ddots & \vdots \\ n_{R,\eta 1} & \cdots & n_{R,\eta\alpha} \end{pmatrix} \tag{7.15}$$

mit

$\boldsymbol{N}_R$ Anzahl bearbeiteter Prozessträger in den Rückführungsprozessen RPZ, $\boldsymbol{N}_R \in \mathbb{R}^{\eta\times\alpha}$

Aufstellen der Ökologiewertematrix:

$$\boldsymbol{OW}_R = \begin{pmatrix} ow_{R,11} & \cdots & ow_{R,1\beta} \\ \vdots & \ddots & \vdots \\ ow_{R,\eta 1} & \cdots & ow_{R,\eta\beta} \end{pmatrix} \tag{7.16}$$

mit

$\boldsymbol{OW}_R$ Ökologiewertematrix in den Rückführungsprozessen RPZ, $\boldsymbol{OW}_R \in \mathbb{R}^{\eta\times\beta}$

Aufstellen der Rückführungswahrscheinlichkeitsmatrix

$$\boldsymbol{RW} = \begin{pmatrix} rw_{11} & \cdots & rw_{1\theta} \\ \vdots & \ddots & \vdots \\ rw_{\alpha 1} & \cdots & rw_{\alpha\theta} \end{pmatrix} \tag{7.17}$$

mit

$\boldsymbol{RW}$ Rückführungswahrscheinlichkeitsmatrix, $\boldsymbol{RW} \in \mathbb{R}^{\alpha\times\theta}$

Formeln zur Kalkulation der Umweltauswirkungen in der Nutzungsphase (siehe Kapitel 5.4.2.2)

Die Kalkulation der gesamten Umweltauswirkungen für Funktionsstrukturelemente in der Nutzungsphase ergeben sich aus der Verrechnung der direkten Umweltauswirkungen in einem Nutzungsprofil $\boldsymbol{G}_{ND,FSE,NPF}$ multipliziert mit der invertierten Funktionsstruktur-Direktbedarfsmatrix $\boldsymbol{D}_{FSE}$:

$$\boldsymbol{G}_{NG,FSE,NPF,i} = (\boldsymbol{G}_{ND,FSE,NPF,i} \cdot \boldsymbol{D}_{FSE}^{-1}) \tag{7.18}$$

mit

$\boldsymbol{G}_{NG,FSE,NPF,i}$ Sachbilanzmatrix der Nutzungsphase N für die Funktionsstrukturelemente FSE für ein Nutzungsprofil i, $\boldsymbol{G}_{NG,FSE,NPF,i} \in \mathbb{R}^{\beta\times(\zeta+\varepsilon+\delta)}, i \in [1,\zeta]$

Auch zur Kalkulation der gesamten Umweltauswirkungen eines Produktes im Maschinen- und Anlagenbau können die verschiedenen Nutzungsprofile in Kombination auftreten. Die nachfolgende Gleichung zeigt die Kalkulation der Sachbilanzmatrix $\boldsymbol{G}_{NG,FSE}$ über die gesamte Produktlebensdauer bei unterschiedlichem Nutzungsverhalten.

$$\boldsymbol{G}_{NG,FSE} = \sum_{i=1}^{\zeta} \boldsymbol{G}_{NG,FSE,NPF,i} \tag{7.19}$$

mit

$\boldsymbol{G}_{NG,FSE}$ Sachbilanzmatrix der gesamten Nutzungsphase N über alle Nutzungsprofile für die Funktionsstrukturelemente FSE, $\boldsymbol{G}_{NG,FSE} \in \mathbb{R}^{\beta\times(\zeta+\varepsilon+\delta)}$

Bei der Kombination unterschiedlicher Nutzungsprofile lässt sich die Summe über alle Nutzungsprofile über die gesamte Nutzungszeit errechnen:

$$\boldsymbol{G}_{ND,PSE} = \sum_{i=1}^{\zeta} n_{NPF,i} \cdot \boldsymbol{G}_{ND,PSE,NPF,i} \tag{7.20}$$

mit

$\boldsymbol{G}_{ND,PSE}$ Direkte Sachbilanzmatrix der gesamten Nutzungsphase N über alle Nutzungsprofile für die Produktstrukturelemente PSE, $\boldsymbol{G}_{ND,PSE} \in \mathbb{R}^{\beta\times\delta}$

Das gleiche gilt für die Umweltauswirkungen der Funktionsstrukturelemente:

$$\boldsymbol{G}_{NG,FSE} = \sum_{i=1}^{\zeta} n_{NPF,i} \cdot \boldsymbol{G}_{NG,FSE,NPF,i} \tag{7.21}$$

mit

$\boldsymbol{G}_{NG,FSE}$ Sachbilanzmatrix der gesamten Nutzungsphase N über alle Nutzungsprofile für die Funktionsstrukturelemente FSE,
$\boldsymbol{G}_{NG,FSE} \in \mathbb{R}^{\beta\times(\zeta+\varepsilon+\delta)}$
$(n_{NPF,i}) = \boldsymbol{n}_{NPF} \in \mathbb{R}^{\zeta\times 1}$

Formeln zur Kalkulation der Umweltauswirkungen in der Rückführungsphase (siehe Kapitel 5.4.2.3)

Zunächst ergeben sich die funktionale Einheitsmatrix $\boldsymbol{F}_{RG}$ der Rückführungsphase:

$$\boldsymbol{F}_{RG} = \begin{pmatrix} f_{RG,11} & \cdots & f_{RG,1(\alpha+\eta)} \\ \vdots & \ddots & \vdots \\ f_{RG,1(\alpha+\eta)} & \cdots & f_{RG,(\alpha+\eta)(\alpha+\eta)} \end{pmatrix} \tag{7.22}$$

mit

$\boldsymbol{F}_{RG}$ Funktionelle Einheitsmatrix der Rückführungsphase R,
$\boldsymbol{F}_{RG} \in \mathbb{R}^{(\alpha+\eta)\times(\alpha+\eta)}$

$$\begin{cases} f_{RG,ij} = 1, & i = j,\ mit\ i,j \in [1,\alpha] \\ f_{RG,ij} = 0, & i = j,\ mit\ i,j \in (\alpha,\alpha+\eta] \\ f_{RG,ij} = 0, & i \neq j,\ mit\ i,j \in [1,\alpha+\eta] \end{cases}$$

$i,j \in [1,\alpha+\eta]$

Gleichermaßen ergeben sich die Skalierungsmatrix sowie die Sachbilanzmatrix:

$$\boldsymbol{S}_{RG} = \boldsymbol{A}_R^{-1} \cdot \boldsymbol{F}_{RG} \tag{7.23}$$

mit

$\boldsymbol{S}_{RG}$ Skalierungsmatrix der Gesamtumweltauswirkungen in der Rückführungsphase R, $\boldsymbol{S}_{RG} \in \mathbb{R}^{(\alpha+\eta)\times(\alpha+\eta)}$

$$\boldsymbol{G}_{RG,PSE} = \boldsymbol{B}_R \cdot \boldsymbol{S}_{RG} \tag{7.24}$$

mit

$\boldsymbol{G}_{PG,PSE}$ Sachbilanzmatrix der Gesamtumweltauswirkungen in der Rückführungsphase R, $\boldsymbol{G}_{RG,PSE} \in \mathbb{R}^{\beta\times(\alpha+\eta)}$
$\boldsymbol{G}_{RG,PSE} \in \mathbb{R}^{\beta\times(\alpha+\eta)}$

Neben den Gesamtumweltauswirkungen ergeben sich analog zur Produktionsphase ebenfalls die direkten Umweltauswirkungen einzelner Produktstrukturelemente. Auch in der Rückführungsphase sind die mengenmäßigen Zusammenhänge der Direktbedarfsmatrix $\boldsymbol{D}_{PSE}$ durch Einheitswerte in der Technosphärenmatrix $\boldsymbol{A}_{RD}$ zu ersetzen. Daraus ergibt sich die modifizierte Technosphärenmatrix:

$$\boldsymbol{A}_{RD} = \begin{pmatrix} a_{RD,11} & \cdots & a_{RD,1(\alpha+\eta)} \\ \vdots & \ddots & \vdots \\ a_{RD,(\alpha+\eta)1} & \cdots & a_{RD,(\alpha+\eta)(\alpha+\eta)} \end{pmatrix} \tag{7.25}$$

mit

$\boldsymbol{A}_{RD}$ Direkte Technosphärenmatrix der Rückführungsphase R, $\boldsymbol{A}_{RD} \in \mathbb{R}^{(\alpha+\eta)\times(\alpha+\eta)}$

$$\text{mit} \begin{cases} a_{RD,ij} = 1, & i = j \quad \forall i,j \in [1, \alpha+\eta] \\ a_{RD,ij} = 0, & i \neq j \quad \forall i,j \in [1, \alpha] \\ a_{RD,ij} = a_{R,ij}, & i \neq j \quad \forall i,j \in (\alpha, \alpha+\eta] \end{cases}$$

$a_{R,ij} \in A_R$

Die erforderliche funktionelle Einheitsmatrix zur Kalkulation der direkten Umweltauswirkungen jedes Produktstrukturelements ergibt sich wie folgt:

$$\boldsymbol{F}_{RD} = \begin{pmatrix} f_{RD,11} & \cdots & f_{RD,1(\alpha+\eta)} \\ \vdots & \ddots & \vdots \\ f_{RD,(\alpha+\eta)1} & \cdots & f_{RD,(\alpha+\eta)(\alpha+\eta)} \end{pmatrix} \tag{7.26}$$

mit

$\boldsymbol{F}_{PD}$ Direkte funktionelle Einheitsmatrix der Rückführungsphase R, $\boldsymbol{F}_{PD} \in \mathbb{R}^{(\alpha+\gamma)\times(\alpha+\gamma)}$

$$\begin{cases} f_{RD,ij} = s_{RG,ij}, & i = j, mit\ i,j \in [1, \alpha] \\ f_{RD,ij} = 0, & i = j, mit\ i,j \in (\alpha, \alpha+\eta] \\ f_{RD,ij} = 0, & i \neq j, mit\ i,j \in [1, \alpha+\eta] \end{cases}$$

$(s_{RG,ij}) \in S_{RG}$

Mit Hilfe der Technosphärenmatrix und der funktionellen Einheitsmatrix ergibt sich die Sachbilanzmatrix $\boldsymbol{G}_{\boldsymbol{RD},PSE}$, welche die gesuchten Ökologiewerte je Produktstrukturelement über alle Rückführungsprozesse hinweg umfasst:

$$\boldsymbol{G}_{RD,PSE} = \mathbf{B}_R \cdot \boldsymbol{A}_{RD}^{-1} \cdot \boldsymbol{F}_{RD} \tag{7.27}$$

mit

$\boldsymbol{G}_{RD,PSE}$ Direkte Sachbilanzmatrix der Rückführungsphase R für die Produktstrukturelemente PSE, $\boldsymbol{G}_{RD,PSE} \in \mathbb{R}^{\beta \times (\alpha+\eta)}$

Für die Zuordnung der Ökologiewerte von den Produktstrukturelementen zu den Funktionsstrukturelementen in der Rückführungsphase ergibt sich die Transformationsmatrix $\boldsymbol{T}_{R,PF}$:

$$\boldsymbol{T}_{R,PF} = \begin{pmatrix} \boldsymbol{T}_{PF} \\ \emptyset \end{pmatrix} \tag{7.28}$$

mit

$\boldsymbol{T}_{R,PF}$ Transformationsmatrix von PSE zu FSE der Rückführungsphase R, $\boldsymbol{T}_{R,PF} \in \mathbb{R}^{(\alpha+\eta) \times \delta}$

Die Sachbilanzmatrix $\boldsymbol{G}_{RD,FSE}$, welche die Umweltauswirkungen der Produktionsprozesse den Funktionsstrukturelementen zuordnet, bildet sich wie folgt:

$$\boldsymbol{G}_{RD,FSE} = \boldsymbol{G}_{RD,PSE} \cdot \boldsymbol{T}_{R,PF} \tag{7.29}$$

mit

$\boldsymbol{G}_{RD,FSE}$ Direkte Sachbilanzmatrix der Rückführungsphase R für die Funktionsstrukturelemente FSE, $\boldsymbol{G}_{RD,FSE} \in \mathbb{R}^{\beta \times \delta}$

Die Gesamtumweltauswirkungen $\boldsymbol{G}_{RD,FSE}$ der Rückführungsphase für die Funktionsstrukturelemente kalkulieren sich folgendermaßen:

$$\boldsymbol{G}_{RG,FSE} = (\boldsymbol{G}_{RD,FSE} \cdot \boldsymbol{D}_{FSE}^{-1}) \tag{7.30}$$

mit

$\boldsymbol{G}_{RG,FSE}$ Sachbilanzmatrix der Rückführungsphase R für die Funktionsstrukturelemente FSE, $\boldsymbol{G}_{RG,FSE} \in \mathbb{R}^{\beta \times \delta}$

Formeln zur Kalkulation der Umweltauswirkungen in der Ersatzteilproduktion (siehe Kapitel 5.4.2.4)

Es ergibt sich die Skalierungsmatrix $\boldsymbol{S}_{EG}$ im Rahmen der Ersatzteilproduktion:

$$\boldsymbol{S}_{EG} = \boldsymbol{A}_P^{-1} \cdot \boldsymbol{F}_{EG} \tag{7.31}$$

mit

$\boldsymbol{S}_{EG}$ Skalierungsmatrix der Ersatzteilproduktion E, $\boldsymbol{S}_{EG} \in \mathbb{R}^{(\alpha+\gamma)\times(\alpha+\gamma)}$

Es folgt die Sachbilanzmatrix der Gesamtumweltauswirkungen $\boldsymbol{G}_{EG,PSE}$ in der Ersatzteilproduktion:

$$\boldsymbol{G}_{EG,PSE} = \boldsymbol{B}_P \cdot \boldsymbol{S}_{EG} \tag{7.32}$$

mit

$\boldsymbol{G}_{EG,PSE}$ Sachbilanzmatrix der Gesamtumweltauswirkungen in der Ersatzteilproduktion E für die Produktstrukturelemente PSE, $\boldsymbol{G}_{EG,PSE} \in \mathbb{R}^{\beta\times(\alpha+\gamma)}$

Analog zu den vorangegangenen Ausführungen ist für die Kalkulation der direkten Umweltauswirkungen der Ersatzteilproduktion die Aufstellung der direkten funktionellen Einheitsmatrix $\boldsymbol{F}_{ED}$ erforderlich:

$$\boldsymbol{F}_{ED} = \begin{pmatrix} f_{ED,11} & \cdots & f_{ED,1(\alpha+\gamma)} \\ \vdots & \ddots & \vdots \\ f_{ED,(\alpha+\gamma)1} & \cdots & f_{ED,(\alpha+\gamma)(\alpha+\gamma)} \end{pmatrix} \tag{7.33}$$

mit

$\boldsymbol{F}_{ED}$ Direkte funktionelle Einheitsmatrix der Ersatzteilproduktion E, $\boldsymbol{F}_{ED} \in \mathbb{R}^{(\alpha+\gamma)\times(\alpha+\gamma)}$

$$\begin{cases} f_{ED,ij} = s_{EG,ij}, & i = j, mit\ i,j \in [1,\alpha] \\ f_{ED,ij} = 0, & i = j, mit\ i,j \in (\alpha, \alpha+\gamma] \\ f_{ED,ij} = 0, & i \neq j, mit\ i,j \in [1, \alpha+\gamma] \end{cases}$$

$(s_{EG,ij}) \in S_{EG}$

Die direkten Umweltauswirkungen für alle Produktstrukturelemente im Rahmen der Ersatzteilproduktion entnehmen sich der direkten Sachbilanzmatrix $\boldsymbol{G}_{ED,PSE}$:

$$\boldsymbol{G}_{ED,PSE} = \boldsymbol{B}_P \cdot \boldsymbol{A}_{PD}^{-1} \cdot \boldsymbol{F}_{ED} \tag{7.34}$$

mit

$\boldsymbol{G}_{ED,PSE}$ Direkte Sachbilanzmatrix der Ersatzteilproduktion E für die Produktstrukturelemente PSE, $\boldsymbol{G}_{ED,PSE} \in \mathbb{R}^{\beta\times(\alpha+\gamma)}$

Anhand der berechneten Zusammenhänge ordnen sich die direkten Umweltauswirkungen von den Produktstrukturelementen den Funktionsstrukturelementen zu:

$$\boldsymbol{G}_{ED,FSE} = \boldsymbol{G}_{ED,PSE} \cdot \boldsymbol{T}_{P,PF} \tag{7.35}$$

mit

$\boldsymbol{G}_{ED,FSE}$ Direkte Sachbilanzmatrix der Ersatzteilproduktion E für die Funktionsstrukturelemente FSE, $\boldsymbol{G}_{ED,FSE} \in \mathbb{R}^{\beta\times\delta}$

Die gesamten Umweltauswirkungen $\boldsymbol{G}_{EG,FSE}$ der Ersatzteilproduktion bezogen auf die Funktionsstrukturelemente ergeben sich wie folgt:

$$\boldsymbol{G}_{EG,FSE} = (\boldsymbol{G}_{ED,FSE} \cdot \boldsymbol{D}_{FSE}^{-1}) \tag{7.36}$$

mit

$\boldsymbol{G}_{EG,FSE}$ Sachbilanzmatrix der Ersatzteilproduktion E für die Funktionsstrukturelemente FSE, $\boldsymbol{G}_{EG,FSE} \in \mathbb{R}^{\beta\times\delta}$

Formeln für Ermittlung von Handlungsfeldern (siehe Kapitel 5.5.2)

Zur Kalkulation der normierten Umweltauswirkungen in der Nutzungsphase ergeben sich folgende Zusammenhänge:

$$y_{ij} = \frac{g_{NG,FSE,ij}}{g_{NG,FSE,imax}} \text{ mit } g_{NG,FSE,imax} := \max_{j\in[1,\delta]} g_{NG,FSE,ij} \tag{7.37}$$

mit

$\boldsymbol{Y}_{NG,FSE}$ Normierungsmatrix der gesamten Umweltauswirkungen in der Nutzungsphase für die Funktionsstrukturelemente, $(y_{ij}) = \boldsymbol{Y}_{NG,FSE} \in \mathbb{R}^{\beta\times\delta}$
$i \in [1,\beta], j \in [1,\delta], (g_{NG,FSE,ij}) = \boldsymbol{G}_{NG,FSE} \in \mathbb{R}^{\beta\times\delta}$

Zur Kalkulation der normierten Umweltauswirkungen in der Rückführungsphase ergeben sich folgende Zusammenhänge:

$$z_{ij} = \frac{g_{REG,FSE,ij}}{g_{REG,FSE,imax}} \text{ mit } g_{REG,FSE,imax} := \max_{j\in[1,\delta]} g_{REG,FSE,ij} \tag{7.38}$$

mit

$\boldsymbol{Z}_{RG,FSE}$ Normierungsmatrix der gesamten Umweltauswirkungen in der Produktionsphase für die Funktionsstrukturelemente, $(z_{ij}) = \boldsymbol{Z}_{RG,FSE} \in \mathbb{R}^{\beta\times\delta}$
$i \in [1,\beta], j \in [1,\delta], (g_{REG,FSE,ij}) = \boldsymbol{G}_{REG,FSE} \in \mathbb{R}^{\beta\times\delta}$

und $\boldsymbol{G}_{REG,FSE} = \boldsymbol{G}_{RG,FSE} + \boldsymbol{G}_{EG,FSE}$
$(g_{RG,FSE,ij}) = \boldsymbol{G}_{RG,FSE} \in \mathbb{R}^{\beta\times\delta}$,
$(g_{EG,FSE,ij}) = \boldsymbol{G}_{EG,FSE} \in \mathbb{R}^{\beta\times\delta}$

Formeln für Ermittlung eines ökologischen Restwertes

Am Ende einer der Nutzungszeit sind viele Produkte im Maschinen- und Anlagenbau grundsätzlich noch funktionsfähig und viele der Komponenten in einem guten Zustand. Zur Indikation, welchen ökologischen Wert ein solches Produkt noch hat, wird im Rahmen der vorliegenden Arbeit die Kalkulation des sogenannten **ökologischen Restwertes** vorgeschlagen. Der ökologische Restwert gibt an, welche Umweltauswirkungen einzusparen sind, wenn das Produkt nicht in die Rückführungsphase als Ganzes übergeht, sondern einen erneuten Einsatz erfährt. Dies entspricht der noch verbleibenden möglichen Betriebszeit eines Produktes im Maschinen- und Anlagenbau nach der betrachteten Nutzungsdauer. Die Berechnung erfolgt nach dem Prinzip des Avoided-Burden[473]. Abbildung 7-2 verdeutlich entsprechende Zusammenhänge.

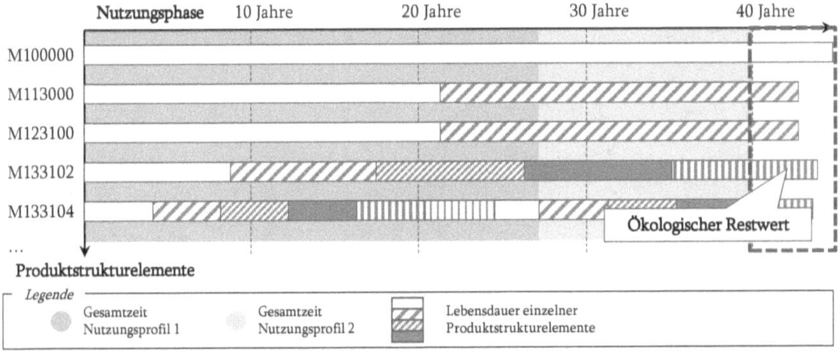

Abbildung 7-2: Ökologischer Restwert am Ende der Nutzungszeit

Weist ein Produktstrukturelement eine hohe restliche Betriebszeit auf, kann das betrachtete Produktstrukturelement in einem anderweitigen Produktsystem oder in einer aufarbeiteten Gesamtmaschine bzw. Gesamtanlage erneut zum Einsatz kommen. Das anderweitige Produktsystem erfordert in diesem Fall keine Neuproduktion des Produktstrukturelements, wodurch sich weitere Umweltauswirkungen einsparen lassen. Der ökologische Restwert leitet sich demnach aus der noch möglichen Betriebszeit eines Produktstrukturelements nach Ende der Nutzungsdauer ab.

[473] Vgl. Assen et al. (2014), Life cycle assessment of CO2 capture and utilization, S. 7988f.

Der erste Berechnungsschritt erfordert die Kalkulation der verbleibenden Betriebszeit am Ende der jeweils untersuchten gesamten Nutzungszeit. Die verbleibende Betriebszeit ergibt sich aus einer sogenannten Restrückführungshäufigkeit r_{ORW}, die sich bis zum nächsten Ausfall ergibt (siehe Gleichung 7.39).

$$\boldsymbol{r}_{ORW} = \begin{pmatrix} r_{ORW,1} \\ \vdots \\ r_{ORW,\alpha} \end{pmatrix} \tag{7.39}$$

mit

$\boldsymbol{r}_{ORW}$ Restrückführungshäufigkeitsvektor der Produktstrukturelemente PSE, $\boldsymbol{r}_{ORW} \in \mathbb{R}^{\alpha \times 1}$

$$r_{ORW,i} = \begin{cases} \left\lceil \frac{(\sum_{j=1}^{\zeta} b_{ij} \cdot n_{NPF,j}) - mt_{TFF,i}}{mt_{BF,i}} \right\rceil - \frac{(\sum_{j=1}^{\zeta} b_{ij} \cdot n_{NPF,j}) - mt_{TFF,i}}{mt_{BF,i}}, & mt_{TFF,i} \neq mt_{BF,i} \\ \left\lceil \frac{\sum_{j=1}^{\zeta} b_{ij} \cdot n_{NPF,j}}{mt_{BF,i}} \right\rceil - \frac{\sum_{j=1}^{\zeta} b_{ij} \cdot n_{NPF,j}}{mt_{BF,i}}, & mt_{TFF,i} = mt_{BF,i} \end{cases}$$

$i \in [1,\alpha], j \in [1,\zeta], (n_{NPF,j}) = \boldsymbol{n}_{NPF}, (b_{ij}) = \boldsymbol{b}_j,$
$(mt_{TFF,i}) = \boldsymbol{mt}_{TFF}, (mt_{BF,i}) = \boldsymbol{mt}_{BF}$

Ergibt sich beispielsweise für den Tisch eine Rückführungshäufigkeit von 3,4, dann entspricht die zugehörige Restrückführungshäufigkeit $r_{ORW} = 0{,}6$. Beim rechnerischen ökologischen Restwert handelt sich um einen rein theoretischen Wert, da das beispielhaft betrachtete Produktstrukturelement 0,6-mal nicht neu zu produzieren ist. In der Praxis ist ein Produktstrukturelement jedoch nur in einer ganzzahligen Quantität herstellbar. Basierend auf den definierten Restrückführungshäufigkeiten lässt sich die funktionelle Einheitsmatrix $\boldsymbol{F}_{PG,ORW}$ der Produktionsphase gemäß Gleichung 7.40 aufstellen.

$$\boldsymbol{F}_{PG,ORW} = \begin{pmatrix} f_{PG,ORW,11} & \cdots & f_{PG,ORW,1(\alpha+\gamma)} \\ \vdots & \ddots & \vdots \\ f_{PG,ORW,(\alpha+\gamma)1} & \cdots & f_{PG,ORW,(\alpha+\gamma)(\alpha+\gamma)} \end{pmatrix} \tag{7.40}$$

mit

$\boldsymbol{F}_{PG,ORW}$ Funktionelle Einheitsmatrix des ökologischen Restwertes, $\boldsymbol{F}_{PG,ORW} \in \mathbb{R}^{(\alpha+\gamma)\times(\alpha+\gamma)}$

$$\begin{cases} f_{PG,ORW,ij} = r_{ORW,i}, & i = j \; und \; i,j \in [1,\alpha] \\ f_{PG,ORW,ij} = 0, & i = j \; und \; i,j \in (\alpha, \alpha+\gamma] \\ f_{PG,ORW,ij} = 0, & i \neq j, mit \; i,j \in [1, \alpha+\gamma] \end{cases}$$

$(r_{ORW,i}) = \boldsymbol{r}_{ORW}$

Ist die funktionelle Einheitsmatrix des ökologischen Restwertes bestimmt, so ergibt sich Analog zu der Verrechnungslogik aus Kapitel 5.4.2.1 die gesamten Umweltauswirkungen der Produktstrukturelemente durch Lösen der Gleichung 7.41.

$$\boldsymbol{G}_{PG,ORW,PSE} = \boldsymbol{B}_P \cdot \boldsymbol{A}_P^{-1} \cdot \boldsymbol{F}_{PG,ORW} \tag{7.41}$$

mit

$\boldsymbol{G}_{PG,ORW,PSE}$ Sachbilanzmatrix des ökologischen Restwertes für die Produktstrukturelemente, $\boldsymbol{G}_{PG,ORW,PSE} \in \mathbb{R}^{\beta \times (\alpha+\gamma)}$

Die gesamten Umweltauswirkungen der Produktstruktur $\boldsymbol{G}_{PG,ORW,PSE}$ stellen dabei die vermiedenen Umweltauswirkungen durch eine Initialproduktion dar und sind der ökologische Restwert des Produktsystems. Für die Berechnung der direkten Umweltauswirkungen der Produktstruktur $\boldsymbol{G}_{PD,ORW,PSE}$ gilt ab diesem Punkt die Verrechnungssystematik zur Quantifizierung der Umweltauswirkungen aus Kapitel 5.4.2.1. Auf eine Wiederholung der Verrechnungsschritte wird daher an dieser Stelle verzichtet.

Formeln zur Bündelung konsistenter Verbesserungsmaßnahmen

Zur Bündelung konsistenter Maßnahmen bietet sich eine Vorgehensweise in Anlehnung an die Konsistenzmatrix als Teil der Szenariotechnik an[474]. Die ermittelten Verbesserungsmaßnahmen werden gegeneinander in der Matrix aufgetragen und jeweils bewertet inwiefern zwischen diesen eine Inkonsistenz (-1), gegenseitige Unabhängigkeit (0) oder Begünstigung (1) besteht (siehe Abbildung 7-3). Anhand der Beschreibung der Abhängigkeiten lassen sich die Maßnahmen zu unterschiedlichen Konzepten bündeln. Eine Inkonsistenz zwischen zwei Maßnahmen wirkt dabei als Kombinationsverbot und eine Begünstigung als Kombinationsgebot. Bei der Untersuchung der Wirksamkeit bietet es sich an mit den Maßnahmenkonzepten zu beginnen, die Maßnahmen zur Adressierung der Handlungsfelder mit dem größtmöglichen Verbesserungspotenzial umfassen.

[474] Vgl. Gausemeier et al. (1996), Szenario-Management, S. 254ff.

Allgemeine Darstellung:

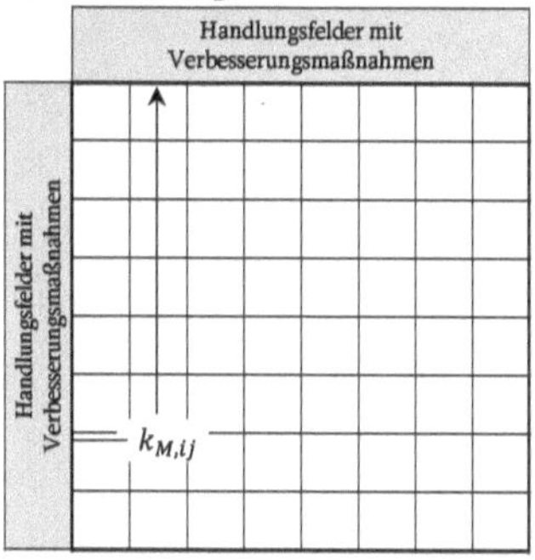

Beispielhafte Darstellung (Ausschnitt):

	M01	M02	M03	M04	M05	M06	M07	M08
M01	0	0	0	0	0	0	0	0
M02	-1	0	0	0	0	0	0	0
M03	-1	1	0	0	0	0	0	0
M04	1	-1	0	0	0	0	0	0
M05	0	1	0	0	0	0	0	0
M06	0	0	0	1	0	0	0	0
M07	0	1	1	0	1	0	0	0
M08	0	1	1	0	1	0	0	0

Legende

$k_{M,ij}$ Konsistenzmatrix der Abhängigkeiten zwischen zwei Verbesserungsmaßnahmen, $(k_{M,ij}) = \boldsymbol{K_M} \in \mathbb{R}^{\kappa \times \kappa}$

κ Anzahl an Verbesserungsmaßnahmen

$$k_{M,ij} = \begin{cases} -1, & \textit{wenn eine Inkonsitenz besteht} \\ 0, & \textit{wenn eine gegenseitige Unabhängigkeit besteht} \\ 1, & \textit{wenn eine gegenseitige Begünstigung besteht} \end{cases}$$

Abbildung 7-3: Bündelung konsistenter Verbesserungsmaßnahmen

Lebenslauf

Persönliche Angaben

Name	Christina Ruschitzka
Geburtsdatum	03. April 1997
Geburtsort	Aachen
Nationalität	deutsch
Eltern	Prof. Dr. rer. nat. Dr. h. c. Margot Ruschitzka geb. Meisler, Prof. Dr.-Ing. Christoph Ruschitzka

Ausbildung

2006 – 2014	Bischöfliches Pius-Gymnasium zu Aachen
2014 – 2018	Bachelorstudium Maschinenbau, Fachrichtung: Produktionstechnik, RWTH Aachen University
2019	Auslandssemester an der Chalmers University of Technology, Göteborg, Schweden
2018 – 2020	Masterstudium Produktionstechnik, Fachrichtung: Unternehmensorganisation, RWTH Aachen University

Berufliche Erfahrung

2014	Praktikum bei der Ford-Werke GmbH, Köln
2016 – 2017	Studentische Hilfskraft am Werkzeugmaschinenlabor WZL der RWTH Aachen
2017	Projektarbeit am Fraunhofer-Institut für Produktionstechnologie, Aachen
2017 – 2018	Praktikum und Bachelorarbeit bei der Ford-Werke GmbH, Köln
2018 – 2020	Wissenschaftliche Hilfskraft am Werkzeugmaschinenlabor WZL der RWTH Aachen, Abteilung Innovationsmanagement
2020 – 2024	Projektmanagerin und Trainerin bei der Complexity Management Academy GmbH, Aachen
2020 – 2024	Wissenschaftliche Mitarbeiterin am Lehrstuhl für Produktionssystematik am Werkzeugmaschinenlabor WZL der RWTH Aachen, Abteilung Innovationsmanagement

Aachen, im Dezember 2024

In der Reihe **Ergebnisse aus der Produktionstechnik** zuletzt erschienen:

Ruschitzka, Christina:
Funktionsorientierte Ökologieanalyse im Maschinen- und Anlagenbau
ISBN: 978-3-98555-252-8
Erscheinungsdatum: 08.01.2025

Schlosser, Tino X.:
Gestaltung des Zentralisierungsgrads im Produktionsmanagement globaler Produktionsnetzwerke
ISBN: 978-3-98555-248-1
Erscheinungsdatum: 17.12.2024

Steinert, Alexander:
Modellprädiktive Regelung aktiver Kühlsysteme von Werkzeugmaschinen zur Kompensation thermo-elastischer Verlagerungen
ISBN: 978-3-98555-245-0
Erscheinungsdatum: 26.11.2024

Mueller, Aleksandra:
Assistenzsystem zur wissensbasierten Steuerungsrekonfiguration für robotergestützte Automatisierungsprozesse
ISBN: 978-3-98555-244-3
Erscheinungsdatum: 28.10.2024

Voet, Henning:
Ermittlung der Qualitätskosten bei Bauteilen mit unsicherheitsbehafteten geometrischen Merkmalen durch additiv gefertigte Prozessprototypen in Kleinserien
ISBN: 978-3-98555-242-9
Erscheinungsdatum: 17.10.2024

Latz, Tim:
Methodik zur Förderung von Deep-Tech im Maschinenbau
ISBN: 978-3-98555-243-6
Erscheinungsdatum: 14.10.2024

Föhlisch, Nils:
Klassifikationsbasierte Planung flexibler, flussorientierter Mixed-Model-Montagestrukturen
ISBN: 978-3-98555-231-3
Erscheinungsdatum: 16.09.2024

Keuper, Alexander:
Kompetenzbasierter Ressourceneinsatz in Multientwicklungsprojekt-umgebungen
ISBN: 978-3-98555- 236-8
Erscheinungsdatum: 09.09.2024

Kessler, Niklas:
Transformation zur digital vernetzten Wertschöpfung im Werkzeugbau
ISBN: 978-3-98555- 232-0
Erscheinungsdatum: 02.09.2024

Spierling, Robert:
Abbildung thermo-elastischer Fehler von Fräsmaschinen auf Basis des photoelektrischen Effekts und eines lernenden Modells
ISBN: 978-3-98555-208-5
Erscheinungsdatum: 12.08.2024

Edition Wissenschaft
Apprimus

Rodemann, Niklas:
Resiliente Produktionsnetzwerke durch datenbasierte Früherkennung
ISBN: 978-3-98555-228-3
Erscheinungsdatum: 12.08.2024

Hähnel, Sebastian:
Das variationskraftgeregelte, schwingungsunterstützte Schleifen von gekrümmten Werkzeugstahloberflächen mit gummigebundenen Schleifstiften
ISBN: 978-3-98555-225-2
Erscheinungsdatum: 22.07.2024

Kosel, Maximilian:
Prozess- und Maschinenentwicklung für das kontinuierliche, variotherme Heißprägen
ISBN: 978-3-98555-223-8
Erscheinungsdatum: 16.07.2024

Dackweiler, Jonas:
Planungseffizienz und -effektivität durch Plattformbasierte Fabrikplanung
ISBN: 978-3-98555-220-7
Erscheinungsdatum: 27.05.2024

Schopen, Marco:
Datenbasierte hybride Analyse und Gestaltung von Geschäftsprozessen
ISBN: 978-3-98555-217-7
Erscheinungsdatum: 22.05.2024

Seelbach, Tobias:
Prädiktion der Maßhaltigkeit beim Räumen von Profilnuten
ISBN: 978-3-98555-213-9
Erscheinungsdatum: 21.05.2024

Eckel, Hans-Martin:
Kinematische Analyse von Spindellagern unter statischen und dynamischen Kräften
ISBN: 978-3-98555-226-9
Erscheinungsdatum: 01.08.2024

Lender, Benjamin:
Datenbasierte Identifikation von Heuristiken für das Entwicklungsmanagement
ISBN: 978-3-98555-219-1
Erscheinungsdatum: 16.07.2024

Lukas, Gerret:
Gestaltungsmodell zur thermischen Auslegung additiver Prototypenwerkzeuge aus Kunststoff
ISBN: 978-3-98555-209-2
Erscheinungsdatum: 03.06.2024

Löffler, Bernd:
Additiv gefertigte Kunststoffwerkzeuge für das Tiefziehen von Feinblech
ISBN: 978-3-98555-211-5
Erscheinungsdatum: 27.05.2024

Scholzen, Philipp:
Auslegung geräuschoptimierter pulvermetallurgischer Stirnradverzahnungen
ISBN: 978-3-98555-216-0
Erscheinungsdatum: 21.05.2024

Fiedler, Falko:
Produkt- und prozessseitige Auslegung von bauteilintegrierten Vorrichtungsfunktionen
ISBN: 978-3-98555-206-1
Erscheinungsdatum: 02.04.2024

Edition Wissenschaft
Apprimus